先进核科学与技术译著出版工程

系统运行与安全系列

Handbook of Small Modular Nuclear Reactors

小型模块化反应堆

〔美〕马里奥·卡雷利（Mario D. Carelli）

〔美〕丹尼尔·英格索尔（Daniel T. Ingersoll） 　主编

刘建阁　夏庚磊　　译

ELSEVIER

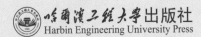

哈尔滨工程大学出版社
Harbin Engineering University Press

内容简介

本书对当前小型模块化反应堆(SMR)核电站设计和部署中热门的新技术发展焦点进行了全面和权威的介绍。

全书分为4个部分,由20章组成,每一章均由该领域的国际知名权威专家撰写。第一部分全面介绍了SMR技术、现有的商业电站设计技术路线和基本设计策略。第二部分分析介绍了IPWR设计的关键技术,重点介绍新技术和与常规压水堆的不同之处,同时也介绍了一体化压水堆(IPWR)潜在发展机遇和挑战。第三部分介绍了实现SMR商业部署的四个关键领域:经济性和融资、许可、施工、SMR综合能源供应系统。第四部分概述了SMR全球发展和部署情况,重点介绍了在SMR开发和部署方面较为积极的国家(美国、韩国、阿根廷、俄罗斯、中国和日本),最后一章论述了发展中国家部署SMR方面的潜力和现状。

本书可作为对SMR技术充满兴趣的读者、相关领域学者、工程师、信息统计者等的参考资料,也可作为学者进一步学习和研究的参考书。

图书在版编目(CIP)数据

小型模块化反应堆／(美)马里奥·卡雷利
(Mario D. Carelli),(美)丹尼尔·英格索尔
(Daniel T. Ingersoll)主编;刘建阁,夏庚磊译. —
哈尔滨:哈尔滨工程大学出版社,2023.4
　　ISBN　978-7-5661-3021-1

　　Ⅰ.①小… Ⅱ.①马… ②丹… ③刘… ④夏… Ⅲ.
①核电站-反应堆-设计-手册 Ⅳ.①TL371-62

中国版本图书馆CIP数据核字(2021)第053213号

选题策划　石　岭
责任编辑　史大伟
封面设计　李海波

出版发行　哈尔滨工程大学出版社
社　　址　哈尔滨市南岗区南通大街145号
邮政编码　150001
发行电话　0451-82519328
传　　真　0451-82519699
经　　销　新华书店
印　　刷　黑龙江天宇印务有限公司
开　　本　787 mm×1 092 mm　1/16
印　　张　21.75
字　　数　531千字
版　　次　2023年4月第1版
印　　次　2023年4月第1次印刷
定　　价　158.00元
http://www.hrbeupress.com
E-mail:heupress@hrbeu.edu.cn

黑版贸登字 08－2022－008 号

Handbook of Small Modular Nuclear Reactors,1st edition

Mario D. Carelli, Daniel T. Ingersoll

ISBN:9780857098511

Copyright @ 2015 Elsevier Ltd. All rights reserved.

Authorized Chinese translation published by Harbin Enigeering Univerity Press

《小型模块化反应堆》(第1版)(刘建阁,夏庚磊译)

ISBN: 978－7－5661－3021－1

注　　意

　　本书涉及领域的知识和实践标准在不断变化。新的研究和经验拓展我们的理解,因此须对研究方法、专业实践或医疗方法做出调整。从业者和研究人员必须始终依靠自身经验和知识来评估和使用本书中提到的所有信息、方法、化合物或本书中描述的实验。在使用这些信息或方法时,他们应注意自身和他人的安全,包括注意他们负有专业责任的当事人的安全。在法律允许的最大范围内,爱思唯尔、译文的原文作者、原文编辑及原文内容提供者均不对因产品责任、疏忽或其他人身、财产伤害及/或损失承担责任,亦不对由于使用或操作文中提到的方法、产品、说明、思想而导致的人身、财产伤害及/或损失承担责任。

前　　言

本书对当前小型模块化反应堆(smoll modular reactor,SMR)核电站设计和部署中热门的新技术发展焦点进行了全面和权威的介绍。在大型核电站取得商业化成功推广应用的基础上,SMR 同样具有发展潜力,可以实现将清洁、可靠的核能应用扩展到更为广泛的用户和能源应用领域。

20 世纪 50 年代至 70 年代中期,设计和建造的早期商用核动力反应堆多为小型核电站(100 MWe 级左右),其建造目的是示范并证明核能用于商业化发电的技术可行性,这些核电站的产能和施工建造时间与化石燃料发电厂的产能和施工时间基本相同。小型核电站的成功运行表明:核能用于发电技术是可控的,存在的突出问题是核电站的单位投资成本要远高于相同功率等级的化石燃料发电厂。

为了进一步提高核电站的绩效、经济性和安全性,常采用的措施是增加单位机组的输出电功率,单堆单机组的发电功率从 100 MWe 级迅速增加到今天的将近 2 000 MWe 级,核电站的成本也在不断增加,大幅增加单堆输出功率产生了以下影响:

(1)世界上仅有少数技术和资金实力雄厚的企业(核电设计公司、工程公司、设备供应商、运行维护服务商)能够设计、建造、运行和维修核电站;

(2)核电站的建造成本攀升到几百亿美元,居高不下;

(3)核电站的建设周期风险在不断增加,新型核电机组从签订合同到发电的时间已经远超过了 10 年。

回顾核电发展历史过程,可以找到解决当前问题的答案——SMR 技术。SMR 已成为当前解决核能发展的多元化问题突破口。SMR 设计始于 20 世纪 90 年代,随后逐渐在全球范围内兴起研发趋势,并在 2000 年以来获得了持续强劲的发展趋势。

新的 SMR 核电站沿袭了早期的一些小型核电站设计特点,表现在:

(1)发电功率宽广(从几十兆瓦到几百兆瓦);

(2)系统配置相对简单;

(3)建设时间相对短;

(4)应用领域广,建造部署时间灵活。

在短期内可快速投入商业应用的 SMR 是技术成熟的轻水反应堆(light water reactor, LWR)技术路线。除了电力用途外,SMR 还可被用于核技术、辐照育种、核废物焚烧等方面。

SMR 开发商或研发机构在很大程度上不同于传统大型 LWR 设计和制造商,SMR 开发商包括:规模较小的制造企业、新兴企业、大学研究机构等。例如,美国两家主要的SMR供应商是巴布科克·威尔科克斯公司(B&W)的子公司mPower公司和NuScale电力公司,前者是核电界技术非常成熟的反应堆设备设计和制造商,但已不再活跃于大型的LWR市场,后者则是一家全新的注册企业。这两家公司最近都被美国能源部选中,接受联邦政府的巨额资助,以促进其SMR设计认证授权。作为新晋反应堆设计领域的老牌公司——Holtec国际公司,先前并无反应堆设计领域的业绩,也在努力将其SMR产品推向市场。

本书分为4个部分,由20章组成,每一章均由该领域的国际知名权威专家撰写。

本书第一部分全面介绍了SMR技术、现有的商业电站设计技术路线和基本设计策略。负责本章节的3位专家自20世纪90年代以来一直是SMR的支持者,引领国际上一体化压水堆(IPWR)的技术发展趋势,这是SMR的主流设计策略,也是本书的重点,这些内容在第1~3章进行了说明。

本书第二部分分析介绍了一体化压水堆(integral pressurized water reactor,IPWR)设计的关键技术,重点介绍新技术和与常规压水堆的不同之处,同时也介绍了IPWR潜在发展机遇和挑战。本部分通过6个章节(第4~9章)进行说明,主要内容分别是:堆芯和核燃料、关键系统部件、仪表和控制系统、人机界面系统、安全性、防扩散和实物保护。负责本部分内容撰写的6名专家是所在领域的国际公认权威专家,与目前的IPWR设计无直接关联。

本书第三部分介绍了实现SMR商业部署的四个关键领域:经济性和融资、许可、施工、SMR综合能源供应系统。本部分通过4个章节(第10~13章)进行论述,第三部分的四位作者也是所在领域的权威专家。

本书第四部分概述了SMR全球发展和部署情况(第14~20章),重点介绍了在SMR开发和部署方面较为积极的国家(美国、韩国、阿根廷、俄罗斯、中国和日本),最后一章论述了发展中国家部署SMR方面的潜力和现状。

本书各章节信息提供者如下:

➤ 第1章:N. Todreas,麻省理工学院,马萨诸塞州,美国;

➤ 第2章:D. T. Ingersoll,NuScale电力公司,田纳西州橡树岭,美国;

➤ 第3章:M. D. Carelli,原西屋电气公司,宾夕法尼亚州匹兹堡,美国;

➤ 第4章:A. Worrall,橡树岭国家实验室,美国;

➤ 第5章:R. J. Belles,橡树岭国家实验室,美国;

➤ 第6章:D. Cummins,Rock Creek Technologies LLC,田纳西州洛顿,美国;

➤ 第7章:J. Hugo,爱达荷国家实验室,美国;

➤ 第8章:B. Petrovic,乔治亚理工学院,美国;

➤ 第9章:RA. Bari,布鲁克海文国家实验室,纽约,美国;

➤ 第10章:R. Boarin, M. Mancini, M. Ricotti,米兰理工大学,意大利;G. Locatelli,英国

林肯大学,伦敦,英国;

　　➤　第 11 章:R. L. Black,美国;

　　➤　第 12 章:N. Town,S. Lawler,德比劳斯莱斯股份有限公司,英国;

　　➤　第 13 章:S. Bragg – Sitton,爱达荷国家实验室,美国;

　　➤　第 14 章:G. T. Mays,橡树岭国家实验室,美国;

　　➤　第 15 章:S. Choi,韩国原子能研究机构,韩国;

　　➤　第 16 章:D. F. Delmastro,巴里洛切原子能中心(CNEA),圣卡洛斯 – 德巴里洛切,阿根廷;

　　➤　第 17 章:V. Kuznetsov,奥地利;

　　➤　第 18 章:D. Song,中国核动力研究设计院,成都,中国;

　　➤　第 19 章:T. Okubo,日本原子能机构(JAEA),日本;

　　➤　第 20 章:D. Goodman,美国。

　　由于译者水平有限,可能有翻译不够准确之处,对于存在争议之处可查询英文原版图书,再次特表歉意。特别感谢刘现星对本书的核稿工作。

　　希望本书对 SMR 技术充满兴趣的读者、相关领域学者、工程师、信息统计者等有所帮助。希望本书所提供的丰富参考资料,可作为学者进一步学习和研究的指南和方向。

译者
2021 年 03 月 27 日

目　　录

第1章　SMR 介绍

1.1　引　言

本章将解释小型模块化反应堆(SMR)的含义,介绍 SMR 的发展历史、商业部署面临的机遇和挑战。根据反应堆冷却剂类型的不同,给出 SMR 分类。最后,介绍世界范围内 SMR 研究现状和未来趋势。

1.1.1　SMR 的定义

SMR 包含三个关键词 Small、Modular 和 Reactor,Small 的含义为"小",Modular 的含义为"模块化",Reactor 的含义为"反应堆"。

"小"含义是指反应堆的额定输出功率相对大型核电站要小,SMR 通常指反应堆额定输出功率水平在 10~300 MWe 的反应堆。SMR 的功率选择需要满足实际工业应用需求,从而实现区域有限能源供应以及自由灵活的规模化生产匹配要求,必要时可实现电网资源协调匹配。

"模块化"指的是核蒸汽供应系统(nuclear steam supply system,NSSS)的零部件单元采用模块装配,当 NSSS 系统与动力转换系统或供热工艺系统进行连接耦合时,可以实现不同种类的能源产品供应。零部件单元模块组装可以由一个或多个功能模块实现,还可根据热工参数匹配性要求,由一台或多台模块机组实现规模化需求,用于生产电力或其他用途。更为重要的是,模块的安装部署可以随着时间的推移,灵活自由安排施工顺序,以适应当地区域电力负荷增长的发展趋势,并在规定的时间内灵活调整投资支付时间,从而降低投资贷款风险。通过设备制造厂组装零部件设备模块来建造设备成品的方法是一种成熟的模块化施工建造技术,尽管该方法已经被绝大多数 SMR 采用,但模块化施工技术却属于成熟的施工工艺,现已经被广泛应用于核电站、船舶领域、航空航天领域。相比之下,SMR 更容易实现模块化的快速组装和施工建造。

"反应堆"一词更广泛地被应用于反应过程都在压力容器中进行的装置的代名词。本书中的反应堆指的是进行受控核裂变反应过程系统。

1.1.2　SMR 的发展

从历史上看,早期用于商业发电的反应堆功率水平都很小,这是因为核反应过程充满了危险性,工程师必须采取慎之又慎的工程措施。

为了获得必要的建造和运营经验,核工程师从较低功率水平等级的核电站入手,开始建造核电站,从而获得足够的工程可行性实践证明,并随着成功运行经验的积累,继而研发更高功率水平的反应堆。经过半个世纪的工程经验积累,如今的商用堆技术已经日益成熟并形成标准化体系,商用轻水堆核电站最大额定功率高达 1 660 MWe。

此外,小型堆也被用于为偏远城镇、军事基地提供电力供应,为军用或商用船舶领域提供核动力推进用途(如核动力商船、核动力破冰船、核动力潜艇、核动力航空母舰等)。

模块化结构设计和制造技术在历史上也被广泛用于批量化流水线产品生产。然而,新思路是对小型反应堆进行模块化设计和制造,由单一或多个模块组成小型模块机组,大幅降低投资成本以提升资本化率,以适应小型或大型电网负荷调度需求,从而创造新的核能发电投资应用领域。例如,为了达到大型核电站同等功率规模和经济性,可以批量投产多个相同的、造价低廉的 SMR 模块机组群,从而具有可与现有大型电厂相竞争的经济成本。

1.1.3 SMR 的演变

历史上,商用核能发电技术源自小型轻水堆(LWR)技术,如 1958 年,美国贝蒂斯海军原子能实验室设计的希平港压水堆核电站(60 MWe)投入商运;1960 年,美国西屋公司设计的杨基压水堆核电站(185 MWe)投入商运;1962 年,美国 B&W 公司设计的印第安角压水堆核电站(275 MWe)投入商运;1960 年,美国通用电气公司设计的德累斯顿沸水堆核电站(210 MWe)投入商运。这些反应堆都属于轻水堆技术,其成功商用为以后更高功率水平的核电站设计提供了示范验证。

早期美国军用核能计划开发的军用陆上核反应堆设施包括:①1957 年 4 月,弗吉尼亚州贝尔沃堡的陆上固定式核电站成功运行(比希平港核电站早 7 个月完工,比阿拉斯加的格里反应堆达临界时间早 5 年);②1962 年,美国部署在南极麦克默多湾的可移动式反应堆投入运行;③1967 年,美国部署在巴拿马城海岸的可移动式驳船装载的反应堆投入运行。这些核反应堆的功率范围为 1.75 ~ 10 MWe,除具有发电功能外,还具有供热和淡水生产功能。

早期研发的小型移动式反应堆名称为 PAMIR 反应堆,它主要用于为远程军事雷达前哨提供电力。1961 年,苏联建成首座移动式小型发电功率为 2 MWe 的 TES – 3 核电站;20 世纪 80 年代,苏联通过技术改进后,研发了功率更小、机动性更灵活的 630 kW 反应堆装置。

早期 SMR 应用数量最多的领域是美国的海军核能应用项目,美国海军率先将核能应用于潜艇和水面舰艇的推进动力,并陆续制造了多座压水堆和一座小型钠冷快堆。随后,其他国家在海军核动力推进动力方面大力跟进,最引人注目的是苏联/俄罗斯,它在开发利用水冷反应堆工程技术的同时,还研发了铅铋冷却快堆工程技术,建造了大量核动力舰艇和核动力破冰船(基于水冷堆和铅铋快堆技术)。

此外,核能在商业船舶动力推进方面也得到了工程示范应用,特别是在海洋货轮、破冰船等方面的应用,尽管核商船至今仍没有取得商业成功,但民用船舶采用核动力推进技术已被实践证明是可行的。截至目前,世界上建成的核商船共有四艘:①1962 年,美国"萨凡纳号"(NS Savannah)核动力货船投入商业服役,该核商船的反应堆功率为 74 MWt,使用 9 年后于 1971 年退役;②1968 年,"德国奥托·哈恩号"(Otto Hahn)核动力货轮船正式投入使用,该核商船的反应堆功率为 38 MWt,使用 9 年后于 1979 年退役;③1972 年,日本"陆奥号"(Mustu)核动力船舶建成并完成首炉装料,该核动力船的反应堆功率为 36 MWt,随后由于种种原因而于 1995 年退役;④1988 年,俄罗斯用于北极地区的"Sevmorput 号"核动力集装箱船投入使用,该船反应堆功率为 135 MWt,至今仍在服役之中。目前,正在服役的民用核动力船舶中,全部都是俄罗斯的核动力破冰船。

"奥托·哈恩号"反应堆的设计别具特色,因为它采用一体化布置设计,当前各国正在研发的小型堆普遍多采用这种一体化布置设计。一体化布置设计是将反应堆冷却剂系统的所有部件和连接管道均布置在反应堆压力容器中,冷却剂在反应堆压力容器内完成压水堆的一回路系统循环流程,主要的系统部件,如堆芯、控制棒及其驱动机构、蒸汽发生器、主泵和稳压器等通过压力容器内的巧妙布置进行连接。这种布置方式大大简化了一回路系统的工艺流程,提高了系统的固有安全特性。

目前,俄罗斯共建造了 10 艘核动力破冰船,5 艘在役,5 艘退役。俄罗斯是世界上唯一拥有核动力破冰船的国家,由核动力破冰船公司(Rosatomflot)负责管理和运营。俄罗斯/苏联现已发展四代六型核动力破冰船(含在建),第一代为"列宁号"、第二代为"北极级"和"泰梅尔级"、第三代为"LK - 60 级"(在建)、第 4 代为"领袖级"和 LK - 40 级(在研)。"列宁号"破冰船装备了 3 座 OK - 150 型压水堆(90 MW),后由于换料期间发生事故,堆芯受损,于 1970 年换装了 2 座 OK - 900 型压水堆(159 MW),可为螺旋桨提供 32 MW 推动力。"北极级"破冰船装备了 2 座 OK - 900A 型压水堆(171 MW),可为螺旋桨提供 54 MW 推动力。"泰梅尔级"破冰船装备了 1 座 KLT - 40M 型压水堆(171 MW),可为 3 个螺旋桨提供 35.5 MW 推动力。第三代破冰船配备 2 座 RITM - 200 型一体化压水堆技术(单堆功率 175 MWt),可为螺旋桨提供 60 MW 推动力,具备 9 级破冰能力。俄罗斯还建造了一座非自航式浮动核电站"罗蒙诺索夫院士号",可为偏远沿海城镇提供电力供应,采用 2 台 KLT - 40S 型反应堆,单堆功率为 35 MWe,共计可提供 70 MWe 电力、300 MW 供热或 240 000 m^3/d 的淡水。

军用飞机核能推进系统的发展始于 1946 年,美国通过飞机核能推进系统计划(NEPA)并以飞机核能推进(ANP)项目的名义陆续开展了两种不同的核动力喷气发动机系统研发:通用电气开发的直接气体循环概念和普惠公司开发的间接气体循环概念。当时,只有直接气体循环的概念设计进展到足以研发出可以使用的反应堆装置。通用电气研究项目的第一个研究成果是飞机用反应堆试验装置(ARE),该装置在 1954 年成功运行了 1 000 h,它是一个以熔融氟化物盐($NaF - ZrF_4 - UF_4$)为核燃料、氧化铍(BeO)为慢化剂、液体钠为二次冷却剂、功率为 2.5 MWt 的小型核反应堆。1955 年,飞机核能推进项目促成了 X - 39 发动机的研制成功,发动机所需能量由热传反应堆实验 1 号(HTRE - 1)供应,HTRE - 1 随后被 HTRE - 2 实验装置所取代,最终被为带有两个喷气涡轮提供动力的 HTRE - 3 所取代,HTRE - 3 核辐射屏蔽系统采用了流线型设计。后来,为"航空器防护测试反应堆(Aircraft Shield Test Reactor:ASTR)"的反应堆装置被安装在经过改装的 B - 36 轰炸机上,目的是用于测试屏蔽效果,而非为飞机提供动力。1961 年,飞机核能推进系统计划项目全部被取消,之后再没有进行过核能推进航天飞机研究。但美国却一直在开展宇宙空间探测装置用小型空间核动力的研发工作。

受当时的技术先进程度以及对核能风险的谨慎思维制约,早期的反应堆研究基本上都采用较小功率规模的核能装置。目前,由于新的潜在应用价值,SMR 重新被提上研究热潮,表 1.1 列出了一些国家正在设计或建造的 SMR,表中以反应堆冷却剂的类型进行分类。

表 1.1　国际上正在研究的 SMR

堆名	额定功率/MWe	国家	供应商/工程公司
轻水冷却(压水堆 PWR)			
ACP100	100	中国	中国核工业集团公司(CNNC)
CAREM	27~100	阿根廷	阿根廷国家原子能委员会(CNEA),INVAP 公司
KLT-40S	35	俄罗斯	OKBM
mPower	125	美国	B&W/Bechtel
NuScale	45	美国	Nu Scale/Fluor
SMR-160	160	美国	Holtec
W-SMR	>225	美国	西屋公司
SMART	100	韩国	KAERI
FLEXBLUE	160	法国	DCNS
轻水冷却(沸水堆 BWR)			
VK-300	300	俄罗斯	RDIPE&NIKIET
重水冷却(重水堆 HWR)			
PHWR	200	印度	印度核能公司
气体冷却			
Antares	250	法国	阿海珐(AREVA)
EM2	240	美国	通用原子能公司(GA)
HTR-PM	2×105	中国	清华大学,中国华能集团有限公司
钠冷堆			
PRISM	311	美国	通用电气公司(GE)和日立公司
GEN4	25	美国	Gen4 能源公司(Hyperion)
4S	10	日本	东芝公司
铅、铅铋冷却堆			
BREST	300	俄罗斯	RDIPE
SVBR-100	100	俄罗斯	AKME（Rosatom/俄电力公司)

1.2　SMR 商业部署的推动力和挑战

SMR 得以重新提上研发热点主要是因为 SMR 提供了非常具有吸引力的优势,可以克服目前大型核电站存在的困境。商业部署或建造目前的大容量先进轻水堆核电站(安全指标要求满足三代＋以上,二代核电机组基本被淘汰)或者将来可替代的第四代核电站,所存在的最大障碍并不是技术问题,而是建造核电站需要巨额初始投资,投资者会面临十几年、甚至几十年的重大财务和债务风险,以及当地电网对供电的需求会随着时间或外界电网状况而随时变化,实际装机规模与预期装机规模往往会随时代发展(如可再生能源分布式供应,风能、太阳能、远距离输送电力等因素)而导致用电需求变化。

本节介绍 SMR 降低财务融资风险的措施,分析 SMR 如何能够与常规化石燃料相竞争。

1.2.1　推动力

实现 SMR 商业部署的两个主要推动力分析如下。

(1)采用模块化技术降低初始投资和财务风险

SMR 可以在反应堆技术根本上实现模块化,投资者可根据用户所需的机组总功率水平,按照时间顺序实现机组模块增量建设和施工。单个 SMR 机组模块成本要远远低于大型核电机组,通过合理优化并配置各个单元机组模块的建造时间、注资时间和投运时间可以实现建设成本和运营盈利之间的优化匹配,这样就可以充分利用模块技术的经济优势最大限度地降低业主的投资成本风险。

(2)宽广而又灵活的电力配置改善了电网的适配性

未来,电网预期需要的电力容量和增量将更加精准和苛刻,且增量极为有限,从而使得核电要参与更大范围的调峰,这将限制大型核电站的功率负荷并对其负荷跟踪提出更高要求,电力生产企业会转向小型清洁能源发电站。与此同时,由于燃煤发电导致环境污染严重,各国政府都在鼓励采用清洁能源替代燃煤电站,这些清洁能源包括太阳能发电、风力发电、水力发电,核能也属于相对比较清洁的能源。

SMR 功率小,建造时间短,运行自由灵活,能够适应新增有限电力负荷需求以及电力调峰状况。SMR 潜在市场也在没有核能发电的发展中国家逐渐形成并出现。在核能发电比例较大的发达国家,存在着对国家安全至关重要的偏远地区,这些地区的电力需求可以由SMR 灵活、自由提供。此外,SMR 还可以根据化工厂的需要提供适当规模的化学工艺过程所需的持续热能供应。

SMR 能够商业化部署的推动力是由 SMR 技术特点所决定的,这些特点包括:

(1)SMR 可有效降低投资成本风险,使其不受反应堆设计及安全方面的影响;

(2)SMR 功率普遍较小,堆芯核燃料装载量小,放射性裂变产物积存量小,且 SMR 采取与大型核电站相当的安全措施,安全裕量大,甚至可减少或取消应急规划区域范围;

(3)SMR 设备小,可降低运输困难,实现多种途径的方式进行运输,如水路、公路、铁路等;

(4)SMR 功率灵活,可以与电网实现更为自由的电力匹配;

(5)SMR 设备和零部件质量和尺寸小,部件制造不需要像大型核电站那样使用超重型锻件;

(6)SMR 具有多用途。

1.2.2　挑战

SMR 商业化部署面临的主要挑战如下所述。

1.2.2.1　财务风险挑战

投资者或业主普遍认为核能财务风险来自三个关键因素:监管方的许可要求、设备加工制造成本、核电站建造和维护成本。SMR 所面临的财务风险分析如下:

（1）监管方（如美国核管会 NRC、中国国家核安全局 NNSA、其他国家政府核能监管机构）的许可要求，这些许可申请提交的材料可能需要大量的人力培训、物力、技术、试验等方面财务支出，而这些将影响 SMR 各类成本支出，此外，还包括核电站的人员配备、安全及安全审查要求、保险和许可费用、退役资金预先准备等；

（2）设备、零部件的加工制造、组装、调试等方面的财务风险，SMR 可通过工厂批量化模块制造、模块化组装等先进工艺来以降低设备相关费用支出，并通过预期学习曲线加快工艺技术过程熟练度来降低工艺过程费用；

（3）施工建造方面所面临的潜在风险如下。

①由于监管过程技术问题澄清和文件报告提交有关的延误，导致建设和商业运营计划必然延迟；

②由于建造商缺乏新机组的建造经验（如 EPR 和 AP1000 核电项目），以及潜在非预期的强制性设计改进（如福岛事故导致的核电站强制性改进措施），从而导致建设成本超支；

③由于运营和维护成本上升，或者发生严重的反应堆事故而造成的投资损失风险。

目前，各国政府对新建核电机组的要求几乎一致，即所有新建核电机组的设计都应满足最高水平的核安全监管要求，但这些要求并没有在国际上得到充分协调一致。在美国，对于水冷反应堆的这些要求更加明确，因为在其他不同冷却剂类型的反应堆中，仅有圣弗莱恩的氦冷反应堆获得了美国 NRC 的商业运营许可证，其他均未获得监管部门的许可。采用 LWR 技术的 SMR 可以参照美国 LWR 法规要求开展许可申请工作。然而，即便是采用 LWR 技术 SMR 也需要解决以下监管有关的关键问题。

（1）SMR 反应堆控制策略简化或调整导致所需运行操作人员数量减少的相关证明；

（2）某些 SMR 设计方案不考虑硼酸调节措施，这类 SMR 反应性控制需要更深入的分析；

（3）在严重事故中裂变产物释放源项的计算和分析；

（4）对存在多堆多机组的多模块方案，各台机组之间的关系和安全交互作用需要提供详细材料。

美国 LWR SMR 的设计人员和供应商认为：他们的 SMR 设计会被监管机构理解和接受，他们能够提供足够充分的支撑材料（甚至包括原型堆实验）来证明所使用的核燃料组件和系统配置可以满足三代＋先进轻水堆（ALWR）的安全目标。

对于使用诸如氦、钠、铅铋或熔盐等非传统冷却剂的 SMR 来说，由于 NRC 工作人员对这些反应堆设计不够熟悉，因此监管方面面临较大的挑战。此外，考虑到美国以轻水为基础的核动力厂法规在很大程度上是规范的，许可程序可能有些内容不适用于新型 SMR。核工业界已经有不少呼声建议增加非传统冷却剂 SMR 的许可流程，但至今进展缓慢。

1.2.2.2　预期平均单位电力成本（LUEC）挑战

模块化在降低小型、批量型和工厂制造单元的成本方面影响至关重要。模块化的支持者们称之为传统的规模经济（以已经形成的 GWe 规模大型制造业工厂为特征）与新的数字化经济（以中小制造企业规模为特征）之间的竞争。

与目前大型核电机组的反应堆相比，SMR 反应堆的额定功率显著降低，并采用简化的系统配置，取消能动安全系统，采用非能动安全系统，大幅度降低支持系统配置。美国核学会关于 SMR 通用许可问题的报告认可此类简化,包括消除不必要的支持系统,从而降低设备成本。

然而,学者对 SMR 核电机组能否实现比传统大型核电站更低 LUEC 的预测各不相同。例如,欧洲经济与合作组织报告认为,即使考虑到 SMR 核电机组能够实现缩减施工工期、采用模块车间制造和过程学习曲线,SMR 核电机组的 LUEC 投资部分也可能高于大型核电站;与拥有较大功率规模的核电站相比,双机组和多模块电站在内的 SMR 的 LUEC 值反而会更高。因此,实现具有竞争力的 SMR LUEC 将非常困难,SMR 独立验证成本对于成本估算也至关重要。

1.2.2.3　核燃料循环设施和策略兼容性方面的挑战

不同冷却剂类型的 SMR 采用不同的核燃料类型。水冷 SMR 和铅铋冷却 SMR 一般采用 UO_2 陶瓷燃料,气冷 SMR 使用石墨和碳化硅包覆的 UO_2 颗粒,钠冷 SMR 使用金属 UZr 和次锕系元素用作核燃料,铅冷 SMR 使用氮化物混合燃料(UN – PuN)。水冷 SMR 燃料与正在运行的电厂和正在部署的 GEN Ⅲ + 电厂相同。所有液态金属冷却的反应堆燃料的浓缩度都将大大超过目前水冷堆核燃料的 5%。

水冷 SMR 燃料的后处理与传统大型 LWR 核电站的后处理对策相同。气冷 SMR 燃料的单位发电量要显著高于 LWR UO_2 燃料,但单位体积热负荷低,这种燃料的特性决定了需要采取不同的处置策略,尽管它可能与陶瓷 UO_2 Zr 合金包壳燃料的处置策略可兼容,但结构不同,因为各向同性结构(TRISO)燃料颗粒可以形成天然良好的屏障,可以滞留裂变产物。

钠冷或铅冷 SMR 反应堆的燃料利用快堆技术进行核燃料再处理和再循环,这种燃料循环需要建造和运营后处理设施和燃料制造设施,同时有可能还将与轻水燃料的后处理结合起来,作为生产钚的原料,用于快堆的核燃料初期装载。最终需要处理的乏燃料成分主要是裂变产物,其体积远小于每产生等效单位能量的热中子反应堆的乏燃料。然而,基于闭式燃料循环的快堆部署需要与现有 LWR 核电站和 LWR SMR 发展相协调。

1.3　SMR 的类别

与大型核电站类似,SMR 的冷却剂可以是轻水、气体或液态金属,表 1.2 给出了基于不同冷却剂类型的 SMR 类别,表 1.3 给出了 SMR 冷却剂重要物性参数,其中:

(1)高温气冷堆(HTGR)采用氦气作冷却剂,石墨作为堆芯材料,堆芯出口温度很高(750~950 ℃),热效率高,可利用其高温优势提供高参数的工艺热;

(2)液态金属冷却堆的冷却剂工作温度高,但相应的压力较低,因此,一次侧或一回路系统可在低压下运行;

(3)钠冷堆采用快中子能谱,采用金属冷却剂,传热系数高,堆芯体积紧凑;

(4)PWR 和 BWR 采用廉价轻水作为冷却剂和慢化剂,采用水作为冷却剂的 SMR 可充分利用现有 LWR 的技术。

SMR 中有一种一体化反应堆技术,将核蒸汽供应系统大部分的设备部件均布置在反应堆压力容器的内部,这种技术具有独特的优势和发展潜力,被业内公认具有高安全性。当前的 BWR 核电站或 BWR 小型堆全部采用了一体化反应堆技术,先进 PWR 小型堆也普遍采用一体化反应堆技术。这种技术早在德国核商船"奥托·哈恩号"(Otto – Hahn)中已经获得成功应用。

气体冷却剂可供选择的冷却介质主要有氦气和二氧化碳。

液态金属冷却剂可供选择的冷却介质主要有钠、铅、铅铋合金。

反应堆所用冷却剂的选择是基于它们对反应堆的适用性,包括中子核反应的相容性、传热特性、辐照特性、配套标准、运行可靠性、安全性、公共健康、安全保护等,最后才是经济竞争力。

表1.2　SMR 类别(以冷却剂进行分类)

冷却剂	PWR 轻水[1]	BWR 轻水[2]	HTGR 氦气[3]	HTGR 氦气[4]	SFR 钠[5]	LFR 铅[6]	LFR 铅铋[7]
功率/(MWt/MWe)	530/ 180	750/ 250	250/ 100	625/ 283	840/ 311	700/ 300	280/ 101.5
功率密度 /(kWt/L)	69	39.5	3.2	6.8	215	116	160
比功率 /(kWt/kg)	26.8	11.6	89.7	120	83.6	14.5	30.8
燃料形状	棒	棒	球床	棱柱石墨块	棒	棒	棒
燃料/ 包壳材料	UO_2/ Zr_4	UO_2/ Zr	UO_2/ TRISO	UCO/ TRISO	(U+Pu)/ SS	(U+Pu)N/ SS	UO_2^b/ [8]
主系统进/ 出口温度/℃	295/ 319	190/ 285	250/ 750	325/ 750	360/ 499	420/ 540	340/ 490
主系统运行压力 /MPa	14.2	6.9	7.0	6.0	0.1	0.1	0.1
二回路运行压力 /MPa	5.7	NA	13.3	16.7	14.7	18	6.7
热效率/%	34	33.3	42	45	37	43[a]	36.3

说明：[1]　Pers. Comm, D. Langley (mPower) to N. Todreas (MIT), Jan 2013.

　　　[2]　VK - 300 - Gabaraev et al. (2004); Kuznetsov et al. (2001).

　　　[3]　HTR - PM - Zhang et al. (2009); Zhang (2012).

　　　[4]　SC - HTGR - AREVA (2012).

　　　[5]　PRISM - Triplett et al. (2012).

　　　[6]　BREST - Smirnov (2012); Glazov et al. (2007)[a].

　　　[7]　SVBR - 100 - Toshinsky and Petrochenko (2012); MOX and N fuel options proposed[b].

　　　[8]　Likely EP823 or EP450.

NA—不可用,BWR 无二回路系统。

数字采用四舍五入。

表 1.3　SMR 冷却剂重要物性参数

冷却剂	水[1] PWR	水[1] BWR	氦气[2]	钠[3]	铅[3]	铅铋[3] (0.445Pb, 0.555Bi)
原子质量	18	18	4	23	207	208
1atm 熔点/℃	0	0	NA	98	327	124
1atm 沸点/℃	100	100	−267	892	1 737	1 670
密度, r/(kg/m^3)	704.9	754.7	3.54	880	10 536	10 180
比热容, C_p/(J/(kg·K))	5739	5235	5191	1272	147	146
热容, r_{cp}/(MJ/(m^3·K))	4.05	3.95	0.018	1.07	1.55	1.49
热导率, k/(W/(m·K))	0.543	0.585	0.31	66	15	15
传热系数($\times 10^{-4}$), h/(W/(m^2·K))	3.80	1.90	0.65	18.1	2.81	2.75
动力黏度($\times 10^4$), μ/(kg/(m·s))	0.846	0.945	4.0	2.6	20	15
运动黏度($\times 10^7$), $\nu = \mu/r$/(m^2/s)	1.20	1.26	1.13	2.95	1.91	1.47
热膨胀系数($\times 10^5$), a/(1/℃)	326	250	—	29	11	13
普朗特数, Pr	0.89	0.85	0.66	0.005	0.020	0.015

说明：[1]　压水堆物性参数平均值,沸水堆入口参数值,源自 Todreas 和 Kazimi(2012).

　　　[2]　Property values at 537℃ and 6 MPa from Petersen (1970).

　　　[3]　Property values at 450℃ from Hejzlar et al. (2009).

1.3.1　SMR 的功用

商业 SMR 的主要任务是发电,对于那些被设计成可部署到偏远地区的 SMR 核电机组,无论是放置在陆地上还是放在船舶上,都兼具淡水生产、供热或是热电联产的功能。在水冷 SMR 中,俄罗斯的压水堆和沸水堆的附加功能是热、水联供;但俄罗斯的核动力破冰船中,KLT−40S 反应堆或者 RITM−200 反应堆的主要用途是推进动力,同时兼具全船电力供应。

由于气冷反应堆可以提供很高的冷却剂温度(750 ℃甚至更高),因而可以被应用于高温行业领域,如页岩油回收、高温热化学循环制氢等多种工业过程。

电解水制氢需要的温度范围为 500～550 ℃,可以采用钠或铅冷却反应堆,也可以采用气冷反应堆。

1.3.2　SMR 的运行可靠性

为满足运行的成熟安全可靠性,SMR 的设计应优先选择当前成熟的技术,如 LWR 技术路线,采用轻水作为冷却剂和慢化剂,使用在重要运行经验参数范围内的冷却剂温度和压力下工作的成熟系统和部件。水冷堆技术成熟,其设计和运行经验可以追溯到核能发电起步和大规模推进时代。在水冷 SMR 实现运行可靠性方面,需要关注的是采用一体化反应堆技术的设计方案,因为一体化反应堆将所有的 NSSS 系统部件和管道全部集中在单个压力容器内。尽管"奥托·哈恩号"核商船成功商运了9年,但由于一体化反应堆的主要系统部件监测、维护和维修方面的可达性有限,反而会降低运行可靠性,对其可靠性的评估需要更多的运行经验积累。

钠冷反应堆的运行经验极为有限。目前,可供参考的钠冷堆运行经验主要有:

(1)美国实验增殖反应堆 EBR – Ⅱ;

(2)英国敦雷快堆 DFR;

(3)俄罗斯的 BOR – 60 和 BN – 600 快堆;

(4)法国凤凰快堆。

由于钠泄漏事件,日本 Monju 快堆可供参考的运行经验很有限。

铅铋冷却的俄罗斯潜艇堆运行可靠,但却在1968年发生重大事故,因此需要注意冷却剂的化学控制和凝固预防,并严格控制冷却剂中氧的含量以防止氧化铅渣的形成。

氦气冷却反应堆,也有着相关的运行经验记录,例如德国的实验反应堆 AVR 和 THTR,以及美国的商业化圣维伦堡核电站。

综上分析,可以得出结论,根据运行经验,水冷 SMR 在保证运行安全可靠性方面比其他类型的冷却剂具有显著的优势。在积累足够多的示范电厂运行经验之前,非水冷堆的运行可靠性具有较大的不确定性风险。

表1.4给出了主要冷却剂特性对运行方面的影响,例如冷却剂毒性、对压力边界表面的腐蚀作用以及冷却剂凝固和沸腾温度。冷却剂毒性表现在辐射、生物和化学方面。

对于铅铋快堆,其生物后果源于 ^{210}Bi 的衰变,产生 ^{210}Po,钋与铅进行反应结合成 PbPo(s)。如果水进入主系统渗透屏障,同时蒸汽发生器管道泄漏,水将与 PbPo(s)反应生成 $H_2Po(g)$,$H_2Po(g)$ 会引起生物吸入问题(挥发性 α 气溶胶)。因此,铅铋冷却 SVBR – 100反应堆的设计人员必须足够重视苏联的铅铋堆潜艇堆运行经验,必须采取足够保守的辐射安全防护措施。

对于水冷堆,其水化学控制措施一般是通过引入硼、锂(以硼酸和氢氧化锂溶液形式)进行化学腐蚀控制。尽管一些 SMR,例如 mPower 反应堆设计已经消除了可溶性硼酸用于进行反应性控制的措施。中子活化 ^6Li 和 ^{10}B 会产生 ^3T 氚,尽管量很小,但一旦摄入,就会造成生物危害。

由于铅具有化学毒性,吸入铅或偶然皮肤接触可能会产生职业铅中毒危险或放射性危险。偶然吸入过量氦气或氮气(BWR 安全壳容器中为防止氢气爆炸而使用的惰性氮气)会造成窒息危险。更为重要的是,采用锆包层的核燃料中,在事故环境下锆与水发生化学反应产生大量热量和氢气,存在能量释放安全问题;采用化学性质活泼的钠作为冷却介质,存在钠水剧烈反应或钠与氧气剧烈燃烧能量释放安全问题。

在已有的冷却剂中,氦气是惰性气体,其腐蚀电位最小,活化程度也最小。经验表明,与轻水反应堆相比,氦气在冷却剂中的活性非常低。由于铅或铅铋对燃料包壳的侵蚀作用极强,铅或铅铋冷却堆中堆芯冷却剂的速度需要限制在3 m/s 以内;为限制堆芯冷却剂过大的温升,要求堆芯具有较大的冷却剂流通面积。因此,铅或铅铋反应堆堆芯的燃料应采用大间距方形排列。然而,最近开发的包壳和结构用复合材料可能会减小这种尺寸限制。

为确保液态金属冷却剂系统能够运行,要求在钠、铅或铅铋堆的设备、管道和部件周围安装加热装置,以防止功率运行或衰变热运行期间当热量不足以维持冷却剂的温度(运行要求冷却剂处于液体状态)而导致冷却剂凝固。与钠(98 ℃)和铅铋(125 ℃)的温度值相比,铅(327 ℃)的高凝固温度特点使其不利于作为冷却剂。然而,液态金属高凝固温度特点为密封一回路冷却剂边界的小泄漏提供了一种解决方法。此外,液态金属冷却剂的高沸点和低蒸汽压力允许反应堆在大气压下运行,而无须采取额外措施来维持高压。在低压下操作可以减少压力容器和其他主要压力边界部件的壁厚。然而,对于重金属冷却剂,必须仔细评估容器的尺寸,以满足抗震设计标准要求。

表 1.4　冷却剂类型对运行可靠性的潜在影响

冷却剂类型	水	氦	钠	铅	铅铋
放射性	16O(n, p)16N, 16N → 16O + 5 – 7 MeV γ ($T_{1/2}$ =7.1s)	突然降压产生冲蚀粉尘,会导致机械堵塞	23Na(n, γ)24Na ($T_{1/2}$ = 15 h)1.38、2.76 MeV γ s 23Na(n,2n)22Na ($T_{1/2}$ = 2.6 y) 1.28 MeV γ	204Pb(n, γ)205Pb ($T_{1/2}$ = 51.5 d) 1.28 MeV γ	与铅基本相同: 209Bi(n,γ)210Bi(e) 210Bi→210Po 210Po(a,γ)206Pb ($T_{1/2}$ = 138 d)5.3 MeV a; 805 keV γ
毒性生物学	6Li(n,)3T, 10B(n, 2a)3T, 10B(n, a)7Li, 7Li(n, na)3T ($T_{1/2}$ = 12.3 y)	无	无	通过中子俘获和 β^- 衰变,可追踪到 Po 痕迹:(205Pb→Po)	PbPo(s) + H$_2$O = PbO + H$_2$Po(g) (挥发性 α 气溶胶)
化学	无	窒息	无	吸入、摄入或皮肤接触高浓铅可导致铅中毒	与铅基本相同
腐蚀	不锈钢应力腐蚀裂纹,腐蚀导致积垢形成	无	钠对不锈钢几乎没有腐蚀性,腐蚀程度低于铅或水	表面反应溶解腐蚀;晶间腐蚀。氧化膜形成可抑制腐蚀速率,需限制流速 3 m/s 左右,以避免包壳腐蚀	与铅基本相同
熔点/沸点/℃	0/100	NA	98/883	327/1 737,高凝固温度,需加热	125/1 670,较低凝固温度

1.3.3　SMR 的经济性

大型水冷堆核电站的经济性是人们从多年的建设和运行经验中获取的。根据 20 世纪末一些反应堆示范装置的部署情况,钠冷堆的经济成本为水冷堆的110%～125%。与水冷堆相比,气冷堆以及重金属冷却堆的经验不足以对资本成本进行可比预测。因此,虽然普遍认为单台 SMR 机组的成本将远远低于采用相同冷却剂的大型核电机组成本,但与大型核电机组相比,SMR 单台机组整个资本成本可能更高。本文仅能在大型核电机组经验的基础上,对各类型 SMR 的成本进行比较分析。

衡量堆型机组经济性的指标是堆芯功率密度和比功率。堆芯的功率密度(kW/L)反映了堆芯容积功率水平,一般用于确定在预期的额定功率下所需的压力容器尺寸指标,除非反应堆容器的尺寸由堆芯功率密度以外的其他因素所决定。例如,SPRISM 钠冷快堆压力容器的尺寸除了要考虑功率密度外,还需考虑热量导出相关系统和设备的配套设施及设备;BWR 使用安全壳内抑压水池进行事故后安全壳压力控制,BWR 反应堆压力容器和安全壳比 PWR 要小很多。因此,功率密度是资本成本的相对指标。比功率(kW/kg)反映了维持机组额定功率所需的初始重金属(IHM)或核燃料质量,比功率是衡量核燃料消耗成本的相对指标。

但是,并非所有的 SMR 都会采用相同或者相类似的核燃料或材料,表1.5 中列出了采用不同冷却剂类型的反应堆功率密度值和比功率值相对水平,可据此对不同类型的 SMR 经济性进行对比。从表中数据可知,尽管钠冷堆需要相当昂贵的仪器仪表和净化系统设施,同时需要加热装置维持钠处于液体可流动状态,且核燃料富集度要比水冷堆高得多,但钠冷堆的堆芯功率密度和比功率较高,可以获得相对较高的经济指标;气冷堆的功率密度最低,说明气冷堆需要设计较大的堆芯体积。

表1.5 采用不同冷却剂的 SMR 平均功率密度和比功率比较

	PWR	BWR	氦气	钠	铅
功率密度/(kW/L)	100	51	6	280	110
比功率/(kW/kg)	38	27	100	60	45

此外,在进行全面的成本经济性分析和评价时,不仅仅要考虑上述因素,还应全面考虑反应堆系统和设备的成本、所有安全系统及安全相关支持系统和设备的成本、蒸汽动力转换系统及设备的成本、运行操作人员的成本、维修和检查成本、核燃料的成本等,从而可以全面评估各类 SMR 设计的经济竞争力。

1.4 SMR 的公共健康和安全

所有 SMR 的设计应满足最高的核安全监管要求,但不同冷却剂的固有特性对实现这些健康安全要求方式有着较大影响。

不同的冷却剂会影响反应性系数,进而影响反应堆设计。对于 PWR 和 BWR,慢化剂系数设计在事故条件下保持负值;对于钠冷堆、铅冷堆、铅铋冷堆,反应性系数是温度的正函数关系,因而需要采取额外的安全保护措施。球型或者棱柱型氦冷堆具有功率密度低的独特特点,加之高热容的堆芯和反射层设计使得反应堆在温度升高时,中子能将功率降低到非常低的水平(远低于满功率的1%)。

在应对设计基准事故和严重事故方面,SMR 的基本目标是一致的,即:①限制能量释放;②减少裂变产物的释放;③对失去冷却剂事故(LOCA)做出响应并确保长期排出堆芯的衰变热。

1.4.1　限制能量释放的措施

在事故情况下,反应堆除了会产生衰变热外,还可能会发生化学反应,释放出能量。表1.6 列出了在工作温度或低温下发生的主要反应,这些反应类型如下。

(1)对于钠冷堆,蒸汽发生器的传热管泄漏会导致钠水反应产生氢气,钠与空气在适宜条件下也能发生剧烈反应放出热量,同时放出浓烟。1995 年12 月,由于仪表贯穿件故障,日本 Monju 钠冷快堆发生了少量钠泄漏到管道隔间的钠泄漏事件,这一事件迫使反应堆停闭十多年,主要工作是重建公众可接受性。尽管美国 EBR - Ⅱ 在其30 年的使用寿命中不得不处理大量的钠泄漏问题,但这些泄漏最终都得到了有效控制,并作为经验教训被记录下来进行安全教育。

(2)对于石墨慢化反应堆,在一定条件下,石墨与空气接触会发生氧化反应,英国温斯凯尔反应堆就曾经发生过因石墨中原子移位(维格纳能量)储存的能量释放情况,但现代气冷堆普遍采用高温运行以消除这种能量存储机理。

其他需要关注的是化学放热反应。反应堆系统中的化学反应一般发生在堆芯退化时可能会产生的高温条件下,包括:

(1)水冷堆中燃料元件包壳多采用锆合金,事故情况下锆水化学反应会释放出大量的热量,而且还产生氢气,当氢气与空气混合时,在4% ~75%(按体积计)浓度下氢气很容易引起燃烧和爆炸。通常情况下,压水反应堆压力容器的尺寸能将氢气的含量保持在4%(按体积计)以下;沸水堆的压力容器和安全壳容积更小,安全壳采用抑压水池设计,事故情况下氢气浓度容易超过4%,因此需要采取惰化(如沸水堆 Mark Ⅰ 和 Mark Ⅱ)措施或使用氢复合器以及点火器(Mark Ⅲ设计)以防止氢燃烧或爆炸。

(2)对于所有的液体冷却堆,堆芯熔融物金属材料可能与水发生氧化反应,当反应堆压力容器失效后,堆芯熔融物将与混凝土接触,混凝土会因热分解或反应释放出二氧化碳。

(3)铅冷堆、铅铋冷却堆的优点在于它们与水/蒸汽和空气的反应轻微,不会对安全造成影响。

1.4.2　裂变产物释放的缓解措施

水和钠作为冷却剂的好处在于它们能够清洗或滞留核裂变产物,裂变产物首先从燃料中泄漏释放出来,在发生严重事故时通过冷却剂释放出来。水和钠可以减少裂变产物的数量,如果流出安全壳,则这些裂变产物可能会逸出到环境中。不同的化学裂变产物在水和钠中的滞留性不同。研究表明:

(1)水对碱性裂变产物的相对洗涤能力较强;

(2)钠对卤素裂变产物的相对洗涤能力较强;

表 1.6 能量释放反应和裂变产物反应

冷却剂	水	氮气	钠	铅/铅铋
能量释放	1. Zr - 水/蒸汽反应： (1) $Zr + 2H_2O \rightarrow ZrO_2 + 2H_2 + 538$ kJ/(mol Zr)（500 K） (2) $Zr + 2H_2O \rightarrow ZrO_2 + 2H_2 + 584$ kJ/(mol Zr)（1477 K） 2. 氢氧化反应： $H_2 + \frac{1}{2}O_2 \rightarrow H_2O + 242$ kJ/(mol H_2)（298 K）	与空气的反应： (1) $C + O_2 \rightarrow CO_2 + 393$ kJ/(mol C)（798K） (2) $C + CO_2 \rightarrow 2CO - 171$ kJ/(mol C)（798K） (3) $CO + \frac{1}{2}O_2 \rightarrow CO_2 + 282$ kJ/(mol CO)（798 K）	1. 与水的反应： (1) $Na + H_2O \rightarrow NaOH + \frac{1}{2}H_2 + 160.1$ kJ/(mol Na)（798 K） (2) $Na + NaOH \rightarrow Na_2O + \frac{1}{2}H_2 + 13.3$ kJ/(mol Na)（798 K） (3) 产生氢可被氧化为：$Na + \frac{1}{2}H_2 \rightarrow NaH + 57.3$ kJ/(mol Na)（798 K） (4) 燃烧反应发生在钠空气界面处火焰区域。 2. 与空气的反应： 钠在空气中燃烧生成 Na_2O、Na_2O 与氧气继续反应生成 Na_2O_2。在熔融钠中，只有 Na_2O 是稳定的	1. 与水或蒸汽几乎没有反应； 2. 与空气反应产生 PbO。在 450 ℃ 时，后者转变为 Pb_2O_3，然后在 450～470 ℃ 时转变为 Pb_3O_4，所有这些不稳定的成分都分解成 PbO 和 O_2
裂变产物在冷却剂系统中的稀释和洗消	1. 挥发性碱金属裂变产物，如 Cs、K、Rb，会形成氢氧化物并留在水中； 2. 挥发性卤素裂变产物，如 I、Cl、Br，会以离子态溶解水中； 3. 非挥发性裂变产物，如 Zr、Nb、Mo、Tc 和 Rh，Sr 和 Ba 与水反应形成可溶性的氧化物	无	1. 挥发性碱金属裂变产物，如 Cs、K、Rb，电子结构与 Na 相同，能溶于 Na，但具有高气化压力，长期会与钠共同蒸发； 2. 挥发性卤素裂变产物，如 I、Cl、Br，与钠形成 Na - X（NaI、NaCl、NaBr）化合物； 3. 非挥发性裂变产物，如 Sr、Ba、Y、La、Zr、Nb、Mo、Tc 和 Rh，在钠中溶解度高	与 Na 基本相同

（3）非挥发性裂变产物的相对洗涤能力基本相似；

（4）由于缺乏对锑、碲等挥发物的证据，因而不能确定这类裂变产物的洗涤能力；

（5）铅冷却剂的特性与钠类似；

（6）对于气冷堆，冷却剂不能清洗裂变产物，但清洗必须在冷表面上进行。

1.4.3　LOCA 和衰变热导出

LOCA 主要是通过堆芯储存能量和衰变热产生的包壳和燃料峰值温度来挑战反应堆的安全性。然而，不同的 SMR 在应对这一挑战时采取的措施是不同的，如一体化 SMR 取消了主管道，因而可以不考虑大尺寸管道的 LOCA 事故。

对于水冷堆，LOCA 事故释放出的高温高压水在安全壳内迅速闪蒸、膨胀，导致安全壳压力上升。虽然安全壳内设备可以承受高压，安全壳的体积和壁厚都可以承受这一威胁，但在裂变过程停止后，燃料面临裸露的威胁，堆芯需要及时补充冷却剂装量并维持其冷却状态。目前，普遍采用重力驱动的非能动方式对堆芯进行再淹没和冷却，这要求堆芯的几何结构必须处于可被冷却的几何状态，同时要确保有足够的驱动力以便冷却水能够流入堆芯，从而保证反应堆中冷却剂的装量并维持堆芯的冷却状态，在这方面一体化压水堆（IPWR）具有明显的优势，IPWR 足够的堆芯冷却剂装量可以遏制锆基包壳温度升高的趋势（将其限制在 1 204 ℃ 以内，高于该限值，锆包壳的延展性和完整性将受到威胁）。衰变热最终则是通过专用的衰变热排出系统回路将热量传递到环境中，或通过反应堆安全壳进行非能动热量导出。

对于气冷堆，调整冷却剂装量是不切实际的。但石墨慢化材料提供了堆芯能量向外传输的路径，石墨材料热容大，可以将温度保持在允许的水平而不超过设计限值，直到非能动散热能力与衰变热功率水平相匹配为止。对于中等尺寸规模的堆芯，热量导出的路径长度足够短，石墨慢化剂的蓄热容量足够大，可使稳态功率值达到数百兆瓦。

对于液态金属冷却堆，即使在高工作温度下，冷却剂的压力也非常低，这使得核蒸汽供应系统能够被安置在反应堆容器内的冷却剂池中，该容器本身由一个紧密配合的薄壁保护容器包围。即使在反应堆容器失去完整性时，冷却剂装量仍被保留在保护容器中，从而继续维持包壳被冷却剂所覆盖，衰变热则通过专用的容器内自然循环冷却回路和/或通过保护容器流向专用烟囱系统并最终将热量排到安全壳。

1.5　SMR 的现状

目前，美国、俄罗斯、韩国、中国、日本、阿根廷和法国都有正在设计中的 SMR，有些 SMR 正在开展部件/系统试验测试，其中美国、俄罗斯和中国的 SMR 项目发展相对较快。

美国 LWR - SMR 供应商拥有先进的设计和测试程序，并公布了商用设施部署目标或地区合作伙伴。美国能源部（DOE）启动了两个阶段的计划，在 5 年内提供 4.52 亿美元的政府补助金，用于支持到 2025 年实现反应堆部署的 SMR 的设计和认证。所开发的 SMR 功率小于 300 MW，设计具有可扩展性，可在工厂制造并运至预定地点。第一阶段计划已经在 2012 年 11 月授予了 B&W 公司，第二阶段计划已经在 2013 年 12 月授予了 NuScale 电力公司。美国 NRC 会进一步推动对 SMR 的设计认证工作,国会和政府将继续授权 DOE 支持 SMR 开发所需的资金赞助。此外,DOE 和下一代核电站(NGNP)产业联盟将继续推进高温气冷堆技术的发展。

俄罗斯的 SMR 研发类型和项目众多,主要用于通过陆地或驳船方式向偏远地区输送电力、供热以及淡化水。俄罗斯还在不断扩大核动力破冰船的船队规模。

中国目前正在山东石岛湾建设商用高温气冷堆。

1.6 结　　论

由于 LWR 设计和运行经验丰富,技术成熟,基于 PWR 和 BWR 技术的 SMR 近期商业部署可能性最大。俄罗斯和中国正在开发特定用途的 SMR,毫无疑问这两个国家 SMR 的发展将会取得实质性进展。而美国和其他发展中国家大规模部署 SMR 用于电力生产的前景尚不明朗。

1.7 参 考 文 献

[1] American Nuclear Society (2010) Interim report of the American Nuclear Society: President'sspecial committee on small and medium sized reactor (SMR) generic licensing issues. July.

[2] AREVA (2012) 'A steam cycle HTGR,' Nuclear Engineering International, Vol 57, No 699, October, pp 29 – 33.

[3] Endo, H., Sakai, T., Miyaji, N. and Haga, K. (1990) 'Fission product behavior in sodium system based on inpile loop experiment,' Session 3, Vol. 1., International Fast Reactor Safety Meeting, Snowbird UT.

[4] Forsberg, C, Peterson, P F, Andreades, H and Dempsay, L(2013). Fluoride – salt – cooled high temperature reactor (FHR) with natural – gas assist for peak and intermediate electricity loads,' American Nuclear Society Annual Meeting Transactions, Vol 108, Paper 7436, Atlanta, June 16 – 20.

[5] Gabaraev, B. A.,et.al. (2004) 'Nucleardesalination complex with VK – 300 boiling – type reactor facility,' World Nuclear Association Annual Symposium, London, Sept. 8 – 10, pp. 1 – 16.

[6] Glazov, A. G., et.al. (2007) 'BREST reactor and plant – site nuclear fuel cycle,' Atomic Energy, Vol. 103, July, pp 15 – 21.

[7] Hejzlar, P.,et.al (2009) 'Cross – comparison of fast reactor concepts with various coolants,' Nuclear Engineering and Design, Vol 239, pp 2672 – 2691.

[8] Kuznetsov, Yu. N.,et.al. (2001) 'NPP with VK – 300 boiling water reactor for power and district heating grids,' Small and Medium Sized Reactors: Status and Prospects, International Seminar Organized by the IAEA, Cairo, May 27 – 31, Paper IAEA – SR –

218/32.

[9]　Lin, C. C. (1996) Radiochemistry in Nuclear Power Reactors, Commission on Physical Sciences, Mathematics, and Applications, National Academy Press, Washington, DC.

[10]　OECD (2011) 'Current status, tehnical feasibility and economics of small nuclear reactors,' Nuclear Energy Agency, Nuclear Development Division, June.

[11]　Petersen, H. (1970) 'The properties of helium Density, specific heats, viscosity, and thermal conductivity at pressures from 1 to 100 bar and from room temperature to about 1800K,' Ris? Report No. 224, Danish Atomic Energy Commission, Denmark.

[12]　Short, M. P. and Ballinger, R. G. (2012) 'A functionally graded composite for service in high – temperature lead – and lead – bismuth – cooled nuclear reactors – I: Design,' Nuclear Technology, Vol 177, No 3, pp 366 – 381.

[13]　Smirnov, V. S. (2012) 'Lead – cooled fast reactor BREST – project status and prospects,' International Workshop on Innovative Nuclear Reactors Cooled by Heavy Liquid Metals: Status and Perspectives, Pisa, April 17 – 20.

[14]　Todreas, N. E. , et. al. (2008) 'Flexible conversion ratio fast reactor systems evaluation' (Final Report), MIT CANES Report MIT – NFC – PR – 101, Massachusetts Institute of Technology, Cambridge, MA.

[15]　Todreas, N. E. and Kazimi, M. (2012) Nuclear Systems Volume I: Thermal Hydraulic Fundamentals, 2nd Ed. , Taylor & Francis, Boca Raton, FL.

[16]　Toshinsky, G. and Petrochenko, V. (2012) 'Modular lead – bismuth fast reactors in nuclear power,' Sustainability, Vol. 4, June, pp2293 – 2316.

[17]　Triplett, B. S. , Loewen, E. and Dooies, B. (2012) 'PRISM: A competitive small modular sodium – cooled reactor,' Nuclear Technology, Vol 178, No. 2, May, pp. 186 – 200.

[18]　Waltar, A. , Todd. , D. R. and Tsvetkov, P. V. (2012) Fast Spectrum Reactors, Springer.

[19]　Zhang, Z. (2012)'HTR – PM project status – update,' 6th International Topical Meeting on High Temperature Reactor Technology, HTR – 2012 – Nuclear Energy for the Future, Miraikan, Tokyo, Oct. 28 – Nov. 1.

[20]　Zhang, Z. , et. al. (2009) 'Current status and technical description of Chinese 2 × 250 MWth HTR – PM demonstration plant,' Nuclear Engineering and Design, Vol 239, pp1212 – 1219.

1.8 缩略语和术语

AGR：Advanced Gas Reactor，先进气冷堆

ANP：Aircraft Nuclear Propulsion，飞机用核能推进，或核推进式飞机

ARE：US Aircraft Reactor Experiment，美国飞机用反应堆实验

ASTR：Aircraft Shield Test Reactor，飞机屏蔽试验堆

AVR：German pebble bed（uranium）helium – cooled reactor，德国球床（铀）氦冷堆

B&W：Babcock and Wilcox Company，巴布科克·威尔科克斯有限公司

BOR：Russian sodium – cooled fast reactor，俄罗斯钠冷快堆

BWR：Boiling Water Reactor，沸水堆

DFR：Dounreay Fast Reactor，多恩雷快堆

DOE：Department of Energy，（美国）能源部

EBR – Ⅱ：Experimental Breeder Reactor Ⅱ，实验增殖堆Ⅱ

FHR：Fluoride – salt – cooled High – temperature Reactor，氟盐冷却高温堆

GEN Ⅲ +：Generation Ⅲ + reactor，三代 + 反应堆

GEN Ⅳ：Generation Ⅳ reactor，四代反应堆

GWe：gigawatt electricity，千兆瓦电力

HTGR：High – Temperature Gas Reactor，高温气冷堆

HTRE – 1：Heat Transfer Reactor Experiment – 1，热传反应堆试验 – 1

HTRE – 2：Heat Transfer Reactor Experiment – 2，热传反应堆试验 – 2

HTRE – 3：Heat Transfer Reactor Experiment – 3，热传反应堆试验 – 3

IHM：Initial Heavy Metal，初始重金属（初始装载燃料）

KLT：Russian PWR ice – breaker reactor，俄罗斯 PWR 型破冰船用反应堆代号

LOCA：Loss of Coolant Accident，丧失冷却剂事故

LUEC：Levelized unit electricity cost，平均单位电力成本

LWR：Light Water Reactor，轻水堆

Monju：Japanese sodium – cooled fast reactor，日本钠冷快堆

NEPA：Nuclear Energy for the Propulsion of Aircraft，飞机推进用核能

NGNP：Next Generation Nuclear Plant，下一代核电站

NRC：Nuclear Regulatory Commission，（美国）核管会

NSSS：Nuclear System Steam Supply，核蒸汽供应系统

PWR：Pressurized Water Reactor，压水堆

RITM：Russian PWR ice – breaker reactor（new development），俄罗斯 PWR 核动力破冰船（新研）

SMR：Small Modular Reactor，小型模块化反应堆

SNAP：Systems for Nuclear Auxiliary Power，核辅助电力系统

SVBR：Lead – Bismuth Fast Reactor，铅铋快堆

THTR：Thorium High Temperature Reactor（German thorium pebble bed fueled，helium－cooled reactor），钍高温堆（德国钍球床燃料，氦冷堆）

TRISO：TRIstructural ISOtropic－type UO_2 Uranium dioxide，三结构同向性型二氧化铀燃料

UZr：Uranium Zirconium，铀锆

第 2 章　SMR 全球研发现状

2.1　引　　言

　　长期以来,SMR 持续受到全世界核能研发人员和用户的广泛关注。最早的 SMR 源自 20 世纪 70 年代的核动力船舶推进动力和工业工艺热能应用领域。截至目前,国际原子能机构(IAEA)统计了 50 多个 SMR 概念设计技术方案,包括在运微小改进型 SMR、液态燃料 SMR 和裂变 – 聚变混合概念设计 SMR 等。SMR 得以持续发展的推动力源自较低的前期工程投资成本、更容易实现用户多样化的需求、更好的电网兼容性以及更为灵活的厂址选择自由性等。2011 年,日本发生特大地震并引发海啸,导致福岛第一核电站遭到严重破坏,因此,在有既定核能发展规划的国家以及寻求启动核能应用计划的国家,强烈要求核电站供应商能够提供更高安全性、更强抗灾能力的先进安全的堆型。

　　世界各国核能开发商正在进行全新的 SMR 设计,以满足预期的巨大市场需求。传统的核能供应商、设计商和新兴公司都在进行新一轮的 SMR 设计。多个研究机构正在开展以先进核燃料、核材料、不同冷却剂以及工艺革新等为特征的 SMR 设计,很多设计采用了融合新技术特征的新颖设计,有些 SMR 需要十几年的研发过程才能开发出符合商业应用的工程技术方案。本章讨论的所有 SMR 是由核能商业公司开发的设计方案,大多数 SMR 都有国家相关机构的支持参与,这些 SMR 设计方案有可能在未来 10 ~ 15 年内具备商业部署条件,当然,这取决于开发商的承诺和客户的需求程度。本章挑选的 SMR 技术既包括传统改进型 SMR,也包括革新技术型 SMR。

　　SMR 并不代表一种独特的反应堆技术,而是反映了与大型核电站类似的技术特征。本章各节按技术类型对 22 种商业 SMR 技术进行简要总结,按国家的英文字母先后顺序进行介绍。

　　本章信息主要源自文献报告、论文、综述、网站的公开信息。由于 SMR 的设计目的是获得利润,因此,一些 SMR 的关键技术特点不可能公布于网站,这里并不涉及 SMR 的专利产权。本章在已公开的互联网信息基础上,对全球正在开发的商业 SMR 进行了客观分析。

2.2　轻 水 堆

　　商业和军事应用中运行的反应堆大多使用轻水作为主冷却剂。轻水反应堆(LWR)拥有丰富的运行经验,LWR 技术是目前可以实现 SMR 快速商业化的首选技术路线。本章介绍的 22 种 SMR 设计中有 13 种是基于 LWR 技术的,虽然它们都选择采用轻水作为冷却剂,但设计特点各不相同,总体配置包括传统的分散布置回路式设计、紧凑布置回路设计以及将主要系统部件布置于反应堆压力容器内的一体化布置设计。单个 SMR 机组模块的输出功率覆盖 8 MWe 到 300 MWe 的范围,SMR 核电站的部署策略是可以在每个厂址上灵活部署一台到多台(如 12 台)的机组模块。这些装置可能布置在陆上固定式核电厂址,也可能装载于浮动式船舶平台上,或部署海底等场合。

表 2.1 总结了基于 LWR 技术的 SMR 反应堆机组设计方案。

表 2.1　基于 LWR 技术的商用 SMR 设计一栏表

国家	SMR	设计人员	布置形式	电力输出/MWe	核电站配置
阿根廷	CAREM	CNEA	一体化	27	1 台机组
中国	ACP－100	CNNC	一体化	100	2 台机组
中国	CNP－300	CNNC	环路	300～340	1 台机组
法国	Flexblue	DCNS	环路	160	多台机组
韩国	SMART	KAERI	一体化	100	1 台机组
俄罗斯	ABV－6M	OKBM	一体化	8.5	2 台机组
俄罗斯	KLT－40S	OKBM	紧凑环路	35	2 台机组
俄罗斯	RITM－200	OKBM	一体化	50	2 台机组
俄罗斯	VBER－300	OKBM	紧凑环路	300	1 台机组
美国	mPower	Generation mPower	一体化	180	2 台机组
美国	NuScale	NuScale Power/LLC	一体化	45	12 台机组
美国	SMR－160	SMR/LLC	紧凑环路	160	1 台机组
美国	W－SMR	Westinghouse	一体化	225	1 台机组

2.2.1　阿根廷 CAREM

阿根廷 CAREM(Central Argentina de Elementos Modulares)反应堆机组的设计工作已经开展了很多年。1984 年,在国际原子能机构组织的国际会议上阿根廷首次提出 CAREM 概念设计。阿根廷国家能源委员会(CNEA)利用其在研究堆方面的经验,提出了以提高安全性和降低经济成本为首要设计目标、全新设计和研发一体化压水堆 CAREM 的长远规划。CAREM 采用简化的一体化布置设计,原型堆设计容量为 27 MWe,商用机组设计容量为100～300 MWe,容量高于 150 MWe 的机组采用主泵强迫循环。CAREM 稳压器设计采用自增压技术,不需要使用传统压水堆的稳压器喷淋装置和电加热装置来维持和调节反应堆冷却剂系统的压力。CAREM 堆芯由 61 个六角形燃料组件组成,每个组件含有 108 个燃料棒和 25 个控制棒,控制棒使用内部液压驱动机构。CAREM 采用螺旋管直流蒸汽发生器,冷却剂在 12 台蒸汽发生器的壳程流动,二次侧的给水和输出蒸汽被收集到反应堆压力容器周围的一组公用环形管道中实现流动循环。

CAREM 设计采用非能动安全系统,事故发生后 36 h 内无须操作人员干预。阿根廷已经针对液压控制棒驱动机构等新型元件进行大量试验研究,验证了安全性。CNEA 于 2009年获得阿根廷政府的支持,目前正在已运行的大型核电站附近建造原型堆核电站。图 2.1

给出了 CAREM 反应堆概貌图和关键参数。

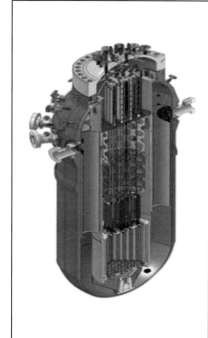

关键参数	
输出电功率	27 MWe
反应堆热功率	100 MWt
主系统布置方式	一体化
主冷却剂类型	轻水
主系统循环方式	自然循环（NC）
反应堆出口冷却剂温度	326 ℃
反应堆压力容器尺寸	直径 3.2 m,高 11 m
蒸汽发生器	12 台螺旋管直流型
动力循环方式	间接朗肯循环
核燃料类型（富集度）	UO_2（~3%）
反应性控制方式	控制棒
换料周期	14 个月（原型堆）
设计寿命	60 年
状态	2014 年启动原型堆建造

图 2.1 CAREM 反应堆及其关键参数

2.2.2 中国 ACP100

ACP100 反应堆是中国核动力研究院为中国核工业集团公司（CNNC）研制的一体化压水堆,设计大量借鉴了 CNNC 开发的大型轻水堆核电厂技术,包括 CNP600 和 ACP600/1000。ACP100 采用强迫循环运行,冷却剂循环动力来自反应堆压力容器中上部外侧安装的主泵。ACP100 采用内置控制棒驱动机构和内置稳压器,堆芯由 57 个截短的 CF2 型燃料组件组成。堆芯反应性通过分散在主冷却剂中的控制棒和硼酸进行控制。反应堆压力容器和其他主要系统部件被包容在大容量安全壳结构中,安全壳结构直径 29 m、高 45 m。作为备用电源的核安全级电源可在电站断电的情况下持续提供 72 h 备用电力供应。乏燃料水池设计具有足够大的水装量裕量,无外界干预情况下,乏燃料可确保 7 天内始终处于被水淹没和冷却状态。

ACP100 设计用途为:电力生产、海水淡化、区域供暖或工业应用,它既可以用于陆上固定式核电厂,还可用于海洋浮动式核电站,作为化石电厂的可替代电力能源。

2010 年,ACP100 示范工程项目获得核准;2011 年,海南省昌江市两台 ACP100 核电站的建设资金预算获得批准;2012 年 7 月,湖南省衡阳市政府与中国核工业集团公司签署了共同推进衡阳核电小堆项目合作的意向协议;2013 年 5 月,福建省莆田市政府与中国核工业集团公司签署了战略合作框架协议,拟在莆田市建造 ACP100 小型堆;2019 年 3 月,中国核电发布《海南昌江多用途模块式小型堆科技示范工程项目环境影响评价公众参与第二次信息公告》,规划建设 ACP100 小型堆核电机组及其配套辅助设施,规划容量 125 MWe,反应堆热功率为 385 MWt。

图 2.2 给出了 ACP100 反应堆概貌图(陆上核电站和浮动式核电站)和关键参数。

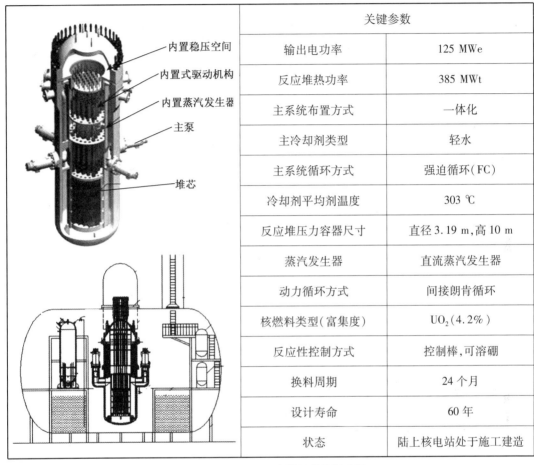

关键参数	
输出电功率	125 MWe
反应堆热功率	385 MWt
主系统布置方式	一体化
主冷却剂类型	轻水
主系统循环方式	强迫循环(FC)
冷却剂平均剂温度	303 ℃
反应堆压力容器尺寸	直径 3.19 m,高 10 m
蒸汽发生器	直流蒸汽发生器
动力循环方式	间接朗肯循环
核燃料类型(富集度)	UO_2(4.2%)
反应性控制方式	控制棒,可溶硼
换料周期	24 个月
设计寿命	60 年
状态	陆上核电站处于施工建造

图 2.2　ACP100 反应堆及其关键参数

2.2.3　中国 CNP300

上海核工程研究设计院(SNERDI)设计了 CNP300 核电站,它是小型传统分散式布置的双回路压水堆核电站。堆芯由 121 个燃料组件组成,核燃料元件采用 15×15 正方形排列,反应堆冷却剂系统采用两个垂直安装的外置主泵提供冷却剂循环流动的动力。CNP300 最初设计电功率为 300 MWe,后经升级改造后,机组容量为 325 MWe、340 MWe。由于 CNP300 采用回路式系统设计,因此存在可能发生严重的冷却剂丧失或失流事故,为此,CNP300 设计采用了多个冗余安全系统来缓解事故后果。

中国核工业集团公司在中国秦山核电站建设了第一台 CNP300,并于 1991 年并网发电。随后的两个核电机组(恰希玛 1 号和 2 号机组)在巴基斯坦建造,恰希玛 1 号机组于 2000 年投入商运,2 号机组于 2011 年投入商运,3 号机组于 2016 年底投入商运,4 号机组于 2017 年

6月并网发电。

图2.3给出了CNP300反应堆概貌图和关键参数。

关键参数	
输出电功率	300~340 MWe
反应堆热功率	1 000 MWt
主系统布置方式	分散式
主冷却剂类型	轻水
主系统循环方式	强迫循环(FC)
堆芯出口冷却剂温度	302 ℃
反应堆压力容器尺寸	直径3.7 m,高10.7 m
蒸汽发生器	垂直U形管自然循环
动力循环方式	间接朗肯循环
核燃料类型(富集度)	UO_2(<5%)
反应性控制方式	控制棒,可溶硼
换料周期	15个月
设计寿命	40年
状态	在运行状态(中国和巴基斯坦)

图2.3　CNP300反应堆及其关键参数

2.2.4　法国Flexblue

Flexblue是最新和最具创新特色的商业SMR核电站。Flexblue充分借鉴了法国核潜艇的设计经验,电站模块部署在50~100 m深的海底海床附近,选择设计水深上限50 m是为了将核电站与地面风暴效应相规避,以减弱地面风暴对整个核动力装置的影响作用;选择设计水深下限100 m则是为了防止直径为14 m、长为146 m的Flexblue平台外壳受过高海水压力而被压破的影响。

单台Flexblue海底核电站的输出电功率为160 MWe,根据负荷需求,可在选定的海底厂址区域部署多台Flexblue机组模块,在这些海洋厂址区域内,机组模块的运行和控制由沿海海岸指挥部和远程控制设施进行远程运行和操作。

Flexblue机组模块可采用重型载货船运送到运行厂址现场,将模块从运输船中卸出,投放在运行厂址的海洋中。Flexblue预计每2~3年更换一次核燃料,换料时需要将整个模块拖回海岸维修和换料基地进行换料、维修,新的Flexblue设计方案允许在部署地点的海岸港口实现换料。Flexblue模块每10年进行1次大修,在设计寿命(预计为60年)结束时,整个模块被运送到退役地点进行最终退役处置。

安全方面,Flexblue充分利用海洋环境的优势,大大简化了现有压水堆工程安全设施,充分利用非能动固有安全优势。在发生事故的情况下,海水提供了无限大的最终热阱和裂变产物隔离屏障。事故发生后,无须操作员的干预操作,即使全部丧失电源,也可利用非能动安全系统实现反应堆的无限时间冷却功能。

图 2.4 给出了 Flexblue 反应堆概貌图和关键参数。

关键参数	
输出电功率	160 MWe
反应堆热功率	600 MWt
主系统布置方式	分散式
主冷却剂类型	轻水
主系统循环方式	强迫循环(FC)
堆芯出口冷却剂温度	310 ℃
反应堆压力容器尺寸	直径 3.84 m,高 7.65 m
蒸汽发生器	自然循环蒸汽发生器
动力循环方式	间接朗肯循环
核燃料类型(富集度)	UO_2(<5%)
反应性控制方式	控制棒
换料周期	36 个月
设计寿命	60 年
状态	初步设计

图 2.4　Flexblue 反应堆及其关键参数

2.2.5　韩国 SMART

系统集成模块化先进反应堆(SMART)设计的首要目标是提高安全性和可靠性。SMART 是一个功率为 100 MWe 的一体化压水堆核电站,这种一体化设计方案因为消除了一回路管道发生大规模破裂的可能性,因而能够大幅提高反应堆的固有安全性。SMART 堆芯采用标准 $17×17$ 燃料组件,堆芯装载 57 个燃料组件,燃料组件高度为 2 m,采用控制棒、可燃毒物和可溶性硼酸进行反应性控制。反应堆压力容器外布置有 25 个磁力控制棒驱动机构,4 台主泵布置在反应堆压力容器上部侧方区域,用于提供冷却剂循环所需动力。主冷却剂系统包括 8 台直流螺旋管式直流蒸汽发生器和 1 台位于反应堆压力容器内的稳压器。反应堆压力容器和非能动安全系统则布置在传统的大容积安全壳内。

SMART 的安全系统主要包括非能动余热排出系统、安全注入系统、停堆冷却系统、安全壳喷淋系统。非能动余热排出系统用于在反应堆紧急停堆后从堆芯排出余热,如果发生像日本福岛第一核电站那样的全厂断电事故,该系统可在 20 天内确保反应堆堆芯的冷却,无须电站工作人员采用任何行动;安全注入系统用于在发生小规模冷却剂丧失事故时向堆芯注冷却剂,以从堆芯排出热量;停堆冷却系统用于将反应堆冷却至换料温度;当安全壳内部压力超过某一整定值时,安全壳喷淋系统将会向安全壳内喷淋冷却剂,以转移热量和裂变产物。由于采用了上述安全系统,SMART 的安全性得到了大幅提高,其堆芯损坏频度仅为传统核反应堆的 1/10,其安全壳的设计也考虑了反应堆遭受波音 767 撞击的影响。

为支撑 SMART 的设计,设计方开展了大量的试验验证工作,包括:安全测试试验、方法验证试验、部件测试试验、系统整体性试验、程序验证试验等,部件测试试验包括:燃料组件试验、螺旋管直流蒸汽发生器热工水力试验、控制棒驱动机构试验、安全系统设备试验等。

1997 年,韩国原子能研究所(KAERI)启动了 SMART 的研发工作。2008 年,由韩国电力公司(KEPCO)牵头的 13 家韩国工业企业参与了 SMART 的标准设计工作。2010 年 12 月 30 日,KAERI 与 KEPCO 向韩国核安全监管机构提交了 SMART 评审申请。2012 年 7 月 4 日,SMART 获得标准设计认证。在过去 15 年的研发工作中,韩国公共部门和私营企业为 SMART 项目累计投资了 2.95 亿美元。

据核电站业界推测,正在研发中小型核电站的美国与阿根廷等国至少要比韩国晚 3~5 年才能获得标准设计的许可认证。SMART 成功获得标准设计认证,将为韩国进入全球小型堆市场铺平道路,并在相关技术的发展中发挥牵头作用。

SMART 是为满足电网规模较小或需要进行海水淡化的国家的需求而设计的,其热功率为 300 MWt,可作为一台 100 MWe 的核电机组,或作为核电联产机组(提供 90 MWe 电力装机容量的同时提供海水淡化功能)。这种小型堆还可用于其他目的,例如地区供暖或为工业设施提供工艺热。初步估算结果表明,SMART 的发电成本为 6~10 美分/(kW·h),其经济性明显优于天然气电站和燃油电站。

图 2.5 给出了 SMART 反应堆概貌图和关键参数。

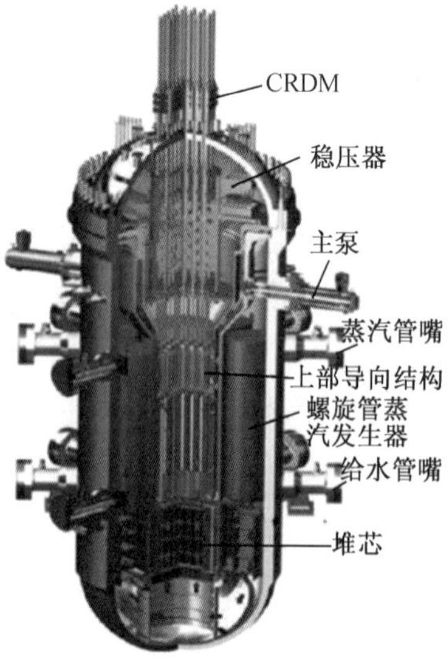

关键参数	
输出电功率	100 MWe
反应堆热功率	300 MWt
主系统布置方式	一体化
主冷却剂类型	轻水
主系统循环方式	强迫循环(FC)
堆芯出口冷却剂温度	323 ℃
反应堆压力容器尺寸	直径 5.9 m,高 15.5 m
蒸汽发生器	8 台螺旋管直流蒸汽发生器
动力循环方式	间接朗肯循环
核燃料类型(富集度)	UO_2(4.8%)
反应性控制方式	控制棒,可溶硼
换料周期	36 个月
设计寿命	60 年
状态	已完成施工设计

图中标注:CRDM、稳压器、主泵、蒸汽管嘴、上部导向结构、螺旋管蒸汽发生器、给水管嘴、堆芯

图 2.5　SMART 反应堆及其关键参数

2.2.6　俄罗斯 ABV－6M

ABV－6M 由俄罗斯阿夫里坎托夫机械工程实验设计局(Afrikantov OKBM)研制,研制时间为 20 世纪 80 年代初期,俄罗斯称其为下一代小型船用堆。ABV－6M 是俄罗斯正在开发的两个浮动式核电站设计方案之一,源于俄罗斯船用核动力,它采用全自然循环一体化压水堆,取消主泵,采用外置气体稳压器和外置控制棒驱动机构。ABV 一体化压水堆所有设备部件,包括直流蒸汽发生器(OTSG)、核燃料组件、控制棒驱动机构以及物理、热工水力特性等均在试验台架上进行了广泛的试验测试和验证,特别是 OTSG 技术已经在船用核动力装置上应用十多年,大量传热管经过运行考验,破管概率仅为 10^{-6}。

ABV－6M 的燃料组件与 KLT－40S 类似,单台反应堆热功率 38 MWt,电功率 8.5 MWe,核动力装置长约 5 m,宽 3.6 m,高 4.5 m,重 200 t。

ABV－6M 核辅助系统和安全系统配置与俄罗斯核动力破冰船上所设置的系统基本类似,经过大量实验研究和船上考验。其安全系统主要包括非能动应急给水系统、非能动余热排出系统、非能动中压安注系统(氮气加压安注),由于采用一体化布置,反应堆功率较小,因而使得反应堆的安全系统和控制保护系统得到实质性的简化,安全性能得到大幅度提高,堆芯熔化概率降低到 5×10^{-8}/(堆·年)。

ABV－6M 功率较小,根据船舶功率需求,可在驳船上安装 2 台反应堆,驳船最大长度为 140 m,宽度为 21 m。ABV－6M 还可实现热电联产运行功能,每台机组可产生 6 MWe 电力和 14 MWt 热量,用于海水淡化(20 000 m^3/天)或区域供热(12 Gkal/h)。

ABV－6M 建造、换料和维护以及最终退役活动均在港口场所配套设施上进行,不在船上进行装料。ABV－6M 也可用于陆基小型热电联供,通过卡车或驳船运至现场。

图 2.6 给出了 ABV－6M 反应堆概貌图和关键参数。

2.2.7　俄罗斯 KLT－40S

KLT－40S 是由俄罗斯 OKBM 设计的小型反应堆,是一种安装在驳船上的小型浮动式核电站,基于该种堆型设计建造的罗蒙诺索夫号浮动式核电站于 2007 年在圣彼得堡开工建设,2020 年已经投入商业运行。该项目的完工标志着世界首座浮动式小型核电站在商业领域的成功应用。

罗蒙诺索夫号浮动式核电站布置 2 台 KLT－40S 反应堆机组,每台反应堆机组模块可产生 35 MWe 电力。KLT－40S 属于紧凑布置压水堆,主设备部件(蒸汽发生器、主泵、稳压器、主管道短套管)位于压力容器外部,蒸汽发生器和反应堆压力容器之间采用短套管连接,这种连接方式已经经过俄罗斯核动力破冰船的严酷环境实践检验,套管连接之处没有出现裂纹现象,因此设计取消了短套管大破口事故,简化了专设安全配套系统设计。KLT－40S核动力装置技术基于成功运行的 KLT－40 核动力装置技术,该技术已被大量用于俄罗斯在役的核动力破冰船,经过充分的试验验证和实堆工程验证。

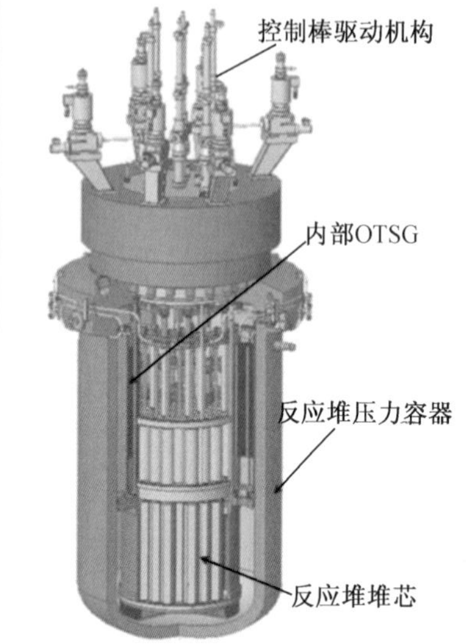

关键参数	
输出电功率	8.5 MWe
反应堆热功率	38 MWt
主系统布置方式	一体化(稳压器外置)
主冷却剂类型	轻水
主系统循环方式	自然循环(NC)
堆芯出口冷却剂温度	330 ℃
反应堆压力容器尺寸	直径2.1 m,高4.5 m
蒸汽发生器	直流蒸汽发生器
动力循环方式	间接朗肯循环
核燃料类型(富集度)	UO_2(<20%)
反应性控制方式	控制棒,可溶硼
换料周期	10 年
设计寿命	60 年
状态	原型堆已经过试验和运行

(图中标注:控制棒驱动机构、内部OTSG、反应堆压力容器、反应堆堆芯)

图 2.6　ABV-6M 反应堆及其关键参数

KLT-40S 堆芯由 121 个六角形燃料组件组成,[235]U 富集度小于 20%(18.6%),采用控制棒和可燃毒物棒进行反应性控制。KLT-40S 换料周期为 3~4 年,具备船上换料能力并设置了临时乏燃料贮存设施,维修周期为 12 年。反应堆一回路堆芯进出口温度分别为 280/316 ℃,一回路运行压力为 12.7 MPa;二回路给水温度为 170 ℃,蒸汽压力为 3.72 MPa,过热蒸汽温度为 290 ℃,蒸汽流量为 240 t/h;主泵为全密封单级离心泵,配有一台屏蔽双速异步电机,正常情况下主泵提供 870 m³/h 强迫循环流量。

KLT-40S 安全系统设计原则包括:简化系统,增强安全设备;凭借一回路系统自然循环冷却堆芯;采用较大设计裕量,保证可靠性和安全性;采用自启动的辅助安全系统;充分利用非能动概念和系统设计。非能动安全系统包括:应急停堆冷却系统、堆芯应急冷却系统、堆腔淹没系统、安全壳应急降压系统、安全壳淹没系统等。

俄罗斯第一艘浮动式核电站"罗蒙诺索夫院士"号船长 144 m、宽 30 m,布置 2 台 KLT-40S 反应堆,容量共 70 MWe,可为约十万人提供能源。"罗蒙诺索夫院士"号已于 2019 年建成并开始在俄罗斯远东楚科奇地区的佩斯韦克市试运行。2020 年,"罗蒙诺索夫院士"号已经被拖航至运行区域开始商业供电。

图 2.7 给出了 KLT-40S 反应堆概貌图和关键参数。

2.2.8　俄罗斯 RITM-200

RITM-200 属于先进一体化压水堆,满足三代半核安全目标,用于核动力破冰船、浮动核电站或陆基核电站,具有多用途功能。RITM-200 反应堆热功率为 175 MWt,电功率为 50 MWe。

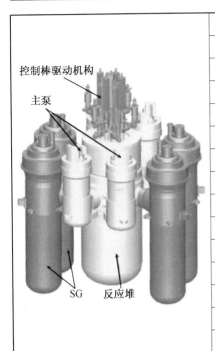

关键参数	
输出电功率	35 MWe
反应堆热功率	150 MWt
主系统布置方式	紧凑式
主冷却剂类型	轻水
主系统循环方式	强迫循环（FC）
堆芯出口冷却剂温度	316 ℃
反应堆压力容器尺寸	直径 2.1 m，高 4.1 m
蒸汽发生器	螺旋管直流 SG
动力循环方式	间接朗肯循环
核燃料类型（富集度）	UO_2（<20%）
反应性控制方式	控制棒
换料周期	36 个月
设计寿命	40 年
状态	已建成并投运

图 2.7　KLT–40S 反应堆及其关键参数

RITM–200 初衷是专门为两个反应堆模块驱动的核动力破冰船开发的，后来也被设计用于浮动式核电站（FNP）。RITM–200 还可以进一步改进二回路系统，用来进行海水淡化和工业热应用，例如海洋钻井平台的电力和工艺热需求。

俄罗斯采用 RITM–200 的第四代核动力破冰船采用了双船体设计，提高了破冰能力。RITM–200 反应堆技术将全面取代 KLT–40S 系列的反应堆技术，用于核动力破冰船、浮动式核电站和中小规模的陆地核动力发电厂。RITM–200 反应堆设计寿命为 40 年，堆芯可连续运行 3.5 年，换料周期最长可达 7 年。

RITM–200 采用类似于 KLT–40S 燃料类型，垂直安装的四台主泵与反应堆容器进行无缝对接，控制棒驱动机构和气体稳压器布置在反应堆外部，四台紧凑型直流蒸汽发生器布置在反应堆内中上部，外置稳压器可提供大量冷却水源，可减轻冷却剂丧失事故后果。

RITM–200 与 KLT–40S 设计不同之处在于其将蒸汽发生器移入反应堆压力容器的内部，这样可使得反应堆系统和安全壳非常紧凑，总体尺寸为 6.4 m×6.4 m×15.5 m，重约 1 200 t，通过优化工艺流程和热工参数后，折算发电输出不亚于 KLT–40S（相比之下，RITM–200 所占体积减小 45%，质量减轻 35%，而功率增加 17%）。

2009 年，俄罗斯完成 RITM–200 反应堆厂房详细设计；2012 年，OKBM 编制了 RITM–200 反应堆、主泵、直流蒸汽发生器等核动力主设备的详细设计文件，此外还包括控制棒驱动机构（CRDMS）、一回路过滤器设施、热交换系统设施（HX）、安全设施和核级阀门，同时启动了燃料组件和设备制造；2016 年，俄罗斯完成 RITM–200 反应堆压力容器（RPV）交货；2017 年，俄罗斯第一艘装载 RITM–200 先进核动力技术的破冰船建成；2020 年，俄罗斯完成两台装载 RITM–200 反应堆系列的破冰船调试并投入运行。

图 2.8 给出了 RITM – 200 反应堆概貌图和关键参数。

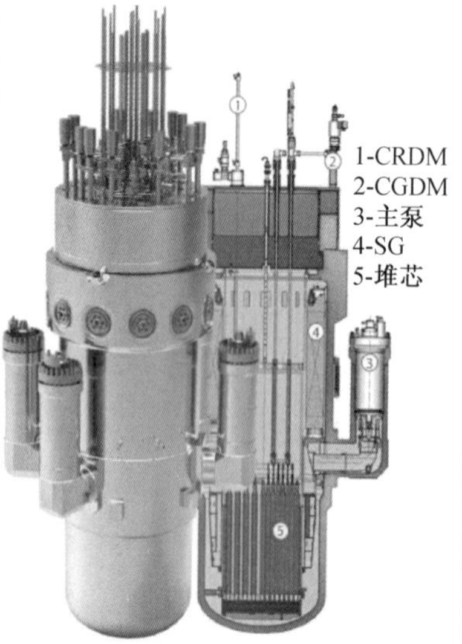

关键参数	
输出电功率	50 MWe
反应堆热功率	175 MWt
主系统布置方式	一体化
主冷却剂类型	轻水
主系统循环方式	强迫循环(FC)
堆芯出口冷却剂温度	313 ℃
反应堆压力容器尺寸	不详
蒸汽发生器	直流 SG
动力循环方式	间接朗肯循环
核燃料类型(富集度)	UO_2(＜20%)
反应性控制方式	控制棒
换料周期	84 个月
设计寿命	40 年
状态	已建成并投运

1-CRDM
2-CGDM
3-主泵
4-SG
5-堆芯

图 2.8 RITM – 200 反应堆及其关键参数

2.2.9 俄罗斯 VBER – 300

VBER – 300 虽源于船舶核动力推进技术,但却融合了俄罗斯 VVER 设计特点。堆芯由 85 个六角形燃料元件组成,每个组件包含 312 个 5% 富集度的 UO_2 燃料元件。反应性控制采用控制棒、可燃毒物和硼酸。每台 SG 由 55 个独立的螺旋管直流传热单元组成,给水和出口蒸汽被分为三个独立母管。冷却剂在 SG 盒壳侧流动,给水在传热管管内流动。SG 容器外部的凸缘与反应堆压力容器距离很短,减小了 LOCA 事故发生的可能性。VBER – 300 可用于发电、热电联产、淡化海水、区域供热或其他工业应用。VBER 还可根据外部负荷需求,通过 SG 配置数量(2 台、3 台、4 台、5 台、6 台)组合、主泵配置数量(2 台、3 台、4 台、5 台、6 台)组合来实现不同的装机容量需求。

图 2.9 给出了 VBER – 300 反应堆概貌图和关键参数。

2.2.10 美国 mPower

mPower 由巴布科克·威尔科克斯(B&W)公司设计。2010 年 7 月,设计责任主体转移至 Generation mPower 公司(简称 GmP 公司)。mPower 属于一体化压水堆,堆芯由 69 个标准 17×17 排列燃料组件组成,燃料组件有效长度为 2.4 m,核燃料类型和富集度与大型在运压水堆核电站相同,均为 UO_2,^{235}U 富集度小于 5%。

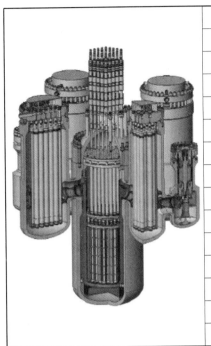

关键参数	
输出电功率	300 MWe
反应堆热功率	900 MWt
主系统布置方式	紧凑式
主冷却剂类型	轻水
主系统循环方式	强迫循环（FC）
堆芯出口冷却剂温度	328 ℃
反应堆压力容器尺寸	直径 3.7 m，高 8.7 m
蒸汽发生器	直流 SG
动力循环方式	间接朗肯循环
核燃料类型（富集度）	UO_2（<5%）
反应性控制方式	控制棒，可溶硼
换料周期	24 个月
设计寿命	60 年
状态	初步设计

图 2.9　VBER – 300 反应堆及其关键参数

　　mPower 采用模块化设计和制造技术,单个 mPower 模块可完全在制造工厂采用当前成熟部件和技术加工制造而成,核燃料组件采用成熟工程技术方案,无须新研。每个反应堆模块被放置在钢制安全壳内,定制开发的汽轮发电机组动力转换装置通过管道与反应堆模块相互连接(给水管道和蒸汽管道)。在运行厂址水资源有限的情况下,mPower 还可选择使用风冷式冷凝器,但反应堆的输出功率需要降低到 155 MWe。mPower 设计还考虑了负荷跟踪控制能力以适应电网波动的影响。

　　GmP 公司已经于 2011 年建成用于验证 mPower 设计安全特性的缩比试验装置并开展了安全系统试验验证。据世界核协会 2012 年 12 月 6 日报道,mPower 核电站主控室原型设计测试、人机界面测试和软件测试已经完成,可在反应堆投入使用前实施对操作员的培训。

　　mPower 核电站初始设计方案包含四座 125 MWe 的反应堆机组模块,共计可生产 500 MWe 的电力规模。2011 年后,GmP 公司进行了大量设计变更,将单台反应堆机组模块的额定功率提高到 180 MWe。经过多次热力系统优化设计,核电站最终方案调整为总装机容量为 360 MWe 的双堆双机组标准核电站。美国田纳西河谷管理局宣布,拟在田纳西州橡树岭克林奇河厂址规划建造四座 mPower 机组模块。

　　图 2.10 给出了 mPower 反应堆概貌图和关键参数。

2.2.11　美国 NuScale

　　NuScale 电力有限公司(简称 NuScale 公司)成立于 2007 年,其反应堆源自俄勒冈州立大学和爱达荷州国家实验室的自然循环系统研究成果,该研究成果促成了 MASLWR 设计方案,并逐渐形成了高功率 NuScale 反应堆技术设计方案。

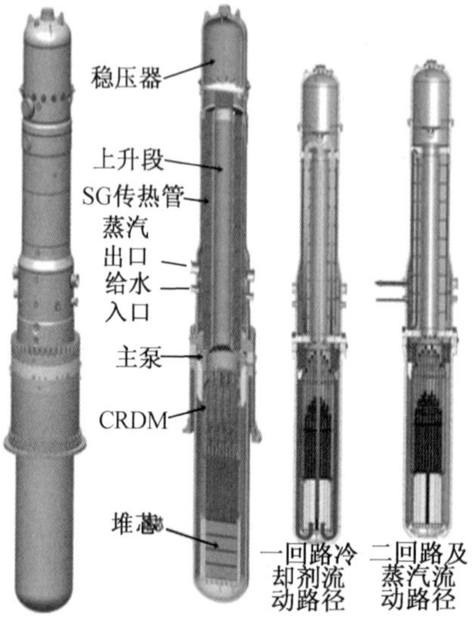

关键参数	
输出电功率	180 MWe
反应堆热功率	530 MWt
主系统布置方式	一体化
主冷却剂类型	轻水
主系统循环方式	强迫循环(FC)
堆芯出口冷却剂温度	320 ℃
反应堆压力容器尺寸	直径 3.9 m,高 25.3 m
蒸汽发生器	直列管 SG
动力循环方式	间接朗肯循环
核燃料类型(富集度)	UO₂(<5%)
反应性控制方式	控制棒
换料周期	48 个月
设计寿命	60 年
状态	初步设计、详细设计

图中标注:稳压器、上升段、SG传热管、蒸汽出口、给水入口、主泵、CRDM、堆芯、一回路冷却剂流动路径、二回路及蒸汽流动路径

图 2.10　mPower 反应堆及其关键参数

NuScale 为全自然循环一体化压水堆,单堆单机组模块可生产 50 MWe 电力。堆芯由 37 个 17×17 压水堆核电站标准排列的燃料组件组成,采用 16 根控制棒和可溶性硼酸进行反应性控制。二回路给水流过盘旋在堆芯中上部侧方的 2 台螺旋管直流蒸汽发生器后产生高品质的过热蒸汽。NuScale 电厂可以扩展到最多可容纳 12 个机组模块,这些模块可以通过增量建造方式实现核电站部署,从而最佳化匹配资金注入建设过程。

NuScale 的一体化反应堆压力容器被安装在一个紧凑的高压钢制安全壳内,安全壳被浸没在共用的地下大水池中,水池同时兼作余热排出的最终热阱冷却水源。应急堆芯冷却系统为非能动安全系统,可以提供长时间的事故后堆芯冷却功能,期间无须操作员的干预操作,也无须交流或直流电源提供电力能源驱动,同时由于大水池水装量很大,也无须进行补水。每个 NuScale 反应堆模块都配置了用于进行蒸汽动力转换的独立汽轮发电机组,单个反应堆模块换料时,其余反应堆及其配套机组仍然可以继续独立运行而不受其换料的影响。反应堆、安全壳模块等大型设备可以通过卡车、铁路或驳船运输到厂址现场。

2003 年,俄勒冈州立大学建造了规模完整的全自然循环整体试验设施,用来验证全自然循环反应堆系统的热工水力特性及其安全特性。2012 年,NuScale 电力公司完成 12 个机组模块的控制室模拟器并投入使用,主要用来评估多模块机组控制室的操作员人因操作性能。

图 2.11 给出了 NuScale 反应堆概貌图和关键参数。

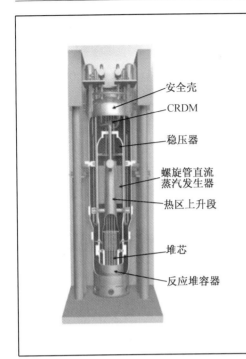

	关键参数
输出电功率	50 MWe
反应堆热功率	160 MWt
主系统布置方式	一体化
主冷却剂类型	轻水
主系统循环方式	自然循环(NC)
堆芯出口冷却剂温度	300 ℃
反应堆压力容器尺寸	直径 2.9 m,高 17.4 m
蒸汽发生器	2 台螺旋管直流蒸汽发生器
动力循环方式	间接朗肯循环
核燃料类型(富集度)	UO$_2$(<5%)
反应性控制方式	控制棒,可溶硼
换料周期	24 个月
设计寿命	60 年
状态	初步设计、详细设计

图中标注:安全壳、CRDM、稳压器、螺旋管直流蒸汽发生器、热区上升段、堆芯、反应堆容器

图 2.11　NuScale 反应堆及其关键参数

2.2.12　美国 SMR – 160

2010 年,Holtec 国际公司(HI)提出了 SMR 竞争性设计方案,即 140 MWe 的小型模块化地下反应堆(HI – SMUR)。Holtec 国际公司虽然不是传统的反应堆供应商,但通过组建新的子公司来开发 SMR。

2011 年底,在进行了若干次设计变更后,Holtec 国际公司形成了 HI – SMUR 设计方案,蒸汽发生器系统由两级水平布置改变为垂直布置,反应堆压力容器缩短约 40%,功率增加到 160 MWe,HI – SMUR 名称随后更名为 SMR – 160。

新的 SMR – 160 采用紧凑回路布置,蒸汽发生器布置在反应堆压力容器外部,通过短管与反应堆相连接。与传统压水堆中稳压器接口布置方式不同,SMR – 160 稳压器位于蒸汽发生器容器的顶部。与其他 SMR 相比,SMR – 160 具有非常大的反应堆压力容器高径比,其优势在于可以增强一回路冷却剂系统的自然循环能力。堆芯采用压水堆标准的 17 × 17 燃料组件,采用整炉整盒堆芯换料,卸出的乏燃料及燃料盒将被放到地下乏燃料水池内进行冷却。SMR – 160 采用单堆单机组配置,核电站可根据当地电力需求配置多台 SMR – 160 机组。与大多数 SMR 设计理念相同,SMR – 160 的反应堆压力容器和乏燃料水池布置在地面以下,从而增强了防御对外部事件的能力。

SMR – 160 用途有:制氢、区域供热、海水淡化、热电联产、电力和海水淡化联产等。SMR – 160 具体目标应用包括:分布式电力生产、煤炭再供电设施、现有核设施升级、向商业和军事设施提供电力和低温工艺热。

图 2.12 给出了 SMR – 160 反应堆概貌图和关键参数。

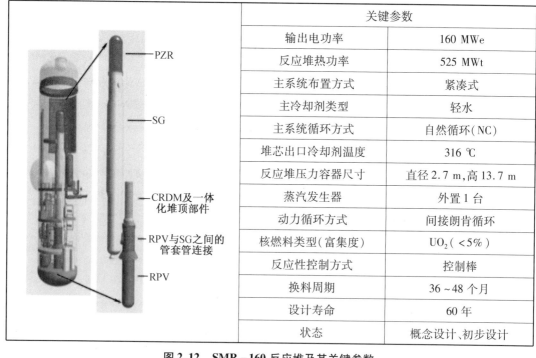

关键参数	
输出电功率	160 MWe
反应堆热功率	525 MWt
主系统布置方式	紧凑式
主冷却剂类型	轻水
主系统循环方式	自然循环(NC)
堆芯出口冷却剂温度	316 ℃
反应堆压力容器尺寸	直径2.7 m,高13.7 m
蒸汽发生器	外置1台
动力循环方式	间接朗肯循环
核燃料类型(富集度)	UO_2(<5%)
反应性控制方式	控制棒
换料周期	36~48个月
设计寿命	60年
状态	概念设计、初步设计

图 2.12　SMR-160 反应堆及其关键参数

2.2.13　美国 W-SMR

2011 年,西屋公司推出了一种新的 SMR 设计,即 W-SMR,其反应堆额定热功率为 800 MWt,预期发电容量大于 225 MWe。

W-SMR 大量借鉴了西屋公司 AP1000 的设计经验,不同之处在于它采用一体化布置方式,而非 AP1000 的传统分散布置回路型布置方式,8 台水平安装的主泵位于压力容器的外面,其余所有主冷却剂系统部件都被安装在直径为 3.5 m、高为 24.7 m 的反应堆压力容器内,包括控制棒驱动机构、稳压器和蒸汽发生器。堆芯由 89 个 17×17 标准燃料组件组成,有效高度为 2.4 m。堆芯采用 37 个控制棒束和可溶性硼进行反应性控制,内置控制棒驱动机构技术采用 AP1000 磁力提升部分零部件。蒸汽发生器采用直流直管束,产生的低品质蒸汽被输送至安装在安全壳外部的蒸汽干燥器,经干燥后变成合格的蒸汽。

反应堆压力容器布置在直径为 9.8 m、高为 27.1 m 的钢制安全壳内。W-SMR 借鉴了 AP1000 非能动安全系统和经验证的设备及部件,利用非能动技术实现高水平的安全性,同时简化系统设计,降低设备部件数量,从而降低投资成本。根据事故分析结果,在无操作员干预的情况下,非能动安全系统可提供 7 天的事故缓解时间。W-SMR 采用 100% 的模块化设计,限制主要部件的尺寸,以实现运输方式的高度灵活性和自由性,从而减少对昂贵基础设施的需求和依赖。

一台 W-SMR 机组包含一座单独的反应堆及与之配套的汽轮发电机组,可在同一厂址根据电力需求建造多台 W-SMR 机组。

西屋 W-SMR 设计用于发电用途,也可用于工艺热供应、区域热供应和远距离特殊电网用途。W – SMR 还可用于工业生产电力供应,如从油砂、油页岩和煤制液体应用中生产液化气燃料所需的电力。

图 2.13 给出了 W – SMR 反应堆概貌图和关键参数。

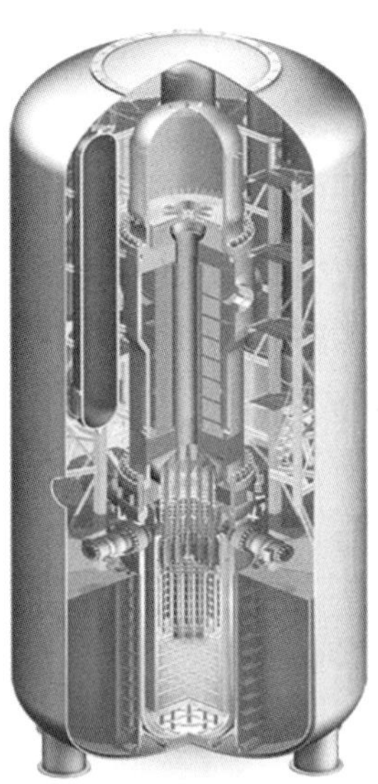

关键参数	
输出电功率	225 MWe
反应堆热功率	800 MWt
主系统布置方式	一体化压水堆
主冷却剂类型	轻水
主系统循环方式	强迫循环(FC)
堆芯出口冷却剂温度	310 ℃
反应堆压力容器尺寸	直径 3.5 m,高 24.7 m
蒸汽发生器	直列管
动力循环方式	间接朗肯循环
核燃料类型(富集度)	UO_2(<5%)
反应性控制方式	控制棒,可溶硼
换料周期	18～24 个月
设计寿命	60 年
状态	初步设计

图 2.13　W – SMR 反应堆及其关键参数

2.3　重　水　堆

加拿大是世界上首先开发并普及重水堆商用核电站的国家。重水(化学名 D_2O,含两个氢原子,被氘原子所取代)是一种很有吸引力的冷却剂和慢化剂,因其中子吸收截面小,使得反应堆可以采用天然铀做核燃料,而避免了工艺复杂、代价昂贵的铀浓缩过程。重水的低中子吸收特性提供了极好的"中子经济性",这种冷却剂成为美国和苏联为生产武器级裂变材料而建造生产堆的首选。

印度在引进加拿大的"坎杜"堆技术基础上,开发了 220 MW 重水堆 PHWR – 220 核电站。尽管印度随后计划将设计规模扩大到 540～700 MW,但仍在继续建造 PHWR – 220 核电站。由于印度铀资源有限,钍资源丰富,因此印度制定了三个阶段的发展战略,从而实现自给自足的电力供应。这三个发展阶段分别是:

(1)第一阶段利用加压重水反应堆(PHWRs)(220,540 和 700)产生足够的钚;

(2)第二阶段利用第一阶段生产的钚,研究钠冷快中子反应堆技术;

(3)第三阶段利用本国丰富的钍资源,结合钠冷快堆技术,进行堆芯增殖技术研究,形成良性核燃料循环,开发先进重水反应堆 AHWR – 300 – LEU。

表 2.2 总结了基于重水堆技术的两种 SMR 设计方案。

表 2.2　基于 HWR 技术的 SMR 反应堆设计

国家	SMR 名称	设计人员	冷却剂/慢化剂	电力输出/MWe	核电站配置
印度	PHWR – 220	NPCIL	重水/重水	235	2
印度	AHWR – 300 – LEU	BARC	重水/重水	304	1

2.3.1　印度 PHWR – 220

PHWR – 220 是印度核电公司 NPCIL 设计的发电功率为 235 MWe 的压力管式重水堆，该反应堆技术源自加拿大的 CANDU 堆，它使用重水作为冷却剂和慢化剂。

由 Zr – 2.5% Nb 材料制成的压力管中含有 0.5 m 长的圆柱形核燃料元件，燃料元件包壳为 Zr – 4，包壳内装有天然 UO_2 芯块。每个压力管含有 12 个燃料元件束。整个堆芯由 306 根水平压力管和慢化剂组成。与压水堆换料方式不同，PHWR 可实现不停堆换料，每次可换料 8 组燃料组件。PHWR – 220 采用 2 台主泵提供一回路的循环动力，每个回路可向 153 个压力管提供循环冷却剂，通过 2 台 U 形管蒸汽发生器将热量传输到二回路侧进行动力转换。

PHWR – 220 采用双安全壳结构，内层采用预应力混凝土结构，外层为钢筋混凝土结构，两层结构之间的间隙保持负压状态，从而有助于检测并识别安全壳泄漏。目前，印度共有 16 台 PHWR – 220 机组处于运行状态。

图 2.14 给出了 PHWR – 220 反应堆概貌图和关键参数。

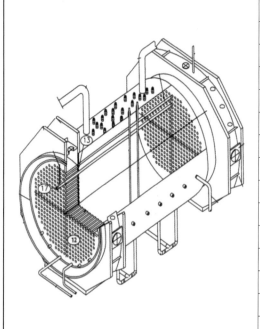

关键参数	
输出电功率	235 MWe
反应堆热功率	755 MWt
主系统布置方式	压力管式、分散式
主冷却剂类型	重水
主系统循环方式	强迫循环（FC）
堆芯出口冷却剂温度	293 ℃
反应堆压力容器尺寸	直径 6 m，高 4.2 m
蒸汽发生器	U 形管自然循环
动力循环方式	间接朗肯循环
核燃料类型（富集度）	UO_2（<5%）
反应性控制方式	控制棒
换料周期	不间断运行换料
设计寿命	60 年
状态	已有 16 台机组在运

图 2.14　PHWR – 220 反应堆及其关键参数

2.3.2　印度 AHWR – 300 – LEU

印度巴巴原子能研究中心(BARC)正在开发先进重水堆 AHWR – 300 – LEU,AHWR 采用了经验证的压力管式重水堆(PHWR)技术,这些技术与压力管和基于低压慢化剂的设计有关,仍采用重水作为慢化剂,但却采用轻水作为冷却剂。AHWR 由巴巴原子研究中心(BARC)设计和开发。AHWR 的目标是用钍生产大部分电力,利用大规模的钍为未来的商业核电站供电。AHWR 可实现不停堆换料,其冷却通道能够实现快速更换压力管,而不会影响其他已安装的冷却通道部件。

AHWR – 300 – LEU 燃料束由 54 个包覆的混合氧化物燃料组成,包括 30 个钍铀氧化物组件和 24 个钚钍氧化物组件。混合氧化物燃料中的 U 和 Pu 含量保持在 5% 以下。

AHWR – 300 – LEU 计划用于热电联产模式运行,通过从汽轮机低压缸中抽取部分蒸汽,每天可生产 2 400 m^3 饮用水。

图 2.15 给出了 AHWR – 300 – LEU 反应堆概貌图和关键参数。

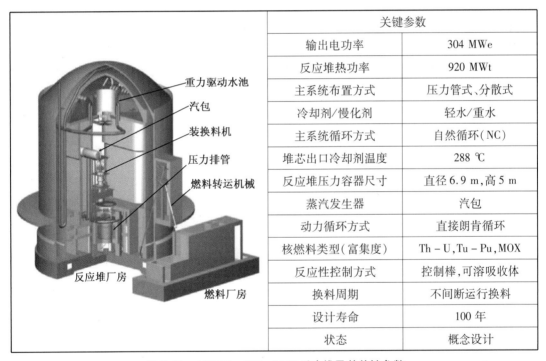

关键参数	
输出电功率	304 MWe
反应堆热功率	920 MWt
主系统布置方式	压力管式、分散式
冷却剂/慢化剂	轻水/重水
主系统循环方式	自然循环(NC)
堆芯出口冷却剂温度	288 ℃
反应堆压力容器尺寸	直径 6.9 m,高 5 m
蒸汽发生器	汽包
动力循环方式	直接朗肯循环
核燃料类型(富集度)	Th – U,Tu – Pu,MOX
反应性控制方式	控制棒,可溶吸收体
换料周期	不间断运行换料
设计寿命	100 年
状态	概念设计

图中标注：重力驱动水池、汽包、装换料机、压力排管、燃料转运机械、反应堆厂房、燃料厂房

图 2.15　AHWR – 300 – LEU 反应堆及其关键参数

2.4　气冷堆

气冷堆也是一种常见的电力用途反应堆,英国部署了多台以二氧化碳作为冷却剂的气冷堆。目前正在开发的气冷 SMR 均普遍使用氦气作为主冷却剂。德国和美国此前都建造并运行过氦冷试验堆或示范堆,中国和日本目前都有小型氦冷试验堆正在运行。氦冷堆特点如下:

（1）使用单相冷却剂，运行和管理相对简单，反应堆可以在很高温度下运行；典型氦冷堆的堆芯出口温度为 700 ~ 800 ℃，而轻水堆堆芯出口温度为 300 ~ 325 ℃；

（2）堆芯出口高温优势使得蒸汽动力系统具有更高的动力转换效率，能够拓展工业热应用领域；

（3）气冷堆的主要缺点是气体的热容比液体冷却剂低很多，必须采用高流量风机的高速循环才能排出堆芯热量。气冷堆堆芯冷却剂温差特别大（约为 500 ℃），这种高温差对堆芯和装置二次侧的设计带来较大挑战。

目前，正在开发中的氦冷 SMR 设计中，堆芯核燃料一般多采用球床或棱柱状结构。在球床堆芯结构设计方案中，核燃料颗粒被弥散在约台球尺寸大小的燃料球体中，这些球形燃料元件通过堆芯随机迁移、取出、装入，直至循环至燃耗末。棱柱堆芯结构设计方案中，使用了传统的燃料棒几何结构，燃料棒被包含在堆芯的石墨棱块中，堆芯可采用分批换料。

表 2.3 列出了目前获得商业支持的四种气冷堆 SMR 设计。

表 2.3　基于 GCR 技术的 SMR 反应堆设计

国家	SMR	设计人员	堆芯构造	电力输出/MWe	核电站配置
中国	HTR – PM	INET	球床	105	2
南非	PBMR	PBMR	球床	100	2
美国	GT – MHR	GA	棱柱	150	1
美国	EM2	GA	棱柱	265	2

2.4.1　中国 HTR – PM

HTR – PM 属于球床高温氦冷堆，燃料为二氧化铀，^{235}U 的浓度为 8.5%，采用包覆颗粒燃料（TRISO）构成的"全陶瓷型"球形燃料元件，具有在不高于 1 620 ℃ 的高温下滞留放射性裂变产物释放的能力。

HTR – PM 采用连续装卸、多次循环的燃料管理模式，即燃料元件从堆芯顶部装入，从堆芯底部卸料管卸出，卸出的燃料球逐个进行燃耗测量，已达到卸料燃耗的元件被排出堆外贮存，未达到卸料燃耗的元件则被重新装入堆芯，通过燃料元件的多次循环，使反应堆燃耗分布更为均匀。

HTR – PM 是 HTR – 10 的后续型号产品，HTR – 10 是清华大学运行的 10 MW 级试验堆。HTR – 10 被用于验证 HTR – PM 的安全性，包括失去厂外电源、主氦风机故障和主散热器丧失试验验证。

2008 年，第一座 HTR – PM 电厂的建设预算获得批准，中国山东省荣成市正在施工建造配置两台 HTR – PM 的核电厂。日本福岛核电站事故后，工程推迟，但目前仍在继续。

图 2.16 给出了 HTR – PM 反应堆概貌图和关键参数。

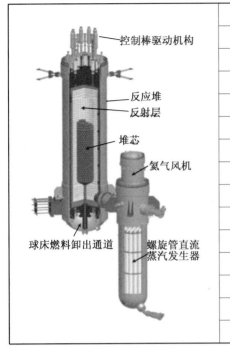

	关键参数
输出电功率	105 MWe
反应堆热功率	250 MWt
主系统布置方式	球床构造、分散式
冷却剂/慢化剂	氦气/石墨
主系统循环方式	强迫循环（FC）
堆芯出口冷却剂温度	750 ℃
反应堆压力容器尺寸	直径 5.7 m,高 25 m
蒸汽发生器	螺旋管直流蒸汽发生器
动力循环方式	间接朗肯循环
核燃料类型（富集度）	TRISO 包覆 UO$_2$（8.5 %）
反应性控制方式	控制棒,吸收球
换料周期	不间断运行换料
设计寿命	40 年
状态	2 台反应堆带 1 台机组,正在建造

图 2.16　HTR - PM 反应堆及其关键参数

2.4.2　南非 PBMR - CG

南非球床模块堆（PBMR）设计始于 1996 年,经过多次技术参数调整,反应堆采用环形堆芯,设计功率为 400 MWt,堆芯出口温度调整为 900 ℃,PBMR 的能量转换基于单回路直接布雷顿热力循环,将氦冷石墨慢化堆芯组件作为一个热源。冷却剂将热直接从堆芯传递给由涡轮机、发电机、压缩机、气体冷却器和同流换热器组成的能量转换系统。PBMR 研发设计小组最初开发出一种 268 MWt 的动力转换装置,为后来设计改进提供了参考依据。

PBMR 的燃料由嵌入石墨球的包覆式浓缩铀燃料芯核组成。每个燃料芯核外由四层材料包裹。最内层是多孔碳材,可在不产生内压的情况下滞留裂变产物;第二层是热解碳层;第三层是碳化硅层（耐热材料）;最外一层是热解碳层。外边三层构成了可防止裂变产物释放的复合屏障,其中碳化硅包覆层起主要作用。这些屏障不仅约束了铀燃料及其后续裂变产物,而且为每个芯核提供了微型压力容器,有助于提升安全性。

PBMR 反应堆包括压力容器、堆芯、堆芯吊篮、石墨结构和反应性控制装置。动力系统设计包含与能量转化系统相连的反应堆单元,功率主要通过改变流经能量转换系统的冷却剂质量流量来调节,在堆芯和能量转换部件进口与出口之间的温差保持不变。离开堆芯的热冷却剂驱动两台立式涡轮压缩机和立式涡轮发电机——三轴系统,冷却剂从动力涡轮机流经同流换热器的一次侧,再经过冷却器和压缩机,然后流经同流换热器的二次侧,在那里进行预热后再次进入堆芯。

图 2.17 给出了 PBMR - CG 反应堆概貌图和关键参数。

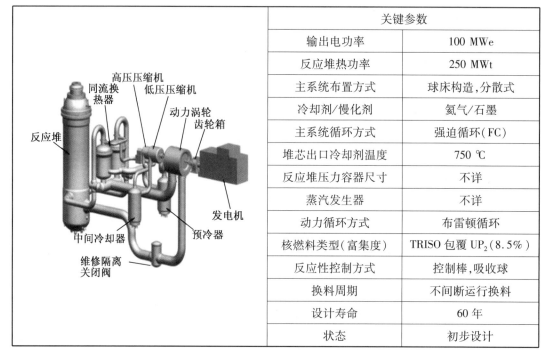

	关键参数	
	输出电功率	100 MWe
	反应堆热功率	250 MWt
	主系统布置方式	球床构造,分散式
	冷却剂/慢化剂	氦气/石墨
	主系统循环方式	强迫循环(FC)
	堆芯出口冷却剂温度	750 ℃
	反应堆压力容器尺寸	不详
	蒸汽发生器	不详
	动力循环方式	布雷顿循环
	核燃料类型(富集度)	TRISO 包覆 UP_2(8.5%)
	反应性控制方式	控制棒,吸收球
	换料周期	不间断运行换料
	设计寿命	60 年
	状态	初步设计

图 2.17　PBMR - CG 反应堆及其关键参数

2.4.3　美国 GT - MHR

气体透平 - 模块氦冷堆(GT - MHR)将高温气冷堆与布雷顿动力转换循环系统相结合用于高效发电。GT - MHR 满足第 Ⅳ 代核能系统关于非能动安全性、良好经济性、高度防核扩散性及改善环境的要求,比压水堆核电厂所产生的核废料更少,燃料的利用率更高。由于其能够产生高温(反应堆出口冷却剂温度高达 850 ℃),还可用于高温电解或热化学分解水来制氢。

GT - MHR 采用 TRISO 颗粒燃料包覆,球形颗粒或是低浓缩裂变燃料或是增殖性材料。堆芯包括一排六角形燃料元件,控制棒驱动机构位于反应堆压力容器的上封头内,而在下封头内仅包容用于维修的停堆冷却系统。GT - MHR 的直接布雷顿循环动力转换系统包括 1 台气体透平、1 台发电机和 2 台在同轴的空气压缩机。动力转换系统还包括同流换热器、预冷却器和中间冷却器热交换器。

虽然 GT - MHR 设计简单,并已考虑了多个项目规划,但目前尚未有建设示范或商业电站实际规划。最有希望的项目是美国和俄罗斯之间的合作项目,建立用于处理武器级材料的示范 GT - MHR。

GT - MHR 用于发电的潜在效益包括非能动安全性、良好经济性、减少环境的影响及高度防核扩散性。GT - MHR 可用于高效制氢。美国政府资助爱达荷国家工程与环境实验室的下一代核电厂示范项目对 GT - MHR 的上述特性进行了全尺寸实验验证。

下一代核电厂(NGNP)的目标是堆芯出口温度为 1 000 ℃,以便提升发电效率或制氢效率。NGNP 要达到 1 000 ℃ 的出口温度所面临的主要挑战是核燃料和金属材料问题。更高温度的压力容器材料可以得到,但尚不能制造成 NGNP 所需的压力容器尺寸。具有丰富制造经验的类似最大压力容器是先进沸水堆压力容器,但采用较低工作温度材料制成。NGNP 反应堆压力容器要求的尺寸是先进沸水堆压力容器的 1.5 倍,且需采用耐更高温运行的材料及相关制造技术。对于 NGNP 1 000 ℃ 的出口温度,可能需要新的材料(如碳 - 碳复合材料)来取代现有的热屏蔽金属材料。

图 2.18 给出了 GT - MHR 反应堆概貌图和关键参数。

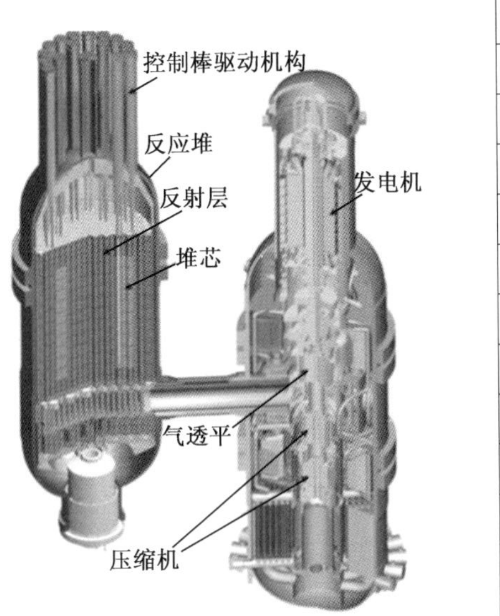

关键参数	
输出电功率	150 MWe
反应堆热功率	350 MWt
主系统布置方式	棱柱构造,紧凑式
冷却剂/慢化剂	氦气/石墨
主系统循环方式	强迫循环(FC)
堆芯出口冷却剂温度	750 ℃
反应堆压力容器尺寸	直径 6.8 m,高度 22 m
蒸汽发生器	不详
动力循环方式	布雷顿循环
核燃料类型(富集度)	TRISO 包覆 UCO(15.5%)
反应性控制方式	控制棒
换料周期	18 个月
设计寿命	60 年
状态	详细设计

图 2.18   GT - MHR 反应堆及其关键参数

2.4.4   美国 EM²

经过几十年 GT - MHR 及衍生堆型研发经验积累,美国通用原子能公司(GA)推出了一种新型气冷 SMR 设计方案,称为能量倍增模块(EM²)。

EM² 利用了部分 GT - MHR 技术,但与热中子谱反应堆 GT - MHR 有着很大的不同。EM² 属于快中子反应堆,其主要目的是焚烧乏燃料,这种技术属于"增殖和焚烧"型反应堆,它将燃料组件中的可用核素转化为可裂变核素,同时维持这一裂变过程,同时也消耗原来反应堆(如轻水堆)中产生的微量锕系元素。

EM² 设计采用 500 MWt、265 MWe 的氦冷快中子高温反应堆,其运行温度为 850 ℃。该反应堆将在工厂制造,通过卡车运送至核电站现场。通用原子能公司表示,能量倍增模块反应堆的燃料构成为 20 t 压水反应堆的核废料或贫化铀,外加用作启动反应的 22 t 浓缩铀,其中 ^{235}U 含量约为 12%。

EM² 反应堆堆芯采用碳化铀燃料包覆在碳化硅复合材料中。燃料以多孔环形颗粒的形式堆积在碳化硅－碳化硅管内形成燃料元件。堆芯初次装载低浓缩铀燃料（^{235}U 富集度约 6%）和轻水堆卸出的乏燃料,后续依靠生成的新燃料维持核反应。

EM^2 反应堆出口氦气温度为 850 ℃,采用垂直安装的可变速直接布雷顿循环动力转换装置,可实现近 50% 的动力转换效率。

EM^2 反应堆可不换料运行 30 年。30 年后,堆芯只需装载新燃料,乏燃料使用干式氧化工艺处理,作为后续维持核反应所需的原料。每个电厂最多布置 4 台 EM^2 反应堆。EM^2 核废料可经过处理去除裂变产物（约 4t）,之后剩余的燃料可回收用于后续燃料循环,每次须补充 4t 压水反应堆的核废料。该模块还包含一台高速燃气轮机发电机,可由卡车运输。

图 2.19 给出了 EM^2 反应堆概貌图和关键参数。

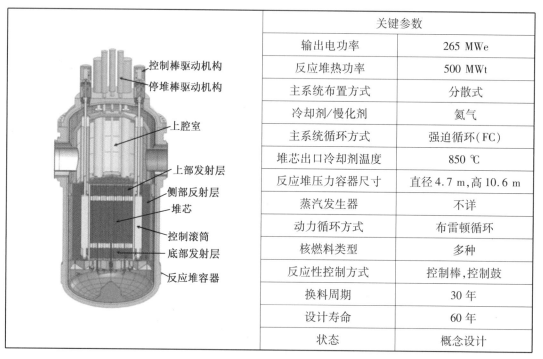

关键参数	
输出电功率	265 MWe
反应堆热功率	500 MWt
主系统布置方式	分散式
冷却剂/慢化剂	氦气
主系统循环方式	强迫循环（FC）
堆芯出口冷却剂温度	850 ℃
反应堆压力容器尺寸	直径 4.7 m,高 10.6 m
蒸汽发生器	不详
动力循环方式	布雷顿循环
核燃料类型	多种
反应性控制方式	控制棒,控制鼓
换料周期	30 年
设计寿命	60 年
状态	概念设计

图中标注：控制棒驱动机构、停堆棒驱动机构、上腔室、上部发射层、侧部反射层、堆芯、控制滚筒、底部发射层、反应堆容器

图 2.19　EM^2 反应堆及其关键参数

2.5　液态金属冷却堆

从全球商用堆的应用情况可知,液态金属冷却堆（LMCR）位列水冷堆和气冷堆之后的第三位。美国、俄罗斯、法国、日本、英国以及近期中国和印度等国家建造了使用钠冷、铅冷或铅铋冷却剂的试验快堆或示范快堆。液态金属冷却堆中反应堆产生的大部分能量来自高能中子引起的裂变反应,而水冷堆产生的能量主要来自热中子引起的裂变反应。快堆的主要优点是裂变产生的中子可以用于维持基本链式反应以外的目的——实现核燃料增殖,即裂变燃料生成的速度比消耗的速度快。随着世界范围内发现的铀储量越来越多,人们对快堆的兴趣从增殖转向铀资源回收,即焚烧从水冷堆卸出的乏燃料。

液态金属冷却堆的另一个优点是液态金属具有很高的沸腾温度,这使得反应堆主冷却剂系统可以实现在常压下运行。此外,冷却剂可以被加热到相对较高的温度(通常在500 ℃左右),高于水冷堆的堆芯出口冷却剂温度(300 ~ 325 ℃),低于气冷堆的堆芯出口冷却剂温度(750 ~ 850 ℃)的出口温度。与水冷堆相比,较高的堆芯出口温度可以提高热力转换效率,动力转换系统可以使用更紧凑的超临界朗肯循环或布雷顿循环。

表 2.4 中总结了三种液态金属冷却堆的设计,由于得到商业公司和许可审查机构的支持参与,这些设计方案具有近期部署的潜力。其他液态金属冷却堆(如行波堆)正处于概念设计状态,仅限于概念研究、局部试验或试验堆技术验证。

表 2.4　基于 LMCR 技术的 SMR 反应堆设计

国家	SMR	设计人员	冷却剂	电力输出/MWe	核电站配置/台
日本	4S	东芝	钠	10 或 50	1
俄罗斯	SVBR - 100	AKME	铅铋	101	1
美国	PRISM	GE	钠	311	2

2.5.1　日本 4S

日本东芝设计的超安全、小型、简化(4S:Super Safe Small and Simple)反应堆属于钠冷快堆,输出电功率为 10 ~ 50 MWe,该反应堆的优点是:可实现紧急状态下的彻底停堆,不需要运行操作人员,无须换料,设备简化。

一般情况下,细小堆芯不易达到临界。但若用环状反射层以带状将堆芯部分围起来,以防止中子向周围泄漏,这样就最终可使其达到临界;再将此反射环依次渐渐向堆芯上部没有被围起来的部分移动,就可保持堆芯燃料常年处于临界。由于该种反应堆使用传热性能优良的金属燃料,所以即使是满功率运行,燃料温度也较低,这样因功率上升所引起的反应性损失就较小,因此在汽轮机功率上升而反应堆冷却剂温度降低的情况下,其反应性仍可使反应堆达到足够高的功率,这样就无须用控制棒、也不需要运行操作人员。另外,由于使用金属燃料,燃料包壳内采用的是较柔软的铀 - 钚 - 锆合金燃料芯,所以即使在负荷跟踪工况下运行,也不会发生燃料破损。

4S 的堆芯设计紧凑,采用钢包壳金属合金铀燃料。堆芯设计的独特之处在于,在其 30年寿命内(10 MWe 堆芯)不需要换料,通过在堆芯中使用高转化率的可增殖材料并通过缓慢移动的反射层来补偿堆芯寿命期内的燃料消耗来实现长寿命期的运行。4S 也可选择发电功率为 50 MWe、换料周期为 10 年的堆芯设计方案。U - 10% Zr 金属合金燃料中 ^{235}U 的富集度小于 20%。4S 反应堆采用池式布置,容器内装有电磁(EM)泵和中间热交换器。中间钠回路将热量从一次系统输送到外部蒸汽发生器二次侧,从而将水加热生成合格品质的蒸汽,用于供给汽轮机做功。安全壳由下部充氮钢防护容器和上部钢圆顶组成。

4S 的设计和试验得到日本大力支持,其设计的目标是面向多样化和偏远的电力能源市场。

图 2.20 给出了 4S 反应堆概貌图和关键参数。

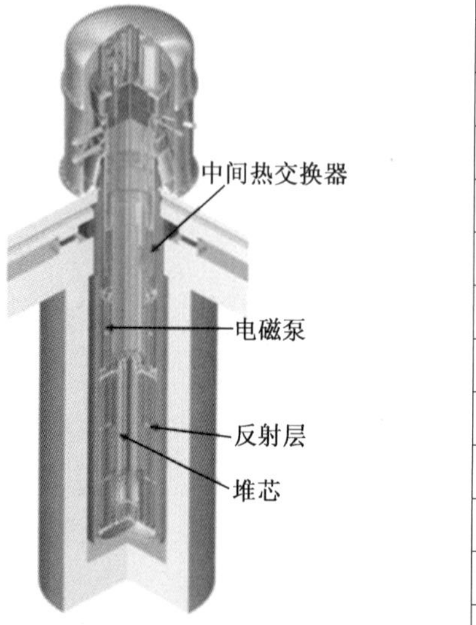

关键参数	
输出电功率	10 MWe(50 MWe)
反应堆热功率	30 MWt(135 MWt)
主系统布置方式	池式
冷却剂/慢化剂	钠
主系统循环方式	强迫循环(FC)
堆芯出口冷却剂温度	510 ℃
反应堆压力容器尺寸	直径 3.5 m,高度 24 m
蒸汽发生器	双层螺旋管
动力循环方式	间接朗肯循环
核燃料类型(富集度)	U - Zr(<20%)
反应性控制方式	控制棒,反射层
换料周期	30 年(10 年)
设计寿命	30 年
状态	详细设计

图 2.20　4S 反应堆及其关键参数

2.5.2　俄罗斯 SVBR - 100

SVBR - 100 是俄罗斯开发的小型、模块式液态重金属冷却的先进快堆。它以核潜艇液态铅铋合金冷却反应堆证实的技术为依据,建立在过去实践证实的技术基础上,是第四代核能论坛承认的先进核能系统之一。拟于 2017 年建在俄罗斯新瓦洛涅什核电厂退役的 2# 机组反应堆厂房内,作为核蒸汽供应系统,替代原机组的发电容量。如按期建成,很可能是全世界第一个新一代核能系统。

SVBR - 100 型核电机组发电容量 75 ~ 100 MWe,使用独特的重金属冷却剂,系统简单、安全性能卓越,工艺技术基础良好,非常适合核技术和工业基础较薄弱的发展中国家;而据估算经济竞争力强,在俄罗斯条件下,基建比成本低于俄罗斯最新的 VVER - 1000 型现代压水堆。

SVBR - 100 属于液态金属池式快堆,一回路在常压下运行,采用 2 台主循环泵强迫循环冷却堆芯。最初的堆芯核燃料是富集度低于 20% 的 ^{235}U,随后的核燃料装载了含有 U - Pu 混合氧化物燃料或 UN - PuN 燃料。

SVBR - 100 堆芯由 61 个燃料组件组成,新的堆芯设计方案采用整体盒式装载,每 8 年更换一次整炉堆芯燃料。反应堆池内部直管式蒸汽发生器用于向外部蒸汽分离器和动力转换装置提供蒸汽。SVBR - 100 目前面临的最大技术难题仍然是材料腐蚀问题。

SVBR - 100 设计用途为非电力应用和工艺热供应。单台机组预计可生产 580 t/h 的工艺蒸汽、70 Gkal/h 的区域供热或 20 万 t/天的淡水。

2006 年,SVBR-100 设计获得俄罗斯批准。

2011 年,SVBR-100 示范项目获得俄罗斯政府批准,OKBM 与 AKME 工程公司合作建造示范工程。

2013 年,SVBR-100 获得设计认证和现场建造许可证,原计划 2017 年开始运营。

图 2.21 给出了 SVBR-100 反应堆概貌图和关键参数。

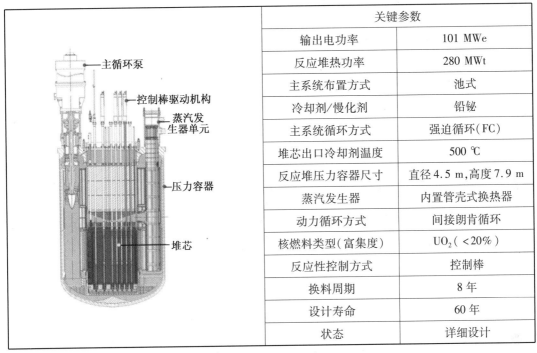

关键参数	
输出电功率	101 MWe
反应堆热功率	280 MWt
主系统布置方式	池式
冷却剂/慢化剂	铅铋
主系统循环方式	强迫循环(FC)
堆芯出口冷却剂温度	500 ℃
反应堆压力容器尺寸	直径4.5 m,高度7.9 m
蒸汽发生器	内置管壳式换热器
动力循环方式	间接朗肯循环
核燃料类型(富集度)	UO_2(<20%)
反应性控制方式	控制棒
换料周期	8 年
设计寿命	60 年
状态	详细设计

图 2.21　SVBR-100 反应堆及其关键参数

2.5.3　美国 PRISM

20 世纪 80 年代,美国的先进液态金属反应堆(ALMR)项目诞生了 160 MWe 动力反应堆设计固有安全模块 PRISM 钠冷快堆。PRISM 是最早采用非能动安全系统的模块化先进反应堆,每个电厂可部署 3 台 PRISM 机组,原本是用作管理利用铀资源的增殖堆,但最近设计人员更侧重于回收利用轻水堆卸出的乏燃料,同时处理高放废物中的长寿命锕系元素。

目前,通用电气已与日立公司合作,联合开发 311 MWe 的 PRISM 设计方案,该方案与一体化轻水堆设计类似,不同之处在于内置蒸汽发生器被中间热交换器所取代,通过中间热交换器将热量传递到二次钠回路,利用二次钠回路将工质水加热成蒸汽,利用蒸汽动力发电。

PRISM 堆芯采用 U-Pu-Zr 金属燃料,可容纳轻水堆乏燃料产生的锕系元素废料。四台电磁泵布置在钠池中,使钠冷却剂在接近大气压的池子中循环流动,从而带出堆芯热量。

目前电厂部署策略是利用两个 PRISM 反应堆模块耦合到一台汽轮机发电机模块的"双

堆带一机"方案。尽管监管机构已对 PRISM 设计进行了详细审查,但目前还没有批准 PRISM 用于商业电力的计划。

图 2.22 给出了 PRISM 反应堆概貌图和关键参数。

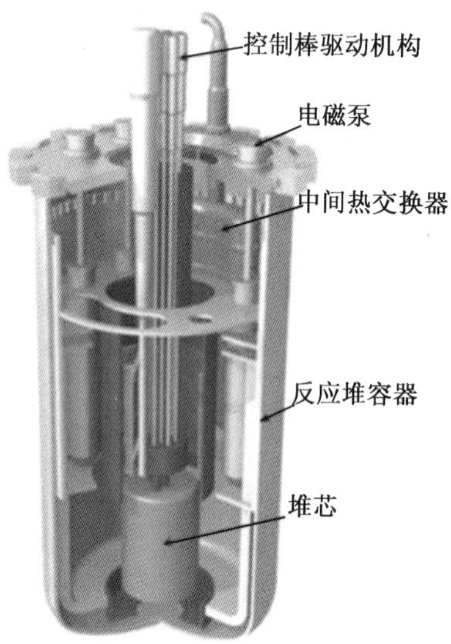

关键参数	
输出电功率	311 MWe
反应堆热功率	500 MWt
主系统布置方式	池式
冷却剂/慢化剂	钠冷
主系统循环方式	强迫循环(FC)
堆芯出口冷却剂温度	500 ℃
反应堆压力容器尺寸	直径9.2 m,高度19.4 m
蒸汽发生器	外置
动力循环方式	朗肯循环
核燃料类型(富集度)	U-Pu-Zr 金属
反应性控制方式	控制棒
换料周期	16 个月
设计寿命	60 年
状态	详细设计

图 2.22 PRISM 反应堆及其关键参数

2.6 发展趋势

SMR 的研究和设计工作一直在持续发展。SMR 旨在为能源消费者提供丰富、安全、清洁和廉价的能源解决方案。全球可再生能源的使用比例逐年增加,太阳能、风能的季节可变性和低能量密度的局限性限制了其对全球能源需求的贡献量。大型火电厂和大型核电厂成本高昂,限制了自由灵活的市场发展需要。对环境问题(空气质量、气候变暖、碳排放等)影响的持续关注,导致传统化石燃料电厂面临被淘汰和被替换的境况。这些因素将促进中小 SMR 进一步发展和部署。

本章对来自 9 个国家、采用 4 种不同堆型的 22 个 SMR 设计方案进行了介绍。SMR 技术的探索发展驱动力更多来自以下方面:

(1)新兴国家的市场机会。根据需求预测,全球能源需求量惊人,尤其是新兴经济体国家,这些国家的地理因素、人口统计数据和电网基础设施将倾向于支持部署 SMR。

(2)发达国家的市场机会。在经济循环周期性波动影响下,已经拥有核电装机的国家电力需求增长率普遍较低,与传统的大型电厂相比,SMR 容量覆盖面广,为基础负荷调节提供了灵活选择的机会,可以以较小的增量建造方式满足有限增长的电力需求,同时允许电力公司对需求波动做出更大范围的调整。

（3）拓展能源应用领域。除少数核能设施外，现有的商业核电站的主要用途为电力供应。而核能正朝着非电力用途的方向发展，SMR 将加速这一发展进程。核能将更多地被用于海水淡化、区域供热、制冷以及其他工业用途。随着应用的多样化，工厂的需求也会多样化，这将刺激新的 SMR 设计，甚至可能是 SMR 新技术的产生。

SMR 发展面临的主要挑战如下：

（1）新设计推向市场的成本高昂。完成新的核电厂设计并使其符合建设条件（满足监管审查要求）所花费的成本可能接近 10 亿美元（甚至更多），所耗费的时间可能跨越 10 年以上。SMR 的简化设计和高安全裕度可以减少设计工作量，缩短核安全监管审查时间，降低成本。但需要对 SMR 设计采用的创新技术进行验证，并解决监管相关的技术澄清，这也需要成本投资。

（2）更低成本的新型可替代能源挑战。新的水力压裂技术的采用大大提升了页岩气开采的效率，导致天然气价格不断下降，这给新核电站的发展造成了重大障碍。虽然许多公用事业公司仍致力于建设多元化的能源发电能力组合，但低成本的天然气、廉价太阳能、风能将阻碍新的核电技术发展。

（3）缺乏关于温室气体排放的政策。鉴于限制温室气体排放会降低工业界和投资者寻求可替代能源的动力，导致市场不稳定性，包括美国在内的一些发达、发展中国家并没有制定温室气体排放政策，再加上新建核电站的巨额投资和长建设周期，这种不确定性将限制新的 SMR 发展。

关于新设计和新技术潜力方面，两类 SMR 特别具有前景：高温堆和可移动式反应堆。

为了提高功率转换效率和适应更广的工业热应用，一直以来，高温堆得到了积极的发展政策和资金支持，尽管氦气是多数高温堆设计的首选冷却剂，但也可以采用其他冷却剂替代，特别是与氦气相比具有更优热力学性质的液态冷却剂，如氟盐。氟盐冷却堆最初是在 20 世纪 60 年代和 70 年代在美国发展起来的，最新的技术包括可同时采用固体燃料和液体燃料。目前，中国正在进行氟盐冷却堆技术的研究。

在可移动式反应堆方面，俄罗斯在开发浮动式核电站，用于向沿海或河流通达的地区提供能源。如果应用成功，拥有大量岛屿人口的国家很可能会越来越有兴趣寻求选择浮动式核电站。此外，还有一些潜在的适合采用移动式能源的工业应用领域，如石油开采。

2.7　参　考　文　献

[1]　Advanced Reactor Information System, International Atomic Energy Agency, August 2013.

[2]　International Atomic Energy Agency, Small and Medium Sized Reactors（SMR）Development, Assessment and Deployment, August 2013.

[3]　World Nuclear Association, http://www.world‐nuclear.org/info/Nuclear‐Fuel‐Cycle/Power‐Reactors/Small‐Nuclear‐Power‐Reactors, August 2013.

[4]　Status of Small and Medium Sized Reactor Designs：A Supplement to the IAEA Advanced Reactors Information System （ARIS）, International Atomic Energy Agency,

September 2012.

[5] Ingersoll, D. (guest editor), Special Issue on Small Modular Reactors, Nuclear Technology, 178, No. 2, May 2012.

[6] International Atomic Energy Agency, Workshop on Technology Assessment for Small and Medium – Sized Reactors for Near – Term Deployment, December 2011.

[7] Halfinger, A Practical, Scalable, Modular ALWR, Presentation at International Conference on Advanced Power Plants (ICAPP), San Diego, CA, June 2010.

[8] Lorenzini, P., NuScale Power: Capturing the "Economies of Small", presentation at International Conference on Advanced Power Plants (ICAPP), San Diego, CA, June 2010.

[9] Common User Considerations by Developing Countries for Future Nuclear Energy Systems: Report on Stage 1, International Atomic Energy Agency, NP – T – 2.1, 2009.

[10] Status of Innovative Small and Medium Sized Reactor Designs: Reactors without Onsite Refueling, International Atomic Energy Agency, IAEA – TECDOC – 1536, January 2007.

[11] Status of Innovative Small and Medium Sized Reactor Designs: Reactors with Conventional Refueling Schemes, International Atomic Energy Agency, IAEA – TECDOC – 1485, March 2006.

[12] Innovative Small and Medium Sized Reactors: Design Features, Safety Approaches and R&D Trends, International Atomic Energy Agency, IAEA – TECDOC – 1451, May 2005.

[13] Small and Medium Reactors: Status and Prospects, Nuclear Energy Agency, 1991.

第3章 IPWR 技术综述

3.1 引　　言

60多年前,代表着一种超越蒸汽轮机和燃气轮机的重大能源变革,核能被引入人类社会。与人类其他工业成就相同,核能集优点和缺点于一身,既有支持者,也有反对者,而令人困惑的是,其他工业技术创新在相当短的时间内就能够成功克服最初的不信任和质疑而被人们接纳,而核能至今仍没有让所有人都信任。

核武器并不是核能的最佳用途选择,这种潜在意识观念在十年内就被克服了,发达国家接受了核能,制定了发展计划,并用各种原型加以实施,随后又进行了各种逐步改进的设计。因此,前几十年对于核电来说与之前的努力并没有本质的不同,只是核电的发展步伐更加平稳,正如人们所预期,核电的财务风险高,潜在事故后果的影响也更加深远。

20世纪70年代中期,核能并没有成为人类能源发展的主流,反而成为越来越有争议的发展问题。1979年的三哩岛核事故更是将核能发展推向争议焦点问题。从那时起,核能的发展就处于断断续续的状态,一方面表现为经济和能源发展离不开核能的贡献;另一方面表现为核事故的负面影响挥之不去,特别是核电站发生的三起重大事故。这导致了舆论分歧,有三分之一的人坚决支持核能发展,另有三分之一的人坚决反对核能利用,其余三分之一的人则受近期发生的核事件影响对核能发展持中立观点。

因此,在过去的40年中,虽然核能利用总体规模上扩大了,但却无法发挥其潜力,也无法履行其目标承诺;在可预见的未来,除非对目前的核能技术和使用方式进行重大变革,否则情况仍将如此。如果着手研发类似一体化压水堆的固有安全革新型SMR,则可能成为推动核能变革的催化剂,此类SMR是否会推动核电发展的变更并改变人们对核能的观念,也尚未可知。

3.2　必要性

良好的经济性、卓越的安全性和对废物的妥善处理是所有电厂必须满足的基本前提条件。对于核电厂来说,这三个条件尤其重要。

经济性是首当其冲必须要考虑的因素。对核电厂而言,不仅要考虑经济竞争力,还必须同时考虑公众可接受性以消除恐核思维社会影响,开展公众宣传以及相关的经济成本。此外,核电厂必须有处理严重核事故的经济赔偿能力和偿还债务的雄厚资金。

核电站的安全方面必须远远高于传统的发电厂,因为核事故的放射性释放后果可能会引起大规模的人口迁移和经济损失,造成比较严重的社会负面影响。三起重大核事故的后果表明,让人们接受核电站的安全性是非常重要的。虽然1979年美国三哩岛核事故辐射释放量很少,但它却成为核电停滞发展10多年的催化剂。1986年苏联的切尔诺贝利核事故虽然最终被妥善处理,但导致人们对核能安全信任危机长达几十年而挥之不去。正当核能出现复苏发展时,日本福岛核电站发生的严重事故使很多国家退出了核能发展,最显著的是德国,德国愿意接受弃核的经济惩罚损失。

与其他电力生产能源相比,核废物的处理技术极为复杂,处理规模完全不在一个量级。对于传统化石能源发电厂来说,废物处理量相对较少并且在技术上是可以处理的,不存在安全风险和技术障碍。但对于核电站来说,尽管有各种技术解决方案可用于处理核废料,但不可否认,核废料"仍将毒害地球几千年"。

当前核电厂在满足经济性、安全性、废物处理三方面的表现如下:

(1)经济性方面:表现为"绿灯"。电力行业是一个竞争激烈的领域,数以百计的核电站正在运行,核电企业绝不会愿意花费数百亿美元建造一个没有经济竞争力的核电站。

(2)安全性方面:表现为"黄灯"。事实证明,从根本上讲核电站是安全的,早期的核电站已经被改进或关闭,新核电站的设计大大提高了安全性,但所面临的关键问题是如何避免"大"事故在核电站的寿期内发生。

(3)废物处理方面:表现为"红灯"。从早期的核电站废物选址及处理情况分析,核废物处理问题并没有取得实质性的进展,虽然可能会找到暂时合理的解决方案,但政治因素可能影响这些方案的实施。

然而,小型模块化反应堆(SMR)可以较好地解决这三个方面的问题。特别是在废物处理方面,可采用快堆技术处理钚和次锕系元素,使用铀钍循环的快堆可以显著减少目前的废物遗留问题。要将废物处理方面从"红色"状态变为"绿色"状态,需要政府对SMR技术的支持。由于各国对核安全要求不同,安全取决于各国对反应堆技术的认可接受标准。

核安全的基本原则要求核电厂必须通过其固有安全设计和专用的安全设施及辅助安全配套设施,能够应对假设放射性过量释放事故后果,要求根据"假想事故"和"过量辐射"等假设基本事件,设计采取必需的安全措施。困难之处在于对"假想事故"和"过量辐射"的定义,以及对需要采取的工程安全设施及配套支持系统的选择。

设计要考虑的假想事故类型可根据事故发生的概率及其严重后果来综合分析确定。事故发生的概率可通过堆芯损伤频率(CDF)来定义,即假定事故导致堆芯损伤的概率,堆芯损伤程度被认为是放射性释放到环境中的重要因素,早期反应堆设计的CDF目标为 10^{-4}/年(即0.0001事件/年),堆芯损伤导致放射性释放的概率(考虑到所有假想事故)为10000年发生一次,这个值非常小,特别是考虑到设计寿命为30年的反应堆。然而,核电站的数量在不断增加,运行寿命也在不断延长。如果每个核电站堆芯损伤的概率为 10^{-4}/年,按照世界上有400个核电站、每个核电站平均寿命30年估算,那么世界上任一个核电站发生重大事故的概率将是0.04/年,考虑30年寿命后概率为1.2。这个概率值比较接近已经发生了的三大核事故(美国三哩岛、苏联切尔诺贝利、日本福岛)的时间范围。根据这个概率,预计世界上每隔30年,就会发生一起核电站严重事故。按照保守预测和悲观估计,未来15~30年就会发生一起核电站严重事故,而这次的事故将会是核电站发展的终结。因此,核电站必须采取措施降低CDF值。三哩岛事故后,为提高安全系统的可靠性和冗余度,核电厂设计人员付出了巨大的代价,把安全性提高到设计必须要考虑的第一目标,采取各种措施增强安全性,这样使得核电站安全性得到了实质性的提高,但反过来导致核电站造价高昂、经济性较差,在很长时间内核电站几乎没有新的订单。随着非能动核电站的出现以及配套设备的大幅减少,从而使得核电站经济性逐渐被接受,核电机组才出现新的订单。新设计核电站的 CDF 值下降到 10^{-6} 级,也就是每 $1\,000\,000$ 个核电站机组里预计会有 1 台机组发生堆芯损伤事故,安全性因此得以提升和保障。然而,新设计和翻版设计的核电厂机组使用寿命预计为 60 年,考虑 60 年寿命后 CDF 值仍然比较大,因此,还需要继续提升安全性,除非在反应堆技术本身上进行突破,也就是研发具有更高固有安全性的反应堆技术。而降低 CDF 值、大幅度增加非能动安全系统有可能进一步增加核电站的成本(特别是应用新技术),因此某些核电站运营商更倾向于延长在役核电站的寿命,从长期发展考虑,为了能够替换旧的核电站,也需要研发既满足较低 CDF 值、又满足经济性要求的反应堆技术。

根据 CDF 的定义,如果 CDF 概率降低到 10^{-8},即达到"天灾"事件的频率,就可以忽略事件的影响。根据粗略估算,$1\,000$ 个使用寿命为 60 年的核电站将在其使用寿命为 60 年内产生故障或事故的概率为 6×10^{-4},或在 $10\,000$ 年内发生 6 起重大事故,这个事故概率可以忽略。即使全世界有 1 万座核电站,平均每 170 年就会发生一次重大事故,这样在寿期内,核电站的安全问题得以解决。

那么,问题来了,存在这样一个极小 CDF 值的核电站吗?对于正在运行、在建的核电站,答案是否定的。对于新一代核电站,如 IPWR 类型的 SMR、第四代核电站等,答案可能是肯定的。

3.3 一体化压水堆 IPWR

在经济性、安全性、废物处理三个必要条件中,IPWR 并没有针对废物处理带来任何新的解决办法,因为它属于压水堆。因此,这里不讨论废物处理方面的问题。

关于经济性,一般来说,SMR 设计最初并不考虑经济性,因为 SMR 通常与规模经济原因背道而驰,而规模经济要求单堆单机组只有采用高功率才能获得高经济利润。因此,需要开发一种新型的设计,一种比现有轻水堆(LWR)更简单、所需部件更少、建造时间更短的设计。迄今为止建造的绝大多数核电站均采用压水堆技术并形成标准化产品,IPWR 可利用压水堆成熟的研发、设计、建设和运行经验,从而有望在经济性方面能够和现有的压水堆核电站以及传统电厂进行竞争。

关于安全性,IPWR 创新地诠释和解决了安全性。IPWR 工艺系统配置具有潜在的固有安全性,通过在反应堆压力容器内布置蒸汽发生器来消除大破口失水事故,通过在压力容器内设置内置的控制棒驱动机构来消除控制棒弹出事故。如果设计得当,IPWR 能够同时解决前两个问题,即在提高安全性的同时降低成本。

有些核潜艇已经采用了一体化反应堆。在民用核商船里,德国"奥托·哈恩号"核动力货船是迄今为止第一个采用 IPWR 的压水堆,该船 1964 年下水,1968 年服役,1979 年退役,在 10 年内航行了 65 万海里,期间没有出现技术问题。"奥托·哈恩号"核商船采用的螺旋管直流蒸汽发生器是目前一些 SMR 设计所采用的技术方案。

在陆上动力反应堆领域,首先提出 IPWR 设计方案的是瑞典原子能公司,该公司于 20 世纪 80 年代初提出 PIUS 一体化压水堆,它是根据三哩岛事故经验而设计的非能动固有安全反应堆。PIUS 采用了非能动安全和固有安全的设计理念,依靠非能动设备——密度锁和简化的反应堆设计,在不需要人员干预的情况下实现事故工况下反应堆的安全停堆。密度锁是安装在主冷却剂系统与应急堆芯冷却系统分界层上的一种"装置",用来取代回路中需要动力开启的阀门,它由特殊结构构成,其内部没有任何机械隔离部件,通过主冷却剂和冷态的高含硼水产生的密度差形成稳定的分界层,将主冷却剂系统和应急堆芯冷却系统隔离开,以确保反应堆的正常运行。两个系统虽然是相互连通的,但系统内的工质不会发生搅混。当反应堆发生事故时,正常的平衡状态被打破,密度锁将自动开启,含硼水在重力驱动下自动注入主冷却剂系统,使反应堆停堆,并通过自然循环将堆芯余热带走,从而保证反应堆安全停堆。瑞典公司在 PIUS 型反应堆的设计和发展方面已经进行了 20 余年的开发工作,先后设计了 PIUS - 400、PIUS - 500、PIUS - 640 几种反应堆,这些设计都基于成熟的轻水堆技术,但 PIUS 堆一回路设计又不同于传统的压水堆。PIUS 反应堆的设计目标为"避免核电站由于人为因素造成的诸如堆芯过热熔化等重大事故,从而达到固有安全目的"。

美国燃烧工程公司在 20 世纪 80 年代中期也提出了 IPWR 型号——MAP(Minimum Attention Plant)概念设计,MAP 反应堆热功率为 900 MWt,采用自增压全自然循环设计,将多台直流蒸汽发生器布置在反应堆压力容器内,MAP 反应堆自提出概念设计后就被一直搁置。

SIR(Safe, Integral, Reactor)安全一体化反应堆是 20 世纪 80 年代末由英国罗尔斯·罗伊斯联合有限公司、ABB 燃烧工程公司、斯通公司和韦伯斯特工程公司以及英国原子能管理局联合设计的新一代核动力堆,它是一种先进非能动安全轻水堆,额定功率为 320 MWe,潜在最大功率为 400 MWe。SIR 特点是将堆芯、12 台蒸汽发生器、6 台主泵和稳压器都安装在反应堆压力容器内,SIR 充分应用先进技术,强调简化、安全性和低商业风险。堆芯使用燃烧公司的标准燃料组件,功率密度低,冷却剂中不含硼酸。蒸汽发生器采用直流设计,沸腾水在管内流过,在管外侧产生过热蒸汽。主泵安装在蒸汽发生器上方的水平面上。稳压器与常规 PWR 相似,装在压力容器的上部,稳压器设计不考虑外部喷淋或缓冲接口,也没有电力驱动的喷淋部件。安全壳采用抑压型安全壳,抑压水池水箱和反应堆腔通过抑压管道相连接,抑压水池水箱的冷却由周围环境空气自然对流实现冷却功能。

从 20 世纪 90 年代初开始,全世界范围内类似 SIR 一体化反应堆的研究和开发工作一直都在进行着,其中,俄罗斯、阿根廷、韩国、日本、中国和美国投入的研发比较深入。美国 IRIS 一体化压水堆从 20 世纪 90 年代末开始研究,2009 年底项目终止,IRIS 项目由西屋公司领导,核工业界、大学实验室和学术界在内的国际合作伙伴联合完成设计。其他国家目前的 IPWR 设计工作仍在延续先前开发的概念设计方案。2011 年,美国能源部(DOE)重新启动了 SMR 的资金赞助研究规划,SMR 在美国的研发工作又被重新提上日程。

研究表明,规模经济效应对 SMR 不适用,不能用经济学的"规模扩大才能获得经济效益"来衡量 SMR 的经济性。衡量 SMR 的经济性应当从更宽视角因素进行分析,如批量化部件工厂制造、多模块技术复制、单个厂址部署多台机组、提高可利用率、加快认知学习曲线过程、批量化订购成品、更好地满足需求、较少的前期投资、缩短施工时间、增加使用寿命、适应现场的设计、消除某些事故工况、降低某些安全系统及设备的安全等级从而降低设计成本等。

3.4　安　全　性

核安全是通过系统设计、固有安全设计和专用安全系统设置的配置使用来共同实现的,保护系统可以抵消事故或减轻其后果。理想的情况是通过设计杜绝或消除事故,从而不需要配置安全系统。也就是说,设计中要么不会发生事故,要么即使发生事故但其后果是可以接受的。显然,这种做法不切实际,但一体化系统集成设计理念提供了一种近似满足上述要求的解决办法。由于一体化反应堆没有大尺寸主管道,因此消除大破口失水事故。以国际革新安全一体化压水堆 IRIS 为例进行分析,IRIS 安全设计采用了一种独特的方法,分为三个层次:

(1)第一层次,即设计安全,这是超越非能动安全的重要一步,其基本原则是通过适当的设计从根本上消除尽可能多的潜在事故,而不是通过增加能动或非能动安全系统来应对事故后果;

(2)第二层次,如果设计无法消除潜在事故,则首先选择由简化的非能动安全系统提供事故缓解措施,减轻或缓解假设事故的后果;

(3)第三层次,由能动系统提供缓解措施,能动系统不需要执行安全功能(非安全级),也不需要在确定性安全分析中进行考虑,但在必要时可用于提高可靠性和降低 CDF,可结合概率风险评估(PRA)进行系统优化设计。

IPWR 通过上述安全设计理念提供了以下几种可能性:

(1)消除一些事故,如大破口失水事故、弹棒事故;

(2)降低绝大多数事故的发生概率;

(3)一旦发生事故,则减轻事故后果。

在回路式分散布置压水堆中,通常有 8 类事故被归类为第 IV 类设计基准事件(DBE),即那些可能导致放射性释放到环境中的事故。因此,为缓解 DBE 必须设置安全系统。

表 3.1 以 IRIS 一体化压水堆为例,总结了 IPWR 的典型设计安全特征。按设计确保安全方法,IRIS 可消除分散式轻水堆所考虑的 8 个 DBE 中的 3 个;在不发生放射性释放的情况下,可将另外 4 个 DBE 降至较低事故级别;和压水堆核电站一样,IPWR 需要定期进行装换料,因此作为第 IV 类事件的燃料装卸事故仍然存在。

表 3.1　IRIS 设计确保安全技术措施

设计特点	安全措施	受影响事件	第 IV 类 DBE	对第 IV 类 DBE 的影响
一体化布置	一回路无大尺寸管道	大 LOCA	大 LOCA	设计消除

表 3.1(续)

设计特点	安全措施	受影响事件	第 IV 类 DBE	对第 IV 类 DBE 的影响
内部净容积大、高度大的反应堆压力容器	1. 增加水装量; 2. 增加自然循环能力; 3. CRDM 实现内置	1. 其他小尺寸管道 LOCAs; 2. 排热减少事件; 3. 控制棒弹出事故; 4. 压力容器顶盖密封失效	弹棒事故	设计消除
压力容器内热量导出	1. 通过冷凝而非排出质量来降低系统压力; 2. 采用 SG 有效排热及应急排热系统	1. 其他小尺寸管道 LOCAs; 2. 所有需冷却的事件; 3. ATWS	—	—
小尺寸、高承压的安全壳	通过开启一回路系统,降低压力	其他 LOCAs	—	—
多台无轴主泵	无轴,可降低单泵失效的影响	卡轴、断轴、马达锁死	卡轴,断轴	消除断轴事故,其余事故等级降低
SG 采用高设计压力	取消 SG 安全阀,主冷却剂系统不会发生超压事故,降低给水和蒸汽管线破裂或失效风险	SGTR,主蒸汽管线破裂	SGTR,主蒸汽管线破裂	事故降级
OTSG 技术	有限水装量	给水管线破裂事故,蒸汽管线破裂事故	给水管线破裂事故	事故降级
集成一体化稳压器	稳压器体积加大	过热事件,包括给水管线破裂,ATWS	—	—
乏燃料水池置于地下	安全性增加	有效应对外部恶意行为	核燃料装卸事故	无影响

实际上 DBE 事件发生的概率很小,反而是某些频率较高的小事件可能酿成事故。三哩岛事故开始是一个小失水事件,后因操作人员处理不当而造成了事故;福岛核事故是一个外部事件(海底地震引发海啸,海啸几乎摧毁电厂所有电力)综合叠加的后果;切尔诺贝利核事故则是人为试验违背物理定律造成的。因此,改进并增强固有安全是新核电机组普遍采取的设计对策,为进一步减少人因操作失误以及能动安全系统的风险,有必要增设适当的、可靠的非能动安全系统,这种做法已被几乎所有新设计的 IPWR 和大多数 LWR 所采用(第二层次安全设计理念)。能动的非安全级系统(第三层次安全设计理念)最初并没有得到大型 LWR 安全设计方面的认可,因为安全系统的重点措施都集中在非能动系统之上,但反过来如果能够充分重视能动系统的贡献,通过交互式和迭代 PRA 分析与安全设计论

证,能动的非安全级系统预计会在提高可靠性和降低 CDF 方面发挥关键支撑作用。

IRIS 在设计过程中,自始至终把 PRA 分析反复用于指导和改进设计,如图 3.1 所示。这个过程在概念上简单,但却耗费工时,需要数十次设计迭代。借助于 PRA 分析,IRIS 堆芯损伤概率从最初的 2×10^{-6} 减小到最终的 2×10^{-8},比其他 LWR 中最先进的机组要小 10 个数量级。10^{-8} 概率与彗星撞击地球的概率一致,基本可忽略不计。

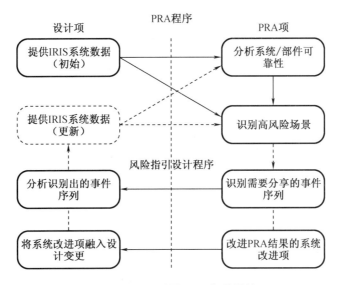

图 3.1　IRIS 利用 PRA 指导设计

IRIS 圆柱形反应堆压力容器直径 6 m,球形安全壳直径 25 m。安全壳被放置在辅助建筑物中,安全壳包容核蒸汽供应系统(NSSS)大部分部件以及乏燃料水池。IRIS 辅助建筑物采用耐冲击力较强的圆柱形结构。安全壳布置在地面以下三分之一处,乏燃料水池同样布置在地面以下。尽管 IRIS 的设计完工于福岛核事故发生前,但其安全设计理念同样满足福岛事故经验反馈。

尽管一体化反应堆通过设计取消了大破口失水事故,但由于压力容器上连接有小尺寸管线,因此压力边界内的小尺寸管线发生小破口失水事故的可能性是存在的,虽然从技术角度分析小破口事故后果微不足道,但它们会对投资、监管和公众接受造成负面影响。当然,小破口事故如果处理不当,也有可能引发更高级别的事故。IRIS 安全设计的另一个重要方面就是基本消除了小破口失水事故,通过设计取消了堆芯顶部上方 2 m 处的较低安全级别的贯穿件,采用内置控制棒驱动机构设计方案,设计取消了压力容器顶部的贯穿件,最后只剩下 7 个安全系统和辅助系统相关的贯穿通道。此外,IRIS 详细分析了贯穿通道失效造成的小破口事故后果,不会造成堆芯受损、放射性大规模外泄后果。

当发生小破口事故时,蒸汽从反应堆压力容器中排出进入安全壳,主冷却剂系统快速进行卸压,内部蒸汽发生器在导出衰变热的同时,会将热蒸汽进行冷凝,冷凝过程有助于进一步使系统降压。由于采用球形安全壳设计,IRIS 的安全壳直径是大型压水堆核电站的一半还要小,在相同的壁厚情况下其安全壳设计是传统大型压水堆核电站安全壳设计压力的 4 倍,这些措施大大加强了 IRIS 对小破口事故的应对能力。当反应堆压力容器压力下降到与安全壳压力基本平衡时,冷却剂将不再从反应堆压力容器中流失。IRIS 在进行安全分析时,详细评估了不同破口尺寸和高度处失水事故现象,失水事故持续时间约为 30 min,堆芯仍处于被水安全淹没状态(即使在最恶劣的尺寸/高度组合处产生的破口,事故后堆芯顶部仍有约 2 m 高的水)。冷却剂喷放阶段结束后,反应堆压力容器和安全壳系统的长期冷却则通过安全壳外部长期再循环冷却来保证。

IRIS 除了从理论上对事故过程复杂的热工水力现象进行耦合分析外,还在意大利的 SIET 热工试验设施上进行试验验证,AP600 也曾经利用该试验设施对其非能动安全系统进行了试验验证。目前,在 IRIS 项目终止前,有关研究机构已完成台架模拟试验并开展了整体性能试验。

安全设计和分析的重点是内部事件。然而,随着对内部事件处理措施的不断改进和完善,外部事件已逐渐成为确定总 CDF 的决定性因素。福岛核事故的教训表明,IPWR 可以通过设计保障安全的方法来处理地震事件,因为 IRIS 可视作一个整体的压力容器,它可以安装在隔震器上来抵御地震的影响。在所有的外部事件中,地震是对反应堆装置产生最严重破坏性后果的外部事件,降低地震的破坏性影响,甚至取消地震外部事件,可以使总 CDF 值保持在由内部事件确定的 10^{-8} 量级。经验表明,多台机组核电站的地震 CDF 一般在 10^{-6} 或者更高,与最新轻水堆设计中选择的内部事件具有相同等级,这会显著影响核电站的整体安全。众多研究分析表明,地震是最关键的外部事件,其他事件均可以通过适当的安全设计优化使 CDF 保持在 10^{-8} 以下。

另一个需考虑的外部事件是恐怖袭击,这可以通过设计安全来解决,设计思路基于设计保障安全原理。典型案例是将反应堆和安全壳布置在地面以下(IRIS 反应堆和安全壳布置在地面下),在设计上避开恐怖袭击破坏力的影响,甚至使恐怖分子失去袭击的目标。这种设计上的固有安全性对于小型模块化反应堆更具有设计吸引力和发展前途。

除了安全上 IPWR 可采用设计保障安全理念外,在外部事件、防扩散和实物保护方面,IPWR 同样可采取设计保障安全理念,且更具实际操作的可行性。

3.5　经　济　性

2009 年 12 月,阿拉伯国家宣布了一项大型轻水堆竞标的获胜者,有学者指出,核能高安全性指标会导致高昂的投资成本,当投资成本与经济收益之间趋于接近时,这种高昂的安全投入将使得项目经济性大打折扣。相反,按照"设计保障安全"方法进行核电厂设计,安全水平的提高有助于降低经济成本。事实上,系统越是简单的核动力厂,安全可靠性反而可能越高,因为会出错或发生故障的设备越少,造价方面也会更加低廉。

目前,反应堆设计人员尚没有充分利用安全和成本之间的这种反向关系,仅局限于通过避免使用大尺寸管道从而消除了大破口失水事故。尽管传统压水堆核电站依靠成熟的技术、稳定的供应链和已经形成的批量化大型压水堆部件设施,将核电站的投资成本大幅度降低,从而获得较高的经济回报率,但这种传统的、稳步改进的方法忽略了一个事实,即 IPWR 不仅仅是一个小型压水堆核电站,它已经不同于传统成熟压水堆核电站,而是一个采用革新设计思路的核电站,有其独特的设计理念,存在着挑战风险和投资回报的空间。如果能够采用设计保障安全理念研发设计新型 IPWR,则有可能实现在大幅度提升安全性的同时,显著降低电厂的投资成本。IRIS 设计中采用的方法原则上适用于所有的 IPWR,它消除了大型轻水堆中存在的以下主要系统部件:

(1)所有进、出反应堆压力容器的大型管道;

(2)蒸汽发生器的压力容器;

(3)主泵的屏蔽电机和密封件;

(4)稳压器容器和稳压器喷淋系统;

(5)接通外部控制棒驱动机构所需的反应堆压力容器顶部贯穿件;

(6)堆芯仪表通道有关的反应堆容器底部或上部机械贯穿件和密封件;

(7)所有能动安全系统;

(8)高压应急堆芯冷却系统。

此外,还减少了以下主要部件:

(1)屏蔽;

(2)非能动安全系统的数量和复杂性;

(3)阀门数量;

(4)安全壳和核岛厂房建筑物的尺寸;

(5)NSSS 厂房建筑物数量;

(6)大锻件的数量(从十几个锻件减少至一个锻件)。

IRIS 唯一增加的主要系统部件是地震隔离器。

大多数 IPWR 设计中,控制棒驱动机构位于堆芯上方,蒸汽发生器布置在反应堆压力容器外部的环形结构中,这就在堆芯和压力容器之间留下了一个可供冷却剂循环流动的环形通道,形成一道非常有效的压力容器屏蔽,从而可以降低 IPWR 的成本。如果堆芯周边的环形冷却剂下降通道足够宽,就可能实现将压力容器壁面中子注量率减少几个数量级,实际上消除了反应堆压力容器的脆化效应,延长了反应堆压力容器的使用寿命。另一方面,由于 IPWR 容器外的辐射水平比传统的 LWR 显著降低,因此也可以大幅度降低现场操作人员或巡检人员遭受的辐射剂量。

根据规模经济效应(EOS),核电站单元机组的投资成本随机组功率规模的增加而减少,在这一经济学定律的指导下,核电站单元机组向着大容量的方向发展。由于采用了更简化和更经济的设计,因此 IPWR 经济性处于与传统大型压水堆核电站大致平行但却明显更低的成本功率曲线上。虽然主流的观点认为 EOS 是优先于其他所有要考虑的经济因素,同时认为 SMR 并不具有经济可行性。但如果对 SMR 的经济性做细致研究,可以发现 EOS 因素固然很重要,但也很大程度上受到其他因素的影响。为此,西屋公司做了一个专门的经济性研究,将减轻 SMR EOS 的几个因素进行量化分析,这些因素归为两个主要的范畴:

(1)跟电站规模无关但对小型电站却是非常有用的因素,主要包括:模块化、工厂制造、共享厂址基本设施、过程学习等;

(2)SMR 所独有的一些因素,主要包括:简化设计、电站紧凑性、需求匹配、经济性等。

表 3.2、图 3.2、图 3.3 给出了 SMR 突破 EOS 的潜在若干因素分析。这里选择一座单堆单机组发电功率为 1340MWe 的大型核电站和 4 台单堆单机组发电功率为 335MWe 的 SMR

核电站进行经济性比较分析。在西屋公司的研究中,每一个因素来自核能和相关工业的实际权威数据。图3.2中显示当考虑基础设施共享、学习培训加快、设计简化等这些因素的累积效应时,可将SMR的投资因子从1.7降低到1.05。

表3.2　影响 SMR 和大型核电站初始投资的主要因素比较

因素	SMR/大型核电站初始投资因子比率	
	单独效应	积累效应
(1)经济规模	1.7	1.7
(2)多个机组	0.86	1.46
(3)学习	0.92	1.34
(4)、(5)建造规划和时间计划	0.94	1.26
(6)具体设计	0.83	1.05

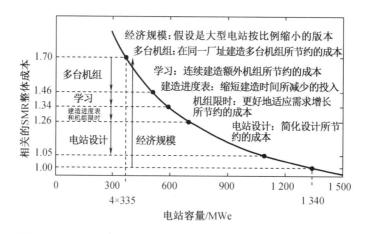

图3.2　四机组 SMR 核电站与单机组大型电站 EOS 经济因素分析

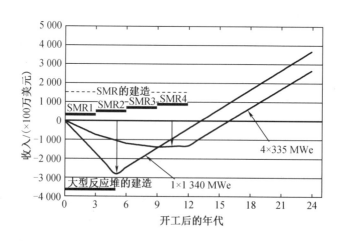

图3.3　与单机组大型核电站相比,依次建设四台 SMR 机组的现金流曲线

西屋公司也考虑了流动资金这一重要的经济因素。以一个四台机组的 SMR 核电站为例,业主可以弹性地依次安排各台机组的建造顺序,这会影响到资金流动,更重要的是影响到最大现金支出。这是因为在建造下一台机组前,第一台机组能创造收入并偿还建设债务,如图 3.3 所示,基于简单的经济模式,给出了现金支出对连续建造四台机组 SMR 电站的影响。例如,每台新机组的建造都是紧随上一台机组的完工。在这个例子中,最大成本支出大约只有大型机组的 50%。在更为严格的模型中,如考虑在建设时因为较低资金风险带来更多的折扣率,得出的结论是:SMR 电站的最大现金支出接近大型机组电站的 35%,并且可以通过适当延长后续机组建设间隔时间来进一步降低这个值。

意大利米兰理工大学对 IAEA 其中一个工程项目进行了经济性研究,通过开发的 SMR 投资分析模型,研究了 SMR 部署选择的经济性,得出结论:连续建造 SMR 机组对工期的拖延和市场变化的敏感性比单一机组的大型电站要弱,小堆的投资风险更低,并且能明显缩短单台机组的建造工期。

各种因素的量化比较如表 3.2 所示,该表同样基于 4 台发电功率为 335 MWe 的 SMR 机组和单台发电功率为 1 340 MWe 的大型核电机组。除了经济规模上两者基本相当外,SMR 特有的其他因子均比大型核电机组具有一定的优势。现金流的改善和资本中风险因素的减少有助于降低业主投资费用。建造大型电厂需要很长时间,直到完工才能有利润收入。相反,依次部署较小的 SMR 机组可以实现在建设下一台机组的同时,首台机组已经实现利润收入,从而获得最大现金流或显著降低投资风险,如图 3.3 所示。

IPWR 在经济性和公众可接受性方面的另一个更为显著的优势在于:将严重事故发生的概率降低到 10^{-8} 量级,这可以大幅度降低应急计划区域半径,节省周边土地的规划限制以及土地使用成本。

3.6　发 展 趋 势

本章统计分析核电技术发展趋势所采用的基本信息包括:在运行核电机组特点、在建核电机组特点、未来新堆型发展规划等。

从逻辑上分析,随着现有核电厂逐渐退役,它们会被下一代核电厂所取代,而更先进的核电机组设计正在从概念设计变成工程蓝图,最终进入商业市场。尽管正在运行的第二代核电机组可以通过延长寿命来继续运行一段时间,但新的第三代和三代半核电机组已经开始商业部署并开始取代二代核电机组。

然而,核电发展并不是一帆风顺的,廉价天然气、太阳能、风能、页岩气、氢等能源的竞争,核事故(切尔诺贝利、三哩岛、福岛)的沉痛教训,在一段时间内不会改变人们对核能发展的观点(反对声不会终止并将长久伴随核电发展的始终)。

在过去,核能停滞发展可能延续十几年,导致新的技术研发基本处于研究状况,例如,第四代核能技术早在 18 年前就已经启动,但目前还仅是停留在学术研究、会议交流和发表论文方面,并无实质性工程设计和应用发展。

对于 SMR,特别是 IPWR,历史是否会重演?这是完全可能的。然而,现在和过去存在的本质区别在于核能正在丧失时间和机遇,迫切需要一场核能技术革命来改变这种僵局。

事实上,除了已经充分讨论的技术原因外,经济性是决定成败的关键因素。有利之处在于,SMR 不需要像大型核电厂那样 10 ~ 20 倍或更大规模资本投入,这意味着,政府的财政投入和支持没有过去那么重要。企业和个人之间也可以投资支持 SMR 的研究和部署,如 NuScale、mPower、SMR - 160、4S 等机组。

另一个新的趋势是,SMR 可能在发展中国家和非核国家发挥重要作用。虽然知识产权和 SMR 的核心技术目前仍掌握在核技术强国,但事实上,SMR 商业市场很可能不在这些国家,而在发展中国家或非核国家,毕竟这些国家经济水平和人口状况适宜部署 SMR。

3.7　结　　论

在核能发展初期,人们对这种新型、动力强大的能源充满了热情,宣传核能发电成本很低,这种夸大说辞其实是自欺欺人。由于核电潜在的放射性危险,核电的发展总是褒贬不一。

能源的利用推动了人类的进步,从燃烧木材到水力发电,再到化石燃料,再到能量密度越来越高的核能,人类对能源的利用方式发生了天翻地覆的变化。丰富的电力能源以较低的成本带来了多样化的各行业应用。虽然核燃料比化石燃料的功率密度增加了很多个数量级,表面上看"太便宜了,无法计量",然而一旦用于核电站工程,则会变得异常复杂,且充满危险性,造价也异常高昂。

IPWR 技术代表着压水堆技术全新的突破和巨大的设计变革,IPWR 系统简单、装机灵活、功率等级覆盖面广、堆型多样化、建造快速、易于部署、安全性高、经济性可期,是当前及未来解决能源问题的重要选项之一。

3.8　参　考　文　献

[1]　K. Hannerz, 'Making Progress on PIUS Design and Verification', Nucl. Eng. Int., 1988, 33, Nov.

[2]　R. S. Turk and R. A. Matzie, 'The Minimum Attention Plant Inherent Safety through LWR Simplification', ASME 86 - WA/NE - 15. Dec. 1986.

[3]　R. A. Matzie et al., 'Design of the Safe Integral Reactor', Nuclear Eng. Design, 1992, 136, 73 - 83.

[4]　M. D. Carelli, 'IRIS: A Global Approach to Nuclear Power Renaissance', Nucl. News 2003, 46, 32 - 42.

[5]　B. Petrovic et al., 'Pioneering Role of IRIS in the Resurgence of Small Modular Reactors', Nucl. Technol., 2012, 178, 126 - 152.

[6]　M. R. Haynes and J. Shepherd, 'SIR - Reducing Size Can Reduce Cost', Nucl. Energy, 1991, 30, No. 2, 1985.

[7]　M. D. Carelli et al. 'The Design and Safety Features of the IRIS Reactor', Nucl. Eng. Design, 2004, 230, 151.

[8]　R. Alzbutas et al. 'External Events Analysis and Probabilistic Risk Assessment Application for IRIS Plant Design', Proc. 13th Int. Conf. Nuclear Engineering (ICONE – 13), Beijng, China, May 16 – 20, 2005.

[9]　M. D. Carelli 'IRIS: Safety Increases Yield Cost Decreases', Proc. NUTHOS – 7: the 7th International Topical Meeting on Nuclear Reactor Thermal – Hydraulics, Operation and Safety, Seoul, Korea, Oct. 5 – 9, 2008.

[10]　M. D. Carelli et al., 'Smaller Sized Reactors Can Be Economically Attractive', Proceedings of ICAAP 2007, Paper 7569, Nice, France, May 13 – 18, 2007.

[11]　S. Boarin and M. E. Ricotti, 'Cost and Probability Analysis of Modular SMR in Different Deployment Scenarios', Proceedings of ICONE 17, paper 75741, Brussels, Belgium.

[12]　M. D. Carelli, B. Petrovic and P. Ferroni, 'IRIS Safety by Design and its Implications to Lessen Emergency Planning Requirements' Int. J. Risk Assess. Mgmt., 2008, 8, 123.

第4章 IPWR 堆芯和燃料

4.1 引 言

SMR 与其他类型反应堆(热中子堆、快中子堆)的核设计原则基本一致。IPWR 的核设计汲取了当今世界上已运行的数百个大型压水堆(PWR)的核设计经验,考虑的内容如下:

(1)安全性——燃料和堆芯的设计必须能够承受所有运行要求和预期事件/事故安全要求。与此密切相关的是堆芯的设计限值,必须分析和证明燃料棒功率峰值、总反应性、反应性系数、控制棒价值、停堆裕度和缓发中子份额等关键参数在设计安全限值范围内。

(2)经济性——燃料和堆芯的设计必须能够在要求的时间段内产生用户(电力公司)期望的能量,同时将燃料成本降至尽可能低的水平。

(3)可靠性——燃料和堆芯的设计能够确保反应堆以可预测、可控和可靠的方式安全运行。

(4)操作性——燃料和堆芯的设计必须便于主控室、现场操作员的操作运行。

(5)管理策略——燃料和堆芯的设计必须能够满足电力企业、用户、电网等的战略发展规划要求,如核材料管控、电力负荷跟踪、电网调度等。

核设计通常也被称为"堆芯设计""堆芯燃料管理"或"堆芯分析",但无论使用何种专业术语,设计人员都需要利用堆芯设计的物理原理来制定有效可行的堆芯设计方案,以实现上述所有目标。对于 IPWR 或大型压水堆核电站而言,核设计还包括以下内容:

(1)可裂变材料的富集度选择分析。

(2)可燃毒物的类型选择。

(3)可燃毒物在堆芯布置方案、毒物数量、毒物质量百分比分析等。

(4)新燃料和经过循环周期辐照过的燃料在堆芯内的装载位置分析(若采用分区装载核燃料方案)。

(5)控制棒位置和插入水平计算分析。

(6)堆芯燃耗、燃料组件燃耗分析。

(7)在换料或大修期间更换燃料组件的频率和数量分析。

任何反应堆的核设计,都必须重点关注堆芯的物理特性、燃料燃耗、安全特性、运行性能以及反应性控制等内容。设计人员必须掌握足够的工程设计和运行经验,包括燃料辐照历史数据经验、核设计的验证历史数据、功率分布和输出特性等。同时,设计人员必须通过分析寻找尽可能经济的核设计方案,以降低高昂的燃料组件成本,并从核燃料中提取尽可能多的能量。上述所有设计、验证、试验过程必须确保反应堆在安全限值的范围内。

应注意,核设计通常不涉及燃料或堆芯部件的具体结构设计,也不涉及燃料的热工机械性能或化学特性,如棒内压、裂变气体释放份额、芯块与包壳交互应力作用等,这些通常被称为"燃料设计",不属于本章核设计范畴。

核设计在反应堆设计中处于上游"龙头"位置,核设计与下游各专业之间存在着密切的联系接口(图4.1),其中包括热工水力学、燃料性能、机械设计、许可、燃料制造和采购(核燃料富集度、组件数量、可燃毒物数量和类型等)、安全分析(设计瞬态分析、正常和事故源项计算、设计基准事故分析、严重事故分析)等。

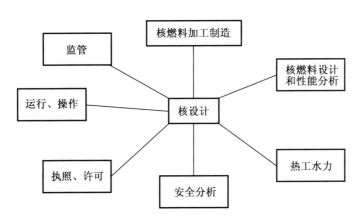

图 4.1 核设计与其他专业领域之间关系图

本章首先介绍了压水堆的核设计过程,然后阐述了压水堆核设计的具体内容、原则和设计要求。重点分析了 IPWR 反应堆核设计中的重要安全设计标准和原则,堆芯实现经济可行性的核设计方法和方案,IPWR 设计人员和供应商如何确定各自反应堆的设计原则和特征。

4.2 安全设计准则

如上所述,在进行 IPWR 核设计时,必须要考虑一些设计准则。本节重点介绍压水堆的主要安全设计准则,其他准则(如经济性)将在后面的章节中讨论。

4.2.1 燃耗

燃料燃耗是指每装载 1 kg 初始燃料所能够提取出的能量,也称单位质量原始核燃料所产生的能量,通常燃耗的单位为兆瓦天/吨铀(MWd/tU 或 MWd/MTHM)。例如,如果一座500 MWt 热功率的 SMR 使用的燃料中含有 4 公吨(MT)铀(1 公吨等于 1 kg),在满功率下运行一年,则燃料的平均燃耗为:

平均燃耗 = (500 MWt × 365 d)/4MT = 45 625 MW·d/MTHM

这里的 45 625 MW·d/MTHM 或者 45.6 GW·d/MTHM(45.6 GW·d/tU)就是燃耗。

燃耗是核设计中非常重要的指标,客观表征并反映了反应堆的能量输出和换料频率。

为了使燃料达到其设计燃耗,无论是燃料首循环,还是设计寿命其他循环时间段,燃料设计必须保证存在足够的剩余反应性,并且必须以适当的频率补充燃料。对于典型 IPWR,核燃料循环间隔可能在 1~5 年,但对于现代大型 LWR 核电站来说,通常是 12~24 个月。

剩余反应性不是设计的限制条件,其目的是要确保压水堆堆芯在整个运行周期内保持在满功率运行条件下的临界状态,包括燃料消耗补偿、裂变产物毒物(如氙和钐)的累积效应以及其他原因导致的反应性损耗(燃料温度效应、慢化剂温度效应等)。允许的剩余反应性没有具体的限制要求,但其大小会对负反应性系数、停堆裕度等参数产生影响。在一个循环周期到下一个循环周期的堆芯中,中子倍增量及其分布是不同的。剩余反应性在堆芯内和燃料组件内的分布都必须得到有效控制,设计人员可采取多种方法控制堆芯的整体和局部反应性,从而控制功率分布。

对于大型 PWR 核电站而言,燃料平均燃耗为 $(6 \sim 6.2) \times 10^4$ MW·d/MTHM,许多 IPWR 的堆芯设计依赖于大型 PWR 核电站的燃料燃耗经验,IPWR 堆芯燃耗的设计极限可基于大型 PWR 核电站燃料实际运行燃耗情况进行分析后确定,或者开展燃耗相关的堆芯运行试验来确定。

4.2.2 反应性系数

功率变化引起的燃料或堆芯温度的变化会引起反应性的变化,反过来对功率产生影响。这些反馈效应对反应堆的安全运行有着重要的影响。如果功率和温度的增加导致堆芯反应性的增加,这将导致功率(和温度)的进一步增加,如果不加以控制,不稳定的条件可能导致事故,这就是反应性正反馈效应。相反,如果功率和温度的增加导致反应性的降低,那么初始功率水平将随着温度的升高而降低,这样的堆芯将是稳定的,这被称为反应性负反馈效应。显然,后一个条件是 IPWR 堆芯设计所要重点满足的内容。

"温度系数"用于表示温度变化对反应性的影响,定义为单位温度变化引起的反应性变化。压水堆和 IPWR 核设计中的两个主要反应性温度系数是燃料温度系数和慢化剂温度系数。在设计中,它们被分开考虑,毕竟它们是由不同条件引起,并以不同的温度系数值出现。

燃料温度系数对安全运行特别重要,在功率上升过程中几乎没有延迟,可直接抑制功率上升。使用微浓缩铀燃料可确保燃料温度系数因"多普勒展宽"而为负值。随着燃料温度的升高,燃料中原子的热振动也随之增大,导致中子能量的范围变宽,^{238}U 吸收截面的共振峰变宽,增加了 ^{238}U 中子俘获的概率,而不产生裂变,这就是"多普勒展宽"。

当压水堆堆芯功率上升时,热量从燃料转移到水的时间变长,慢化剂温度上升速率变慢。温度升高导致慢化剂密度降低,降低了慢化剂与燃料的比率。这些效应通常会降低堆芯的反应性,从而产生负慢化剂温度系数。

对于含硼压水堆,如果慢化剂中的硼酸浓度增加,慢化剂温度系数可能变小,也可能变大。温升引起的慢化剂密度降低进一步降低了可溶性硼酸密度,从而降低了硼对中子的吸收。对于较高浓度的硼酸,这种影响明显加剧。因此,燃料和堆芯的核设计可通过使用可燃毒物棒来限制控制剩余反应性所需的可溶性硼酸份额,从而确保在整个运行循环中堆芯的慢化剂温度系数为负值。

4.2.3 功率分布

LWRs(包括 IPWR)的燃料操作限值(性能和安全)与燃料最大线性功率密度直接相关。

对于给定的燃料棒几何结构,燃料峰值温度、表面热通量、衰变热趋势和存储的热能与燃料棒线性功率密度成比例。因此,核设计的关键是:在使总功率输出最大化的同时,也最大限度地降低功率峰值(即降低燃料棒的线功率密度),无论是堆芯燃料组件,还是单个燃料棒。

在降低堆芯最大线功率密度的同时,还应兼顾反应堆机械设计和热工水力分析的需求,堆芯功率分布必须确保以下几点。

(1)在正常运行条件下,燃料棒的线功率密度不会超过规定的线功率密度峰值限值条件,该限值是堆芯热工安全的重要指标之一;

(2)堆芯不允许超过偏离泡核沸腾(DNB)设计基准值,该限值条件由反应堆热工水力分析得出;

(3)在异常工况条件下(含事故),燃料棒的最大线功率密度不会导致燃料熔化;

(4)燃料棒的功率、燃耗应与燃料棒机械性能分析所采用的假设条件一致,并满足规定的设计准则,若后期计算发现燃料性能违反设计准则,则需要重新进行核设计工作。

为了证明核设计满足这些要求,不仅需要开展反应堆额定运行工况的分析,还必须进行假设极端功率分布和瞬态工况分析,所使用的极端情形应包括已有的极端事故经验,极端功率分布假设必须采用保守分析方法,例如控制棒插入/抽出不当导致的轴向功率倾斜和负荷跟踪特性。

4.2.4　停堆限值

一般 IPWR 或大型 LWR 均设置两种基于不同工作原理且相互独立的反应性控制系统。在大型传统压水堆中,第一种控制手段是在冷却剂中使用可溶性硼酸,这是一种常用的控制方法。但 IPWR 不一定采用可溶性硼酸进行反应性控制。

第二种控制手段是使用控制棒,控制棒必须能够确保堆芯在正常运行(包括预期操作事件)下处于次临界状态,并具有足够的停堆裕度以承受诸如卡棒等事故的影响。控制系统必须能够提供正常功率变化期间的反应性变化控制(如氙毒)。

在上述两种控制方式作用过程中、过程后,必须确保堆芯不超过燃料设计限值,反应性调节过程中的局部功率变化应不超过燃料芯块 – 包壳机械相互作用规定的限值。此外,至少有一种控制系统必须能够确保低温条件下堆芯处于次临界状态。

4.2.5　最大反应性引入速率

为了避免燃料或堆芯部件的损坏,核设计必须考虑最大反应性引入速率,特别是在正常或事故工况下控制棒抽出或者稀释硼酸过程中,必须给出最大线功率密度和 DNB 限制条件,并通过分析确定允许的反应性调节速率以及控制棒运动位移速度,从而确定最大反应性引入速率。

4.2.6　功率稳定性

由于各种原因,反应堆堆芯可能因负荷或功率振荡而变得不稳定。引起堆芯功率振荡不稳定的原因有:反应性控制系统不稳定、汽轮机负荷调节不稳定、裂变产物氙等引起的空间效应诱发的堆功率不稳定。对于大型沸水堆(BWR),由于堆芯尺寸较大,沿着堆芯高度方向上冷却剂密度变化较大,不稳定性尤其明显,沸水堆的运行需要格外小心。

反应堆控制系统的不稳定性可以通过控制系统各控制单元理论分析和系统调试进行避免,氙振荡效应可通过核设计以及运行策略加以避免。

4.3 核设计准则

4.3.1 富集度

IPWR 核设计的首要任务是确定燃料富集度,从而确保所设计的堆芯满足在电厂要求的时间段内提供预期的能量输出。对于大型压水堆,当前的设计极限主要是燃料制造和运输,从临界控制的角度分析^{235}U 的富集度一般为 5%。一旦反应堆处于平衡状态(经过数次循环的运行),循环长度和运行就更加确定,如一次换料中有多少组件燃料或目标燃耗基本情况等。在这种情况下,富集度一般不大可能进行调整。然而,在早期循环中,随着寿期末的接近需要调整燃料富集度以适应这些变化。类似地,如果运行公司改变了燃料的循环长度,比如从 12 个月调整到 18 个月换料,燃料富集度也需要进行调整。尽管可能存在不调整燃料富集度也可以达到所需的循环长度的堆芯核设计方案,但仍需要重新进行核设计分析,包括堆芯燃料管理、关键安全指标、堆芯性能等。

通常,核设计需要进行燃料富集度分析以获得所需的循环长度。再者,核燃料富集度也是确保其设计寿命内燃料组件具有足够反应性的重要考虑。初步估算时,推荐使用应用成熟而广泛的反应堆物理分析工具(如 CASMO – MODER 或 PARAMON – ANC)进行分析;随着运行经验的积累,可将反应堆分析工具结果与实际运行结果进行比较后,获得更为准确的分析结果,也可以借助特定的反应堆试验装置进行外推计算。

核设计人员必须与电力公司密切合作,统筹考虑电力需求、停电时间和电网规划,以分析其所设计反应堆的最佳循环长度,确定反应堆维护和换料大修的总计划。电力公司提供运行实际状况和经济最佳状态,包括在运行中非计划停堆或延长反应堆运行的可能性。

由于燃料富集度决定了循环长度和燃耗,因此还必须考虑每个循环结束后需要补充的堆芯燃料。IPWR 一般在每个运行周期后需要更换一部分堆芯燃料,在装入新燃料的同时,卸出部分燃料,少部分燃料被重新装入堆芯,堆芯可采用分区装载不同富集度的核燃料来加长循环长度和燃耗。但也有些 IPWR 计划采用在每个燃料循环结束后采用整炉换料的模式。

更换堆芯燃料组件的比例和频率也被称为"燃料管理"方案,以下是 IPWR 燃料管理方案案例:

(1)4 × 12 个月燃料管理方案:每 12 个月更换堆芯 1/4 燃料组件;

(2)3 × 18 个月燃料管理方案:每 18 个月更换堆芯 1/3 燃料组件;

(3)2 × 24 个月燃料管理方案:每 24 个月更换堆芯 1/2 燃料组件;

(4)1 × 48 个月燃料管理方案:每 48 个月更换堆芯所有的燃料组件。

循环长度是从一个循环开始到下一个循环开始之间的时间间隔,其中包括维护和换料大修所需的时间。这意味着循环长度并不是堆芯满功率可运行的时间长度。因此,在计算反应堆实际功率输出时,必须考虑容量因子。

容量(或负荷)因子是反应堆在给定时间内实际产生的电力与机组在同一时间内满功率连续运行产生电力的百分比。例如,如果一个反应堆的额定容量是 1 000 MW·h 的电力,但在给定的一年里它生产了 800 MW·h 的电力,那么容量因子为 80%。

上述燃料管理方案案例中,第一个数字不仅表示被替换的堆芯的燃料比例份额,还表示燃料将在堆芯中进行的辐照循环次数,分别为 4,3,2,1。因此,要计算批次卸出燃料的平均燃耗,只需将循环长度(MWd/MTHM)乘以循环次数。在平衡状态下,一批卸出的燃料组件的平均燃耗为:

$$B_{\text{Discharge}} = N \cdot S \cdot L \cdot C$$

其中,N = 批次数;

S = IPWR 的单位功率或比功率(MW·h/t);

L = 循环长度(以天计,d);

C = 容量因子(%)。

假定 IPWR 的热功率为 500 MWt,燃料装载量为 12 MTHM,容量因子为 90%,循环时间为 15 个月(约 450 天),对于分 3 批倒料方案,平均卸料燃耗为:

$$B_{\text{Discharge}} = 3 \times (500/12) \times 450 \times 0.90 = 50\ 625\ \text{MW·d/MTHM}$$

上述公式计算得到的结果是批次卸出燃料的平均燃耗,并不意味着在该运行循环结束时卸出的所有燃料组件都会达到这个平均燃耗,这是因为该批次卸出的燃料位于堆芯中的不同位置,并且辐照功率水平存在差异,有些位置处堆芯中留有控制棒,燃耗并不充分。同样,由于燃料组件在堆芯、组件、导向套管、毒物等位置不同,每个燃料棒的燃耗值也不同,燃料棒中的芯块颗粒也会有不同的燃耗。综上分析,核设计必须详细分析燃料组件、燃料棒和芯块性能。

例如,对于堆芯为 45 GW·d/MTHM 的批量平均燃耗,该批次内典型的组件峰值燃耗为 50 GW·d/MTHM,燃料棒的峰值燃耗通常为 55 GW·d/MTHM,燃料芯块的峰值燃耗约为 60GW·d/MTHM。这种不同燃料棒之间过大的燃耗差异可能会违反允许的运行限值条件,因此,必须尽量减少组件内燃料棒和同一批次组件间燃耗的不均匀变化,但采用单批次整炉换料的方案不存在这种限制。

增加批次倒料数量可增加卸料燃耗深度,燃料组件可使用低富集度^{235}U,从而有利于降低堆芯整体燃料成本,此时的平均燃耗计算公式如下:

$$B_{\text{Discharge}} = [2n/(n+1)] \times B_1$$

式中,n = 批次数,B_1 = 单批次堆芯燃耗(相当于循环长度)。

根据上式,采用两批次堆芯设计的平均卸料燃耗比单批次方案高 33%,三批次堆芯设计的平均卸料燃耗比单批次大 50%。但是,增加批次数会减少循环长度,从而导致换料频率增加,降低了 IPWR 的容量因子。即使堆芯中有少量组件需要更换,也会对经济性产生显著影响,因此通常使用 2 到 4 个批次的折中方案。

4.3.2 可燃毒物

当堆芯确定了所需燃料组件的富集度和燃料组件数量后,核设计的下一步工作是评估是否需要在燃料组件中设置可燃毒物(BP)。为维持堆芯处于临界状态,在燃料的使用寿命内必须确保具有足够的燃料富集度和剩余反应性,因此必须控制过量的反应性,特别是在第一个辐照循环期间。一般来说,对于大型压水堆和IPWR,在循环期间堆芯的反应性主要通过冷却剂中的硼酸或控制棒来控制。可燃毒物(材料类型、棒数目、棒内有效成分含量)不是设计要求必须考虑的,只是有助于控制组件内燃料棒和组件之间的功率峰值,并有助于降低堆芯剩余反应性,从而降低可溶硼浓度并确保负慢化剂温度系数。

可燃毒物材料应具有高中子俘获截面,可有效吸收中子,但毒物一旦俘获中子,它们就成为低吸收截面的同位素,即在辐照期间内,它们是"可燃的"。可燃毒物材料有硼、钆、铒和镝,前两种元素在商用大型压水堆核电站中应用较为普遍,也是IPWR最可能采用的可燃毒物材料。

可燃毒物吸收材料可以在燃料芯块的制造过程中与燃料芯块进行混合装载(称为"整体BP"),也可以作为单独的部件装入燃料组件导向管内,可以在运行循环结束时将其取出(称为"独立BP")。

硼因具有高吸收截面而"燃烧"迅速,钆因自身屏蔽效应而"燃烧"缓慢。一般来说,硼基BP适合于短周期的操作,钆基BP更适合于长周期的操作,而通过改变不同可燃毒物的重量百分比可以调整所需的燃耗。

图4.2给出了钆基BP对燃耗和反应性抑制程度的比较图。可以看出,由于燃料中剩余钆的残余吸收效应(尽管份额相对较小),总反应性并没有完全恢复到无可燃毒物的水平。对于硼基BP(如AP1000采用的整体可燃毒物为IFBA元件,在燃料颗粒的外部喷涂硼涂层),燃料元件中没有残余吸收效应。

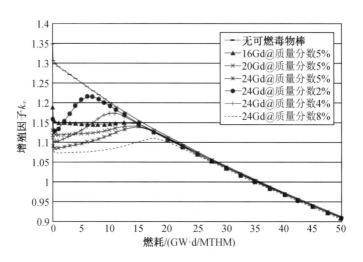

图4.2　不同可燃毒物对反应性抑制的影响

此外,燃料元件内氦气积聚(B-10俘获中子后的产物)和气隙热导率都会限制燃料的性能。例如,钆具有比铀更低的热导率,因此降低钆基可燃毒物可以避免功率峰值问题。

对于长循环周期或需要更持久反应性抑制的IPWR而言(冷却剂中不使用硼酸),采用氧化铒毒物也是很好的选择。与硼或钆相比,铒具有相对较低的吸收截面,这意味着它的消耗相对缓慢。此外,氧化铒的所有同位素都具有适合的中子吸收截面,这意味着铒在捕获中子产生同位素的同时也具有反应性抑制效应。

核设计必须考虑反应性抑制效果、持续时间和损耗量。结合 BP 棒的数量、重量百分比以及 BP 材料的类型,进行堆芯可燃毒物设计和布置,从而达到预期的效果。钆基 BP 在堆芯的布置位置如图 4.3 所示,由于中子的附加慢化作用提高了毒物的有效性,BP 可布置在水孔(仪器和导向套管)附近。

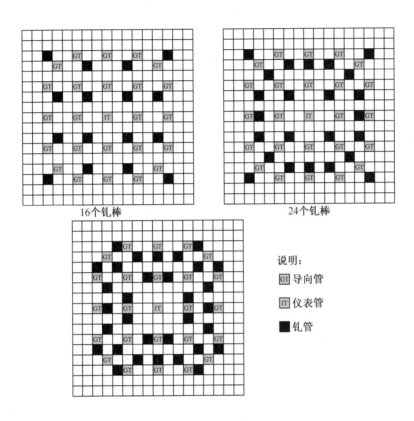

16个钆棒　　　　　　　　　24个钆棒

说明:
GT 导向管
IT 仪表管
■ 钆管

图 4.3　钆基可燃毒物在堆芯布置示例

4.3.3　堆芯燃料管理

当确定了富集度、循环中需要装载的燃料组件数量以及可燃毒物类型后,下一步的任务是确定堆芯装载方案,以及上一个循环中装载的组件中哪些可用且适合重新装载到下一循环。核设计的重要工作集中在该阶段,通常称这个阶段的工作为堆芯燃料管理(也称反应堆燃料管理,简称燃料管理)。

燃料管理的目的是确定堆芯燃料的装载方式,展平堆芯功率分布,使中子通量分布在堆芯均匀/平滑分布。燃料组件在堆芯的分布称为"装载模式"。如果反应性太高,则组件中局部中子通量密度将很高,反过来将导致燃料棒的功率峰值过高。堆芯燃料组件按四分之一堆芯对称装载,可以避免堆芯功率分布不均匀和象限功率倾斜。燃料组件以四个一区的方式装载,每个象限装载一区若干燃料组件。大多数 IPWR 和大型 PWR 中,新燃料组件通常装载到堆芯的中心区域,而之前辐照过的燃料被装载到堆芯的边缘区域。这种通过减少堆芯外的径向中子泄漏来提高中子经济性的装载模式称为"低泄漏装载模式"。这对于IPWR尤其重要，因为IPWR堆芯较小，体积比较大，导致中子泄漏比大型压水堆更高，这会使IPWR更容易出现功率峰值，因此需要采取更精细的毒物调节措施。

通常情况下，新燃料以棋盘式结构在堆芯中心进行装载，然后根据有效特点将先前辐照过的燃料依次装载在堆芯的边缘。同时使用三维反应堆分析工具（如CASMO – SIMU-LATE）来计算堆芯组件的功率分布，并确定燃料是否满足约束条件。可以通过经验或者通过使用燃料装载模式优化工具来完成堆芯燃料装载。在评估堆芯功率峰值负荷的同时，还应检查能量要求（循环长度），以确保新燃料组件中有足够的富集度。如果无法达到足够低的峰值，则可以更改BP的数量和类型。但设计人员必须注意，一旦BP在堆芯中耗尽，功率分布将发生变化，并且在循环期间可能导致比开始时更高的燃料元件功率峰值。

在这一设计阶段，经济性是一个关键指标。影响运行周期内燃料成本的主要因素有：①所需新燃料组件的数量；②燃料的富集度。由于燃料是按四分之一堆芯对称装载的，所以四分之一堆芯需要额外的新燃料组件，这意味着需要购买四个组件，导致新增的新燃料价格增加了几百万美元。类似地，如果堆芯被设计成具有较多的径向或轴向泄漏（特别是IPWR堆芯较小）特点，那么就需要增加燃料富集度以实现所需的循环长度和卸料燃耗。这不仅增加了核燃料浓缩成本，还增加了需要购买的铀矿石量。

减少堆芯燃料和BP数量也是提高燃料经济性的一种手段。良好的实践包括在整个组件中采用最少的燃料，而不是在一个组件中或在一批重新装载的燃料中设计装载多种类型富集度的核燃料。对于重新装载燃料来说，装载两种或三种不同富集度的燃料组件并不罕见。同样，尽可能减少BP棒的类型、BP棒中的裂变材料以及BP自身富集度，也是降低成本的关键措施。在这种情况下，好的做法可能是只使用一种BP类型（如钆），在所有燃料设计中只使用三种不同的重量百分比，例如四、六和八。此外，设计人员必须确保BP能够完全燃烧，即燃料中不存在BP的残余吸收，这对于受影响较大的高毒性堆芯尤其重要。对于那些需要高BP的IPWR（长循环长度堆芯或单批次整炉换料堆芯），应保证通过使用硼而不是钆或两者的组合来将残余吸收降低至最低水平。

IPWR的紧凑性、可用组件较少（在组件数、燃耗变化、BP类型等方面）的特点，使得燃料装载模式设计过程更具挑战性，更难实现堆芯的设计优化。如图4.4所示，IPWR燃料组件的数量约为大型压水堆燃料组件的五分之一。

IPWR应在允许的限值范围内降低堆芯功率峰值、减少燃料棒数量并增加组件燃耗的循环长度，通常需要在完成完整详细分析之前，先进行初步安全分析，从而节省设计过程时间和成本。初步分析通常包括：

（1）堆芯整个循环周期的功率峰值；

（2）热态满功率和热态零功率下慢化剂温度系数；

（3）停堆裕度。

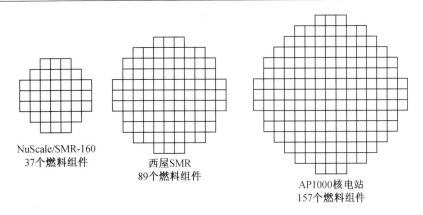

NuScale/SMR-160
37个燃料组件

西屋SMR
89个燃料组件

AP1000核电站
157个燃料组件

图4.4　IPWR 和大型核电站堆芯尺度比较

4.3.4　设计过程

图4.5对堆芯核设计的各个阶段进行了总结,核设计是一个复杂而严谨的过程,通常需要几个星期的计算分析和多次迭代过程。设计过程所需时间取决于设计人员的经验、软件熟练度,包括设置时间、运行时间、迭代计算的计算机方便性(软件友好图形界面操作)、以往对同一类反应堆进行堆芯分析的经验基础以及反应堆设计本身复杂程度等。

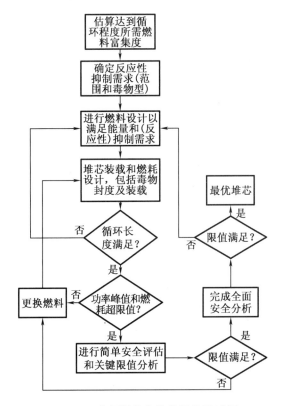

图4.5　获得最优化堆芯的设计过程

应当注意,这个过程结束并不意味着反应堆核设计和分析的结束,核设计结束意味着与其他专业的接口设计任务开始进行,例如,瞬态分析、热工水力分析、机械设计和燃料性能分析等设计任务,在确保核设计准确无误的情况下,需要着手考虑燃料元件加工和制造,这是因为燃料元件的加工和制造需要较长时间。

4.4 IPWR 堆芯核设计补充

4.4.1 紧凑堆芯燃料设计

与大型压水堆核电站堆芯尺寸相比,IPWR 堆芯较为紧凑,无论是组件的数量还是径向半径、轴向高度,都相对较小,核设计需要考虑紧凑几何堆芯的特殊性。表4.1 总结了小堆设计公司提交给美国能源部(DOE)首次招标的四个 IPWR 关键核设计参数,以及与现代大型压水堆核电站 AP1000 的参数比较。尽管每个 IPWR 燃料高度和总功率不同,但都采用了标准 17×17 燃料组件排列方式(图4.6)。这主要是由于这种燃料类型在目前运行的大型压水堆中具有优异的运行性能,特别是它建立在大量研发工作的基础上,这些研发工作推动燃料设计朝着数量更多尺寸更细的燃料棒方向发展,以提高热工裕度并允许更高的棒功率。这些都是 IPWR 部署中同样重要的驱动因素,因此可以选择 17×17 燃料。NuScale 和 mPower 设计采用较低的线性功率密度,可以降低正常运行和事故期燃料芯块和包壳表面温度,同时允许燃料棒在正常运行期间具有较高的功率。

大型压水堆核电站一般装载 157～193 个燃料组件,IPWR 通常装载 37～89 个燃料组件。燃料组件越少,堆芯的设计和装载方式就越简单。事实上,更少的组件意味着堆芯装载模式和功率展平方面的优化自由度反而更少,这对于加深燃耗、优化换料方案反而不利。

紧凑堆芯还会导致更多的轴向和径向中子泄漏,不利于堆芯径向各个区域的功率分布展平。在实际运行时,可以通过分区布置不同富集度的燃料(中心布置低富集度燃料,周围布置高富集度燃料)、设置反射层来降低中子径向泄漏,提高中子利用的经济性。大型压水堆堆芯采用的不锈钢中子反射层(如 EPR)已经被证明是有效的。IPWR 采用径向反射层不仅可以提高燃料经济性,而且还可通过提高外部燃料组件的功率来改善整个堆芯的径向功率变化,从而有利于功率展平。

有些 IPWR 中使用截短燃料组件或较低高度的燃料组件会进一步加剧中子泄漏。大型压水堆的燃料组件高度范围为 12～14 ft(3.66～4.27 m),一些 IPWR 燃料组件采用了截短的压水堆核电站标准 17×17 组件,主要是因为反应堆功率较低,燃料组件不需要那么高,如表4.1 和图4.6 所示。西屋公司 SMR 和 mPower 活动区燃料组件的有效高度为8 ft(2.4 m),NuScale 燃料组件的高度为 6.5 ft(2 m)。

除了在堆芯活性区周围设置反射层以减少中子泄漏外,还可以通过在燃料元件内沿着轴向高度设置不同富集度的燃料芯块来提高燃料经济性,燃料元件中间区域采用低富集度核燃料,两端采用较高富集度的核燃料,降低铀浓缩成本。

表 4.1　IPWR 和大型核电站关键核设计参数对比表

名称	西屋公司 AP1000	西屋公司 W – SMR	巴威公司 mPower	Holtec 公司 SMR – 160	NuScale 公司 NuScale
热功率/MWt	3400	800	530	500	160
电功率/MWe	1150	225	180	160	45
反应性控制	控制棒 + 可溶硼	控制棒 + 可溶硼	控制棒	控制棒	控制棒 + 可溶硼
堆芯组件数	157	89	69	37	37
元件排列	17×17	17×17	17×17	17×17	17×17
活性燃料高度	14 ft(4.3 m)	8 ft(2.4 m)	8 ft(2.4 m)	12 ft(3.7 m)	6.5 ft(2 m)
堆芯质量 （MTHM）	85	27	20	15	9
^{235}U 富集度 （质量分数）	<5%	<5%	<5%	<5%	<5%
循环长度/月	18	24	48	48	24
每次重装所需 燃料 MTHM	36.6	不详	20	14.7	不详
每 GW 年所需 燃料 MTHM	21.2	不详	29.3	33.8	不详
线功率/(kW/m)	19	14	12	14	8

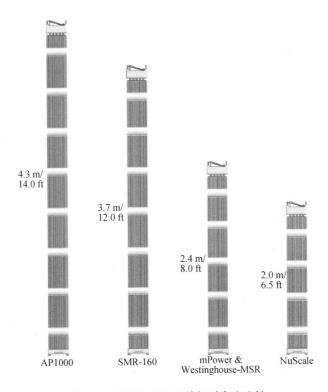

图 4.6　IPWR 燃料组件相对高度比较

4.4.2 反应性控制

IPWR 紧凑堆芯设计的复杂性在于控制棒和可燃毒物棒在堆芯的布置设计自由度有限,况且 IPWR 运行时冷却剂中不采用硼酸平衡反应性,这一点与大型压水堆不同。与大型压水堆每三个或四个燃料组件中就有一束控制棒不同,IPWR 中控制棒的价值可能比较高,特别是采用控制棒作为剩余反应性的调节手段时,例如,mPower 和 SMR‑160 反应堆堆芯的每个组件设计均包含一根控制棒。在大型压水堆中,控制棒通常被完全抽出堆芯,而采用硼酸来控制剩余反应性。在一些 IPWR 中,允许采用控制棒以及相应的动作组合来补偿剩余反应性、调节轴向功率变化和氙变化(径向和轴向),如表 4.1 所示。采用不调硼酸运行堆芯的优势在于大大简化了化学和容积控制系统,降低了废弃可溶性硼酸的液体废物处理量,节省了设备投资和运营成本。

但是,仅仅采用控制棒来进行反应性调节和控制,会导致燃料棒出现局部功率峰,频繁移动控制棒会导致燃料和包壳发生热蠕变失效。因此,需要防止燃料元件发生性能劣化(包壳‑燃料机械相互作用、热循环作用),需要控制反应性插入限值以及速率。在核设计方面,不仅要优化燃料和堆芯设计,还需为各种控制棒组制定合理的控制棒操纵规程,以确保反应性补偿合理可行,同时确保不违反反应性或功率升降速率限值。控制棒操纵规程主要内容包括:

(1)确定同时调节的棒组组合;

(2)确定控制棒组提升或下插的位移距离或步数以及移动的速度和速度限值;

(3)确定不同棒组之间的叠步顺序和条件。

对于期望较长换料周期的 IPWR 来说,即使堆芯采用硼酸调节反应性,也会遇到剩余反应性控制方面的挑战,因为要实现超过 24 个月的循环长度,可能需要更大的堆芯装载量。

在整个循环中,控制棒的插入会极大地改变堆芯的轴向功率分布形状,使功率峰向着堆芯底部偏移,这种效应可通过在燃料组件的下部使用高可燃毒物或在轴向设置不同富集度的核燃料来缓解功率的畸形分布。除轴向功率分布不均匀效应外,对于在循环周期内有控制棒插入的燃料组件而言,燃料棒径向功率峰值会偏向燃料组件边缘,偏离控制棒插入位置。因此,需要在堆芯径向装载可燃毒物以降低径向功率峰值因子。总的来说,这些措施会增加堆芯功率分布的不均匀性,导致燃料使用率低下,因为并不是所有的燃料组件都能够达到预期的燃耗极限。此外,对于采用自然循环(如 NuScale 和 SMR‑160)的 IPWR,功率的不均匀性和由此产生的慢化剂密度效应迫切需要进一步深入的热工水力分析,以确保堆芯能够得到足够的冷却,并且堆芯中子和热工水力之间的物理、热工反馈效应能够使堆芯的运行处于稳定状态。燃料的不均匀效应叠加自然循环流动不稳定性可能进一步加剧堆芯反应性反馈问题,引发控制系统的不稳定。因此,采用自然循环运行的 IPWR,必须确保反应性和堆芯流动的稳定性。

当反应堆中装载较多的钆棒时,设计人员必须慎重考虑钆棒中裂变元素的富集度。较低富集度的钆棒元件不受进出口许可的限制,需要关注的问题是钆棒的辐照性能数据以及运行特性。为了抵消可燃毒物对反应性的影响,需要额外提高堆芯某些区域的燃料富集度。堆芯中钆棒数量越多,所需要补偿的燃料富集度就相对越高。因此,需要进行可燃毒物燃耗和堆芯反应性平衡分析。

目前运行的大型压水堆已经积累了大量不同可燃毒物及其功率运行历史、控制棒调节顺序和控制棒价值计算方面的经验。然而,其中某些因素的组合对极不均匀堆芯的核设计带来了挑战,主要是分析软件的验证和适用性,特别是在准确预测可燃毒物和控制棒的价值方面。此外,在控制棒动作较为剧烈的轴向区域,可能会需要改变网格计算方法,如采用可变网格法进行计算分析。

4.4.3　堆芯装载

一些 IPWR(如 mPower 和 SMR - 160)采用单批次整炉换料方案,每次换料后堆芯装满了新燃料组件,由于装载到相应位置的燃料组件具有几乎相同的燃料富集度和可燃毒物数量,因此,在各个循环中只需要开展一次堆芯核设计分析或优化工作,从而简化了核设计工作量。

新核燃料也具有独特的轴向功率分布(余弦功率分布),在中心达到峰值。因此,如果所有新燃料被装入堆芯中,在没有插入控制棒或轴向变化由可燃毒物调节的情况下,可能违反功率峰值限制条件。采用辐照过的燃料重新装入堆芯,可以获得更平坦的轴向功率分布,因此采用混合燃料有助于降低堆芯轴向功率峰值。

假如每次换料均装入新燃料,这意味着设计人员不能依赖辐照过的燃料来展平堆芯的功率分布,因此只能使用可燃毒物棒和控制棒。但这往往会导致在设计中使用更高价值的控制棒和更高丰度的可燃毒物,而不是利用由于某些燃料受到辐照而产生较低的过剩反应性。与大型压水堆新堆芯类似,IPWR 可能需要在某些堆芯位置使用非对称的可燃毒物来降低局部区域的功率峰值,以防止局部功率峰值超限,这可能会增加燃料成本。

当使用单批次换料时,需要优化堆芯燃料装载,以确保燃料能够实现充分的"燃烧"。由于堆芯外围装载的燃料功率和燃耗往往较低,因此该区域可采用高富集度的核燃料,从而实现较高的燃耗。然而,单批次换料方案的核燃料利用率不如多批次换料方案高。

与大型压水堆(如 AP1000)相比,IPWR 每年的平均燃料需求量可能较多。在总体经济性中还必须考虑到停堆时间的影响,IPWR 换料周期一般为 3~4 年,大型核电站一般为 1.5 年,相比之下 IPWR 换料和维修停堆的次数将减少一半,这是其经济优势。

根据客户和市场需求以及总体经济性,IPWR 可能采用多样化的燃料管理方案,并且可在开发和示范阶段持续优化核设计方案。

4.4.4　其他设计考虑

对于不含硼运行的堆芯,当堆芯温度发生变化时,会产生更大的反应性扰动,从而产生更大的功率变化,沿着堆芯轴向方向较大的温度梯度会造成较大的轴向功率分布偏差,因此在核设计中必须考虑对反应性和轴向功率的控制。

IPWR 采用控制棒和可燃毒物控制反应性,必然导致局部中子通量峰值存在,其潜在结果是:

(1)较硬的中子能谱将使燃料中能够产生更多的钚,钚是一种易裂变材料,有助于降低初始装载燃料的富集度,这对于加深堆芯燃耗是有利的;

（2）高能中子通量会对反应堆压力容器和/或反射层/各类导向管材料产生影响，进而影响材料使用寿命，这会产生不利影响。

从燃料管理角度分析，在同一地点部署多个 IPWR 和共享核设施（如乏燃料水池）是有益处的。工程人员可以错开换料周期，实现不同机组之间依次交替换料。因此，共享核设施提供了多样化的燃料管理策略选择，可以实现经济和优化的堆芯设计，从而提高了燃料燃耗。

4.5　结　　论

IPWR 核设计的主要任务是完成堆芯物理特性分析、燃料性能分析、堆芯运行和安全分析、反应性控制系统设计以及相关的负反馈计算。

IPWR 属于压水堆，其核设计方法与陆上在运的大型压水堆核电站基本一致，安全设计准则和标准基本一致，所采用的核设计软件也是相同的，这就为开发商、监管机构和运营商提供了便利，有助于快速完成工程设计和监管许可审批流程，从而实现快速商业部署。

IPWR 可能采用新的创新技术，这些技术仍需要进行设计验证（理论分析、试验验证、软件开发等）工作。特别是对于那些在冷却剂中不使用硼来控制过量反应性的 IPWR 堆芯设计，需要更多依赖可燃毒物或控制棒来控制反应性，这会加剧堆芯功率分布的不均匀性，使得径向和轴向功率峰值因子发生变化。因此，无硼运行堆芯特别需要精细计算控制棒和可燃毒物的价值、堆芯燃耗、三维堆芯功率分布等，以确保单独依靠控制棒和可燃毒物控制反应性不会造成局部功率超限。

此外，对于采用新材料反射层设计（如径向不锈钢反射层）的堆芯，需要进行中子反射层验证试验。

IPWR 堆芯核燃料多倾向采用截短的标准 17×17 大型压水堆核电站燃料组件，但仍有必要对截短后的燃料组件整体性能进行验证试验和性能鉴定，特别是因控制棒运动产生的功率变化需要进行详细分析，以确保燃料元件不会出现热循环疲劳问题或因芯块 – 包壳机械相互作用而破损问题。此外，还需要进行燃料组件的临界热流密度实验，因为与标准高度的 17×17 燃料组件相比，原有长尺寸燃料组件的临界热流密度关系式可能已经不适用（如运行压力和温度、运行流量参数变更等）。

总之，在分析方法和工具方面，IPWR 核设计人员可能会面临较多的挑战性问题，但通过恰当的设计、有效的试验和验证，并借助于大型压水堆及沸水堆的试验、运行经验、核设计方法、许可经验，充分利用当前燃料组件设计和分析方法论，IPWR 能够克服核设计面临的困难，从而实现预期的设计目标。

4.6　参　考　文　献

[1]　NuScale (2013), NuScale codes and methods framework description report, NP – TR – 0812 – 1682 – NP, http://www. nrc. gov/reading – rm/doc – collections/nuregs/staff/ sr1793/initial/index. html#pub – info.

［2］　Oneid, P. (2012) SMR – 160 unconditionally safe & economical green energy technology for the 21st century, Jupitor, Florida, Holtec International. http://engineering. tamu. edu/media /948603/bowser_ppt. pdf

［3］　IAEA (2012), Status of small and medium sized reactors, IAEA, September 2012.

［4］　http://www. generationmpower. com/pdf/sp201100. pdf.

［5］　http://www. smrllc. com/download/htb – 015 – hi – smur – rev3. pdf.

第5章　IPWR系统和部件

5.1　引　言

采用LWR技术的IPWR系统和部件可以充分利用目前大型或小型LWR的成熟工艺系统和部件,这些部件的尺寸和工艺基本能够满足IPWR的各种设计目标,局部部件可能需要进一步小型化,但设计工艺、方法和技术是成熟的。

与压水堆核电站相比,IPWR采用简化设计思想,大幅减少了管道、泵、阀等设备和部件的数量。从反应堆额定热功率与冷却剂水体积装量的比值分析,IPWR具有足够安全裕量的功率比水装量。IPWR取消了反应堆冷却剂系统(RCS)主管道,减少了对能动安全系统部件的功能需求,延长了操作员对电厂故障的响应时间。表5.1给出了IPWR与传统PWR主要部件设计差异的比较。

表5.1　IPWR和传统PWR系统/部件设计特点比较

系统/部件	传统PWR	IPWR
反应堆压力容器高宽比	2~2.5	4~7
RCS大尺寸管道	有	无
主泵	有	有些有,有些无
稳压器(PZR)	单独压力容器	一体化为主
蒸汽发生器(SG)	单独压力容器	一体化
应急堆芯冷却系统(ECCS)	能动	非能动
控制棒驱动机构(CRDM)	外置	内置或外置
安全壳喷淋	设置有	无须设置
柴油发电机	安全相关	非安全相关
空冷措施	无	有些有,有些无

5.2　一体化部件

5.2.1　压力容器和法兰

大型压水堆核电站的反应堆压力容器包容了燃料组件、堆内构件、控制棒和绝大多数冷却剂,冷却剂兼做慢化剂。反应堆压力容器主要功能有:为释放的裂变产物提供安全屏障,为控制棒提供结构支撑,为堆内构件提供支撑,与堆内结构部件共同形成预期的冷却剂几何流道。反应堆压力容器一般采用半球形底盖和半球形顶盖,底盖与压力容器筒体采用焊接方式连接,顶盖采用螺栓与压力容器筒体连接,顶盖可以拆卸,以确保换料功能。压力容器由低合金钢制成,内部堆焊奥氏体不锈钢。反应堆压力容器的筒体通常由若干厚壁环形锻件组成,这些锻件沿周向焊接在一起。

　　图 5.1 给出了典型 IPWR 示意图,图 5.2 给出了传统大型压水堆核电站反应堆压力容器示意图。

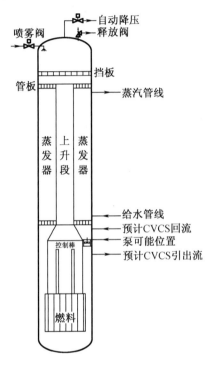

图 5.1　典型 IPWR 反应堆压力容器部件示意图(CVCS 表示化学与容积控制系统)

　　目前,大型压水堆的反应堆压力容器至今仍遗留的问题包括:压力容器材料脆化、热冲击和应力腐蚀开裂。在中子长期辐照作用下,压力容器材料随时间而缓慢发生脆化,其中最先发生脆化的地方是焊缝。当反应堆压力容器在高温高压下运行时突然加入冷水,就可能会发生热冲击(PTS)问题,这会迅速增加容器壁面的热应力,降低材料寿命,而随着时间的推移,容器变得容易开裂。应力腐蚀开裂现象普遍存在于在运的核电机组,特别是压力容器顶部贯穿件附近,而硼酸的使用不当或泄漏加剧了腐蚀开裂过程。

　　目前,大型压水堆压力容器的尺寸将随着反应堆额定热功率而变化,压力容器高径比名义上在 2～2.5 之间,反应堆压力容器的设计压力通常在 2 500 psi(17.2 MPa)左右。仪表贯穿件通常布置在压力容器的下封头或上顶盖。主管道与压力容器的接口通常位于堆芯上部一定高度处。

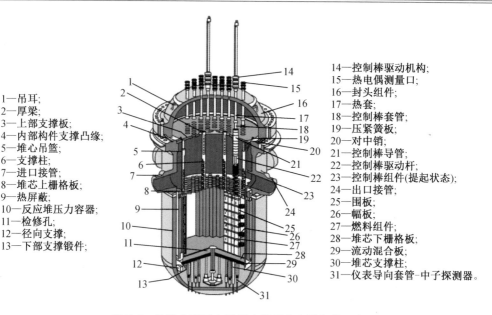

1—吊耳;
2—厚梁;
3—上部支撑板;
4—内部构件支撑凸缘;
5—堆芯吊篮;
6—支撑柱;
7—进口接管;
8—堆芯上栅格板;
9—热屏蔽;
10—反应堆压力容器;
11—检修孔;
12—径向支撑;
13—下部支撑锻件;

14—控制棒驱动机构;
15—热电偶测量口;
16—封头组件;
17—热套;
18—控制棒套管;
19—压紧簧板;
20—对中销;
21—控制棒导管;
22—控制棒驱动杆;
23—控制棒组件(提起状态);
24—出口接管;
25—围板;
26—幅板;
27—燃料组件;
28—堆芯下栅格板;
29—流动混合板;
30—堆芯支撑柱;
31—仪表导向套管-中子探测器。

图5.2　传统大型压水堆反应堆压力容器部件示意图

IPWR反应堆压力容器包容了燃料组件、堆内构件、控制棒、稳压器和蒸汽发生器。除了化学和容积控制系统等辅助系统外,整个反应堆冷却剂基本都包容在IPWR压力容器中。IPWR反应堆压力容器的功能作用与目前的大型压水堆反应堆压力容器相同。IPWR压力容器法兰可设置在燃料顶部和蒸汽发生器下方中间处,这与当前大型压水堆中的压力容器顶盖法兰明显不同,可以理解为IPWR压力容器法兰设置在压力容器中部偏上区域,这有助于换料和进行蒸汽发生器检查。IPWR压力容器法兰也可以放置在压力容器顶部,如韩国的SMART。

IPWR燃料组件高度通常是当前大型压水堆核电站燃料高度的一半。因此,IPWR压力容器设计时应避免筒体焊缝位于活性区燃料组件附近,以减少压力容器焊接处材料辐照脆化。由于内装蒸汽发生器,其所占用空间迫使反应堆压力容器壁比传统压水堆壁距离反应堆燃料更远,即燃料组件与压力容器之间的距离得以增加,下降区域宽度增加有助于水屏蔽层厚度的增加,从而在一定程度上降低了中子对反应堆压力容器的辐照脆化影响。IPWR反应堆压力容器所用的材料与当前的压水堆核电站所用材料类型一致,但仍存在加压冷水注入时的加压热冲击(PTS)问题。如果IPWR在设计反应堆压力容器时,采取减少中子注量率、调整焊缝位置、提高焊缝工艺等技术措施,压力容器的PTS限制条件有可能得到放宽。国际革新反应堆IRIS设计的反应堆压力容器高宽比很大,堆芯附近的压力容器几乎无焊缝,下降段足够长且水装量较大,可在实质上消除压力容器材料脆化问题,但仍无法取消反应堆压力容器设计寿命内监测仪器脆化问题。

此外,一些IPWR采用内置控制棒驱动机构,设计上取消了正常运行中使用硼酸进行化学控制和调节。硼酸会加剧一回路水应力腐蚀问题,冷却剂中取消硼酸可以防止IPWR压力容器的应力腐蚀开裂问题。

IPWR反应堆压力容器比传统的大型压水堆压力容器的体积小,压力容器的高径比约为 4～7,增大容器高度主要目的是增强自然循环能力。由于 IPWR 冷却剂几乎全封存在反应堆压力容器内,而不像传统分散式压水堆那样分布在回路管道和其他设备部件中(图 5.3),因而流程缩短,系统阻力降低,有利于自然循环冷却。当前大型压水堆核电站压力容器的高径比为 2.0～2.5,IPWR 压力容器高径比(4～7)是通过增加容器高度和减小容器直径来实现的,这有利于工厂制造和运输。相对于堆芯热功率而言,IPWR 压力容器内的水体积装量显著增加。此外,IPWR 冷却剂系统的设计压力可以等于或略低于当前的大型压水堆核电站的设计压力。

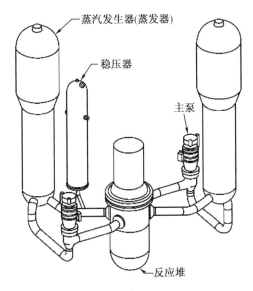

图 5.3　传统大型压水堆核电站管道系统和部件示意图

　　IPWR 压力容器贯穿件与大型压水堆核电站中压力容器的贯穿件明显不同,IPWR 堆芯以下的容器封头不设置贯穿件(仪表),无外部冷却剂回路,设计取消压力容器入口和出口接管管道贯穿件(通常为 700～790 mm)。因此,IPWR 可不考虑大破口失水事故(LOCA)。IPWR 压力容器最大泄漏量要小得多,主要来自压力容器上部连接的小尺寸管道(5 cm 以下)。此外,IPWR 压力容器贯穿件通常布置在上封头的顶盖上,其布置高度远高于反应堆堆芯位置,这使得压力容器可以容纳足够量的水用于缓解小破口失水事故。

5.2.2　RCS 管路系统

　　大型压水堆中,离开反应堆燃料顶部的高温高压水通过反应堆压力容器出口接管流入 RCS 热管段主管道,热管段主管道(一般直径为 740 mm 左右)用来将反应堆压力容器和 U 形管自然循环蒸汽发生器或直流蒸汽发生器连接起来,在蒸汽发生器内实现热量从一次侧水转移到二次侧水,并使二回路产生蒸汽来驱动汽轮发电机。主冷却剂在蒸汽发生器内被降温后离开蒸汽发生器进入主管道过渡段(也称中间段主管道,一般直径为 790 mm 左右),流入主泵吸入侧,中间段主管道直径最大,其水位可能低于燃料组件顶部位置,该段管道大破口可能成为最严重的大破口失水事故。离开主泵的冷却剂继续向前流入主管道冷管段

（一般直径为 700 mm 左右），最后流入反应堆压力容器。目前的大型压水堆通常采用两个、三个或四个反应堆冷却剂回路。典型的两回路大型压水堆冷却剂系统如图 5.3 所示。

IPWR 主冷却剂系统中，稳压器和蒸汽发生器集中布置在反应堆压力容器内部，取消了大型压水堆相关的所有大直径管道，由于不考虑压力容器破口可能性，从而在设计上消除了出现管道大破口失水事故的可能性，因此，IPWR 可以取消大型压水堆的能动应急堆芯冷却系统（如高压安注系统）。

5.2.3 稳压器、电加热器、喷淋阀、卸压箱

压水堆中稳压器的作用是将一回路冷却剂系统的压力保持在设计范围内，使一回路系统在正常和瞬态运行时不会发生沸腾。大型压水堆的稳压器是一个独立的圆柱形容器，通过波动管（直径约 250 mm）和喷淋管（直径约 100 mm）与反应堆冷却剂系统管道相连。稳压器通常使用电加热器和喷淋阀来控制系统压力。在稳压器内部汽液两相空间中存在水和蒸汽的两相平衡状态。稳压器中的水位指示器可通过公式换算后得到反应堆冷却剂系统中的水装量。

有些大型压水堆设计中还采用与稳压器卸压箱相连的电动卸压阀（PORV）来协助控制系统压力。在系统压力达到 RCS 卸压阀设定值时，PORV 打开以降低系统压力。卸压阀的安全可靠性尤为重要，它是潜在的小破口失水事故的始发事件。

稳压器提供了反应堆冷却剂系统体积波动的收纳空间。如果 RCS 系统冷却剂温度升高，体积膨胀，则膨胀的冷却剂将通过波动管涌入稳压器，压缩蒸汽空间并导致冷却剂系统压力增加，稳压器吸纳较小的压力增加以满足较小的或者缓慢的 RCS 温度变化瞬态。然而，更多情况是压力会上升到喷雾阀的设定值，这需要依靠稳压器喷淋冷凝以降低系统压力，通过开启喷淋阀将来自 RCS 冷段温度相对较低的水引入蒸汽空间，通过快速冷凝蒸汽以降低压力。喷淋流量通常由反应堆冷却剂泵的排放压力驱动。相反，如果 RCS 温度降低导致冷却剂体积收缩，会导致水从稳压器流入反应堆冷却剂系统热管段，稳压器蒸汽空间增加导致系统压力降低，这种情况下通过使用稳压器电加热器来控制压力降低，电加热器加热稳压器中的水，使得水温度升高体积膨胀，增加压力。

IPWR 将稳压器集成布置到反应堆压力容器的顶部，采用带有开孔的挡板结构将稳压器与反应堆冷却剂系统分隔开，孔道的作用相当于波动管线，但无须考虑管道热疲劳问题。相对于反应堆的热功率，IPWR 稳压器的体积明显大于当前的大型压水堆稳压器。在 IRIS 一体化压水堆设计中，稳压器每单位功率的体积大约是目前大型压水堆设计稳压器的 5 倍。这种大容积稳压器使得 IPWR 相对水装量足够大，冷却剂系统压力瞬变变缓，从而有利于系统运行和操作。首先，操作员有更多的时间分析电厂运行条件的变化并做出反应；第二，设计上可考虑取消喷淋阀，或不需要快速作用的喷雾阀，因为在大多数情况下（正常运行和预期瞬态下），大容量稳压器容纳体积波动的范围较广，蒸汽自然冷凝过程缓慢，有利于维持 RCS 系统压力。IPWR 设计中提供稳压器水位信号，帮助操作人员判断其水位。

在很多 IPWR 设计中，取消了喷淋阀，一方面是因为应对瞬态过程的能力有所增加，另一方面是在取消主泵的 IPWR 中缺乏足够的驱动压头来提供喷淋流量。即使采用较小主泵，RCS 产生的压差或驱动压头也远低于当前大型压水堆中的压差或驱动压头。当主泵不

可用或正常喷淋阀不能工作时,当前大型压水堆采用辅助喷淋阀来实现正常的喷雾功能,辅助喷雾阀驱动力通常由电动泵来驱动,NuScale IPWR 就是采用这种方法。其他 IPWR 的设计也可借鉴这种方法来实现稳压器喷雾功能。因此,在 IPWR 设计中不一定非要取消喷淋管线。IPWR 稳压器中电加热器的功能与当前大型压水堆稳压器所采用的电加热器相同。

三哩岛核事故发生的原因在 IPWR 设计中都被取消了。安全卸压阀的排放路径直接引导至安全壳或安全壳内的水箱。因此,稳压器卸压箱不包括在 IPWR 集成设计中。此外,IPWR 还取消了卸压箱氮气控制、排水系统和相关泵的需求。

5.2.4　主泵

主泵的功能是驱动一回路侧冷却剂强制流动,带出裂变过程产生的热量。现有大型压水堆通常利用 2 ~ 4 台主泵来提供驱动冷却剂循环流动所需流量。由于功率较高,大型压水堆中的自然循环能力不足以带走满功率运行过程中堆芯所产生的热量。大型压水堆的主泵可产生约 90 psi(0.6 MPa)的驱动压头,其中一台或多台主泵的流量丧失将直接导致反应堆紧急停堆。

大型主泵采用密封措施来限制一次侧的泄漏量,密封件通常需要冷却,这导致主泵密封路径上存在潜在的小泄漏事故。三代非能动压水堆核电站(如 AP1000 核电站)使用屏蔽泵来消除这种小泄漏发生的概率。

IPWR 反应堆压力容器的一体化布置使得主泵的使用更具挑战性。美国目前正在研发的能动 IPWR 设计中,mPower 和 W – SMR 计划合并多台主泵。但由于一回路空间限制,目前压水堆使用的大型主泵不可能合并。相反,需要采用更小流量的多台主泵来为流体提供输送动力,由于主泵驱动压头相对较小,因此可考虑采用屏蔽泵。主泵可布置在蒸汽发生器顶部的热段或蒸汽发生器下方的冷段,具体布置位置的选择需要进行系统设计分析确定,例如,mPower 需要 12 台主泵,W – SMR 需要 8 台主泵,他们均将主泵布置在蒸汽发生器下方的冷段。韩国 SMART 采用 4 台屏蔽主泵,主泵布置在蒸汽发生器顶部的热段。IRIS 设计采用 8 台主泵,每台蒸汽发生器对应配置 1 台主泵,主泵布置在蒸汽发生器顶部的热段。美国目前正在研发的另外两个 SMR 设计——NuScale 和 Holtec SMR – 160 设计(基于分散布置压水堆),取消主泵,采用全自然循环运行模式。此外,阿根廷 CAREM 和日本 IMR 设计考虑采用自然循环运行模式。所有的 IPWR 设计上均考虑可实现在反应堆停堆后使用自然循环冷却去除反应堆衰变热。因此,可省去将主泵作为事故缓解措施的设计、验证、鉴定等费用。

5.2.5　上升段

由于 IPWR 的蒸汽发生器已经成为压力容器的一部分,在容器区域必须进行流量分配,从而确保用于每台蒸汽发生器的流量。从燃料组件顶部到蒸汽发生器顶部上部管板的反应堆冷却剂流量分配需要确定,该区域通常称为上升段,它类似于当前大型压水堆的 RCS 热段。热的冷却剂在上升段的顶部进行流量分配,分别按照预期设计的流量流入各台蒸汽发生器。此外,上升段也为控制棒驱动机构提供了操作空间。

5.2.6 蒸汽发生器和管板

目前的大型压水堆使用 2～4 台独立的大型蒸汽发生器,每个冷却剂环路设置 1 台大型蒸汽发生器。这些蒸汽发生器多数为自然循环 U 形管,少数为直流蒸汽发生器。一回路侧的高温高压水在蒸汽发生器管内流动,二回路低压水在管外流动。在 U 形管蒸汽发生器设计中,饱和蒸汽被输送到汽轮发电机。在直流蒸汽发生器设计中,过热蒸汽被输送到汽轮发电机做功。

目前大型压水堆核电站的蒸汽发生器高约 21 m,包含 3 000～16 000 根焊接在管板上的传热管。蒸汽发生器管板和传热管作为 RCS 压力边界的一部分。蒸汽发生器传热管破裂提供了一回路冷却剂释放到二回路系统、安全壳外的路径。蒸汽发生器传热管问题包括管道凹陷、损耗、变薄、腐蚀、流致振动、U 形管弯曲或支撑板的开裂和变形、管道泄漏和破裂等。

先进能动 IPWR 设计可采用两种类型的蒸汽发生器:传统的直列管式直流蒸汽发生器和非传统的螺旋管式直流蒸汽发生器。极少采用自然循环 U 形管蒸汽发生器。螺旋管直流蒸汽发生器可实现在有限空间内提供足够大的传热面积,水在螺旋管流动产生的流动激振较小,螺旋线圈还可以降低给水和蒸汽集管因热膨胀而产生的热应力。同样,在直管式直流蒸汽发生器中,几乎没有流动引起的管道振动,因此,需要管道支架较少,可以避免流体低速流动区域和相关的腐蚀问题。

由于管道热膨胀,直管式直流蒸汽发生器会在给水和蒸汽集管上产生较大的热应力。螺旋管直流蒸汽发生器设计复杂,制造工艺成本高昂。NuScale 设计使用 2 台独立但缠绕在一起的螺旋管直流蒸汽发生器,高温高压一回路流体在蒸汽发生器管外流动,低压二回路流体在蒸汽发生器管内流动。SMART 设计将 8 台独立的螺旋管直流蒸汽发生器布置在反应堆压力容器提升管段周围的环形下降空间内。CAREM 同样在下降空间布置了 12 台独立的螺旋管直流蒸汽发生器。SMART 和 CAREM 螺旋管直流蒸汽发生器一回路流体在蒸汽发生器管内流动,二回路在管外流动产生过热蒸汽。

mPower 蒸汽发生器采用完全围绕中心上升段的单台直列管式直流蒸汽发生器。一回路流体在管内流动,二回路流体在管外流动。二回路流体在蒸汽发生器壳体中进入和流出,产生过热蒸汽。W－SMR 采用 1 台完全围绕中心上升段的直列管蒸汽发生器,反应堆压力容器外的单独汽包用于去除蒸汽中的夹带水分,含湿量非常小的干蒸汽将被输送至汽轮发电机,W－SMR 采用的饱和蒸汽,而非其他 IPWR 使用的过热蒸汽。

Holtec SMR－160 使用法兰连接技术将蒸汽发生器和反应堆压力容器相连接,这样做的好处是将蒸汽发生器和反应堆压力容器各自独立,有利于反应堆压力容器开盖后直接进行换料。

5.2.7 控制棒和反应性控制

控制棒的作用是通过从反应堆燃料堆芯中插入或抽出中子吸收材料来控制核裂变速率或反应性。目前大型压水堆通常使用 17×17 燃料组件,其中包括 24 个控制棒棘爪的导管,通过十字轴组件一起操作。所有燃料组件都能够承载控制棒组件,但并非所有燃料组件在任何给定的燃料循环中都将安装控制棒组件。控制棒组件通常分为两组:控制组和停堆组。停堆控制棒组从堆芯中完全抽出,以在发生事故时提供大量负反应性控制,使反应堆停堆。控制组通常部分插入堆芯,并在燃料循环期间缓慢抽出,以补偿燃料燃耗。

目前的大型压水堆也使用第二种方法——化学反应性控制,即通过向反应堆冷却剂中添加可溶性硼酸来控制反应性,硼酸是一种强中子吸收剂。当前大型压水堆在燃料循环开始时对 RCS 进行了大量硼化,并在燃料循环期间与控制棒运动一起缓慢稀释硼浓度,以保持运行。

很多 IPWR 设计采用半高度的标准 17×17 排列燃料组件,这将允许使用类似的控制棒。与目前的大型压水堆相比,IPWR 堆芯包含的燃料组件较少,并且通常有较高比例的燃料组件装有控制棒十字轴组件。此外,一些 IPWR 设计可能会在燃料组件中安装很高价值的控制棒支架,并选择不在反应堆正常运行时使用硼酸进行化学控制。然而,预计多数 IP-WR 设计将使用浓硼作为紧急备用,以在并非所有控制棒都能插入堆芯的情况下关闭反应堆。因此,大多数 IPWR 设计仍需要硼酸支持系统。

5.2.8　控制棒驱动机构

在目前大型压水堆设计中,控制棒驱动机构(CRDMs)都位于反应堆容器顶部上方的容器外部。在拆除压水堆顶盖进行换料之前,CRDMs 与控制棒支架分离。拆下顶盖后,控制棒留在相应的燃料组件中。

一些 IPWR 继续使用反应堆容器外部的 CRDMs。但是,由于 IPWR 反应堆压力容器比现有的压水堆压力容器高很多,而且 IPWR 压力容器法兰不一定设在压力容器的顶部,在将上部反应堆压力容器从下部反应堆压力容器中移除以进行换料时,设计上要考虑如何将控制棒支架的轴与控制棒驱动机构分离并进行保护。使用外部控制棒的 IPWR 包括 SMART 和 NuScale。

其他一些 IPWR 使用反应堆压力容器内置式 CRDMs。考虑到反应堆压力容器内高温、高压和强辐射环境,需要进行材料和可靠性测试,还需要对贯穿反应堆压力容器法兰的电缆、控制棒驱动机构、棒位置指示装置等进行试验鉴定。目前,计划使用压力容器内置 CR-DMs 的 IPWR 包括 mPower、W – SMR、IRIS。CAREM 反应堆使用内部液压型 CRDMs,运行时不需要电缆,只需要位置指示仪表。

5.2.9　自动降压系统阀门

二代以前的大型压水堆不直接采用自动降压系统(ADS),这会使小破口失水事故处理比较麻烦,因为冷却剂在高压下的喷放流量较高。三代核电已经考虑利用 ADSs 在失水事故后使一回路压力迅速降低,允许低压安注系统或重力水源向反应堆供水,以保持堆芯淹没。

IPWR 设计可以将 ADS 纳入保护方案,其功能与三代核电相同。一般来说,自动降压是通过打开与稳压器蒸汽空间相连的阀门来启动的。蒸汽通常被喷射到安全壳内充满水的水池/水箱中,或直接收集在安全壳内,以便在再循环冷却过程中送回堆芯,以保持燃料被淹没。位于安全壳中较高位置的安全壳储水箱的水可在压力降低至大气压后以重力方式注入反应堆压力容器。

5.2.10 释放阀/安全阀

目前,所有的大型压水堆都装有释放阀/安全阀,以防止 RCS 超过设计压力。释放阀/安全阀通过 15cm 左右的管道连接到单独的稳压器蒸汽空间。

IPWR 同样需要设置释放阀/安全阀,以保护 RCS 不超过设计压力。IPWR 释放阀/安全阀连接至反应堆压力容器顶部的稳压器蒸汽空间。与传统的压水堆相比,IPWR 安全阀的连接管直径要小得多。与 ADS 阀门相同,从 IPWR 排出的蒸汽通常被引流喷射到安全壳内充满水的储水罐中,或直接释放到安全壳环境中。

5.2.11 吊篮、围筒、屏蔽挡板

目前的大型压水堆利用堆芯吊篮组件来支撑反应堆压力容器内部组件。这些组件通常包括一个圆柱形堆芯围筒,用于从燃料组件中分离和预热流入的冷段反应堆冷却剂。堆芯围筒周围设置有屏蔽挡板。堆芯吊篮将冷段冷却剂引导至堆芯底部,堆芯吊篮由堆内支撑部件支撑。为了使方形燃料组件适应圆柱形堆芯筒的形状,采用堆芯成型板或挡板设计。

对于 IPWR 设计来说,堆芯吊篮、围筒和屏蔽挡板布置方式与大型压水堆基本相同。

5.2.12 仪表

监测堆芯状态对于 IPWR 安全运行至关重要,在具体实施方面 IPWR 仪表与目前大型压水堆可能有所不同。IPWR 仪表相关内容将在本书第 6 章中详细介绍。

5.3 相连的系统部件

5.3.1 化学容积控制系统

化学容积控制系统(CVCS)是目前大型压水堆的重要支持系统。CVCS 的作用是净化 RCS,提高或降低冷却剂中硼浓度,维持反应堆冷却剂的装量。一股连续流量的反应堆冷却剂被引入到 CVCS 中冷却,通过过滤器和除盐装置进行清洗并加热后,使用泵送回主冷却剂系统。通过向主冷却剂系统中添加更多含硼水或除盐水,可以进行反应性控制或水化学控制。反应堆冷却剂装量可以通过调节下泄流量和回流流量来进行调整。反应堆化学通过 CVCS 容积控制箱进行控制。

由于这些辅助系统及其功能对反应堆的长期持续运行很重要,因此所有的 IPWR 设计都需要考虑这些辅助系统。这就需要配置一套外部辅助系统,该系统与反应堆压力容器中的主冷却剂系统相连。辅助系统不执行核安全功能,因此不需要执行专设安全设施方面的特殊安全设计标准要求(如专设安全设施要求必须配置独立的可靠电源)。然而,需要将这些系统与 RCS 隔离,隔离功能属于核安全功能,必须按照专设安全设施方面的隔离设计标准进行设计。

此外,由于 CVCS 配套的支持系统提供了再生和非再生热交换器来冷却一回路流体,以保护除盐装置,一些 IPWR 设计利用该系统进行反应堆停堆后的余热导出,这也是可行的,因为 IPWR 产生的热功率较低。相反,大型压水堆中的 CVCS 换热器的功率不适合用于承担余热导出功能。

5.3.2　余热导出和辅助给水系统

轻水堆要求在反应堆停堆后能够冷却,以进行系统维护和换料操作。正常运行时,现有大型压水堆分两个阶段对反应堆余热进行冷却。首先,二回路系统通过汽轮机旁路系统向凝汽器排放蒸汽,以除去一回路系统中的热量,直到系统温度不会导致降压过程中冷却剂产生沸腾为止。之后,能动余热排出(RHR)系统联合设备冷却水(CCW)系统共同作用排出反应堆余热。CCW 由与安全相关的厂用水系统进行冷却。RHR 系统的设计基准不允许在电厂冷却开始时的温度和压力下运行,因此余热的导出必须采用两个阶段来完成。

在失去厂外电源的情况下,当前的大型压水堆采用不同的辅助给水(AFW)系统缓解事故,AFW 采用蒸汽驱动、柴油驱动或电力驱动(由安全交流母线支持)的辅助给水泵提供输送水的动力。AFW 泵从一个大容量水罐中取水,为蒸汽的持续产生提供稳定的可靠水源。蒸汽被排放到大气中,从而实现从一回路中连续导出余热。当蒸汽产量不足时,RHR 系统和相关的支持系统将继续冷却反应堆到冷停堆备用状态。

绝大多数的 IPWR 都倾向于在正常运行条件下首先使用二回路系统来去除反应堆的余热。一些 IPWR 可能会考虑在正常运行期间,当蒸汽不足以排热时,使用非安全相关的能动 RHR 系统进行余热排出。然而,与大型压水堆设计方案不同之处在于,IPWR 普遍采用非能动余热排出系统实现在反应堆停堆之后排出反应堆余热,热量最终将被排放到大水箱中,在没有补水的情况下,这些水箱能够持续排热 72 h 或更长时间。因此,在 IPWR 设计中,无须配置类似大型压水堆所需的能动安全系统以及配套支持系统(RHR、CCW 或厂用水排热系统)。72 h 后,大水箱的水可以由可移动的水罐车提供补水。

5.3.3　应急堆芯冷却系统和换料水池

失水事故发生后,大型压水堆采用应急堆芯冷却系统(ECCS)(通过向 RCS 注入大量含硼冷却水)来减少冷却剂的损失同时降低堆芯燃料组件温度,以防止燃料包壳破损。ECCS 提供高浓度含硼水以确保在发生 LOCA、主蒸汽管线破裂等相关的反应性引入事故下堆芯处于次临界状态,水源来源于安全壳外部的换料水贮存箱(RWST)(一般情况),但 AP1000 换料水箱位于安全壳内(属于例外)。RWST 水源可作为高压安注、中压安注、低压安注、RHR 冷却热阱、安全壳喷淋的水源。一些大型压水堆采用的中压安注箱还连接有硼酸箱,当压力低于注入设定值时,向反应堆注入含硼水。所有这些系统都与安全有关,均由电厂应急柴油发电机提供电力支持。图 5.4 给出了大型压水堆 ECCS 系统示意图。

与 AP1000 类似,IPWR 设计上已将 RWST 或其等效装置移到安全壳内部,RWST 水位远高于反应堆顶部水位。IPWR 设计取消所有大口径管道,从而消除了大破口失水事故。小破口失水事故可能不会超过 CVCS 上充泵的容量。此外,连接至 IPWR 反应堆压力容器的小口径管道隔离点应尽可能靠近容器,以降低发生小破裂失水事故的可能性。在发生泄漏的情况下,ADS 阀门的作用是将压力降低到可以通过自身重力从 RWST 向反应堆压力容器供水,以保持堆芯被淹没。由于所有的 ECCS 采用了自然循环设计方案,因此,IPWR 不需要配置由应急柴油机提供电力支持的各种 ECCS 泵。

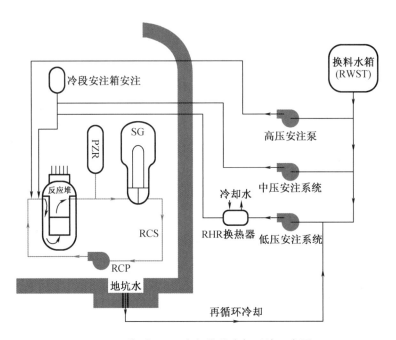

图 5.4　典型 PWR 应急堆芯冷却系统示意图

　　许多 IPWR 还设计了由重力驱动的含硼水注入系统,以确保事故发生后将反应堆保持在次临界状态。这些硼酸添加箱布置在安全壳内部的较高位置处,还可为应急余热排出提供额外水源。

　　IPWR 采用非能动安全壳冷却系统来限制相关事故后安全壳的压力峰值。在 NuScale 设计中,安全壳的设计压力比目前的大型压水堆设计要高得多。因此,除了 SMART 外,其余 IPWR 均未设置安全壳喷淋系统。

5.3.4　外部水池

　　IPWR 的外部设置了大容量的蓄水池,或者直接将反应堆、安全壳放在大水池中,水池中的水既可以用作事故冷却水,也可用作屏蔽功能。

5.3.5　控制室可居留性

　　大型压水堆需要配置有关配套设备以保持在事故或有毒气体释放之后控制室的可居留性。IPWR 同样有这个功能需求。大型压水堆可以依靠安全相关的交流电源系统以支持设备的长期运行,虽然 IPWR 设计采用了至少支持 72 h 堆芯冷却的非能动系统,但非能动系统的维持需要使用专用的电池和压缩空气系统。

5.3.6　柴油发电机和电力系统

目前,大型压水堆需要应急柴油发电机(EDG)来支持安全相关交流电源系统,以确保能动安全相在需要时能够正常工作。每台大型轻水堆机组需配置至少2台EDG,EDG由电厂技术规范管理,每月至少启动测试一次,每六个月必须开展确保每台EDG能够达到预期频率和电压,并能够在收到启动信号后10 s内加载的测试。这种安全证明是有必要的,但这种试验对EDG来说是有问题的。如果一台EDG不可用,则必须在24 h内对其余所有EDG进行测试。而对大型轻水堆的EDG而言,频繁进行测试将导致更高的维护要求。

IPWR设计中消除对安全相关应急柴油发电机的需求,将应急柴油发电机降级为辅助电源,通过保持非安全相关正常运行设备的可用性,就可增强IPWR的纵深防御能力。IPWR辅助柴油发电机的维护工作量将大幅度降低。

目前,大型压水堆由EDG向安全相关交流母线提供480 V和4 160 V的交流电力,以提供能动安全设备运行所需的电力。此外,当前的轻水堆需要配置安全相关电源,以用于在事故期间和事故后操作仪表,这些操作仪表所需的电力来源于蓄电池提供的120 V直流电和低压交流电通过逆变器提供的电力。由于IPWR采用非能动安全设备,因此不需要配置高压安全相关电源及总线。IPWR安全相关阀门的电源供应只需120 V直流电和通过逆变器的低压交流电源,仪表供电同样是由上述电源供应。因此,目前大型轻水堆和IPWR设计的配电系统将是相似的,但测试和维护的方法和数量将会有所不同。

5.4　发展趋势

IPWR是当前压水堆发展的重要方向,未来发展趋势可能包括提高非能动ECCS系统的可靠性和能力,从而带来更大的安全裕度。此外,技术创新可能会扩大反应堆内部冷却剂泵的使用范围,以便在正常运行期间提供一回路冷却剂流量,并在停堆情况下通过自然循环带出衰变热。这样可以更好地配置和布置主泵,并增加安全裕度。同样,改进内部部件的技术和材料可以扩大内置控制棒的使用范围,从而完全消除IPWR设计中可能存在的弹棒事故。其他发展趋势可能包括进一步简化或取消设备、零部件等。事实上,由于采用高压球形安全壳设计并增加反应堆容器中的可用水量,IRIS反应堆设计取消了对ECCS的过高功能需求。

SMR特定用途除了基负荷电力生产外,还可用于海水淡化、页岩油开采和区域供热等领域,这些特定用途需要根据用户情况配置额外部件。

除此之外,更先进的液态金属冷却堆、气冷堆和熔盐堆也是SMR的发展方向。这些先进的SMR可用于高温领域,提供了更为广阔的应用前景。

5.5　参考文献

[1]　Bonavigo, L. and De Salve, M. (2011), 'Issues for Nuclear Power Plants Steam Genera-
　　　tors,' in Steam Generator Systems: Operational Reliability and Efficiency, Uchanin V.

（ed.），Rijeka, Croatia, In Tech, pp. 371 – 392.

[2] Carelli, M. D. , Conway, L. E. , Oriani, L. , Petrovic, B. , Lombardi, C. V. , Ricotti, M. E. , Barroso, A. C. O. , Collado, J. M. , Cinotti, L. , Todreas, N. E. , Grgic, D. , Moraes,M. M. , Boroughs, R. D. , Ninokata, H. , Ingersoll, D. T. and Oriolo, F. （2004），'The Design and Safety Features of the IRIS Reactor', Nuclear Engineering and Design 230, 151 – 167.

[3] Datta, D. and Jang, C. （2007），'Failure Probability Assessment of a PWR Primary System Piping Subcomponents Under Different Loading Conditions', Second International Symposium on Nuclear Power Plant Life Management, IAEA – CN – 155, 210 – 211.

第6章　IPWR 仪表和控制系统

6.1　引　言

IPWR 是小型模块化反应堆的未来发展方向之一,IPWR 技术特征如下:

➤ 采用"胶囊"式集成一体化设计;

➤ 核电站可部署在地底下;

➤ 蒸汽发生器安装于反应堆压力容器内;

➤ 运行和维护人员相对较少,自动化程度高;

➤ 多机组模块可共用主控制室;

➤ 可采用更成熟、更快的模块化技术实现机组部署;

➤ 更多采用非能动技术;

➤ 事故种类或安全事件更少;

➤ 采用故障安全设计理念;

➤ 采用更先进的故障预测和诊断技术;

➤ 取消或采用更少的维护仪器仪表;

➤ 吸取大型核电站运行经验反馈而改进设计。

上述设计目标或特征的提出对仪表和控制(I&C)的设计提出了巨大挑战。IPWR I&C 将具有更先进的自动化程度、更复杂的冗余特性、更高的网络安全性、更完善的故障安全特性、更包容的容错设计、更强的预测和诊断能力以及多样化的测量方法。这些 I&C 设计挑战客观上要求 IPWR 总体设计开发阶段就应该考虑 I&C 的设计开发,以便能够尽早确定 I&C 技术措施和仪控设备鉴定解决方案(可能涉及重新设计)。如同机械设计和电气设计需要考虑仪控系统的兼容性,仪控设计也需要考虑机械/电气方面的设计变更和新技术要求。在这些新的设计理念要求下,仪表与控制的设计和机械/电气设计之间的相互配合是必要的。

I&C 新技术提供了 20 世纪 70 年代和 80 年代技术所没有的解决方案和能力。在新堆设计中应考虑数字化和无线通信技术的应用。IPWR 引入新技术的程度决定了设计和许可申请中可能需要考虑的安全措施数量。在采用以微处理器为基础的数字化技术时,必须重点防止共因故障和共模故障。在基于硬接线逻辑的数字化设计中,如采用现场可编程门阵列(FPGAs)芯片,共因故障和共模故障并不是问题,但仍需制定多样化的纵深防御措施。在数字或无线通信方面,必须考虑网络安全的威胁和电磁干扰/射频干扰(EMI/RFI)。

传统的测量方法可能不适用于新的设计。新的环境条件、水下设备和容器、管道的取消和新几何结构部件的采用等都面临需要引入新的测量方法和测量仪表设备。传统仪控装置虽然满足了核电厂所需的安全认证体系要求,但传统仪控装置是专门为传统核电厂仪控系统设计的,因此可能不适用于新的恶劣环境和/或新的小型化紧凑 IPWR 的特殊要求,如用户特殊需求、高辐射环境、高温、高压、高湿度水下环境、更小的传感器与更远距离的远程处理技术等。虽然上述技术已经得到了发展应用,但在多数情况下,特别是在压力容器水位、流量、堆内核测等测量所处的复杂多变环境情况下,这些仪控技术在新 IPWR 环境中的应用和设备鉴定尚在进行中,并且需要为新的传感器技术开发新的鉴定程序。

总而言之,IPWR 工艺系统布置设计革新给仪控系统带来了新的挑战,用于大型压水堆的仪控设备不一定能够在 IPWR 环境中长期可靠工作。新的更小尺寸、不同几何结构和更严酷环境等客观上需要仪控系统同步进行技术革新,以寻找最佳解决方案,本章重点介绍了 IPWR 仪控需求、面临挑战和潜在解决方案。

仪控系统的主要部件包括:传感元件、变送器、处理电子设备和驱动装置。传感元件是感测过程的装置,传感元件可用于测量温度或压力。变送器是将被感测的物理参数转换成电子信号的装置,该电子信号可被传送到后续处理电子设备中。处理电子设备对信号执行各种操作,这些操作可以是简单的增益运算,也可以是复杂滤波算法的运算。驱动装置是读取电子信号并执行最终动作的装置,驱动装置可以是控制板指示器、计算机显示器或发送到诸如控制阀或电子装置等其他机构的驱动信号。电缆实现将上述部件连接在一起功能。以下关于主要部件的讨论分为六个类别:安全系统仪控、核蒸汽供应系统仪控、BOP 系统仪控、诊断/预测、过程电子处理设备和电缆。

6.2　安全系统 I&C

安全系统是在事故或瞬态/功率偏移条件下,反应堆安全停堆和冷却所必需的系统。安全仪表是监测选定的安全参数并向安全停堆和紧急冷却所需的驱动装置发送驱动信号所必需的仪表。如反应堆停堆断路器是一种安全设备,用于将控制棒释放到堆芯中停止核反应。设计用于检测参数偏移、处理信号和向反应堆停堆断路器发送停堆信号的仪表也被视为安全设备。安全信号可以触发反应堆停堆,也可以启动为反应堆提供紧急冷却的系统。在核领域中,安全相关仪表与非安全仪表是分开的。安全信号仍然可以用作控制系统的输入,但信号首先被电气隔离,从而使控制系统的反馈不能影响安全信号和功能。由于这种分离或分隔,安全相关仪表与非安全仪表设计上有不同的考虑。以下各节讨论安全系统测量技术、IPWR 测量特殊性以及 IPWR 安全系统 I&C 所面临的问题。

6.2.1　I&C 基本要求

与传统大型 LWR 相同,IPWR 安全系统的 I&C 设计要满足相应法规标准以及具体安全分析的功能要求。监管方面的要求源于法规、监管指南和技术参考文件。安全分析是评估核电站对预期事件、异常事件、事故的响应,以确保安全系统能够在事故响应过程可以有效缓解事故。安全分析定义并模拟了预期事件、稳态结果、瞬态结果、事故条件、事故结果,通过事故安全分析论证分析事故情况下反应堆不超过燃料的设计限值;它对反应堆压力边界和安全壳压力边界范围内的系统进行建模,通过分析论证以确保这些参数限值不会被突破、不超过规定的限制条件和验收要求;它还分析辐射条件,以尽量减少辐射环境剂量。需要满足安全分析和监管要求的响应称为反应堆保护系统(RPS),通常定义为所有反应堆停堆信号组(RTs)、专设安全设施(ESFs)和监测的总和,要求满足所有安全系统分析和规定,以实现反应堆的安全监测和安全停堆。

反应堆停堆的必要性和信号来自安全分析要求。例如,压水堆中当反应堆压力下降到一定水平时,需要保护堆芯不受称为偏离泡核沸腾(DNB)的堆芯限值条件影响,这就要求测量反应堆主冷却剂系统的压力和温度,以便了解与 DNB 相关的条件,从而保护反应堆。

安全系统仪表的设计必须保护堆芯不受损坏,并在安全分析和适用法规规定的安全范围内操作反应堆。出于这些原因,通常需要设置测量以下参数的仪表:

(1)稳压器的压力和反应堆压力容器的压力;

(2)稳压器水位;

(3)堆芯温度;

(4)反应堆冷却剂温度(宽量程、窄量程、热段和冷段);

(5)反应堆压力容器水位;

(6)蒸汽发生器水位;

(7)反应堆冷却剂流量;

(8)反应堆储水箱水位;

(9)给水流量;

(10)主蒸汽流量;

(11)主蒸汽压力和温度;

(12)反应堆功率;

(13)堆芯功率通量(功率量程、中间量程和源量程);

(14)反应堆冷却剂泵电压和频率;

(15)安全壳压力、温度和水位等。

RPS 需要用到上面列出的测量参数,其中 IPWR 独特的设计可能会排除一些测量参数及其仪表,或者可能需要额外新增测量参数及仪表,但多数情况下仍需设置上述测量参数及其仪表。RTs 和 ESF 动作是基于测量参数值自动执行的,测量到的 RPS 信号通过隔离提供给下游的非安全 NSSS 控制系统,在该系统中,可以采用自动或手动控制方式以保持反应堆运行在限值内。IPWR 可能需要的其他安全相关参数包括:

(1)安注箱压力;

(2)安注箱水位;

(3)安全阀位置;

(4)给水流量;

(5)硼浓度、温度、硼酸箱液位和混合浓度。

以下各节说明用于测量上述参数的传统设备、新设备。

6.2.2　压力变送器

压力变送器是将物理力转换为电信号的装置。最常见的物理力传感器使用膜片、活塞、弹簧管或波纹管来感知物理力,以及各种应变/力传感装置来将物理元件的偏转量转换为电信号。传统的应变传感装置包括:电容式元件、压阻式应变计、压电石英材料和电磁装置。

美国 Rosemount、Cameron/Barton、Foxboro 和 Ultra systems 等公司专注于安全系统压力测量装置的生产。这些变送器在某些 IPWR 上仍能正常工作,但许多变送器必须结合具体安装配置、尺寸限制和环境条件等要求重新进行设计。许多 IPWR 设计人员在面对仪控方案选择时,可能会选择采用新技术,而非改进原有技术。新技术可能在尺寸、冗余度、准确性和环境适应性方面更具优势,新技术主要包括微机电系统(MEMS)传感器、光纤传感器和超声波传感器。

在光纤领域,Luna Innovations 公司成功地在研究堆环境中测试了光纤压力传感器,如图6.1所示。这些光纤压力传感器已被证明可在超过大多数电子压力传感器容许的中子通量辐射环境中正常工作。利用传统技术时,有必要为保护传统的电子压力变送器免受堆芯附近恶劣辐射环境条件的影响,这就需要使用较长的压力传感管线,可能增加了元器件对压力瞬变的响应时间,并增加了壁面(压力容器、管道或安全壳)穿孔的数量。Luna Innovations 公司的光纤压力传感器设计可在恶劣环境下工作,将这些压力传感器与基于标准的光纤温度传感器相结合,通过提供温度补偿,就可以减小漂移效应。这项技术对 IPWR 的吸引力是显而易见的,它消除了传感线路,减少了穿孔数量,并且传感器体积小,对压力波动响应快,可用于高辐射场所环境。鉴于这些特点,该技术在压水堆一次侧和二次侧的压力测量中具有重要的应用价值。

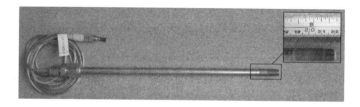

图6.1　Luna Innovations 公司的光纤压力传感器实物图

最前沿的压力传感技术是采用聚合物衍生的陶瓷 MEMS 传感器,如 Sporian Micro-systems公司开发的压力/温度传感器就是为适应高温环境而设计的(图6.2),它具有抗恶劣环境适应能力强、体积小等优点,比较适合小尺寸压力容器,允许安装多个冗余单元和多个测点,比传统传感器穿孔数量更少,为 IPWR 压力的测量提供了一种可行的解决方案。

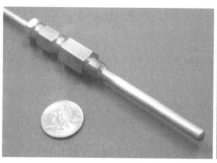

图6.2　Sporian Micro-systems 公司的压力传感器和 MEMS 传感器实物图

由于新 I&C 技术具有体积小、耐热性好、抗辐射环境能力强、响应快和低维护等特点，因此，比较适合在 IPWR 中应用。

6.2.3　液位变送器

液位变送器是将容器或储液罐的感测液位转换为电子信号的装置。对于安全系统测量而言，直接、目视或浮子液位检测方法通常是不可能的、也不实用，因此大多数安全系统液位测量都是通过压差装置来完成的。这是一种将参考管的恒定压力与容器中可变化的静水压（表征流体液位）进行比较的装置，压力的比较称为压差（DP），然后根据水箱或容器中的实际液位对压差进行修正和校准。

目前，压水堆中稳压器液位、蒸汽发生器液位、安注箱液位和换料水箱液位等安全系统有关的液位测量均采用压差法。由于该方法能够适应蒸汽和液体之间蒸汽/水界面不明显的液位测量，因此是理想的液位测量方法。

影响 DP 方法在液位检测中应用的关键因素是传感线路的可用空间，存在维持恒定参考压力的难题。在传统的安全壳中，有足够的空间放置 DP 型液位变送器所需的传感管线，并且由于环境条件较和缓，基准管段参考液位可保持不变。在某些 IPWR 设计中，受尺寸空间环境条件限制，设备布置可能受限。对于这些情况，新技术可能会提供潜在急需的解决方案。

声波或超声波信号测量装置已经实现商业化应用，可以将声波频率信号从储液罐顶直接发射到液位以下，这些装置利用信号反射的时间不同来间接测量液位，可用于在信号源和液位之间没有阻挡的储液罐以及具有明显气液界面的容器、水箱。如对于存在明显气液界面的换料水箱液位测量就可以使用该方法。但是该方法不适用于蒸汽发生器和稳压器液位的测量，因为蒸汽发生器和稳压器中气液分界面不明显，气空间中含有较多的水蒸气，测量误差较大。对于大多数安全用途的声学或超声波装置，由于超声波速度受其穿透介质的温度影响，因此，需要对其进行温度补偿。

另一种可用于液位测量的新技术是光纤传感技术。光纤传感器使用光（光学）来携带有关过程的信息。分布式光纤传感方法利用光信号在应力、应变或温度变化的区域内进行转换。这些转换由光信号探测并校准后可以检测到温差或应变差。用于物料液位测量的光纤目前尚处于开发的初期阶段。

与上面讨论的分布式光纤测量相同，液位测量也可采用传统的感温元器件（如电阻温度器件 RTD 或热电偶）来完成。一种解决方案是沿被测容器长度布置两股紧邻的离散式加热和非加热的热电偶，通过比较加热端和未加热端热电偶之间的温差来测量液位，原理是空气和水之间的传热特性将导致加热端和未加热端热电偶之间的温差变化，从而建立空气（蒸汽）与水的界面，这种方法仅在温度传感器垂直有效距离范围内才具有相对较高的精度。

6.2.4　测温装置

温度是核反应堆所需的基本测量参数之一。传统压水堆温度测量是使用 RTD 或热电偶完成的。热电偶已被用于温度极高的堆芯温度测量。RTD 通常用于 PWR 冷、热段。现已开发出适用于核反应堆温度测量的标准热电偶和 RTD,并积累了足够的寿命数据。

另一种温度测量装置是约翰逊噪声温度计(JNT),虽然目前尚未用于核反应堆,但具有一定的应用潜力。这种装置基于导体的热波动,它使用电阻或电容产生的均方热噪声电压来确定温度。这种温度计的测量精度非常高,但是测量的电压在微伏范围内,并且分布在很宽的带宽上,虽然使用放大器和数字滤波器大大提高了信号的强度,但在工业应用中仍有许多实际障碍需要解决。JNT 优点是消除了典型的 RTD 漂移现象。JNT 设备是自校准的,它能够无限期地保持其精度,而无须人为进行定期校准。由于 JNT 具有无限期地保持其自校准功能,JNT 可能是 IPWR 很好的温度测量新解决方案,但目前尚无商用的标准化产品可供使用。

IPWR 可能会选择继续使用传统成熟的热电偶和 RTD 方法来测量堆芯和冷却剂的温度,但传统安装方式和仪表尺寸可能需要重新设计,以适应 IPWR 较小的几何结构场合下的应用。在这些紧凑场合条件下,可考虑使用多样化的温度测量装置进行温度测量。

光纤技术为温度传感器提供了另一种新方法,虽然这种方法在传统压水堆中并没有得到应用,但其技术代表了安全系统温度测量的一种新选择。在过去的十年里,Luna Innovations 公司推出了几种用于温度测量的新型光纤传感器技术方案(图 6.3)。值得注意的是,Luna Innovations 公司采用一根价格低廉且已商用的光纤进行分布式温度测量,它能够在几秒钟内对沿光纤长度的点进行数千次温度或应变测量。其中,采用该技术的样件已经在一个研究堆中完成了测试,传感器没有使用光纤光栅,而是根据商用单模 C 波段通信光纤每相隔 1 cm 处发出的散射信号计算温度。Luna Innovations 公司的分布式传感技术能够实现紧凑空间内高空间分辨率的温度测量,不受电磁干扰的影响,且在选定的辐射环境中,光纤长度可达 30 m。

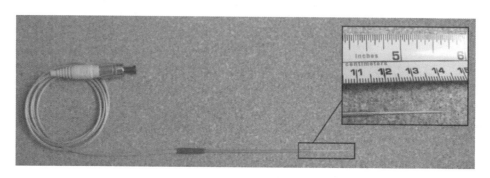

图 6.3 **Luna Innovations** 公司在金属毛细管外壳中的光纤分布式温度传感器示意图

Sporian Micro – systems 公司在 MEMS(微电子机械传感器)技术领域提供了另一种温度传感选项,具有高温度灵敏度(高达 1 300 ℃)和高精度(图 6.4),该装置由聚合物衍生陶瓷材料制成,体积非常小,已经在研究堆中进行了试验测试。

6.2.5　流量变送器

核安全系统需要测量流量,特别是反应堆冷却剂系统流量和主蒸汽流量。最具挑战性的流量测量是反应堆冷却剂流量测量。典型的 PWR 通过使用弯管方法获得压降,然后将其转换为流量。弯管接头布置在蒸汽发生器和反应堆冷却剂泵之间的过渡管道上,在其转弯处设置测量装置。其测量原理是流体在弯管内流动时会在内外侧产生压差,而流量与压差的平方根成比例。这种流量测量方法必须在接近反应堆满功率时进行归一化校准,以确保测量的精度。

图 6.4　Sporian Micro - systems 公司的温度传感器

具有一次侧管道系统的 IPWR 设计可以使用上述传统方法。一些 IPWR 设计中,与反应堆冷却剂泵(RCP)相连的管道几何形状和/或较小的流速导致无法使用上述传统的流量测量方法,因而需要开发新的测量方法。例如,NuScale 设计取消主冷却剂管道和主泵,RCS 采用自然循环设计,与传统 PWR 设计相比,自然循环系统流速较低,且没有管道来安装传统的传感器元件,这对传统的流量测量方法带来了挑战。此时就需要采用新技术。

IPWR 主系统中,一些没有传统管道结构的新技术测量手段正在被研究:超声波方法、传输时间方法、MEMs 方法和光纤方法。与传统的 DP 方法相比,这些方法的优点在于,与传统的 DP 方法中流量与压差平方根关系不同,新方法主要的传感参数与流量呈线性关系,这种线性关系使传感器在实现小流量范围内具有高精度的同时,也能保证整个量程范围内流量测量的精度。提高低流量下仪表测量精度是 IPWR 仪控的基本设计要求。

一些 IPWR 设计中采用了主泵,此时流量测量可以将主泵的电压、电流或泵转速作为测量流量的主要参数,通过换算得到系统流量。由于流量是由其他参数间接计算确定出来的结果参数,因此使用泵转速/电压/电流也是一种可行的流量测量替代方法。

自然循环系统设计可选择使用温度或温差作为间接测量反应堆冷却剂流量的手段,根据功率和温差,推算出自然循环系统流量。这种方法也需要验证和经验积累才能得到认可。

如果系统是一个安全系统,则需要考虑测量方法的环境适应性。在与安全无关的系统中,可采用传统的测量方法,包括使用文丘里管或喷嘴压差方法测量流量。但这些方法在低流量范围内仍然存在精度较低的缺陷,这可能迫使 IPWR 设计人员更倾向于使用新技术实现线性流量测量,即使在非安全系统中也是如此。

6.2.6　核功率/中子通量

测量反应堆中子通量和功率的传统装置分为两类:堆外仪表和堆内仪表。通常有两种常用的辐射测量装置:裂变探测器和离子室。这些装置在过去40年中可靠地测量了反应堆的中子通量和功率。

位于堆外的离子室可以探测与裂变率和反应堆功率成正比的热中子通量。裂变室通量探测装置比离子室探测范围更广,对中子更敏感。这两种装置通常用于传统的大型压水堆,同样的技术也可被用于IPWR。

然而,IPWR可能利用更小尺寸的裂变室。例如,堪萨斯州立大学的250 kW功率TRIGA反应堆中设置并测试了微型袖珍裂变探测器作为堆芯通量监测装置。这些微裂变探测器对中子、伽马射线和带电辐射产物有很强的响应性能。

此外,核功率监测领域中另一项新技术是伽马温度计。尽管自1982年以来,美国就批准将其用作局部功率区段的功率监测器,但它们并没有在美国PWR中获得广泛应用。基于热电偶的温差与入射伽马通量成正比的原理,伽马温度计可以作为未来的功率监测替代方案,从而提供比传统方法更优异的堆内响应时间,且在校准和尺寸方面也比传统方法更为先进。

虽然IPWR提供了在功率和中子测量中采用新技术的机会,但在工程应用之前,新技术仍需要更多的研发时间、设计验证和鉴定过程。

6.3 核蒸汽供应系统 I&C

核蒸汽供应系统(NSSS)控制和指示仪表为非安全级仪表,但核电厂日常运行需要NSSS仪表,并在安全分析中模拟这些仪表,以便控制系统能够在安全范围内运行。这些控制系统还被设计用于处理预期的瞬态,减轻严重后果并使电厂恢复到正常运行状态。如果NSSS控制系统未能将反应堆保持在其正常运行范围内,安全系统将接管并关闭反应堆和/或启动安全功能以保护反应堆。

6.3.1 I&C 基本要求

NSSS控制系统是电厂日常运行控制的关键系统之一,它们被设计成尽可能自动控制,根据实际需要也可以进行手动控制。在传统压水堆核电站中,至少有100个以上的NSSS控制回路,能提供温度监测、自动报警、给水和主蒸汽系统的全自动控制的所有功能。由于IPWR采用小型化设计且普遍多采用非能动系统,系统简单、设备少(容器、管道、阀门、泵等设备相对较少),因此IPWR控制回路的数量将远远少于传统的压水堆核电站。新的IPWR设计借鉴50多年压水堆运行操作经验,并尽可能改进并简化了NSSS系统、设备和部件,使得NSSS的控制系统更为简化。

IPWR的NSSS控制系统可以使用与当前压水堆中相同的隔离安全相关仪表信号,但某些仪表将是NSSS控制所独有的,如给水压力测量仪表和含硼水箱液位测量仪表等,并且不需要采用与安全系统相同的核级仪表,这些测量仪表可使用与传统压水堆相同类的仪器设备。非安全级仪表主要限制因素是较小尺寸方面的约束。对仪表小型化的需求可能会推动二次侧非安全级仪表的发展。

另一方面,NSSS仪表不需要执行安全级仪表所要求的1E级资质和鉴定要求,这使得开发并采用新仪控技术成为可能。在多数 IPWR 设计中,非安全级 I&C 需求的定义才开始起步,因此如何开发此类仪表设备来满足这些需求仍然具有不确定性。

6.3.2　压力变送器

NSSS 压力信号由安全系统仪表产生,稳压器压力和主蒸汽压力是两种通过安全系统隔离进入 NSSS 控制系统的信号。另一方面,给水压力属于 NSSS 非安全功能信号。

针对给水压力和其他 NSSS 非安全测量参数,设计人员可灵活选择新方法和新技术,无须遵循安全级仪表的鉴定程序和要求。但是,由于一些 NSSS 信号位于比安全系统设备空间更大的可接近位置,因此可以考虑使用传统的传感器。

许多传统压力传感器供应商已经使信号处理现代化(在多数情况下已经实现数字化),并且正在用最先进的处理方法改善产品,尽可能向数字处理过渡。此外,许多仪控设计人员已经开始使用无线设置选项,这比传统方法更进步。

6.3.3　液位变送器

液位测量和显示是 NSSS 控制系统的基本要求。一些 NSSS 液位测量来自保护系统(安全系统),如稳压器液位、蒸汽发生器液位和换料水箱液位。其他液位(如硼酸箱液位、容积控制箱液位和安注箱液位)显示直接来自现场传感器和变送器的 NSSS 处理电子设备。IP-WR 的 NSSS 控制系统同样需要有与大型 PWR 类似的液位信号要求,以及将安全信号和现场信号之间隔离的要求。由于不涉及安全级仪表设备的试验和鉴定,因此可以灵活选用不同的新技术测量来自现场且为非安全级的参数。

另一种可能被考虑用于水位感应的新技术是振动音叉技术,它利用音叉原理来探测液位。这种技术的传感元件振晶浸渍在被测介质中,当介质密度改变时,晶体的频率也随之改变。用作指示液位的晶体放置于槽内驱动平面上,当介质密度变化波动传递到该平面时,触发驱动开关显示不同液位。在某些情况下,驱动表征为指示或警报;在特殊情况下,驱动具有控制阀功能。Rosemount 2120 液位开关就是采用该技术。尽管这项技术主要功能是用于作为液位开关功能,但沿容器/水箱长度的一串振动感应装置也可作为液位指示。

此外,光纤技术也为液位测量提供了有效的解决方案,可能被用于容器的液位测量。

6.3.4　测温装置

NSSS 温度仪表既可以采用新技术,也可采用已有的成熟技术。大型压水堆中典型的 NSSS 温度测量参数有:

(1)硼酸添加箱温度;

(2)下泄热交换器出口温度;

(3)下泄节流孔板安全阀温度;

(4)余热排出(RHR)回路回流温度;

(5)稳压器液相温度;

(6)稳压器汽相温度;

(7)稳压器波动管线温度;

（8）稳压器喷淋管线温度；

（9）容积控制箱温度；

（10）密封注水温度；

（11）冷却器温度；

（12）补水温度；

（13）稳压器卸压箱温度；

（14）反应堆压力容器法兰泄漏水温度。

根据设计要求，IPWR 也需要对上述一些参数的温度进行测量。其中一些温度测量将在反应堆压力容器内进行，这需要可靠且经过验证的测温度装置。因此，尽管可以考虑采用新技术解决方案，但是业内更倾向于采用传统的电阻式温度计测量元件和热电偶装置，即使 IPWR 的测量环境更加苛刻。

有些温度测量仪器将远离反应堆压力容器内或附近的恶劣环境，在这些和缓的环境中可以考虑采用新测温装置（如 MEM 或光纤技术）的应用。新技术的优势在于：易于维护、一次性使用、精度更高、可分布式大量布置、具有诊断功能、价格低廉。

6.3.5 流量变送器

NSSS 流量变送器遵循与安全系统流量装置相同的标准要求，有些可能不需要安全相关认证（1E 级安全认证和鉴定），但这些仪控测量装置必须准确可靠。NSSS 需要测量的过程流量参数包括：

（1）给水流量；

（2）蒸汽流量；

（3）硼酸流量；

（4）反应堆补给水流量；

（5）反应堆冷却剂泵（RCP）密封流量；

（6）下泄流量；

（7）一回路补水流量。

流量测量的精度极为重要，尤其作为热功率计算重要参数的给水流量，给水流量仪器测量越精确，电厂热功率计算就越准确。为了与数字化控制系统的数字处理精度相匹配，要求流量测量具有更高的精度。

由于 IPWR 某些流量测量需要在反应堆压力容器附近进行，因此，这些测量装置可能需要承受必须比传统的 NSSS 传感器具有更高的辐射、温度和压力环境条件。这一需求可能会促使设计人员采用新技术，如安全系统仪表中提到的基于陶瓷的 MEM 传感器。

6.4 BOP 仪表

BOP 仪表用于测量超出 NSSS 仪表范围之外的其他参数，涉及汽轮发电机等电厂配套相关系统。测量变量主要有压力、温度、液位和流量，仪表精度等级要求可低于安全级测量仪表。很多供货商均可提供 BOP 相关的测量仪表装置。如汽轮发电机系统控制所需的仪表可由汽轮发电机系统供应商提供。

冷凝器需要测量的变量包括：温度、压力、液位、流量。冷凝器的海水侧循环水系统需要测量温度和流量，冷凝器内汽水循环至给水系统的泵和管道需要测量流量从而作为控制阀执行调节所需的输入信号。

供暖、通风和空调系统测量仪表也可归入 BOP 仪表类。如果冷却水被循环利用，为某些区域的暖通空调系统提供冷却，则暖通空调相关的冷却系统需要设置包含冷却水控制阀的控制系统。暖风、通风与空调系统可能还需要控制空气流量，这就需要测量空气流量或温度。

IPWR 中 BOP 仪表将采用传统 PWR 中使用的一些相同仪表。在某些情况下，尺寸限制将要求采用新的测量仪器设备。由于 BOP 所需测量仪器的温度、压力和辐射环境较为和缓，大多与安全功能无关，因此，可考虑选用新技术。

6.5　故障诊断和预测

核电站的传统仪表包括温度、液位、流量、压力和功率测量仪表。几乎所有的驱动和监测信号都来自这五种测量仪表。然而，最近诊断用测量仪表变得越来越重要，核电站设备健康检测新方法不断出现，诊断测量仪表正成为核电站发展最快的仪表领域。在故障之前提前诊断并发现问题已经成为核电站仪控检测领域的重要功能补充和发展方向。预计 IPWR 将利用新的故障诊断技术，特别是在故障预测领域方面。

诊断信号不可能成为安全相关参数，但在未来的大型和小型反应堆设计中，它们将变得更加普遍。对于大型反应堆，它们对许可证延期至关重要；对于 IPWR，它们对于安全壳内有关的系统很重要，因为在前面所述的几个 IPWR 设计方案中，运行期间不允许人员进入安全壳内进行例行检查。

在过去几年中，诊断技术为核电站提供了显著的优势。许多关于当前和未来系统设备健康状态的判断都基于诊断证据。目前，最常用的诊断测量参数之一是温度，尤其是旋转设备。热成像技术为判断可能出现故障的电气部件提供了额外的证明信息，油样温度异常同样是旋转设备故障的前兆之一。

在旋转、振动甚至静止设备上进行振动测量，可以对设备的健康状况监测提供有价值的证据。尽管所有这些测量对大型传统 PWR 很有价值，但大多数 PWR 都需要维修技术人员到设备前进行测量或取样。IPWR 中的关键诊断参数将通过嵌入或安装具有自动处理和指示功能的传感器来测量，因为设计和运行限制条件不允许人员靠近设备进行测量或取样。

形状沉积制造技术（SDM）是一种将薄膜传感器或光纤传感器嵌入金属容器或金属外壳中，以连续测量温度和应变的制造技术。反应堆压力容器或其他关键结构可能在制造过程中嵌入这些传感器，以检测应变增加或开裂前兆。对于某些设备，需要考虑使用光纤传感器进行应变测量。

诊断性测量和检测领域发展迅速，IPWR 的应用诊断技术的优势是显而易见的。由于 IPWR 人员较少，而且在运行周期内可能无法开展维修和试验，因此有必要采用诊断预测工具。嵌入式传感器及其自动化对 IPWR 具有重要意义。

6.6　信号处理电子设备

信号处理电子设备处于测量设备的下游,用于将原始感测信号转换为最终测量信号。信号处理功能可由模拟设备、数字硬件和/或数字软件执行。大型核电站设计和建造于 20 世纪 70 年代和 80 年代,因此大都采用模拟信号处理设备;然而,当新技术出现时,许多核电站正在将 模拟信号处理设备升级为数字信号(计算机)处理设备。

传统 PWR 中,变送器内部执行从传感元件到最终测量信号的转换,变送器通常位于传感元件附近,或布置于元件上方的通道上,或布置于连接到变送器装置的传感管线附近。后续进一步的信号处理是在和缓的环境中远程进行。远程处理涉及测量信号的过滤和重新滤波。

传感元件和电子信号的初始转换通常是模拟的,因为大多数测量参数都是从模拟量开始的。在处理过程中的某个时刻,通过模数转换器(ADC)中的转换,可将模拟信号可以转变为数字信号。在许多情况下,由于恶劣的环境条件,不可能将 ADC 放置在测量附近,而是将这种转换过程设置在和缓环境下的电子柜里进行。

在核电站运行环境中,模拟信号处理技术是众所周知的可靠技术,已使用多年且具有良好的安全记录,并得到电厂业主和政府监管机构共同认可,并且不像数字计算机系统那样容易受到共因或共模故障的影响。

信号数字处理(计算机处理)无疑代表未来技术发展的潮流,通过改变程序代码或触摸屏幕进行更改的便捷性已经逐渐在取代模拟处理技术。与模拟信号处理技术相比,通过编程进行数字信号处理技术更容易修正、调整、排除故障,更便于最终用户使用。但其主要缺点是过程复杂性,容易产生共模或共因故障。

共模/共因故障是元器件故障虽然发生在一个地方,但可能影响其他地方元器件的正常功能,一个元器件故障可能导致类似元器件或其他地方功能相似元器件同时失效。例如,可通过一行代码即可实现对计算机软件控制命令,这种改变可能影响很多仪器信号的处理;而在模拟信号处理中,一个信号的改变仅会影响到该仪器的电路控制,不会对其他信号产生影响。共模/共因故障是数字化仪控系统面临的主要挑战。为了改进系统响应而对一组代码或一行代码进行的更改可能会产生意想不到的后果。NRC 标准评审大纲 NUREG 0800 附录 7.0 – A“数字仪表和控制系统评审过程”中列出了针对共模/共因故障的评审要求。

基于计算机软件的数字化仪控系统需要关注的另一个事项是代码的控制和安全性。为了获得核安全系统认证,必须对软件进行控制。它必须是防黑客的,代码必须控制到最后一个符号,因此不允许电厂使用未经授权和认证的软件版本。改变模拟系统就必须改变电路的物理结构,这种变化涉及访问设备、机柜和电路板。另一方面,计算机软件的更改可以通过远程操控来完成,虽然访问可以被控制,但它不像模拟信号系统的物理控制那么直接。

核电站和 IPWR 解决共因/共模故障问题的方法之一是采用多种不同的硬接线数字系

统(而非软件控制)。最前沿的硬接线数字技术是 FPGA 技术。FPGA 技术是一种利用与或门、触发器和时钟信号等逻辑块来完成信号处理的技术,可在逻辑设备的板卡上实现数字逻辑的编程,编程需要配置 FPGA 板以实现其预期功能。然而,在一次性可编程(OTP)FP-GA 中,设备操作不涉及编程或软件。一旦为应用程序配置了 OTP 板,其功能和配置就固定了,可将其插入电路板中执行其功能,而无须设置软件接口。编程过程类似于对 EPROM 进行编程,许多核电站和监管机构都支持这项技术,因为它最大限度地减少了与软件相关的常见故障和软件访问控制问题。

由于 FPGA 技术消除了监管机构的担忧,因此也为 IPWR 提供了一种采用前沿技术的硬接线信号处理解决方案。

6.7　电　　缆

电缆是将仪控信号连接到一起的枢纽,包括连接发射信号的电缆,从发射机到机架电子设备的电缆,以及从机架电子设备到终端设备的电缆。监管机构提出了要求验证电缆完整性的要求。有些技术提倡在电缆中嵌入传感器进行主动测量,其他的方法需要进行基线测试,以备将来进行比较,因此在设计时必须预先考虑电缆本身的健康状态监测。

IPWR 可能需要进行定期的电缆测试,包括基线测试,然后定期重新测试并比较结果。行业推荐用于仪控电缆的测试项目包括:

(1)时域反射(TDR);

(2)反向 TDR;

(3)频域反射仪(FDR);

(4)绝缘电阻(IR);

(5)电感、电容和阻抗测量;

(6)目视检查;

(7)绝缘硬度(压头模数);

(8)局部放电,用于高压电缆。

通过这些测试,可以确定硬件故障、退化区域、湿气侵入、绝缘退化和电缆连接不良等位置。电缆劣化区域通过识别程序确定并定位后,就可以实现在电缆故障发生前及时更换电缆预防性维修更换功能。

除了电缆测试外,在电缆绝缘层中嵌入传感器以确定绝缘老化和劣化是一项新技术,可在不久的将来用于电缆制造过程,供业界使用。

美国核管会管理导则 1.218 概述了电缆测试所要遵循的现行法规,要求所有发电厂都有定期测试和电厂电缆健康/老化管理的计划/程序,涵盖 I&C 电缆以及支持大型泵和阀门的中压电缆。NUREG/CR - 7000 中的一些章节提供了有关电缆健康和监测的附加指南。这些规定也适用于 IPWR。

在设计可靠的布线系统时,还必须考虑与布线相关的设备。电缆和接线连接器以及安全壳贯穿件可能需要新工程设计和开发,因为预期的环境和几何形状将与传统压水堆核电站大不相同。

6.8 未来发展趋势和挑战

IPWR 的小型化及其独特环境为仪器领域开辟了创新型解决方案,尽管可以采用传统成熟仪控设备,但由于其独特的设计特点和异于常规的物理环境,可能需要研发新仪器设备,新技术或新研仪器设备除了需要进行试验和鉴定外,还需与监管机构的关注重点目标/要求/内容互为一致。

6.8.1 安全系统仪表:新旧技术

传统 PWR 压力变送器是提供与测量的绝对压力或差压成比例的电子信号装置,这些装置最初是在 20 世纪 70 年代和 80 年代制造和鉴定的,但由于电子和材料的进步,它们具备了一些现代化的特征。传统仪表设备最重要的特点是需要认证,变送器的 1E 级安全认证意味着该装置已通过一系列鉴定测试和寿命评估,证明其在核电厂环境条件下可正常运行,这意味着该装置能够满足核电厂环境的辐射、温度、压力和寿命等要求。IEEE 323 - 1974、1983 和 2003 以及 IEEE 344 - 1975、1987、2004 和 2013 中包含了有关 1E 级设备鉴定认证要求的详细信息。

传统变送器的设计运行环境不同于 IPWR 新的运行环境。传统 PWR 中,安全级的压力变送器电子设备布置在相对和缓的安全壳环境中(通风良好,环境温度和压力相对较低),仪控设备易于安装、维护和维修;而 IPWR 的安全壳被设计成紧密包裹反应堆容器的胶囊型结构,这些胶囊型安全壳限制了较小密闭空间环境中的空气、真空或水(可能处于高温高压环境)与外界的联系。压力变送器的安装方式和位置将与传统大空间安全壳大不相同,需要在设计中考虑仪表设备的维护或维修通道。一些 IPWR 没有用于安装传感元件的传统管道,并且可能在所有情况下都无法布置传感线路。将传统压水堆仪表用到 IPWR 遇到的这些障碍问题,提出了重新改进传统仪控模型和/或开发新技术的要求。

IPWR 仪器设计人员所面临的窘境是,从许可和进度角度分析,最小化风险的方法是使用已经取得资格认证和经过鉴定的仪器设备,并已在传统压水堆中获得应用的仪控设备。然而,机械设计和物理设计的诸多变化意味着传统仪控设备可能无法在 IPWR 中正常工作,甚至无法适应 IPWR 这种新的环境条件。这种困境迫使仪控设计人员必须跳出传统思维,另寻他法来解决。

仪控新技术提供了潜在解决方案,可以实现更小体积的封装、可浸没式、制造更可靠、安装更灵活、可实现远程电子信号处理、更少的维护量等功能,但存在的问题是缺乏设备鉴定和能够证明这些设备在现场实际环境中的长期运行可靠性数据。随着新设计的不断尝试和经验的不断总结,IPWR I&C 系统无疑将经历与 20 世纪 70 年代二代核电站相同的尝试、试验、鉴定、应用、认可等过程。

如上所述,数字化技术有望在 IPWR 中得到极大的发展。与大型压水堆一样,基于软件的数字系统面临的共模/共因故障潜在风险将成为 IPWR 数字化仪控发展必须解决的问题。FPGA 及类似的技术由于不需要运行软件,因此能够保证数字化设备的可靠性,有望在 IP-WR 安全系统和 NSSS 系统中得到应用。

6.8.2　非安全系统仪表

非安全仪表系统为新技术应用提供了途径。软件控制的非安全数字系统对公用事业所有者很有吸引力,与安全系统相比,监管机构的关注程度不高。由于 NSSS 控制系统的共模故障对核电站的安全系统响应有影响,监管机构正趋向于对 NSSS 采用的数字化控制系统提出更高的要求。

新的高科技设备,如光纤传感器和超声波传感器,对整个 NSSS 和 BOP 系统具有吸引力。许多 IPWR 倾向于为新技术提供应用平台,可以使用更多先进仪控设备,从而提供更精确、更易于安装、更低维护、更好可用性等用户需求。

IPWR BOP 系统和 NSSS 系统可以使用与大型传统核电站相同的仪器,IPWR BOP 系统与大型核电站的相似程度将决定 IPWR 使用传统仪器的程度。然而,IPWR 独特的设计特点将为新的仪器应用创造机会。

6.8.3　无线/有线网络

无线网络系统在当今高科技环境中很受欢迎,但它们可能给核安全系统带来问题。对无线安全系统的关注重点主要是安全性。任何使用无线系统的人都可以验证,所有的无线系统都易受攻击,易受干扰,也是其他信号的潜在干扰源。即使使用加密技术和扩频技术,也不大可能在安全系统中实现主要信号的无线通信。

反对安全系统中采用无线通信的另一个限制因素是信道分离、安全与非安全信号的隔离。无线通信比有线通信更难于证明/确保信号和通道的隔离。

无线网络和非安全 I&C 设备的编程是两码事。无线系统是目前大型 PWR 装置中使用的一种无线通信系统,它允许装有该系统的变送器与终端用户或设备进行信息通信。这种编程和控制系统协议是经过加密和认证的,被黑客入侵或破坏的风险较小。由于它不负责主要的安全通信(用于安全的核电厂停堆),因此可以在整个 NSSS 和 BOP 控制系统中自由使用。这项技术允许电厂维护人员远程设置、调整和联网变送器,由于方便访问,因此最有可能在 IPWR 系统中得到逐步使用。

BOP 仪器对无线通信具有最大的灵活性。尽管无线通信解决方案仍需测试信号的完整性、抗干扰性并确保其不干扰其他信号,但在 BOP 系统中使用传感器处理电子设备信号的无线信号解决方案的潜力比在 NSSS 或安全系统更大。

几十年来,无线语音通信在核电站中获得了广泛的应用。从手持式收音机到手机,无线通信技术一直在持续发展。由于新 IPWR 中的许多应用将是数字化的,而且规模较小,因此无线语音通信设备将接受更密集鉴定测试项目。无线语音通信设备干扰安全或控制信号的可能性必须在任何核电站环境中进行充分测试和验证,语音或辅助数据的无线通信与安全参数信号的无线通信有很大不同,无线语音通信现在及未来仍将在核电站继续使用,出于电磁兼容性(EMC)的考虑,有必要对这些无线通信系统的完整性进行测试。

电厂计算机数据无线收集和处理已是当前电厂的流行技术。只要电厂计算机数据不被用于进行安全系统信号处理,电厂计算机数据无线传输将是一种使所有人受益的数据解决方案。目前,很多诊断信息,如振动数据和温度数据,在现场被感知并通过无线集线器传输到计算机系统中进行预测诊断分析,预计这一趋势将在 IPWR 中继续沿用下去。

无线通信系统另一值得关注的是无线传输可能对其他有线和无线系统产生干扰。2004 年 11 月,电力研究所(EPRI)出版的报告 TR – 102323 – R3 和 2005 年出版的 1011960 涵盖了核电站的 EMI/RFI 问题、关注内容和指南。

6.9 结　　论

IPWR 是在几十年压水堆核电站运行经验基础上而发展起来的一种全新的反应堆技术,在设计中吸收了核电厂运行经验反馈并采用了当前某些工业新技术,仪表设计通常是核电厂最后一个设计细节,以适应整个电厂设计。IPWR 可以采用很多传统的仪控技术方案,但这些方案并不能完全适用于新的 IPWR 设计,特别是紧凑布置的几何结构和环境条件。IPWR 仪控设计所考虑的测量变量同样是压力、流量、液位、温度测量等,需要针对这些测量变量选择合适的测量技术手段。测量手段的选择除了基于传统技术进行设计创新外,还可直接采用新技术,但用于安全系统的仪控新技术需要经过试验验证、设备鉴定等过程,以获得资格认证。

6.10 参 考 文 献

[1] B. D. Dickerson, M. A. Davis, M. E. Palmer and R. S. Fielder (2009), 'Temperature – Compensated Fiber Optic Pressure Sensor Tested under Combined High – Temperature and High Fluence', NPIC&HMIT 2009, Knoxville, Tennessee, April 5 – 9, 2009, American Nuclear Society, LaGrange Park, IL.

[2] http://www. indumart. com/Level – measurement – 4. pdf.

[3] http://www. industry. usa. siemens. com/automation/us/en/process – instrumentation – and – analytics/process – instrumentation/level – measurement/continuous – ultrasonic. ref: EPRI doc on Fiber Bragg Grating monitoring of Flow Accelerated corrosion 12/2012.

[4] 'Plant Engineering: EPRI Document on Fiber Bragg Grating Monitoring of Flow Accelerated Corrosion', see EPRI website for an abstract free to EPRI members. Product ID: 1023189 (May 26, 2011).

[5] Y. – T. Chang, C. – T. Yen, Y. –S. Tu and H. – C. Cheng, 'Using a Fiber Loop and Fiber Bragg Grating as a Fiber Optic Sensor to Simultaneously Measure Temperature and Displacement', Optomechatronics, special issue (May 16, 2013).

[6] C. L. Britton Jr, M. Roberts, N. D. Bull, D. E. Holcomb, R. T. Wood (2012), 'Johnson Noise Thermometry for Advanced Small Modular Reactors', September 2012, ORNL/ TM – 2012/346.

[7] A. Sang, D. Gifford, B. Dickerson, R. Fielder and M. Froggatt (2007), 'One Centimeter Spatial Resolution Temperature Measurements in a Nuclear Reactor using Rayleigh Scatter in Optical Fiber', Proceeding of Third European Workshop on Optical Fiber Sen-

sors（EWOFS07），Napoli，Italy，July 4 – 7，（2007）.

［8］　www. sporian. com.

［9］　V. Mohindra，M. A. Vartolomei，and A. McDonald，（2007），'Fission Chambers for CANDU SDS Neutronic Trip Applications'，presented at the 28th annual Canadian Nuclear Society（CNS）Conference，June 2007.

［10］　D. S. McGregor，M. F. Ohmes，R. E. Ortiz，A. S. M. Sabbir Ahmed and J. K. Shultis，（2005），'Micro – pocket Fission Detectors（MPFD）for In – core Neutron Flux Monitoring，'S. M. A. R. T. Laboratory，Department of Mechanical and Nuclear Engineering，Kansas State University，Manhattan，KS 66506，USA.

［11］　K. Korsaha，D. E. Holcomb，M. D. Muhlheim，J. A. Mullens，A. Loebla，M. Bobrek，M. K. Howlader，S. M. Killough，M. R. Moore，P. D. Ewing，M. Sharpe，A. A. Shourbaji，S. M. Cetiner，T. L. Wilson，Jr and R. A. Kisner，（2009），'Instrumentation and Controls in Nuclear Power Plants：An emerging Technologies Update，'NUREG/CR 6992（October 2009）.

［12］　X. Li，A. Golnas and F. B. Prinz［ +]，（2000），'Shape Deposition Manufacturing of Smart Metallic Structures with Embedded Sensors，'Proc. SPIE 3986，Smart Structures and Materials 2000：Sensory Phenomena and Measurement Instrumentation for Smart Structures and Materials，160（June 12，2000）；doi：10. 1117/12. 388103.

［13］　www. lunainc. com

［14］　L. Bond（2011），'Prognostics and Life beyond 60 Years for Nuclear Power Plants'，2011 IEEE Conference on Prognostics and Health Management.

［15］　US Nuclear Regulatory Commission Standard Review Plan NUREG 0800，Appendix 7. 0 – A 'Review Process for Digital Instrumentation and Control Systems.

［16］　www. fpga – site. com

［17］　US NRC Regulatory Guide 1. 128，NUREG/CR – 7000，sections 3 and 4. 6

［18］　IEEE 323 – 1974：'IEEE Standard for Qualifying Class 1E Equipment for Nuclear Power Generating Stations'，Institute of Electrical and Electronics Engineers，Inc.（1974）.

［19］　IEEE 323 – 1983：'IEEE Standard for Qualifying Class 1E Equipment for Nuclear Power Generating Stations'，Institute of Electrical and Electronics Engineers，Inc.（1983）.

［20］　IEEE 323 – 2003：'IEEE Standard for Qualifying Class 1E Equipment for Nuclear Power Generating Stations'，Institute of Electrical and Electronics Engineers，Inc.（2003）.

［21］　IEEE 344 – 1975：'IEEE Recommended Practice for Seismic Qualification of Class 1E Equipment for Nuclear Power Generating Stations'，Institute of Electrical and Electronics Engineers，Inc.（1975）.

［22］　IEEE 344 – 1987：'IEEE Recommended Practice for Seismic Qualification of Class 1E Equipment for Nuclear Power Generating Stations'，Institute of Electrical and Electronics Engineers，Inc.（1987）.

［23］　IEEE 344 – 2004：'IEEE Recommended Practice for Seismic Qualification of Class 1E Equipment for Nuclear Power Generating Stations', Institute of Electrical and Electronics Engineers, Inc. (2004).

[24] IEEE 344 – 2013: 'IEEE Recommended Practice for Seismic Qualification of Class 1E Equipment for Nuclear Power Generating Stations', Institute of Electrical and Electronics Engineers, Inc. (2013).

[25] P. Keebler and S. Berger, 'Managing the Use of Tireless Devices in Nuclear Power Plants', IN – Compliance Magazine.

[26] NUREG/CR 6992: Instrumentation and Controls in Nuclear Power Plants: An Emerging Technologies Update, October 2009, K. Korsaha, D. E. Holcomb, M. D. Muhlheim, J.

[27] Mullens, A. Loebla, M. Bobrek, M. K. Howlader, S. M. Killough, M. R. Moore, P. D. Ewing, M. Sharpe, A. A. Shourbaji, S. M. Cetiner, T. L. Wilson, Jr., R. A. Kisner.

[28] Tireless HART Technology, http://www. hartcomm. org/protocol/wihart/wireless_ overview. html

第7章 SMR 人机界面

7.1 引　　言

安全性和可靠性是核电站设计必须考虑的目标,这些目标是通过采用可靠材料、可靠技术和管理措施来实现的。SMR 安全目标是通过将 SMR 设计成在发生故障/事故时具有被动安全、高固有安全性的技术措施来实现的。在用途上,SMR 只有通过将反应堆的能量输出扩大到更多不同用户,才能提高效率和应用价值。新的 SMR 设计时考虑非电力应用情况,这些新概念应用需要先进的控制技术,如仪表和控制系统,以匹配支持与不同燃料、不同冷却剂和不同用途(蒸汽、工艺热和各种电力组合)的热力循环过程。还需考虑必要的新技术来实现模块化、自动化并减少人员编制等功能需求。

本章重点探讨 SMR 人机界面(也称人 – 系统接口、人机交互等)(HSI)和人因工程。

"模块化"指在制造厂加工制造工业应用设施的主要部件,并将其模块运至施工现场的整个过程及能力。尽管大型核电站在设计中包含了制造厂预制的部件或模块,但现场安装仍需要大量的时间周期。相比之下,SMR 需要的现场准备工作量将比大型核电站少得多,并可大幅减少大型核电机组的施工时间。SMR 设计简单、安全性强、质量可控,在融资、选址、尺寸和用途应用方面灵活性高。SMR 模块化还特指能够根据电力负荷需求实现电厂模块机组分批、分期、分阶段建设,意味着随着能源需求的增加,可逐步建设所需的功率模块,从而提前获得投资回报。

规模经济(即提高单堆单机组容量输出从而降低总成本)是大型核电站实现经济性的关键优势,但大型核电机组的资本成本和运行维护成本(O&M)高昂。从规模经济分析,SMR 提供的电力输出较低,因而不具有规模经济优势,但由于 SMR 采用更小的设备零部件和标准化量产的系统和设备,因而它们总的费用可以降低。SMR 的 O&M 成本包括正常的生产管理活动,如调度、程序、工作控制和优化,还包括日常维修、预防性维修、计划性维修和非计划性维修活动,旨在预防设备失效或设备功能降级,提早根据设备故障时间规律更换设备,从而提高效率、可靠性和安全性。因此,为了具有竞争力,SMR 需要通过创新运营理念来实现运营经济性,包括更高水平的自动化、减少人员配备、优化机组模块换料、远程运行监控和采用防错运行的先进 HSI 技术。

HSI 技术将作为控制系统的部分功能发挥重要作用,旨在防止人为失误发生并限制其影响后果,同时也有助于提高电厂的整体性能。如果不严格关注人和系统的角色和功能,这些 HSI 优势就可能无法实现。正因为如此,新一代核电厂的设计人员需要从项目开始的整个过程中考虑 HSI,在 HSI 设备选择和部署中考虑人因。在很多早期的核电站,人因往往在设计中欠考虑,在发生事故后人因才会被重点关注,三哩岛核事故就是个典型的例子。但是,新核电厂的设计人员是有机会从开始设计就考虑人因,从而消除过去已经发生的许多人因失误。

与上一代模拟控制和显示设备不同,现代 HSI 并非专为核工业设计。许多新设备在功能上既适合在控制室内应用,也适用于外部作业场所。不同之处在于,核电站的技术和环境条件要求强制部署的 HIS 技术需要满足高设计指标以及与核电站严酷环境相适应的约束条件,如设备加固和抗震防护、防振动措施、电磁干扰防护、网络攻击防护等要求。此外,考虑到人和机器的不同角色,需要分析新技术的实施方案如何影响人和系统之间的功能分配。

尽管新的 HSI 技术有可能显著提高现场和控制室的操作员绩效,但核工业缺乏明确的标准来确保新的显示和控制设计能够有助于提高人的绩效,并确保操作的有效性和安全性。如果没有这些标准来指导新 HSI 技术的选择和部署,设计人员可能会无意中创造新的出错机会。

仪表和控制工程师在核电站设计中必须学习的规则是,功能不应仅仅因为新技术而使其成为自动化的负担。相反,人因强调自动化决策应基于系统或人因,或两者的结合,应在人和系统之间合理权衡其对操作有效性和安全性的贡献。

为了理解人和系统之间的权衡,系统工程师和人因工程师应熟悉能够最有效发挥新技术作用的环境和条件,包括相互依存的人员绩效要求、过程控制及系统特性(包括:可靠性、质量和可用性)等方面,从而有助于选择合适的 HSI 技术。

由于某些特殊预期功能需求是先进反应堆设计(如 SMR)所独有的,HSI 设计人员可能面临新的设计困境。例如,他们必须确定技术的优缺点,并融入电厂设计中,包括使用场所环境条件(控制室、现场操作、维护或材料处理等操作场合)和决定操作员任务性质的操作条件,设计人员还需考虑特定的人因约束(感知限制、工作量、人为可靠性、感观因素等)、安全要求和产品预期寿命等。

工程师需要根据 HSI 性质和操作需求来确定不同操作环境下的最佳人与系统交互模式。这需要考虑到设备空间和操作空间的特点以及协作功能,如机组 - 系统协调、上下适应性和支持共享感知的通信手段。设计人员还必须考虑新技术(如触摸和语音交互)提供的其他感知和交互方式,以简化信息访问、通信和决策,并减少错误。最后,他们必须确定新技术特性如何影响人的绩效,是否需要采取先进的效能策略来支持新电厂的要求,例如通过减少管理控制室任务所需的操作员数量来降低运行和维护成本,这一新要求引出了自适应自动化、计算机智能、操作员支持系统和降低复杂性的其他方法的需要问题,以优化人 - 系统自动化交互层次。在缺乏先进技术运行经验的情况下,设计人员可能不得不通过获取研究信息来解决这些问题。

尽管设计人员需要验证所选择的技术,但大量证据表明,HSI 先进技术在其他行业的应用已经获得了明显的成效和益处。HSI 可以实质性地改善核电站的安全性和经济性。工程师不能简单地假设任何新技术都有助于安全或提升员工绩效。自动化、功能分配、少出错和操作效率等问题仍然需要持续完善和解决。为了应对这些挑战,本章讨论了三个主要议题:

(1)新一代核电站 HSI 的技术特点以及与之相关的人因考虑;

(2)实施和设计策略:在早期的、在建的、新的核电站中选择和部署先进 HSI 技术的特

殊考虑,包括将人因和监管同时纳入系统工程的策略;

(3)未来发展趋势:未来 10～15 年 HSI 技术发展趋势分析,以及这将如何影响核工业的设计选择。

7.2　新核电站对 HSI 的要求

美国核管理委员会(NRC)关于 HSI 的审查指南 NUREG－0700 将 HSI 定义为"核电站的一部分,人员通过该部分相互作用来履行其职能和任务。主要的 HSI 包括警报、信息显示、控制和程序"。HSI 用于操作设备或系统,请求和显示存储的数据,或启动单个进程或各种预编程命令。HSI 可组织成由控制台和面板组成的工作站,工作站和支持设备的布置可组成物理工作区,如控制室(MCR)、远程停堆站、就地控制站(LCS)、技术支持中心(TSC)和应急操作设施(EOF)。HSI 还可以根据使用 HSI 的环境条件来表征,包括辐射、温度、湿度、通风、照明和噪声。

NUREG－0700 定义通常适用于当前使用的 HSI,但它没有考虑 HSI 硬件和软件的最新进展,最新版的 NUREG－0700 正在修订中,尚未发行颁布。

许多新堆的设计,特别是 SMR,仍处于概念设计或初步设计阶段,通常在项目生命周期早期很少有 HSI 设计和设备选择的信息。尽管如此,还是可总结出许多用于先进核电站的 HSI 技术的特点。这与其说是因为新设计具有相似性,倒不如说是因为 HSI 技术的先进性。过去,对特定控制室的仪表和控制(I&C)有一定程度的定制,但这种定制更多地体现在控制室和控制板的布局上。大多数仪表和控制装置(传统的"灯箱"报警信号器、面板安装开关、旋钮、刻度盘和仪表)都是按照严格的核工业标准设计的,以确保高度的可靠性。然而,在可预见的未来,可以期待会出现设计用于消费者和商业用途的设备,这些设备正在迅速成为许多行业的标准:高分辨率平板显示器、触摸屏、可作为输入和显示设备的无线掌上电脑,通过设计一系列静态和移动设备,可以改善监控技术范围和水平,提高态势感知,提高运营商的性能和可靠性。

7.2.1　硬件特性

新 HSI 的物理特性包括支持多模式交互的设备,如触摸屏、手势交互、语音识别和合成、触觉输入和输出(即使用触摸和触觉反馈来实现 HSI 的技术),甚至包括直接的人－机接口(传感器)。先进的显示和交互功能已经可用,并且正在开发中,使用手持设备、头戴式显示器、大型显示器、三维显示器(带或不带 3D 眼镜)、运动和位置跟踪。为了支持如此广泛的交互功能,整个系统通常由高性能的数字和图形处理器驱动,以满足高分辨率显示要求,满足处理大量工厂级数据等计算密集型企业的应用需求。

7.2.2　软件要求

新型 HSI 软件平台的主要特点是常作为分布式控制系统(DCS)软件的重要组成部分。DCS 用于整个电厂自动化控制系统,HSI 构成"前端"的一部分,使操作员能够通过控制和显示的层次结构与电厂进行交互。该系统通常允许开发 HSI 的功能和显示,而不需要低级编程,同时允许一些最终用户自定义。它还支持完全面向对象和基于组件的编程,从而确保整个 HSI 中对象的功能、布局和外观的一致性。这样的系统还支持标准化的文档和 XML 等代码处理格式。在高级应用中,它支持更先进的计算方法,如神经网络、模式识别、人工智能,从而实现实时和比实时更快的模拟分析和结果呈现。

7.2.3 功能要求

高级 HSI 的功能特性包括标准化和用户可配置的显示器。然而,最重要的功能是将整个 HSI 组织为以操作员为中心或基于任务的系统,并提供嵌入式操作员支持功能,包括各种级别的基于计算机的程序。由于先进的自动化系统固有的复杂性,HSI 必须支持通过适当的任务分析得到的显示架构的直观导航。高级 HSIs 还将提供容错和弹性操作,支持自适应自动化方案,并提供集成多媒体通信。

7.3 当前核电站的 HSI 现状

在工业领域,先进的自动化系统有助于提高工人和设备的安全性,通过改进传感、控制和显示能力加强对过程变量的监控,提高系统的可靠性、弹性和可用性,减少了对人工操作人员的需求,使其能够通过自动化更有效地实现功能。

相比之下,核工业还没有充分受益于先进技术。造成这种现象的原因有很多,但同时也有许多原因导致向先进技术的转变不仅是不可避免的,而且也是非常可取的。即使对新兴的仪器和控制技术以及人机界面技术的现状进行一个简单的检查,也会很快揭示这种趋势的原因。

在多数现有核电站中,对性能的监视、测试、检查和监测都依赖于操作员,并且都是劳动密集型的技术活动。这种现象在多数老电厂比较普遍。如前所述,在多数运行 20 年以上的核电厂中,传统的 I&C 和显示技术由固定的模拟设备组成,控制室的控制板和面板通常采用马蹄形配置,常用于动作的控制装置,必须观察此类动作结果的仪表在整个控制室的控制板和面板上被分开展示,其结果是,操作人员必须四处移动,从不同的来源收集和记录信息。操作人员在执行一个程序时必须在头脑中保留大量信息,在异常或紧急情况下,这会产生很大的工作量和工作压力,这种 HSI 交互方式很容易造成潜在的人因错误操作。事实上,从三哩岛、切尔诺贝利和福岛第一核电站的事故中,有充分的证据表明:精心设计的 HSI 至关重要,有助于防止人因错误问题。

HSI 技术的创新有可能缓解甚至消除与模拟仪控相关的许多问题,包括各种升级仪控系统的策略,如现代控制室设计。综合人因工程(HFE)研究,结合考虑新系统或升级系统对技术和人因方面的系统工程研究成果,这些创新策略包括最常见的"同类"系统更替,例如,用平板显示器替换报警灯箱,该显示器仍将报警显示为常规报警牌。由于多数新堆设计将采用同类别首堆(first - of - a - kind:FOAK)技术(在老一代核电站中尚未使用的技术),它们有机会避免过时的仪控和 HSI 问题,如过时、不可用、昂贵的维护等问题。然而,FOAK 设计仍然存在风险,这些风险包括:集成的挑战、对运营商不断变化的角色考虑不足、可能需要定义新的人 - 自动化协作模型、集成系统验证的需要等等。

如果不分析影响操作员的执行任务和绩效,就不能将先进技术应用于操作员日常运行操作工作。这意味着设计人员不仅要熟悉单个设备的技术特性,还要熟悉与其他新设备和旧设备之间的耦合、集成、接口情况。了解新技术如何影响操作人员的行为和绩效,对核电站项目的短期成功和核电站的长期安全高效运行至关重要。

7.4 HSI 目标和人因挑战

7.4.1 HSI 目标

HSI 的主要目标是为操作员提供一种监测和控制设备的方法,并在出现不利条件时将其恢复到安全状态。这一目标的成功实现将满足五个重要的人因性能目标,有助于电厂的安全和高效运行:(1)减少复杂性;(2)减少错误和提高人的可靠性;(3)提高可用性;(4)减少操作员工作量;(5)改善态势感知。

实现这些目标在很大程度上依赖现有最有效的信息和通信技术。这些技术有可能改善大多数核电站旧一代模拟 HSI(即"硬控制和仪表",如按钮、开关和仪表)的许多缺点。然而,这些改进依赖于对人与技术互动中人的因素。先进的自动化系统允许人与系统之间更动态的协作。我们不能把人与系统之间的复杂关系视为"人与技术"的对立,而这往往是经典函数分配方法的结果。这种过时的方法是基于从 Fitts 列表中得出的"HABA – MABA(人类更擅长 – 机器更擅长)"原则的尝试。相反,现在更应该把整个社会技术系统作为一个"联合认知系统"来关注。Woods 和 Hollngel 和 Lintern 将认知系统描述为一个执行认知工作功能的系统,即认知、理解、计划、决定、解决问题、分析、综合、评估和判断,因为它们与感知和行为完全结合。在电厂的特定工作环境中,执行感知和行为功能的实体将是人的代理人。这意味着控制室及其内部的实体可以被描述为一个联合的认知系统,以分布式的方式运作,涉及环境的相关部分、人的生理、心理和文化过程以及技术工艺。联合认知系统观点强调人类操作者和技术在协作中所完成的认知功能,它允许人为因素分析人员和设计人员从核电站的整个社会技术系统开始,从不同的细节层次分析系统,分析具有支持操作员认知功能的 HSI 特定功能及技术实现方式。

7.4.2 HSI 人因挑战

三哩岛事故以来,人为因素问题在很大程度上与主控制室的设计有关。应用人因工程(HFE)原理改善人的行为的可能性在很大程度上受到离散、模拟仪器和控制的限制。然而,由于先进的传感器和自动化系统等技术提供了新的能力,新的核电站设计预计将带来根本性的变化,不仅在控制室的设计上,而且在操作员的角色和他们用来监测和控制核电站的工具上。这可以被视为行业的自然演变,但这需要工程师和设计人员重新思考许多经过考验的概念和假设。例如,需要对控制中心的结构进行改造,以便为新型控制台和面板布局、大屏幕显示器、新的通信媒体甚至不同的机组结构做好准备。这将需要对控制室的定义、控制和仪表、支撑结构以及控制室在工厂中的位置进行明确的转变。

技术上,远程控制核电站已经成为可能,但要证明这种方案在所有运行条件下的可靠性将是一个挑战问题。除了控制室的物理和功能架构的变化外,还可以预见到操作功能分配给人类和系统的变化。未来的操作人员将处理基于计算机的"软控制"和大量高分辨率显示器,这一事实已经改变了他们的角色和与核电站的交互方式。在今天的理解中,操作人员由反应堆操作员、高级反应堆操作员和监督员组成,他们的角色在很大程度上取决于操作程序,未来的操作人员可能被视为联合人类技术系统的一部分,而联合人类技术系统又是电厂更大社会技术系统的一部分。原因在于操作人员的职责和与电厂的互动将如何改变。这一转变将不仅仅是由于自动化水平的提高而引起的角色变化,或者是操作员的主要功能将是监测电厂状态,并且只有在实际操作偏离设定值时才进行干预的监督角色的增加。相反,操作员通过检查过去的数据、通过外推和实时模拟预测过程的未来行为以及在事件可能发生之前执行纠正措施来执行"预测控制"的可能性越来越大。

经营者角色的进一步转变是责任范围和协作范围的扩大。例如,控制和监控功能的范围可以从单纯的操作增加到包括维护、生产计划,甚至设计和优化。

所有这些变化都代表着核工业的运营转变,而这几乎完全是因为自动化和 HSI 技术的进步。这些变化对工程师们有着直接的影响,他们必须使技术要求与人的能力和限制相协调。毫无疑问,自动化是未来核能系统实现成本效益运行的关键,但人类将继续在未来系统中发挥与当今核电站同样重要的作用。我们可以期待一种不同于当今电厂的 HSI,但在这种 HSI 中,操作员和机组人员仍能够在必要时进行干预,并在工厂运行的许多方面监督自动化。这将需要开发更多"智能"形式的自动化和自适应接口能力,以促进近乎自主的操作以及高效的人 - 系统协作。

以下是电厂工程和设计策略中需要考虑的重要因素:

(1)必须根据人与自动化系统之间的功能动态分配来定义联合人类技术系统;

(2)人 - 技术系统不是静态的,需要新的规则和程序,以允许最少数量的操作员同时控制多个模块。即使是单模块机组电厂,更高水平的自动化也可能需要更少的控制室操作人员。然而,如果没有某种概念证明,监管机构不可能接受非常规的人员配置设计。对于新电厂,这种证明可以是模拟或预测计算模型的形式,这些模型提供了各种电厂条件下运行人员性能的可靠数据;

(3)任务支持要求:由于协作的人 - 系统关系的动态性质和不同级别的自动化的复杂程度不同,将有可变的任务支持需求。原则上,自动化程度越低,操作员参与电厂控制的程度就越高,因此需要更多的支持,特别是对于非常规任务。设计用于优化人类绩效的 HSI 需要关注基本的协作功能,如协调、适应和在整个社会技术系统内交流共享意识。这超出了目前使用的计算机化程序系统、决策支持、数据库、数据挖掘系统和各种向用户传递信息的设备。任务支持系统的可用性要求,特别是那些使用新 HSI 的任务支持系统,必须包括运营商对技术的信任程度。

这些考虑表明,HSI 可以从许多不同的角度进行检查,但当我们考虑新兴电厂设计的挑战时,有两个主题对未来实施产生影响:

(1)新的 HSI 技术提供创新的交互方式,如手势控制、增强现实、远程控制和远程呈现。设计人员需要提供或获得足够的证据,证明这些新概念有助于提高可用性,并将支持改善人的性能;

（2）先进的 HSI 在核领域的适用性是一个特别有趣的问题,因为核工业长期以来相对停滞不前。因此,实践、标准、程序和技术已变得如此根深蒂固,以至于公用事业、供应商、监管机构和其他利益相关者必须做出非凡的努力来证明和验证新技术的使用。即使这些技术已经在其他行业证明了其概念,核工业严格的法规和标准也使任何新技术的实施成为一项特殊的挑战。

以下各节描述设计人员可使用的技术范围、支持人类性能的技术能力,以及一系列非传统 HSI 的使用前景,如虚拟和增强现实系统、触觉设备和手势控制器。

7.5　HSI 核工业应用

核工业对 HSI 的应用处理不同于其他工业行业。与其他行业相比,核工业需要考虑更多 HSI 方面的法规、指南和标准,HSI 应用于 SMR 需要面对更大挑战。由于 SMR 更关心应用新技术、更高水平自动化技术、新功能分配并追求最低人员配置和更低运营维护成本,工程师还需面对法规、标准和指南要求的设计验证和评审要求,这些要求包括:联邦法规（10CFR50.54）、标准评审大纲（NUREG – 0800）、核电厂人因设计验证方法及评审大纲（NUREG – 0711）、人机界面设计评审指南（NUREG – 0700）,控制中心的人类工效学设计（ISO – 11064）、核电厂控制室设计（IEC – 60964）、核电站构筑物系统和设备的人因工程应用指南（IEEE 1023）。此外,还可能需要考虑职业健康、职业安全、消防等方面的法规和标准要求等。

上述监管要求和传统核电站的最佳实践经验表明,HSI 技术用于先进 SMR 必然面临整个项目生命周期内人因工程的验证和检验。由于先进反应堆设计和工程应用普遍属于首堆项目,人因工程 HSI 技术必然面临首次使用新堆所需要面对的组织、技术、监管和方法问题。

先进核电项目的监管监督形式是定期的、强制性的质量和安全管理要求,涉及技术验证和确认,HSI 同样面临监督监管,例如,HSI 设计、人员绩效评估和操作程序等。监管机构还需见证人因在保护公众、人口和环境安全中发挥作用的证据,包括对感官情景、安全文化、人的可靠性、工作强度和员工绩效等。这些因素可能延长工程交付时间、延长许可过程。

7.6　HSI 选择

HSI 工程师需要利用科学的方法来选择最适合特定任务的技术方案。考查技术方案在未来应用可行性,常用的一种方法是全面分析该技术与所关联应用的交互特性;另一种方法是考虑具体技术在实际工作场合的使用特性以及与周围技术的相互协调特性,包括实际的、经济的、组织的、操作的、监管的和背景的综合考虑。

在研究关键技术、原理特性和技术使用环境之间的关系时,可采用如图 7.1 所述的五个关键分析维度,作为新设计的 HSI 技术评价和部署的依据。图 7.1 给出了五个维度以及与每个维度相关的特定 HSI 内容要素,这五个维度分别是:人因、技术、操作、组织和监管。

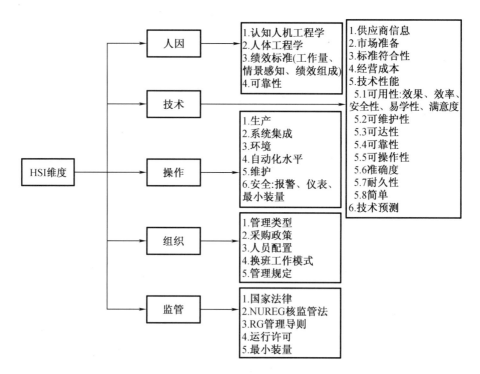

图 7.1   HSI 技术评估维度

7.6.1   维度一:人因

人因考虑包括 HSI 各个方面,如感知需求(视觉、听觉、辨别力等)、认知(工作负荷、注意力、情境意识等)和操纵(物理人体工程学和人体测量学)。人因方面的评估是复杂的,因为观察和测量认知行为往往比较困难。确定技术特性与人的性能之间关系最常用方法是可用性测试。这有助于确定特定用户在给定上下文中使用特定系统执行特定任务的有效性、效率和满意度。

技术可以对人的绩效产生积极或消极的影响,这取决于多种因素:需借助工具完成的工作和使用环境、个人使用工具的经验和技能、工具的设计以及在给定任务环境中的可用性。因此,最佳人因绩效可以用舒适性、效率、情境感知、低工作负荷、低错误概率等标准来表示。这意味着,可通过提供某种形式的任务支持来帮助减少操作员工作量,减少 HSI 的视觉和认知复杂度,并使信息更容易访问,从而可以提高人的绩效表现。

7.6.2   维度二:技术

技术特性可分为两大类:技术特点和使用环境。

7.6.2.1   技术特点

技术特点涉及具体技术的优缺点和人因的考虑,通过比较技术特点和性能指标,可以客观地评价技术的优缺点。具体实践时可从以下方面进行技术选择:

(1)成本:包括维护和更换成本;

（2）可用性：产品是否实际可用，采购需要多长时间；

（3）技术性能：产品在精度、灵敏度、分辨率、可靠性等具体指标上的表现；

（4）操作环境限制：产品是否能承受苛刻搬运、恶劣环境等；

（5）合规性：技术是否符合适用标准，如职业安全、健康管理等；

（6）培训需求：是否需要经过复杂的培训和学习过程才能胜任工作；

（7）系统变量：包括所依赖计算机系统的处理能力、内存大小、电源要求等。

除了这些特点之外，在选择技术时可以确定必须要考虑的一些补充标准。这些应用标准称为工程能力，评价指标如下：

（1）可用性：特定用户在特定环境中执行特定任务的有效性、效率、满意度和安全性（ISO 9241-11）；

（2）可维护性：产品应易于维护，与将一台故障设备恢复到正常操作状态所需的时间有关；

（3）可访问性：这是衡量在需要时获取设备、工具、功能或信息容易程度的指标；

（4）可操作性：设备已备好使用或即将投入使用，或能够将设备或系统保持在安全可靠的功能状态；

（5）可靠性：设备持续执行预期或要求的功能和任务的能力，以及给定项目在给定条件下在给定时间段内执行其预期功能的概率；

（6）耐用性：设备能够正常工作并经受设计基准情况下的耐压环境，以及延寿使用所表现出的性能；

（7）简易性：工作人员理解、解释和操作设备或系统的容易程度，可将简易性与设备或概念的直观性和可用性联系起来。

7.6.2.2　使用环境

这里的使用环境是指在正常工作情况下 HSI 使用的实际环境，即 HSI 使用的具体操作场景，包括操作员、技术人员、工程师、管理人员等不同用户承担的角色和任务。影响技术选择的任务属性包括经验、知识、技能和能力。技术的有效性和适用性是感知的有效性、易用性和对预期环境和用户适用性的组合。因此，为确保技术选择的有效性，在特定使用环境中进行可用性测试、原型设计、会议和用户特征等研究就显得格外重要。

7.6.3　维度三：操作

HSI 的运行操作要求和目标来源于对经济高效的电力生产、核安全、核电厂工艺要求、自动化水平以及保护工人、公众和环境的需要。在电厂设计的早期阶段，人因工作应侧重于用户如何操作系统，包括接口及其与其他系统的互操作性。这些要求决定系统必须在良好的条件下运行，从而构成 HSI 设计和技术选择基础。

7.6.4　维度四：组织

技术选择的组织要求通常体现在政策、标准、设计风格指南、成本经济考虑和供应商推荐选择。这些要求可能影响操作要求。控制室人员配置是电厂运行的一个方面，受核安全法规的严格监管,任何偏离该法规的情况都要接受审查并提供证明。这直接影响到控制室、HSI 和自动化系统的设计方式。

如前所述,SMR 与传统的轻水堆或沸水堆电厂相比,采用了更高自动化水平技术,这将使多模块和单模块电厂配置更少的操作员,这就需要进行人员配置优化,可能要求单个操作员在正常操作条件下处理多个模块或多个工艺流程系统。此外,电厂布局、对手动控制需求量的减少以及远程监控设备的应用要求,可能意味着需要更少的现场操作人员。

由于缺乏足够的操作经验和经验证的技术基础来确定不同操作条件下所需操作员的数量,可能需要借助于先进的任务分析和建模方法以及必要的工具进行分析,如人因性能建模分析技术,并在全范围模拟机上进行验证。

7.6.5 维度五:监管

目前,核监管法律法规基于传统的大型轻水堆核电站设计基础,与核电站人员角色相关的要求主要涉及在正常和异常运行条件下避免人为错误和提高人员可靠性方面,包括:控制室人员配置要求、HSI 评估标准和在电厂开展 HFE 活动。美国《联邦法规汇编》第 10 卷第 50.54 节所述的核电站最低人员配置有较为明确的规定,但大多数新堆设计(特别是 SMR 设计),在很多方面与传统设计又存在很大不同,包括反应堆的尺寸和数量、非能动安全系统、燃料类型和冷却剂类型,这些差异导致在许可和监管方面需要特殊考虑。

尽管目前的 NRC 指南提供了进行特定设计审查的总体框架,但在控制室和 HSI 设计以及人员配置计划和潜在豁免请求审查方面,SMR 仍面临挑战。这是由于新堆设计与以前获得许可的反应堆设计之间存在差异,因为缺乏研究和设计基础数据,无法为决策提供充分的技术依据。NRC 进行的初步评估已经确定了 SMR 与其他先进反应堆设计和运行理念之间的某些差异,以及目前获得许可或正在进行许可评估的大型反应堆设计之间的差异。这些差异包括:

(1)SMR 可能需要操作员执行不同的任务。任务要求包括以不同的操作模式操作运行多个单元机组,存在的主要挑战是如何确定出可能被省略的任务以及那些可能对操作员工作负荷产生重大影响的任务;

(2)可作为人力资源评估使用的操作经验非常有限,特别是首堆(FOAK)几乎无参考经验。模拟机的使用和观察对于验证任务分析和人员配置计划非常重要,整体设计的挑战不仅在于定义操作单元所需的任务,而且还在于多个单元的现场维护和组织交互;

(3)控制室运行操作人员的技能,特别是管理多个机组所需的技能,可能需要不同的人员资质分配(如需要较多的反应堆高级操作员,较少的反应堆中级/初级操作人员,需要更多不同种类新人员);

(4)针对先进 SMR 的设计,操作员将面临在线监督和附加装置运行的挑战。随着模块数量的增加,对操作人员的需求也会发生变化,可能会改变安全操作所需的人员数量(即可能需要多个人员配置计划,以解决在施工期或后续运营期增加更多设备的问题)。

这些挑战表明,不能将 HSI 及其选择和部署与相关的任务和环境隔离开来考虑,它必须是 HFE 过程的一个组成部分,而 HFE 过程又必须与设计组织的其他工程过程相结合。

在 SMR 相关的许可问题方面,必须解决使用新 HSI 的监管问题。早期解决方案可提前使设计人员能够在提交设计审查或许可证申请之前,能够将相应变更融入运营理念、设计、任务分析和人员配置计划开发过程中,这样可以考虑监管后续变更影响。

7.7　HSI 操作域

先进反应堆 HSI 可理解为以"操作域"为特征,操作域定义为物理、结构、逻辑或功能特征,根据执行任务位置和人机交互场景的不同,可将电厂划分为若干区域。

新的核电站中 HIS 可发挥重要作用的区域共有九个,包括专用封闭区域、电厂内部或外部区域边界等,这九个不同操作域分别为:

(1)控制室(MCR):封闭的人员运行控制区域,位于反应堆厂房和汽轮机厂房之间;

(2)就地控制站(LCS):由一个或多个小型控制面板、柜子等构成的工作区域;

(3)材料和乏燃料处理区域:叉车、起重机和类似的工装、工具通常出现在这些区域;

(4)换料操作场所:使用专门设备进行换料作业的地方;

(5)电厂内外维修场所:经常使用常规和专用工具进行维护作业的场所;

(6)停堆大修控制中心:以多台计算机、大型显示器、打印机、控制面板和通信设备为特征的区域;

(7)燃料处理设施:以处理危险核材料的专用设备为特征,如机械手;

(8)技术支持中(TSC):通常位于现场的某个地方,与大修控制中心类似,具有大型显示器等计算机设施,但也有少量 HSI,可以访问控制室中的某些显示器;

(9)应急操作设施(EOF):位于电厂外围较偏远的位置,可以从控制室获取运行数据。

如图 7.2 所示,这些区域中的多数设施具有或多或少的相互依赖、重叠或冗余度,控制室在应用 HSI 的范围和数量方面占主导地位,箭头指示各区域之间存在潜在关联关系。其中一些操作域中的 HSI 可能在功能上相互重叠或与控制室部分功能重复,如 LCS 中用于进行换料操作、燃料和废物处理的 HSI,用于维护和大修管理的 HSI。使用快堆技术和燃料后处理厂中,各区域 HIS 功能重叠的现象更加普遍。控制室与相关或相互依赖的区域之间的接口主要由状态显示和通信设备组成,这些接口使操作人员能够在整个电厂和所有条件下保持对所有活动的态势感知。另外两个区域(TSC 和 EOF)仅在异常或紧急情况下与控制室存在接口关系。下面简要介绍最重要的领域。

7.7.1　控制和监测中心

电厂控制和监视功能主要在两个区域执行:MCR 和 LCS。

7.7.1.1　MCR

MCR 是电厂的神经中枢,它通常构成控制中心的一部分,控制中心包括图 7.2 所示的一些操作域,例如 TSC 和大修控制中心。早期核电厂的 MCR 专用于单个机组的控制;新的电厂设计,尤其是占地面积小的 SMR,有可能具有多个模块的单个 MCR(多模块共用一个控制室)。有些 SMR 设想采用一个控制室实现多达 12 台机组的控制,这种控制室将比一个机组的控制室面积大,由于采用高度集成和高度自动化技术,它们允许公共系统共享一个操作员控制台,降低了整个仪器和控制体系结构的复杂性。

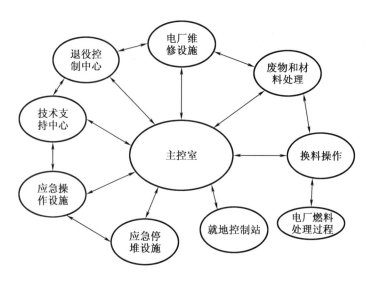

图 7.2　HSI 操作域

通常认为,中央控制室的设计是作为优化电厂运行操作、减少设备重复和优化自动化系统功能策略的一部分,现代电厂的中央控制室也被认为可以加强机组之间的通信,更好地协调全厂的运行和维护,并对功率运行不稳定情况做出更有效的反应。

控制中心的位置是新设计 SMR 需要重点考虑的因素。传统上,MCR 位于核岛(由安全壳组成,包括反应堆、蒸汽发生器和主冷却剂回路等一回路所有的设施)的某个地方,由于核岛具有抗震性能,并提供供电、供暖、通风和空调(暖通空调)等备用系统,而这通常是选择控制室位置需要考虑的代表性因素。事实上,这仍然是 NUREG – 0800(2007)中描述的控制室可居住性的最严格标准。

假设新堆将采用更多的非能动安全设计措施,如反应性负温度系数、冷却剂自然循环,或更少的能动控制和保护系统。设计人员需要确定控制系统和 HSI 针对抗震的验收要求是否会改变,这意味着控制室可以不必设置在核岛上。设计人员还应确定无线技术和光纤的可用性和可靠性是否足以证明 MCR 可以远离反应堆进行操作。另一个重要的考虑因素是,操作员对事件的响应要求是否仍然会使控制室的位置必须靠近反应堆布置。由于目前 NRC(NUREG – 0696 – 1981)的严格规定,证明这些新的操作概念可能面临挑战。

7.7.1.2　多机组模块共用控制室

大型核电站中,每台机组要求单独设置独立的控制室。SMR 系统和设备配置简单,可不必遵循这一原则,可采用一个中央控制室运行控制多个机组模块。采用多机组模块共用主控制室的小型核电站主控制室基本保留了大型核电站主控制室的功能,控制室及其内部 HSI 的主要目的仍然是使操作员能够安全有效地控制电厂,它们还被用于监视和指导复杂的运行操作活动,如机组模块组合策略和电力输出优化。多机组模块共用一个主控制室的技术特征如下:

(1)高度的自动化水平、系统集成和输出同步,采用单个控制室以最少化工作人员数

量,从而集中管理整个电厂(如集中控制和监视各机组模块和系统的运行状态);

(2)应用先进的HSI技术,简化复杂系统功能显示,将关键安全控制任务的复杂性、潜在严重后果的影响降至最低;

(3)控制室操作员的角色转变为系统监督员,降低了运行人员的知识和技能要求;

(4)在控制室程序和接口技术方面存在新的监管要求和措施。

7.7.1.3 LCS

NUREG-0700(2007)把LCS定义为"主控制室外、操作员可以与电厂进行信息、数据、控制功能交互的区域"。LCS包括多功能工作站和面板、操作控制界面(如控制装置,阀门、开关和断路器等)和显示界面(如仪表和VDU)。NUREG/CR-6146给出了多功能和单功能LCS的要求:

(1)多功能LCS是用于过程控制的操作员接口,通常不在控制室内,也不单独由手动调节阀门或断路器来实现其功能;

(2)单功能LCS定义为不在控制室内的所有操作员界面,不包括多功能控制面板。单功能LCS包括在正常、异常或紧急操作期间操作的控制装置(阀门、开关、断路器等)和显示装置(仪器、仪表、监视器、显示器等)。

可以预测,很多常见LCS的手动操作将被自动控制所取代,从而消除离散控制单元。取而代之的是操作员将使用数字化控制装置和更先进的显示器来控制和监视运行过程。

7.7.2 材料和乏燃料处理

在核电站中,工作人员需要使用各类通用工具和复杂工具来处理工艺系统和材料。用于物料搬运的HSI包括:简单的桥式起重机、叉车、可编程机器人系统等。

先进HIS将在燃料和材料处理系统中发挥越来越重要的作用,特别是在处理低、中、高放射性废物等有害物质方面。一些新技术在提高危险场合新工具应用的可靠性和安全性方面,取得了突出进展,如远程可视化可成像控制将传统的材料处理方法提升到更新的水平,其设备包括:机器人、遥控仪、增强现实感官系统、定位跟踪系统等,这些设备或设施可用于极端的、人类无法触及的危险场合,如强辐射、高热、极冷、高灰尘或有毒等环境条件,代替人进行巡检、维修等作业。

除了远程监控和乏燃料搬运系统外,HSI还能够在系统出现问题时立即通知操作员,包括堵塞、传感器错位、轴承磨损或导致系统降级的相关问题。因此,这些新技术将有益于提升系统性能和人的绩效。

7.7.3 停堆大修控制中心

在大型核电站停运期间,最大的挑战来自电厂大量的资源管理,需要时刻保持高度的过程监督和管控,以确保核电站在停堆期间的持续安全,并确保设备得到保护。某些核电站已将停堆过程各项活动凝练为一种精细化的技术管理流程,但还难以满足停堆期间复杂的技术协调、通信等需求。多媒体和无线通信技术已被证明是大修团队不可或缺的工具,现在以及未来均将成为大修期间的重要技术沟通措施。特别是,大修期间控制中心的一系列信息显示需要满足团队协作和信息共享的需要。大型交互显示屏（称为"智能平板"）和工作支持系统允许实时访问电站信息、工艺流程图、工艺过程以及各种调度和资源信息。平板电脑、智能手机、手持电脑、条形码阅读器和相机等各种手持信息和通信设备将进一步增强这一信息共享和协同处理功能。

先进的 HSI 和通信设备也将有助于消除或减少维修人员之间的沟通交流障碍、噪音、干扰、警报，同时帮助操作员保持对场景的良好认知，有助于提高维修效率，改善通信和资源管理。

7.7.4　EOF 和 TSC

先进 HSI 在停堆大修控制中心的最佳实践指导经验也适用于 EOF 和 TSC。EOF 通常位于电厂的外围，是应急人员的管理和协调中心，一旦电厂发生紧急情况，应急人员将在该区域中工作。先进的 HSI 将有助于管理核电站及其周围环境中重要辐射信息。

TSC 是位于控制室附近的现场设施，根据 NUREG - 0696(1981)，TSC 必须位于主控制室两分钟步行范围内。在异常和紧急情况下，它为电厂管理层和位于控制室的反应堆操作人员提供技术支持。具有诊断功能的先进 HSI 很重要，可以帮助 TSC 人员分析事故发生之前和整个过程中的核电厂状况。

7.8　HSI 技术分类

HSI 技术可能存在多种理解，术语"人 - 系统接口"和"人 - 系统交互"表明，无论是以技术为中心还是以人为中心的分类，其含义基本一致，本节提供了简单的 HSI 技术分类说明。

7.8.1　交互模式

过去，很容易将 HSI 分为输入设备(键盘、开关、鼠标等)或输出设备(显示器、仪表或打印机)。随着先进 HSI 功能的不断拓展和融合，很多设备(如平板电脑、智能手机等)上实现了输入和输出功能的集成，硬件和软件区分变得越来越困难，因为许多设备采用了嵌入式软件功能，而且设备被更多地视为执行操作功能的对象。目前，根据交互模式对 HSI 进行分类更为准确。

交互模式可以描述为人类与系统或设备之间的通信方式。交互指的是人与系统之间通过视觉、听觉、语言和触觉进行信息交流的过程。HSI 技术均可以根据设备与人的感觉进行分类。大多数设备仅依赖于人的视觉、听觉或触觉中的两种或三种组合从环境中获取信息。可采用技术手段将这些感官信息融合到一台设备中。更先进的设备还可以通过其他感官进行交互，如语音、嗅觉、运动或事件动觉或本体感觉(动觉是指通过肌肉和关节中的本体器官对身体各部分的位置和运动的潜意识认识)。当多种模式可用时，即当一种以上的感觉可用于执行或触发某些任务或部分任务时，该系统就可以提供多模态交互功能。仅基于一种模态的系统称为单模态。

根据技术类型涉及的人类感知进行分类，可将交互模式分为：

（1）输入：允许人类通过一个或多个感官（如视觉、听觉或触觉）观察系统产生的信息；

（2）输出：执行特定设备操作使系统执行其功能。输出反过来以离散动作（例如按键）或连续动作（使用鼠标或类似设备选择或操作显示器上的对象）的形式成为系统的输入。

根据与设备交互时使用的主要感官，HSI 可分为三类：视觉、听觉和机械运动。与这些模式相关联的设备可以是输入或输出设备（接受用户输入或向用户提供输出的设备），或者是输入和输出在同一设备中组合的混合设备。

在控制室和前面描述的任何操作域中，通过两种或多种超越传统键盘和鼠标的输入模式多模块接口推动了 HSI 发展。多模态 HSI 可以包含语音、手势、凝视、触摸和其他非常规输入模式的不同组合。触摸和手势已经成为最普遍支持的输入方法组合，这在平板电脑和智能手机设备的快速发展中随处可见，它们已经出现在非控制应用的控制室中（例如程序跟踪和计算），如果被证明是可靠的，它们的作用很可能在未来的核电站中变得更加重要。

这些 HSI 结合的方式开辟了一个与工作环境互动的广阔领域，不仅可以用双手，而且可以同时用所有手指或通过各种"挥手"组合与显示器进行交互。

基于上述分析，可定义四类 HSI 技术：用于视觉感知的视觉技术、用于听觉感知的音频技术、用于向系统提供输入的机械控制设备和用于多模交互的混合设备。

7.8.2　视觉技术

以视觉为交互方式的 HSI 是最常用的向操作者呈现信息的设备。这种交互模式是单向的（设备信息直接传递到观察者视觉）。新的技术发展允许使用相机和传感器来检测用户的注视活动和运动，并利用这些信息为显示器创建互动维度。微软的 Xbox Kinect、Nintendo Wii、索尼娱乐平台移动和跳跃动作手势控制器等娱乐相关设备中已经有这样的例子。还有些设备使用凝视检测来确定用户正在寻找的位置，并使用这些数据来显示信息，或者使用户仅通过凝视就能够在系统中实现系统导航功能。

虽然标准的平板显示器仍将是日常使用的、最常见的信息显示手段，但各种先进的视觉设备正逐渐成为文本、图形和视频信息的备用选择。大屏幕显示、便携式显示器、3D 显示器三种类型显示器在未来市场功能将更为强大。

7.8.2.1　大屏幕显示

大型、高分辨率、高清晰度的显示器在消费和商业市场已经很普遍，许多制造业也在使用各种各样的显示器。典型的应用包括多显示器配置、平铺面板以及可以显示几米宽图像的基于投影的系统。在传统的核电厂控制室中，这些大型显示器的实现存在许多技术困难，主要是因为在最初设计用于数字显示器的大型硬接线控制台的区域缺乏空间。而新电厂可以采用先进的控制室设计，不必适应狭小空间而对先进的 HIS 进行改造。

大型显示器是克服旧控制室信息分散的有效选择，但设计人员需要考虑，大型显示器不一定能解决在增大显示屏幕的同时确保分辨率和清晰度同步增大。在为控制室配备大型显示器之前，人因工程师应分析在何种条件下增大尺寸和分辨率是可以接受的，并有助于提高操作人员的视觉感知能力（如高分辨率）。在很多情况下，一组标准型号规格尺寸的操作员工作站显示器可能比一整块大屏幕显示器更为有效。

7.8.2.2　便携式显示

经过多年军用原型演示测试,各种类型的可穿戴式、头戴式便携显示器已经用于工业领域。设备范围包括进行专业培训的大型、重型、全沉浸式、头戴式虚拟现实显示器,用于增强现实应用的轻型、透明设备。这些技术现在已经用于消费市场,如 Google Glass 设备可用于辅助常见的控制室任务,在操作员执行其他任务的同时持续监控报警信号器,或者通过提高简单的语音命令要求设备提供技术信息。

虚拟现实在三维环境的可视化和交互方面有着悠久的历史,这不仅是一种强大的可视化和验证设计的技术,还可在设计建造之前进行虚拟现实分析纠正布置设计不当之处。当与增强现实耳机这样的可穿戴设备相结合,虚拟对象和信息叠加在用户对真实世界的感官后,虚拟现实可使操作员能够在不需要打印文档或其他技术支持的情况下执行工作任务。这样,有关用户周围真实世界的信息也变得可交互和数字可操作。目前,虚拟现实这项技术已经在一些行业中用于维修技术支持和设备零部件装配任务。

7.8.2.3　3D 显示

在消费和专业媒体市场上,许多能够让用户以三维方式查看对象和环境的技术正变得越来越普遍。其应用范围从简单的用户使用眼镜观看图像的设备到复杂的全息显示设备。

3D 显示或立体显示通常指正常 2D 图像横向偏移量很小,分别显示在左眼和右眼,这两个 2D 偏移图像在大脑中结合起来,产生对深度的感知,各种类型的 3D 设备可以与电视机、游戏设备和电影一起使用。

另一种 3D 技术是极化 3D 系统,它使用两个叠加的图像,通过两个方向不同的极化滤波器进行观察,滤光片只通过同样偏振的光,并阻止不同偏振的光,使每只眼睛看到不同的图像,通过将同一场景投射到两只眼睛中产生三维效果,但从不同的角度进行描绘。

全息显示技术则是通过利用所有四种视觉功能,能够在空间中创建三维物体的幻觉,它具有以下特点:

(1)双眼视差:眼睛的水平分离(视差),左右眼看到的物体在图像位置上的差异,大脑利用双眼视差从二维视网膜图像中提取深度信息;

(2)运动视差:沿两条不同视线观察物体位置的位移变化或差异;

(3)调节:当物体的距离变化时,眼睛改变光功率以保持其清晰图像(聚焦)的过程;

(4)会聚:两眼同时向对方、向内移动,通常是为了在观察物体时保持单一的双目视觉。

全息设备发展迅速,未来几年内可能无法满足普通消费者的需求。此外,所有先进的三维显示技术仍然存在局限性,特别是在显示质量和分辨率方面。在未来 20 年内,真正的三维或全息显示器可能仍处于研究和开发过程中,核工业领域不大可能采用尚未经过工程验证和推广的技术。

7.8.3　声音技术

人类和 HSI 之间基于音频的交互较为普遍,现正在迅速发展,以提供更强大和更可靠的信息获取或控制操作执行手段。报警声音是最常用的音频技术,大多数控制室使用编码和调制声音,使操作员能够区分不同的条件。

语音识别技术同样属于成熟技术,它已经在许多系统中得到了成功应用。尽管这项技术变得越来越精确和可靠,且已经取得了重要进展,特别是在自然语言的系统识别能力方面,但语音识别技术尚未在核电厂控制室中真正使用,它仍然是最不可靠的交互方式之一。

研究表明,即使采用当今最好的识别技术,语音识别也会有 5%～10% 的误码率,而在背景噪声较大的情况下,误码率更为严重(20%～40%)。这就使得这种技术在核电站的推广应用缓慢且不可靠,不可能用于关键任务领域。然而,声音技术的研究仍在继续,与讲话人无关和相关的背景噪声消除语音识别技术在未来可能成为该领域技术研究的重点方向,特别是需要免提操作的现场工作和维护任务方面。

另一个重要的语音通信听觉设备是骨传导音频设备,在声音嘈杂的现场,如控制室和现场操作员之间的语音通信可能就需要这种技术。这项技术能在非常嘈杂的环境中保持声音的高保真清晰度,声音可以绕过耳膜直接传到内耳。

7.8.4　控制装置和机械相互作用

在早期的控制室中,离散控制输入设备(即依赖于机械运动的设备)仍然是操作员与电厂系统进行交互的最常见方式。这些设备仅限于相对原始的设备,如按钮、开关和控制器。随着 I&C 和 HSI 技术的发展,通过计算机鼠标、操纵杆、键盘或轨迹球等直接操作设备控制设备部件成为可能。随着计算能力的不断提高,预计可以看到更先进的设备进入控制室和其他工作区域。在不远的将来,可以预测固定设备和移动设备不仅可以通过触摸和反馈力进行直接交互,还可以通过手势、言语和凝视进行间接交互。

7.8.5　多模交互的混合设备

7.8.5.1　手势交互

手势交互是计算机解释人类动作的一种方式,在机器和人类之间建立了一座桥梁,比键盘和鼠标的原始输入方法提供了更丰富的交互体验。使用手势识别,操作者可以直接用手指在电脑屏幕上与物体交互,而不必真正触摸屏幕。

这项技术仍处于初级阶段,但一些设备和应用程序开始出现。在短期内,手势交互不可能替代传统的输入设备,但将被添加到 HSI 的范围内,以允许操作员在与电厂系统交互时更具灵活性。

7.8.5.2　触觉交互

HSI 中嵌入的先进传感器允许操作员通过触觉设备或"有形界面"扩展其感知环境状态,这种装置利用触觉,通过施加诸如振动、力反馈、感测位置和运动等的力来传递一系列信息。这种触觉刺激可用于帮助探测因热或辐射等危险而操作员无法手动处理的物体的变化情况或方向。在更先进的设备中,它可以创建虚拟对象的幻觉,并能够在计算机模拟中控制它们,控制此类虚拟对象,还可以增强对机器和设备的远程控制(远程机器人技术)。

在索尼、Xbox 和游戏控制器中,可以找到振动反馈形式的触觉交互的例子。触觉装置还可以包括触觉传感器,用于测量用户在界面上施加的力。

7.8.5.3 大脑交互

大脑与机器的直接互动一直被认为是科幻,但它正在迅速成为现实。面向消费者的有些智能设备已经展示了令人印象深刻的控制设备和软件的能力。有了这样的设备,设计人员可以极大地提高互动性和应用程序的沉浸度。如使系统能够响应用户的面部表情,并根据用户的情绪(如沮丧或兴奋)动态调整应用程序的行为,使用户能够操纵应用程序中的对象,甚至通过简单地使用思想的力量来打开或关闭对象或更改其状态。不难想象,这些设备将在 20 年内进入某些工业应用领域。

7.8.5.4 智能自适应 HSI

尽管"智能"一词在 HSI 中可能是误称,但它仍然是 HSI 发展方向,这是一种模仿人类推理和行为方面的技术。这种系统采用统计和概率方法,结合神经网络、数据库、规则和各种传感器,来近似模拟人类的推理、知识、规划、学习、通信、感知,并模拟人类熟练地进行物体抽象或具体的能力。能够执行这些功能的软件系统可以称为智能软件代理。当这些内容构成 HSI 的一部分时,可实现与操作者协作执行任务,如检测操作者在使用 HSI 时的某些反应模式,自动执行操作员功能,或将结果提交给操作员审批。配备摄像头和传感器的更先进的智能软件代理甚至可以从操作员的声音和面部表情中检测出压力和工作量,并激活特定操作员支持功能。

其他已经在许多行业中普遍使用的传感器技术现在也在核工业中缓慢地得到应用,例如 RFID(射频识别)和 GPS(全球卫星定位系统)正被用来定位核电站的人员和部件。

7.9 HSI 体系结构与功能

早期核电站中的 HSI 是相当复杂的系统,但可以用简单的术语来描述,包括控制板、面板、仪表、控制装置和警报报警器。随着数字仪控系统的自动化程度和可用性的提高,新核电站中的 HSI 也变得越来越复杂。现在 HSI 是一个具有多功能、组件和与其他系统和环境的接口的系统,HSI 是一个由高、低层次组件组成的层次结构,同一层次上的许多组成部分都以某种方式联系在一起,可从不同的角度来描述这种结构,如它是安全相关的系统还是非安全相关的系统,用于操作还是用于维护等等,也可以将其描述为抽象函数或物理结构。

表 7.1 和表 7.2 说明了 HSI 的功能及其物理架构之间的区别。物理架构由具体的组件组成,包括操作环境和硬件,这些物理组件反过来使操作人员能够在工作环境中执行所有任务,所有这些成分都可以分解成几个层次的分解。

分类法还提供操作员任务支持组件和功能,实现这些功能的子系统在当前核电站中并不存在,但它很可能是未来 10 到 20 年内研究和开发的重要领域。

物理 HSI 架构包括物理工作区(控制室和其他工作区)和这些区域内的设备。表 7.2 首先显示了含有 HSI 的 MCR 的典型结构,然后是人类可能与一系列设备交互的其他区域。表 7.2 中远程停堆设施的"安全规定"和"环境控制"包括可居住性和生存规定,如电池供电的暖通空调、通信和个人防护设备(PPE)。该表未显示停堆大修管理中心、控制室、TSC 和 EOF 的较低级别部件,但列出这些部件是为了表明在不同的运行、维护和紧急情况下,操作员与之交互的 MCR 外的其他区域。

这个体系结构不是固定的,可以用多种不同的结构方式来描述。

表 7.1　HSI 分类法(第 1 部分:功能性 HSI 体系结构)

1　功能性 HSI 体系结构

1.1　主要 HSI 功能:监测,过程控制,工厂信息采集,报警响应,事件恢复,遵循的程序,状态诊断,系统控制(软控制),系统控制(硬控制),通信(操作、管理、维护、网格)例行报告,异常报告。

1.1.1　HSI 管理:配置消息导航,用户界面模板更新,显示控件。

1.1.2　自动化方案:I&C 接口逻辑设备控制,组和子组控制,专用显示和控制,HSI 多样性和冗余。

1.1.3　管理应用:通信(语音、文本、数据、视频),报告和日志,信息管理,内部网,生产力工具。

1.2　操作员任务支持功能

1.2.1　基于计算机的规程系统:程序图,程序说明,程序列表,执行步骤,程序历史记录,审计跟踪,注意事项,信息,状态栏,操作员绩效监控。

1.2.2　任务资源:运行建议,通信支持,计算机程序,状态监测支持,文件,故障检测与诊断支持,联机帮助,参考资源,报告工具,安全功能监控支持,模板。

1.2.3　任务支持系统管理:配置,知识库,规则库维护

表 7.2　HSI 分类法(第 2 部分:物理 HSI 架构)

2　物理 HSI 架构

2.1　物理工作区和控制中心

2.1.1　主控室主要 HSI:操作员控制台和工作站,组视图显示,非安全显示和控制,安全相关显示和控制,办公室(硬件、家具、陈列品、配件),工作站、控制台、计算机硬件,文件存储,规划简报区,管理区域,个人存储,标签和锁定控制设施茶点设施保护设备,环境控制(暖通、照明、声学、防火、抗震)。

2.1.2　远程停堆设施:环境控制,安全规定,硬件,工作站布局。

2.1.3　就地控制站:操作员接口,沟通,安全规定,停堆大修控制中心,工程室,材料和废燃料处理,技术支持中心,燃料加工厂,应急操作设施。

2.2　输入设施:键盘鼠标,触摸屏,手势输入控制器,语音输入,轨迹球,语音识别,手动紧急停堆按钮,多种驱动控制。

2.3　输出设施

2.3.1　音频报警器:编码,未编码。

2.3.2　视觉显示装置:信号机,概览显示,过程显示,安全相关显示,平板操作显示器,报警信号器,SDCV(空间专用持续可见)显示器,"状态一览"概述,工艺流程显示,模式/状态显示,子进程显示,软控制,低电平系统状态显示,趋势显示,手机外壳,诊断显示器,安全状态显示,事件日志显示,专用安全相关显示器,事件后显示面板,打印机。

2.3.3　混合输入/输出设施:通信设备:对讲机,触摸屏,内联网,收音机,电话;便携式/可穿戴设备:平板,智能手机,PDA 系统,条码扫描器,射频识别标签;增强现实设备:触觉设备(如振动警报),头戴式显示器,头戴式通信器,头戴式摄像机

7.10　HSI 设计和实施策略

如前所述,选择和实施 HSI 是核电站总体工程的一小部分工作。控制室、HSI 与电厂的整体架构紧密结合,与操作人员一起,对电厂的效率和安全起着至关重要的作用,因此,它应与电厂的所有其他部分一样遵循严格的规范。因此,设计人员需要关注所有影响人与电厂和系统交互的分析、设计和实现领域。控制室中的操作员绩效可能同样受到控制系统软件设计、系统架构、控制室物理架构或程序和文件设计的影响。为了解决这些问题,有必要将人因纳入技术系统设计过程。

NUREG－0711 强调遵循电厂人因工程流程的重要性,并为所有设计决策提供可追踪的文件。这要求设计人员将最终 HSI、程序和培训与设计的详细说明和规范进行比较,以验证它们是否符合 HFE 设计过程。

本节描述了 HFE 综合方法。

7.10.1　系统工程(SE)中 HFE 的集成

作为核电站复杂技术系统的一部分,实施先进 HSI 需要采用基于人和系统组件需求的集成方法。实现渐进式 HSI 升级或全新设计的最可靠和有效方法之一是将 HFE 与系统工程过程(SEP)进行集成。HFE 集成整个系统,考虑人和设备因素,将人因纳入 SEP 考虑,分析人类在 HSI 技术选择中的作用,并最终分析人因在系统生命周期的每个阶段对电厂运行和维护的作用。

系统化方法首先确保工程设计、技术选择和开发过程所需的人因信息在项目开始之前就已获得认可。其次,它将确保在整个项目生命周期内对系统和操作进行人因评估,识别问题,并帮助工程师确定成本效益高的解决方案,以提升人的绩效、增强系统的性能。许多项目案例研究已经证明,在项目早期而不是晚期集成人的需求更具成本效益。

7.10.2　监管要求

SMR 监管审查程序在大多数方面与传统核电站的审查程序相同,新电厂的设计人员将被要求遵守 NUREG－0711 中所述的要求。具体而言,要求证明遵循了风险告知流程,以确保在 HFE 流程中充分考虑安全因素。

7.10.3　标准和设计导则

NRC 正在审查和更新其法规和要求,以便为审查新一代 SMR 的设计提交文件做准备。NUREG－0711 的更新版本中涉及了电厂改造和重要的人类行为方面的新要求。

NUREG－0700 也将更新,并将包含关于数字化系统和 HSI 的新审查指南。

一些军用和政府出版物也可作为设计人员的参考,如:

(1)MIL－HDBK 46855 Human Engineering Program Processes and Procedures;

(2)MIL－STD－1472 Human Engineering;

(3)DoD Human Computer Interface Style Guide;

(4) FAA Human Factors Design Guide for Acquisition of COTS systems, Non – developmental items and developmental systems;

(5) NASA – STD – 3000 Man – Systems Integration Standards。

7.10.4　设计考虑

随着核电工业向下一代核电站设计、工艺和先进控制室的过渡,为确保核电站的高效和安全运行,许多新技术获得了应用,控制室操作的一个关键组成部分是操作人员,他们最终必须使用新技术。HSI 技术提供的机会使人因工程师在具体要求和选择上面临以下挑战:

(1) 深入进行任务分析、模拟和原型设计是成功实施的关键。下一代控制室将利用先进自动化技术使多模块机组的控制室人员实现最少化。对于单个系统功能和整个控制系统,建立最佳的自动化水平至关重要。设计人员必须将"尽可能自动化"的自动化理念与"保持运算在循环中"的首要要求相协调。必须遵循合理任务分配的策略,不是简单地将人或机器做出非此即彼的功能分配策略,而是它们之间动态的、富有成效的协作。许多经验表明,传统的功能分配方法已不足以确定哪些功能可以或不能实现自动化以及原因;

(2) 必须分析操作人员的各种角色(在电厂容量减少、操作模块数量不同的情况下,或在维修或紧急情况下),人因工程师必须确保将功能和任务分配分析及时反馈到工程设计中。该策略必须考虑控制室内多个自动化系统的集成,如何处理此类自动化系统的多个故障,以及如何在所有操作模式下为操作员提供适当的任务支持。先进的自动化系统不仅需要自适应的操作员支持系统来匹配自适应的自动化系统,还需要对系统进行广泛的自我诊断、纠错、智能报警处理和自动事件报告。所有这些都必须在不让操作员离开控制回路的情况下完成;

(3) 控制室设计,特别是多模块控制室的设计,需要复杂的分析、模拟和设计方法和工具。需要特别提出的是,高精度模拟机对于验证设计、规程和操作员绩效表现至关重要。即使设计人员拥有了一个操作控制室,他们仍将面临另一个挑战:如何让操作人员保持警惕并发挥监控作用。在运行的早期阶段(测试和诊断),操作员将参与大量与首个电厂相关的额外工作。在正常操作条件下,除非改变操作员的传统角色,否则操作员的工作将非常少。低工作量条件下的警觉和情况意识,以及关于轮班次数和持续时间,仍然需要通过详细的任务分析和各种条件下人的可靠性和人的表现的研究来确定;

(4) 除了操作员角色的变化外,还需开发新一代操作程序,特别要满足各种操作模式的特殊要求。模块特定操作程序与电厂通用程序可能需要特殊处理,这需要在电厂调试之前解决。全范围模拟器在验证和确认操作员任务的许多方面是必不可少的。

虽然自动化和 HSI 技术提供了多样化的选择,但设计人员需要做出设计决策,以确保可获得许可、商业上可行的电厂。最终,需要关注单模块和多模块电厂中获得不同自动化水平和操作员绩效的实用性、公共性和法规认可所需的内容。许多新的 HSI 技术,如增强现实技术、智能软件代理技术或手持 HSI 技术,由于缺乏核工业的应用证明,在控制室中的应用可能受到质疑。然而,先进自动化系统的集成特性将决定 HSI 设计要采用整体集成的方法。尽管先进的 HSI 技术可能不如建造安全和商业上成熟可行的核电站那样重要,但设计人员应认识到,HSI 技术提供了一个可以显著提高核电站的人因性能和可靠性、并最终提高整个技术系统的有效性和效率的机会。

7.11 HSI 未来发展趋势

可以预测,HSI 的各类技术将具有不同的发展道路,以支持新核电站,特别是 SMR 的许可和商业化进程。随着可供选择的设备越来越多,设计人员往往会被迫采用一种次优的设计解决方案,使用的技术不一定是最先进的,反而是已通过工程验证的技术。

这些技术中有些是重叠的,当前技术趋势的一个首要特征是融合。从 20 世纪 80 年代开始,开发人员一直致力于将越来越多的功能集成到单个设备中,现在看到的不仅是能够执行类似任务不同技术的开发(如语音和视频通信以及计算),而且还包括输入和输出设备等独立技术的开发,以及这些技术结合在同一物理设备中以实现不同的交互方式。平板电脑和智能手机是输入和输出设备的典型例子,它们过去是两种不同的技术。另一个发展趋势是开发能够适应用户物理位置和使用环境(家庭、街道、办公室、工厂或农村)的设备。谷歌的增强现实眼镜设备正是通过与环境交互并不断向用户提供信息从而进一步为用户提供有价值的信息。

这些融合技术特别适用于未来 SMR 的运行。在这些概念中,改变操作员角色将需要更强大的访问和信息操作手段,HSI 体系结构中提到了未来的"运营商支持系统",这将是这些混合和协同技术的理想应用领域。

可以预期,HSI 技术融合和功能协同将进一步提高其可靠性、弹性、适应性和信息可访问性,成为未来控制室和 HSI 设计决策的强大驱动力之一。这些技术在有线、无线或光纤连接上传送文本、音频和视频材料的能力正迅速发展,未来的操作员将被一个多层次、融合的、媒体丰富的控制室内外世界所包围,所有的计算、信息呈现和通信模式都可以适应正常和紧急的操作条件。

大规模集成网络化智能传感器和控制系统将推动更高水平自动化。未来的电厂将高度自动化,运营商角色和功能将改变,操作人员将执行更多监督功能和更少实际控制任务。人因工程师应更紧密地与系统工程师合作,以确保自动化决策不仅仅基于先进仪器和控制技术能力,还要基于人与系统之间有成效的协作。只有在提高可靠性、效率和安全性而不损害操作员的情况意识和必要时干预能力的情况下,功能才应自动化。这种干预能力的设计应使系统能够利用那些仍然使人类优于机器的复杂现象和能力,应对不确定性和相互冲突的指示、应用经验法则、对物体的快速视觉识别,或者识别和匹配复杂的视觉或听觉模式并将其转化为行动。相比之下,不应期望操作员执行复杂的数学计算,执行人类执行不好或工作量增加的功能,或执行对人类操作过于危险的任务。

7.12 结　　论

核电站的监测、控制、监视、检查、试验和维护都是技术密集型活动。正因为如此,核工业长期以来一直以不断提高生产力为目标,同时努力维护或提高运行安全。目前,正在开发的先进核电站提供了一个平台,先进的自动化和 HSI 技术将使这些目标可能实现。

对于所有利益相关者来说,新一代核电站是否使用新的 HSI 技术在很大程度上是未知的。大多数新反应堆设计往往依赖以往的运行经验,而非创新技术。工程师、运营经理、人因实践者、监管者、运营商和许多其他人将持续面临新技术概念实践应用证明的挑战。

HSI 是一门涉及面广的学科,从人类认知和感知的抽象理论,到为特定任务选择特定硬件和软件。这些更简单、更直观和更灵活技术的使用不仅在 HSI 中开创了一个新的时代,而且也将推动操作人员与电厂系统交互方式的变革。先进的 I&C 系统和 HSI 将有助于 SMR 的自动化提升和人因绩效的改进。

7.13　参 考 文 献

[1]　Boring, R. L. (2010) Human Reliability Analysis for Design: Using Reliability Methods for Human Factors Issues. Seventh American Nuclear Society International Topical Meeting on Nuclear Plant Instrumentation, Control and Human – Machine Interface Technologies, NPIC&HMIT 2010, Las Vegas, Nevada, November 7 – 11, 2010, ANS.

[2]　Brown, W. S., et al. (1994) Local Control Stations: Human Engineering Issues and Insights. NUREG/CR – 6146. US NRC, Washington, DC, 2011.

[3]　Buxton, B. (2011) Haptic Input. (Chapter 14, Gesture – based Interaction). eBook, http://www. billbuxton. com/input14. Gesture. pdf, Accessed February 10, 2013.

[4]　Cheskin Research (2002) Designing Digital Experiences for Youth, Market Insights Series, Fall, pp. 8 – 9.

[5]　Ehlert, P. A. M. (2003) Intelligent User Interfaces: Introduction and survey. Technical report. Delft Technical University.

[6]　Hale, K. S. D (2006) Enhancing situation awareness through haptic interaction in virtual environments training systems. PhD Dissertation, University of Central Florida.

[7]　Hoffman, R. R., et al. (2002) 'A Rose by Any Other Name. . . Would Probably Be Given an Acronym'. IEEE Intelligent Systems, vol. 17, no. 4, pp. 72 – 80, 1uly – Aug.

[8]　Hugo, J. (2004) Design Requirements for an Integrated Task Support System for Advanced Human – System Interfaces. In Fourth ANS International Topical Meeting on Nuclear Plant Instrumentation, Controls and Human – Machine Interface Technologies. NPIC&HMIT 2010, ANS, LaGrange Park, IL.

[9]　Hugo, 1. (2012) Towards a Unified HFE Process for the Nuclear Industry. Proceedings of the Eighth American Nuclear Society International Topical Meeting on Nuclear Plant Instrumentation, Control, and Human – Machine Interface Technologies. NPIC&HMIT, San Diego, CA.

[10]　ISO 9241 – 11 (1998) Ergonomic requirements for office work with visual display terminals (VDTs)' – Part 11: Guidance on usability, International Standards Organization.

[11]　Jones, L. A., and Sarter, N. B. (2008) Tactile displays: Guidance for Their Design and

Application. Human Factors, vol. 50, pp. 90 – 111.

[12] Korsah, K., Holcomb, D. E., Muhlheim, M. D. et al. (2009) Instrumentation and Controls in Nuclear Power Plants: An Emerging Technologies Update. NUREG/CR – 6992 US Nuclear Regulatory Commission.

[13] Lintern, G. (2007) What is a Cognitive System? Proceedings of the Fourteenth International Symposium on Aviation Psychology, pp. 398 – 402. Dayton, OH.

[14] Ni, T., Schmidt, G. S. et al. (2006) A Survey of Large High – Resolution Display Technologies, Techniques, and Applications. Proceedings of VR '06 Proceedings of the IEEE conference on Virtual Reality, pp. 223 – 236, IEEE.

[15] NUREG – 0696 (1981) Functional Criteria for Emergency Response Facilities. US Nuclear Regulatory Commission, Washington, DC.

[16] NUREG – 0800 (2007) Standard Review Plan for the Review of Safety Analysis Reports for Nuclear Power Plants. US Nuclear Regulatory Commission, Washington, DC.

[17] O'Hara, J., et al. (2002) Human System Interface Design Review Guidelines, NUREG 0700 Rev2 US NRC, Washington, DC.

[18] O'Hara, J., Higgins, J, and Brown, W. (2008) Human Factors Considerations with Respect to Emerging Technology in Nuclear Power Plants, NUREG/CR – 6947, US NRC, Washington, DC.

[19] O'Hara, J., et al. (2012) Human Factors Engineering Program Review Model, NUREG – 0711, Revision 3, US NRC, Washington, DC, USA.

[20] Oviatt, S. (2003) Multimodal interfaces. In Jacko, J. and Sears, A. (Eds.), Handbook of human – computer interaction (pp. 286 – 304).

[21] Mahwah, et al. (2005) Guidance for Assessing Exemption Requests from the Nuclear Power Plant Licensed Operator Staffing Requirements Specified in 10 CFR 50. 54(m), NUREG – 1791, US NRC, Washington, DC.

[22] Sheridan, T. (2002) Humans and Automation: System Design and Research Issues. Wiley Interscience: New York.

[23] Shneiderman, B. (2000) The limits of speech recognition. Communications of the ACM, vol. 43, Issue 9, pp. 63 – 65, Sept.

[24] Silberglitt, R., et al. (2006) The Global Technology Revolution 2020: In – Depth Analyses: Bio/Nano/Materials/Information Trends, Drivers, Barriers, and Social Implications, Santa Monica, CA: RAND Corporation, TR – 303 – NIC, 2006.

[25] Woods, D. and Hollnagel, E. (2006) Joint Cognitive Systems: Patterns in Cognitive Systems Engineering. Taylor and Francis, New York.

[26] Wright, P., et al. (2000) Function Allocation: A perspective from studies of work practice. International Journal of Human – Computer Studies, vol. 52, Issue 2, pp. 335 – 355, February.

第8章 IPWR安全性

8.1 引 言

在安全方面,大功率和小功率的反应堆机组都能满足基本的技术、监管和许可要求。本章要讨论的问题是,在反应堆功率水平、衰变热、源项上是否存在着影响固有安全方面的差异,所研究的影响因素分析如下。

(1)衰变热

核反应堆需要重点考虑的安全因素是在非正常停堆、特别是在失去厂外电源的过程中安全排出堆芯余热。在体积功率密度可比的假设条件下,在排热能力方面可认为SMR本质上是安全的。堆芯产生的功率取决于堆芯体积V,如果所有的安全设施发生故障不可用,反应堆最终将通过其表面积为S的压力容器散热,S/V的比值越大,反应堆固有的排热能力就越高。由于体积增长比表面积快(体积是当量线性尺寸的三次方关系,表面积是当量线性尺寸的二次方关系),因而大功率反应堆的S/V值比小功率反应堆的比值偏小,即SMR具有相对较高的固有排热优势。

(2)源项

假设反应堆具有相同的比功率和堆芯平均燃料燃耗,SMR的源项将明显比大型机组小。但是在相同的反应堆功率下,需要按比例增加SMR反应堆模块的数量,SMR的源项将与同等功率的大型机组相当。尽管多台机组同时发生故障的可能性不大,但福岛第一核电站事故表明,即使可能性不大,也确实存在发生无法预见的共模故障的可能性。应注意,共模故障会使多个SMR的源项与一个大型机组的源项同样大,但不会更糟。

(3)安全有利因素

其他与功率水平直接相关的特性,可以间接提高安全性。如较小的堆芯尺寸和功率水平能够或有助于一体化配置,较小的核电站占地面积有助于将其放置在隔震器上,这些措施对安全有利。

(4)能动和非能动安全

从概念上分析,非能动是基于自然规律的,可在各种非正常条件下履行其功能。虽然小型和大型反应堆设计都可能包含非能动安全系统,但实践表明,SMR更有利于实现非能动安全。

(5)安全系统的可靠性

许多SMR(如IRIS)已证明,在进行安全系统设计时,可充分利用较低的功率水平和相对尺寸以实现其优势,较低功率水平带来设计简化,有望同时实现可靠的安全性和经济性。例如,由于反应堆压力容器尺寸的限制,集成一体化的一回路布置仅限于SMR,不能直接外推并应用于大功率机组。

鉴于 IPWR 在 SMR 中的特殊性,本章将重点讨论 IPWR 的安全性。

8.2 安全实现方法:能动、非能动、固有安全和设计安全

安全实现方法是通用的,但"固有安全理念"主要反映了系统消除事故的天然固有属性,"设计安全理念"则强调通过有意识的安全设计以达到安全指标或安全效果。IAEA - TECDOC - 626 中解释了"安全"术语的具体含义。

核电站设计考虑了许多安全系统,旨在提供安全功能,并在非正常和事故情况下执行适当的操作。根据安全系统的运作方式,安全系统分为能动式和非能动式。

能动安全系统依赖外部电力、力作用或信号才能执行功能。例如,衰变热导出需要电驱动信号打开电动(或手动)阀、启动泵及其组合来建立冷却剂流量或其某些组合。能动安全系统的运行需要外部电源,电源丧失可能导致能动安全系统失效,即使存在多个冗余和不同的外部电源(电源线、柴油发电机、电池),供电线路失效也可能导致安全系统失效。

非能动安全系统依靠自然规律运行,不受外部动力源的影响,发生故障概率小。非能动安全的启动过程可能依赖储存的能量来驱动(例如使用电池或压缩空气动力打开阀门),然后系统根据自然法则建立自然循环。

表 8.1 给出了核管理委员会(NRC)对能动和非能动结构和部件的分类。

表 8.1 能动和非能动系统、部件分类

非能动设备、结构、部件	能动设备、结构、部件
反应堆压力容器	泵(泵壳除外)
反应堆冷却剂系统压力边界	阀门(阀体除外)
蒸汽发生器	电动机
稳压器	空气压缩机
管路	柴油发电机
泵壳	减震器、阻尼器
阀体	控制棒驱动动力
堆芯屏蔽	风机闸门
支承件	压力变送器
压力维持边界	压力指示器
换热器	水位指示器
通风管道	转换开关
安全壳	冷却风扇
安全壳衬里	晶体管
机械和电气贯穿件	电池
设备闸门	断路器
抗震 I 类结构	继电器

表 8.1(续)

非能动设备、结构、部件	能动设备、结构、部件
电缆及接头	开关
电缆槽	功率逆变器
电气柜	电路板
	蓄电池充电器
	供电电源

根据非能动程度,IAEA 给出了更精确的划分,例如,最高等级 A 类非能动设施表示无驱动信号、无外力、无动力源、无运动部件或运动液体的非能动设施。而最低等级 D 类非能动设施特点如下:

(1)能量只能从储存源获得,如电池或压缩或升高的液体,不包括连续产生的能量,如连续旋转或往复机械的正常交流电源;

(2)有源元件仅限于控制装置、仪表和阀门,但用于启动安全系统的阀门必须是仅依靠储存能量的驱动;

(3)不包括手动启动。

基于重力驱动流体循环的应急堆芯冷却系统就是其中一个例子,通过故障安全逻辑驱动电池来驱动电动阀动作。

第二代核电站主要依靠能动安全系统,最新的核电站采用能动和非能动安全系统相结合的设计。西屋公司的 AP1000 属于非能动安全核电站,所有安全系统都属于非能动。

应注意,非能动系统也可能失效,例如,在地震破坏作用下,用作安全隔离屏障的墙体可能会被破坏,自然循环回路中的管道可能会破裂等。

根据 IAEA – TECDOC – 626,固有安全是指通过核电站基本设计消除或排除固有危险,从而实现安全。核电站潜在的固有危险包括:放射性裂变产物及其衰变热、过量反应性、功率偏移、高温、高压和高能化学反应引起的能量释放。消除这些危险才能确保核电站内在的安全性。然而对于实际反应堆很难实现内在固有安全,因此,需要采取缓解这些危险的工程措施。固有安全仅代表固有安全特性,而不能代表核电站整体固有安全。

"设计安全"强调有意识地进行设计和工程选择,排除可能导致某些事故或某类事故的始发事件,从而保证安全。很显然,设计安全不需要处理此类事故的假设后果,也不需要配置相应的工程安全系统,核电站整个安全系统因此变得更简单、更安全、更经济。设计安全在所有反应堆设计中都有一定程度的体现,尤其是 IPWR 设计中这一理念体现得更明显。在 IRIS 最初的设计中就系统化地追求设计安全,在实施过程中又将这一理念提升到更高层级。

表 8.2 总结了 IRIS 按照设计安全理念进行安全系统设计的考虑内容,通过该方法 IRIS 设计消除了某些事故的始发事件,或降级某些事故的后果等级。从表中可以看出,在大型回路式压水堆中,常考虑的 8 起四类事故中,有 3 类已被消除(大破口失水事故 LOCA、控制棒弹出事故、反应堆冷却剂泵轴断裂事故),4 类事故的严重程度降低(反应堆冷却剂泵卡

住、蒸汽发生器传热管断裂、蒸汽系统管道破裂事故、给水系统管道破裂事故）。前两个是压力容器一体化结构设计的直接结果,对于其余5个事故,一体化配置本身并不能解决潜在的安全问题,但却有助于解决或消除其中一些问题。

表 8.2　IRIS 设计安全技术措施

设计特点	安全措施	受影响事故和事件	第 IV 类设计基准事件	针对第 IV 类事件的安全设计
一体化布置	一回路无大尺寸管道	大 LOCA	大 LOCA	设计消除
大容量、高尺寸的压力容器	增加了水装量,增强了自然循环能力,实现 CRDM 内置布置	其余 LOCA,排热减少事件,弹棒事故,压力容器顶盖密封失效	弹棒相关事件	设计消除
压力容器内热量导出	通过冷凝而非质量损失来降低系统压力,采用 SG 有效排热及应急排热	其余 LOCA,需要有效冷却的事件,ATWS		
降低安全壳尺寸,采用高设计压力安全壳	一回路系统可通过开启阀门实现系统降压	其他 LOCA		
多台无轴主泵	降低单泵失效后果影响	卡轴、断轴、马达锁死	卡轴,断轴	消除断轴事故,事故降级
采用高设计压力的蒸汽发生器 SG	取消 SG 安全阀,主冷却剂系统不发生超压事故,降低了给水和蒸汽管线系统破裂或失效的风险	SGTR,主蒸汽管线破裂事故	SGTR,主蒸汽管线破裂事故	事故降级
OTSG	有限水装量	给水管线破裂事故,蒸汽管线破裂事故	给水管线破裂事故	事故降级
稳压器内置于压力容器内	稳压器体积可增大	过热事件,包括给水管线破裂,ATWS		
乏燃料水池置于地下	安全性增加	有效应对外部事件	核燃料装卸事故	无影响

多数 SMR(如 IPWR)设计采用一体化布置设计,增强其固有安全性,这不是偶然的,而是以下两个基本因素共同作用的结果:

(1)压水堆一回路采用高压系统,对主冷却剂系统压力边界的任何泄漏或破裂非常敏感。相比之下,低压液态金属冷却堆(铅、铅铋或液态盐)由于冷却剂的凝固效应可以自发堵塞泄漏,边界泄漏问题可因此而得到解决。一体化结构设计消除了外部连接管道和压力容器(蒸汽发生器、稳压器),从而消除了其发生故障的可能性,或将故障发生的可能性降低至最低;

(2)一体化压力容器配置必然导致反应堆压力容器尺寸增加,因此,对于大功率压水堆核电站,增大反应堆压力容器以容纳同等体积规格的蒸汽发生器、稳压器,显然在技术上和经济上的可行性较差。而对于功率水平相对较低的 SMR 来说,适当增大反应堆的体积是可以容纳一回路主设备的,有些大功率的一体化压水堆可通过采用紧凑蒸汽发生器技术来实现体积最小化。

以下分析了不同 IPWR 采用典型非能动和固有安全技术特性,有些技术还可以应用于大型压水堆核电站,有些可能不是完全非能动技术,可能还需少量的能动元件,IPWR 安全技术措施有:

(1)通过集成一回路系统、将主要设备集中布置在压力容器内,系统整体安全性得以提升,表现在:

①设计消除了大破口失水事故;

②设计消除了控制棒弹出事故(采用内置控制棒驱动机构);

③增强瞬态响应裕量(增大水装量,增大稳压器体积功率比,稳压器布置在压力容器内);

④采用内置泵消除压力边界贯穿件和相关的失效模式;

⑤采用压力容器内置的新型蒸汽发生器或特殊热交换器技术以消除或降低某些故障模式的严重性(蒸汽发生器传热管破裂或蒸汽管线/给水管线破裂事故);

⑥将一回路冷却剂限制在反应堆压力容器内部;

⑦消除外部回路,使整体设计更加紧凑。

(2)通过增强对压力容器和安全壳的防护,减少了外部事件对压力边界破坏的影响,对某些更低功率的小型堆则采用全自然循环运行模式,取消主泵及其失效的可能性;

(3)非正常条件下,系统采用自然循环导出堆芯衰变热,设计上消除了对泵和外部电源的需求;

(4)堆芯采用无硼运行,减少了硼酸腐蚀,大大降低了化学和容积控制系统的负担,降低了压力边界贯穿管道的需求;

(5)设备少,故障概率低,非计划停堆次数可以大幅较少,因而提高了机组盈利能力;

(6)增强温度和功率负反馈效应,结合无硼堆芯控制,适当提高 SMR 功率自调节和自稳定能力,从而有助于实现小机组的负荷跟踪运行。但必须考虑过量负反应性的引入,可能对安全产生负面影响;

(7)尽可能实现长寿命堆芯,以降低换料和大修频次及相关惩罚,并增强防扩散能力。然而,实现长寿期可能需要高浓缩核燃料并采用较细的燃料棒,从而消除功率不平衡影响;

（8）SMR功率水平较低，堆芯燃料装量小，有可能实现将源项减少到几乎无须场外应急；

（9）增加最终热阱的容量，通过设计较小的反应堆功率模块和大容量的最终热阱水池来实现；

（10）增强安全壳内惰性气体的含量，以防止氢气爆炸；

（11）采用非能动安全壳排热系统以提升固有安全能力；

（12）反应堆压力容器和安全壳相互耦合共同应对失水事故，从而限制冷却剂装量损失；

（13）尽可能多使用非能动技术来实现纵深防御原则；

（14）采用非能动反应性控制措施（包括非能动停堆系统），来增强反应堆控制的固有安全特性；

（15）接近零的自调节剩余反应性，消除了瞬发超临界的可能性，通常仅限于低功率状态；

（16）加强地震预防隔离措施。

过去几十年里提出的许多SMR设计中，或多或少包含了上述大部分的技术设计特征。

韩国的SMART、阿根廷的CAREM、俄罗斯的RITM－200给出了各具特色的IPWR设计技术特征。

美国的mPower、NuScale、W－SMR、SMR－160也提供了典型的IPWR设计特点。

表8.3总结了IPWR的安全相关特征。应注意，表中某些特性同时会对安全性和经济性产生积极影响（如采用简化设计和非能动安全技术必然会提高经济性），降低功率会增加资本成本，需要通过其他经济效益进行补偿，需要充分考虑安全选择对经济性的影响。

表8.3 典型IPWR安全特征

特征	CAREM	IRIS	mPower	NuScale	RITM－200	SIR	SMART	W－SMR
国别	阿根廷	国际合作	美国	美国	俄罗斯	美英	韩国	美国
设计方	CNEA	美国为主的联合体	B&W	NuScale电力	OKBM	燃烧公司	KAERI	西屋
热功率MWt	100	1000	530	160	175	1000	330	800
电功率MWe	27	335	180	45	50	320	100	225
循环方式	自然	强制	强制	自然	强制	强制	强制	强制
全内置泵	N/A	Yes	No	N/A	No	No	No	No
冷却剂是否考虑稀释硼	Yes	No	Yes	No	Yes	Yes	No	No
内置CRDMs	水力	电磁	电力－水力	No	No	No	No	电磁

表 8.3(续)

特征	CAREM	IRIS	mPower	NuScale	RITM-200	SIR	SMART	W-SMR
安全系统	非能动	非能动	非能动	非能动	(*)	非能动	能动+ 非能动	非能动
余热导出	非能动	非能动	非能动	非能动	(*)	非能动	非能动	非能动
CDF	10^{-7}	10^{-8}	10^{-8}	10^{-8}	(*)	(*)	10^{-6}, 10^{-7}	(*)
LERF	10^{-8}	10^{-9}	(*)	(*)	(*)	(*)	10^{-8}	(*)

说明:1. 数据来自 IAEA ARIS 数据(IAEA,2012a);

2. CDF:堆芯损伤频率,每堆年;

3. LERF:大规模早期释放频率,每堆年;

4. N/A:不可用;

5. (*):信息不详或不可用

8.3 SMR 系统和部件试验

IPWR 设计的目的是在采用经过验证的 LWR 技术和新技术方案之间达到平衡,以开发具有独特特性和潜在优势的 SMR。因此,在研发、分析、许可授权和最终部署 SMR 的过程中,通常需要进行系统和部件的试验和验证。

系统和部件的试验可分为:

(1)工程验证试验;

(2)单独效应机理和现象试验;

(3)整体效应机理和现象试验;

(4)完整一回路系统综合试验;

(5)原型堆试验。

工程验证试验旨在证明工程方案的实际可行性,并在制造最终部件之前验证工程方案的实际功能。

单独效应机理和现象试验主要用于验证、测试、鉴定原型设备或部件的设计、制造、运行和性能,还可能包括加速老化、辐照、地震试验等,并最终确定部件的性能,单独效应试验还可以为计算机程序的验证提供试验数据。

整体效应机理和现象试验主要是测试并检查整体系统或多个功能模块组合成整体模块后系统的综合性能,通常采用缩比试验装置,可用于揭示系统之间的交互运行特性,包括安全和非安全系统之间的协调运行过程中关键参数的变化规律,还可以为系统模型建立和系统分析提供热工水力性能参数,并用于验证系统程序。对于 IPWR SMR,整体效应机理和现象试验显然是有必要的,因为一体化系统配置与传统回路式系统配置和工艺流程存在明显区别,其热工水力现象可能存在差异性。整体效应试验通常采用电加热模拟反应堆堆芯,采用缩比容器、换热器等设备模拟整个系统的正常和非正常运行特性,并用于验证系统程序。一些 IPWR 已经建立了缩比分析方法论和缩比试验模型,也有 IPWR 建立原型堆试验装置,可装载核燃料进行临界和热工试验,如 CAREM－25 就是一个 27 MW 的原型堆,其商用核电站型号的功率为 100~200 MW,CAREM－25 现场挖掘工作已于 2012 年 8 月完成,2016 年开始冷态试验。

与分散环路式压水堆相比,IPWR 工程试验通常从新部件开始,包括燃料和燃料组件、内置控制棒驱动机构(电磁或液压)、主泵、蒸汽发生器(多为直流蒸汽发生器)、内置稳压器或自增压系统,以及新的仪表控制系统,如流量测量和核安全仪表。

mPower 已在组件试验项目和一体化系统试验(IST)设施上投资超过 1 亿美元,对反应堆冷却剂泵、CRDMs、燃料、蒸汽发生器和应急高压冷凝器进行试验。

NuScale 进行的试验测试包括:蒸汽发生器、CRDMs、燃料组件。由于 NuScale 核电站标准配置包括 12×45MWe 机组模块,因此 NuScale 还进行了多模块共用控制室模拟试验,该实验室配有 12 个独立机组模块模拟器,以演示多模块运行操作。

西屋公司一直在为其 W－SMR 进行燃料组件和 CRDMs 试验测试。

单独效应机理和现象试验反映了 IPWR－SMR 的技术特点,可能与关键设备研发相关,也可能将工程研发试验扩展到之外领域,如设备运行和鉴定,包括加速老化和辐照测试。典型例子包括:

(1)若采用新型高效换热器进行衰变热排出,则需要验证传热特性;

(2)蒸汽发生器的检查和维护;

(3)主泵的可操作性和长期运行性能试验;

(4)堆芯仪表性能和长期可运行试验;

(5)燃料组件性能试验(振动、地震响应等)。

整体效应试验旨在验证系统之间的耦合性能和相互作用,可能包括(取决于 IPWR 设计):

(1)测试蒸汽发生器和应急排热系统(EHRS)之间的耦合性能;

(2)测试反应堆容器与安全壳或防护容器之间的相互作用;

(3)测试反应堆冷却剂系统和 ADS(自动减压系统)之间的耦合性能。

与自然循环有关的现象对 IPWR 运行特别重要,因为大多数概念都包含非能动技术、自然循环驱动、衰变热排出。一些低功率 SMR 设计概念(如 CAREM－25:27 MWe;NuScale:45 MWe)在正常满功率运行时也采用自然循环进行热量传输,因此需要进行与特定非能动系统相关的试验测试,目的是更好地了解自然循环现象,揭示系统性能,并验证设计和许可所需的程序和方法。

完整的试验测试对于系统模型的验证和整个系统的精确模拟是必不可少的,试验规模可能涉及系统、子系统、模块、材料成分、几何结构、物理相(气、液、固)、场和现象。下面提供了此类设施的一些实例。

8.3.1 IRIS SPES3 试验设施

IRIS 反应堆设计联盟在意大利设计了 SPES3 整体试验设施,用来进行试验验证,该设施可以模拟 IRIS 一体化压水堆主要热工水力现象(压力、温度、流量和压降等),试验设施体积缩比比例为 1:100,面积缩比比例为 1:100,高度相同。

SPES3 整体试验设施可以模拟 IRIS 反应堆的一回路系统、二回路系统和安全壳系统。

表 8.4 给出了 IRIS 和 SPES3 之间参数的比较。

SPES3 试验设施的三维布置示意图如图 8.1 所示,SPES3 压力容器如图 8.2 所示。

表 8.4　IRIS 和 SPES3 参数对比表

系统、部件或特点	IRIS	SPES3
主系统采用一体化压力容器	采用	除主泵外置外,其余采用
系统运行压力	15.5 MPa	15.5 MPa
堆芯热功率	1 000 MW	6.6 MW
堆芯入口温度	566 K	566 K
堆芯出口温度	603 K	603 K
主泵	8 台	1 台
二回路	4 个	3 个
螺旋管 SG	8 台	3 台
SG 高度	8.2 m	8.2 m
每台 SG 传热管数	~700 根	14,14,28
SG 传热管平均长度	32 m	32 m
应急硼系统(EBT)	2	2
应急热排除系统(EHRS)	4	3
换料水池(RWST)	2	2
堆腔(RC)	1	1
干井(DW)	1	1
压力抑制系统(也称抑压系统)(PSS)	2	2
长期重力补偿系统(LGMS)	2	2
速冷槽(QT)	1	1
自动卸压系统(ADS)序列	3	2
安全壳系统	采用	采用

8.3.2　NuScale 整体系统试验装置(NIST)

NIST 整体系统试验装置位于美国俄亥俄州立大学,其缩比比例为 1:3,可完整模拟核动力模块和厂房水池。

NIST 采用电加热来模拟堆芯加热功能,从而使系统达到预期的工作温度和压力。自然循环稳定性试验结果表明在预期的运行条件下,自然循环是稳定的。NIST 还被用于验证计算机程序模型,包括热效率、热工性能和安全分析。NIST 不锈钢压力容器试验设施可在系统全压力和温度下运行,可模拟反应堆压力容器、棒束、堆芯围筒、稳压器、水坑再循环阀、螺旋管直流蒸汽发生器、给水泵、安全壳容器和安全壳冷却水池。

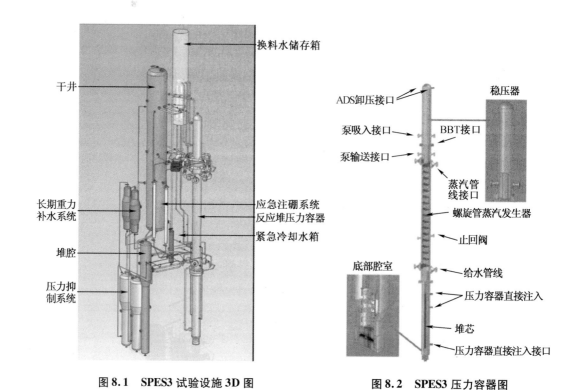

图 8.1 SPES3 试验设施 3D 图   图 8.2 SPES3 压力容器图

表 8.5 总结了 NIST 缩比比例。

NIST 安全壳、水池和压力容器示意图如图 8.3 所示。

表 8.5 NIST 缩比比例

参量	比例
高度	1:3.1
压力	1:1
温度	1:1
横截面积	1:82
体积	1:255
功率	1:255
速度	1:3.1
平均滞留时间	1:1

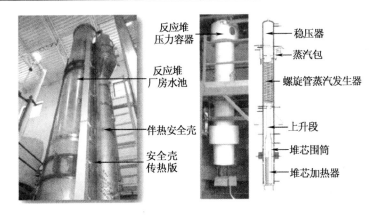

图 8.3　NIST 安全壳、水池、压力容器示意图

8.3.3　SMART 整体试验回路设施（SMART – ITL）

SMART – ITL 位于韩国原子能研究机构 KAERI，是一个在原型条件（压力、温度）下运行的四回路全高度试验设施，面积比为 1∶49，最大功率为 2 MW，该设施包括：带有四台蒸汽发生器的一回路系统（模拟一体化反应堆压力容器）、包含四列非能动余热排出系统的二回路系统（每个系统都有一台热交换器、一台紧急冷却水箱和一台补给箱，以及阀门和连接管道）。SMART – ITL 还集成了一些辅助系统。

8.3.4　B&W mPower 整体系统试验设施（IST）

B&W 公司的 mPower IST 试验设施位于美国弗吉尼亚州，反应堆采用缩比试验装置，包含了 mPower 一体化反应堆的所有技术特征。IST 试验数据被用来验证反应堆设计和安全性能，并支持 B&W 与 NRC 之间的许可活动。mPower 反应堆原型于 2011 年 7 月安装，2012 年 7 月实现功率运行。

8.4　PSA/PRA

本节所讨论的 PSA/PRA 旨在解决 SMR 的一些特定问题。

设计基准事故（DBA）是"假定的事故，即核动力厂的设计和建造必须能够承受确保公众健康和安全所需的系统、结构和部件的损失"。简单地说，这些事故是假设安全系统发生单一故障，或单一的"可信"事件，并需要确定地"处理"剩下的（多样的和冗余的）安全级系统，不需要非安全级系统采取任何行动或缓解措施。此外，还存在超过设计基准事故发生的可能性，称为超设计基准（BDB）事件。识别这种 BDB 事件并评估它们最终可能导致堆芯损坏的可能性，甚至放射性释放的可能性，以及估计对公众的后果，均属于 PRA/PSA 分析范畴。应注意，在 PRA/PSA 领域，非安全级系统对事故缓解的作用可以以适当的概率计入考虑范畴。

以下讨论 PRA/PSA 相关的 IPWR 特殊方面，其中大部分与安全相关。

8.4.1 纵深防御

SMR 可以在纵深防御(DID)方法中提供额外功能、安全等级或安全屏障。SMR 可实现一个或多个 DID 支持功能:

(1)采用较高设计压力的安全壳,提供额外保护屏障或延长放射性释放时间,紧凑反应堆和安全壳设计有助于实现这一要求;

(2)安全壳采用非能动冷却方式,可以避免厂外电源损失情况下能动冷却失效问题;

(3)完全壳放置于地下,可改善放射性释放,有效抵御外部事件影响;

(4)可延长事故处理响应时间,在安全屏障失效前提供充裕的时间来进行决策制定和有组织的撤离。

8.4.2 提升概率安全水平

SMR 利用固有安全特性和设计保障安全方法消除了某些事故引发因素,使用非能动安全系统,使其功能更为简单,并消除了对外部电源的依赖。

安全分析表明,采用非能动安全系统可显著降低 CDF(堆芯损坏频率)和 LERF(大规模早期释放频率)概率,CDF 值为 10^{-7} 量级。

对于 SMR,通常要求 CDF 为 10^{-8},LERF 概率通常至少比 CDF 低一个数量级。如果被证明是正确的,这将允许 10 000 个反应堆运行 100 年,而导致堆芯损坏的事故概率很小,任何辐射释放的概率几乎可以忽略不计。相比之下,第二代核电站 CDF 值为 $10^{-5} \sim 10^{-4}$,这意味着对于运行 50 年以上的 400 个反应堆,不应排除 CDF 事件,事实上它们确实发生了。虽然所有商业核电站核事故的后果总和比矿物燃料生产同等数量电力所造成的健康影响小几个数量级,但它们对公众舆论产生了负面影响,而 IPWR 和先进反应堆可有助于解决公众关切的安全问题。

8.4.3 指导设计

PRA 指导设计方面,从 PRA 概念提出的一开始就被确立,并被持续迭代地用于评估设计、指导设计和改进设计,并识别安全有益的重要设计变更。显然,各类反应堆的开发都可以从 PRA 指导设计中获益,包括具体的技术设计和实践经验。本质上,SMR 设计往往从较少明确的内容和预先设定的技术解决方案开始,在考虑重大修改或设计变更时更为灵活,更有利于解决已确定的安全薄弱点,以及所需采用的新设计解决方案(如一体化反应堆容器)。

PRA 指导设计的典型案例为 IRIS,如图 8.4 所示。这个过程在概念上比较简单,但在实践中却涉及数十次重新设计迭代。通过持续应用 PRA 技术,不断改进设计方案以提高 IRIS 的安全性,从而实现了把 CDF 值降低到 10^{-7} 以下、将 LERF 降低到 10^{-9} 以下的水平。PRA 分析和改进设计如图 8.5 所示。

首先,检查了初步设计方案事件主要割集,CDF 值约为 2×10^{-6},距离 IRIS 安全目标较远。

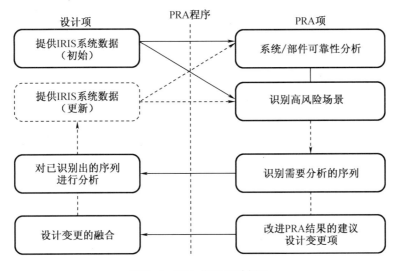

图 8.4　PRA 指导设计例子

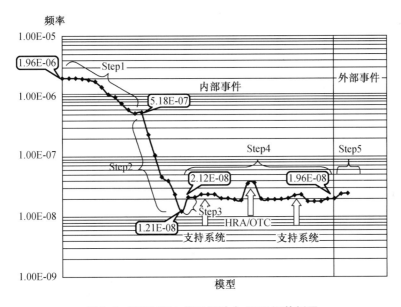

图 8.5　IRIS PRA 指导设计中 CDF 评估例子

第 1 步对个别重要因素(测试间隔、多样性、重新评估)进行敏感性分析,并修改设计,将 CDF 降低至 5×10^{-7},这是通过优化单个参数可以达到的极限。

第 2 步通过同时优化多个参数,评估更复杂的设计变更,以了解和改进耦合过程,使 CDF 降低到 1.2×10^{-8}。

第 3 步考虑了更高层次的设计细节,CDF 增加到 2×10^{-8}。

第 4 步评估 IRIS 特定辅助系统、未能紧急停堆的预期事件(ATWS)、人的可靠性分析以及进一步的设计细节,识别出缺陷,然后对设计进行改进,恢复了比 2×10^{-8} 低的 CDF 值。

第 5 步对外部事件进行初始评估。

图中每个点表示一个迭代过程,包括 PRA 和设计变更修改。在实施 PRA 建议的反应堆系统设计变更修改后,初步可给出 PRA 1 级分析结果估计,内部事件(包括 ATWS)导致的 CDF 约为 2×10^{-8},比当前先进轻水堆的 CDF 值低一个数量级以上。如果没有进行 PRA 指导下的系统改进设计,没有考虑 IPWR SMR 的设计特点,仅仅依靠"工程判断"是不可能实现这种安全目标提升改进的。

显然,PRA 应用于内部事件仅仅是一个案例。事实上,外部事件经常成为 IPWR SMR 的限制因素,PRA 方法也可以扩展到外部事件分析。

8.4.4 使用 PRA/PSA 支持消除 SMR 场外应急规划区

不同国家对非现场应急规划的要求和规定不同,但总体考虑和影响相似。应急规划区延伸至核电站厂址边界以外会产生社会和经济后果。从社会角度看,它反映了核电与其他行业不同的形象,有可能影响厂界以外的人口。从经济上讲,大型环保园区伴随着巨大的成本,这是由于需要冗余的疏散路线、控制人口密度等。大型核电站通常是多台机组成倍建设的,可以适应这种惩罚,并通过其大功率输出收益来抵消。

另一方面,SMR 非常适合于多用途的能源输出,用于热电联产(区域供热),靠近最终用户的位置(可部署在人口较多的地区),以及更分散的选址。同时,SMR 高安全特性有可能实现在不需要场外应急响应的情况下发放许可证,即可将应急规划区缩减至现场边界。

事实上,SMR 具有缩减应急规划区的技术优势:

(1)SMR 单堆源项比大型反应堆小,虽然不能排除多个单元机组共模故障,但从概率上讲,可能性不大;

(2)IPWR SMR 的 CDF 和 LERF 往往较小,明显低于当前第二代核电厂;

(3)较小的源项与较小的 CDF/LERF 相结合,发生事故后果的概率显著降低。

因此,从技术角度分析,可以减小 SMR 的应急规划区半径,具有足够的安全特性,这种减小将使得应急规划区缩减至现场边界,即不需要场外应急计划。

实际上,情况更为复杂。目前美国法规没有考虑核电厂的具体情况,将应急规划区半径范围统一规定为 10 英里(1 英里 ≈ 1 609.344 m)。如果应急规划区范围以基于风险的方法为基础,则需要颁布新的应急规划区法规,这才有可能被接受。

8.4.5 抗震措施

由于 SMR 采用紧凑设计,可以将核岛放置在隔震器上,从而限制地震事件的影响,显著提高 PRA 指标,在技术和经济上都是可行的。这反过来又可以进一步支持减少应急规划区。

8.4.6 IPWR 安全挑战

除了潜在的安全优势外,IPWR SMR 还存在以下与安全相关的挑战:

(1)原则上,非能动系统和部件的可靠性更高,但基于实际经验,其可靠性数据较少。因此,PRA/PSA 的分析可能具有较大的不确定性;

(2)自然循环在许多 IPWR SMR 安全系统中发挥着突出作用,但自然循环相关的现象并没有传统系统那样便于量化和被人们所理解;

（3）功率较小的多机组可以共用一个控制室,从而实现经济竞争力,然而可能掩盖共模故障并对多堆多机组安全造成的影响;

（4）同一地点的多个 SMR 机组,每个机组的源项比大型核电机组的源项小,但若按照同等总功率(多台 SMR)相比较,其源项与同等功率的大型核电机组基本相当;

（5）SMR 用途广,很多 SMR 采用热电联产技术,市场定位可能包括海水淡化、区域供热和工艺热应用方面,核系统和非核系统之间可能存在耦合和反馈,并对安全性能产生影响,SMR 缺乏这方面的实际经验。

8.5　安保措施

SMR 特殊的安保措施表现在以下方面:

（1）通过将电厂与加固的外部结构完全或部分放置在地下,保护电厂免受外部如飞机撞击等物理威胁,从而增强安保。小型核电站比大型核电站更容易做到,放置在地下的厂房通常还包括乏燃料水池及乏燃料;

（2）将全部或部分厂房布置在地下,可以控制和防止未经授权的访问和入侵,减少了限制访问点和潜在入侵点设置的数量,减少了监视和保护的区域和范围,有利于电厂经济性;

（3）由于核安全相关的系统和设备均放置在地下,恐怖分子更难接近安全相关设备;

（4）由于采用非能动安全系统,非能动安全系统应对蓄意破坏或故意误操作的固有安全性高,可进一步减少人因故障和人因事故发生的概率。

SMR 安全和安保功能之间的关联比较见表 8.6 所示。

表 8.6　安全和安保功能之间的关联比较

特点	安全影响	安保影响
一体化压力容器	无外部连接管道,设计取消大 LOCA	紧凑设计,可部分或全部将部件安装在地下,从而增强安保
紧凑安全壳	高压设计,压力容器与安全壳之间实现耦合,可限制冷却剂的丧失	紧凑设计,可部分或全部将部件安装在地下,从而增强安保
固有安全,非能动安全,设计安全理念	消除/降低外部始发事件的可能性	消除/降低外部始发暴力事件的可能性
紧凑反应堆厂房构筑物	地震隔离具有可行性	紧凑设计,可部分或全部将部件安装在地下,从而增强安保

8.6　未来发展趋势

IPWR 未来发展趋势集中在安全性和经济性方面,即同时提高安全性和经济性的技术措施,重要的设计趋势和设计特点包括:

（1）通过设计杜绝或设计取消来解决安全问题，设计保障安全贯彻整个设计过程；

（2）采用充分利用 IPWR SMR 的技术优势特性，并将其转化为安全优势；

（3）充分利用固有安全特性；

（4）采用非能动安全系统；

（5）引入附加功能、安全等级和屏障以增强纵深防御原理应用；

（6）改进设计，降低安全系统在事故缓解过程中的安全等级；

（7）取消或减少场外应急规划区的许可申请；

（8）延长事故缓解时间，配备容量更大、更容易冷却反应堆的冷却链；

（9）采用隔震措施以积极应对地震影响；

（10）采用先进的仪表和控制（I&C）系统，支持非正常条件下的运行安全和状态监测；

（11）采用先进的诊断/预测仪器；

（12）研发容错事故燃料，提高燃料运行裕量；

（13）较小功率的 SMR 设计考虑：

①采用全自然循环运行反应堆装置；

②采用无可溶硼运行；

③采用长寿期堆芯（核电池）；

④接近零的自调节过量反应性，消除瞬发临界的可能性。

在改进分析能力和许可方面，实现所需安全功能的相关需求和挑战包括：

（1）提高对非能动系统及其脆弱性和设备故障概率的认识理解。虽然 PRA 方法已经建立，但 IPWR SMR 设备具体概率及其不确定性尚未得到量化；

（2）解决同一地点多台机组共模故障和相互间安全问题。如福岛第一核电站事故，多机组共模故障是可能发生的，需要采取可靠措施和方法来避免这种情况发生，否则 SMR 将无法解决每台机组源项较小问题；

（3）风险知情许可，根据风险估计而不是规定值来减少应急规划区。

此外，还需要进行单项或整体试验和验证、创新研究以解决特定 SMR 特殊现象机理、特殊问题：

（1）自然循环现象和整体系统实验验证。

（2）先进分析方法验证试验，包括新燃料、特殊流型、新部件试验等，需要研发新的分析程序和分析方法并进行试验验证。

（3）研究和改进更可靠、更长时间的非能动余热排出系统，解决在所有事故情况下都可实现堆芯衰变热排出功能问题。

（4）在联合发电应用中，在核部分和非核部分之间开发有效的"防火墙"。SMR 更适用于依赖有效分离的热电联产应用。

（5）研发高性能燃料组件、内置 CRDMs 和高效紧凑蒸汽发生器、稳压器和全浸入式主泵等关键设备。

考虑到传统 PWR 和非轻水堆 SMR 的未来发展趋势，下一代 IPWR SMR 可能需要重点关注的研究方向包括：

（1）设计事故容错核燃料组件，如涂层包覆颗粒型核燃料（如 TRISO），尽管最初是为高

温堆而开发的燃料元件,但也可以用于轻水堆;也可使用氧化物燃料以外的其他核燃料类型,如氮化物或硅化物核燃料;

(2)进一步增大负反馈效应的堆芯设计方法和设计方案研究;

(3)研究低压系统实施的可能性,结合铅冷堆或熔盐冷却堆低压运行及安全特性经验,尝试降低 IPWR 主冷却剂系统的运行压力,同时兼顾安全性和经济性。

8.7　参　考　文　献

［1］　Alzbutas, R. , J. Augutis, A. Maioli, D. Finnicum, M. D. Carelli, B. Petrovic, C. Kling and Y. Kumagai (2005) 'External Events Analysis and Probabilistic Risk Assessment Application for IRIS Plant DesignM,' Proc. 13th International Conference on Nuclear Engineering (ICONE – 13), Beijing, China, May 16 – 20, Paper ICONE13 – 50409.

［2］　Azad, A. (2012) 'Generation mPower,' Presentation at the Georgia Tech Nuclear Engineering 50th Anniversary Celebration, Georgia Tech, Atlanta, GA (Nov. 1).

［3］　Carelli, M. D. , et al. Ingersoll and F. Oriolo (2004) 'The Design and Safety Features of the IRIS Reactor,' Nuclear Engineering and Design, 230, 151 – 167.

［4］　Carelli, M. D. , B. Petrovic and P. Ferroni (2008) 'IRIS Safety – by – DesignM and Its Implication to Lessen Emergency Planning Requirements,' International Journal of Risk Assessment and Management (IJRAM), 8, 1/2, 123 – 136.

［5］　Carelli, M. , et al. Yoder and A. Alemberti (2009) 'The SPES3 Experimental Facility Design for the IRIS Reactor Simulation,' Science and Technology of Nuclear Installations, 2009, doi:10. 11552009/579430.

［6］　CFR (2010) 10 CFR 54. 21(a)(1)(i) in Code of Federal Regulations, Chapter 10 Energy, Parts 51 to 199, U. S. Government Printing Office (Rev. Jan. 1, 2010).

［7］　DOE (2001) Report to Congress on Small Modular Nuclear Reactors (May).

［8］　Halfinger, J. A. , and M. D. Haggerty, (2012) 'The B&W mPower Scalable, Practical Nuclear Reactor Design,' Nuclear Technology, 178, 164 – 169.

［9］　Houser, R. , E. Young and A. Rasmussen, (2013) 'Overview of NuScale Testing Program,' Trans. Am. Nucl. Soc. , 109, 153 – 163.

［10］　IAEA (1991) Safety Related Terms for Advanced Nuclear Plants, IAEA – TECDOC – 626, International Atomic Energy Agency, Vienna.

［11］　IAEA (1995) Design and Development Status of Small and Medium Reactor Systems 1995, IAEA – TECDOC – 881, International Atomic Energy Agency, Vienna.

［12］　IAEA (2004) Status of Advanced Light Water Reactor Designs 2004, IAEA – TECDOC – 1391, International Atomic Energy Agency, Vienna.

［13］　IAEA (2005a) Innovative Small and Medium Sized Reactors：Design Features, Safety Approaches and R&D Trends, IAEA – TECDOC – 1451, International Atomic Energy Agency, Vienna.

[14] IAEA (2005b) Natural circulation in water cooled nuclear power plants Phenomena, models, and methodology for system reliability assessments, IAEA – TECDOC – 1474, International Atomic Energy Agency, Vienna.

[15] IAEA (2006) Status of Innovative Small and Medium Sized Reactor Designs 2005: Reactors with Conventional Refuelling Schemes, IAEA – TECDOC – 1485, International Atomic Energy Agency, Vienna.

[16] IAEA (2009) Design Features to Achieve Defense in Depth in Small and Medium Sized Reactors, IAEA Nuclear Energy Series No. NP – T – 2. 2, International Atomic Energy Agency, Vienna.

[17] IAEA (2012a) Status of Small and Medium Sized Reactor Designs, A supplement to the IAEA Advanced Reactors Information System (ARIS), International Atomic Energy Agency, Vienna (September 2012).

[18] IAEA (2012b) Safety of Nuclear Power Plants: Design, IAEA Safety Standards Series SSR – 2/1, Publication 15434, International Atomic Energy Agency, Vienna.

[19] Ingersoll, D. T. (2009) 'Deliberately small reactors and the second nuclear era,' Progress in Nuclear Energy, 51, 589 – 603.

[20] Ingersoll, D. T. (2012) 'NuScale: Expanding the possibilities for Nuclear Energy,' Presentation at the Georgia Tech Nuclear Engineering 50th Anniversary Celebration, Georgia Tech, Atlanta, GA (Nov. 1).

[21] Kindred, T. (2012) 'Westinghouse SMR,' Presentation at the Georgia Tech Nuclear Engineering 50th Anniversary Celebration, Georgia Tech, Atlanta, GA (Nov. 1, 2012).

[22] Kling, C., M. D. Carelli, D. Finnicum, R. Alzbutas, A. Maioli, M. Barra, M. Ghisu, C. Leva and Y. Kumagai (2005) 'PRA Improves IRIS Plant Safety – by – DesignM,' Proc. ICAPP'05, Seoul, Korea, May 15 – 19.

[23] Matzie, R. A., J. Longo, R. B. Bradbury, K. R. Teare and M. R. Hayns (1992) 'Design of the Safe Integral Reactor,' Nuclear Engineering and Design, 92.

[24] NEI (2013) Nuclear Engineering International, Feature article, December 2013.

[25] NRC (2011) 'Development of an Emergency Planning and Preparedness Framework for Small Modular Reactors', SECY – 11 – 0152, NRC (Oct. 28, 2011)

[26] OECD (1991) Small and Medium Reactors (Vol. 1 and 2), OECD/NEA, Paris.

[27] OECD (2011) Current Status, Technical Feasibility and Economics of Nuclear Reactors, OECD/NEA, Paris.

[28] Park, K. B. (2011) 'SMART, An Early Deployable Integral Reactor for Multi – Purpose Application,' Presented at INPRO Forum, IAEA, Vienna, 10 – 14 October 2011.

[29] Petrovic, B. (2014) 'Integral Inherently Safe Light Water Reactor (I2S – LWR) Concept: Extending SMR Safety Features to Larger Power Output,' Proc. Intl. Congress on Advances in Nuclear Power Plants 2014 (ICAPP'2014), Charlotte, NC, April 6 – 9.

[30] Petrovic, B., D. Conti, G. D. Storrick, L. Oriani and L. E. Conway (2005) 'Instru-

mentation Needs for Integral Primary System Reactors (IPSRs)，' Final Report STD – AR – 05 – 01，Westinghouse Electric Company (September).

[31] Petrovic，B.，M. Ricotti，S. Monti，N. Cavlina and H. Ninokata (2012) 'The Pioneering Role of IRIS in Resurgence of Small Modular Reactors (SMR)，' Nuclear Technology，178，126 – 152.

[32] Reyes，J. N. (2010) 'NuScale Integral System Test Facility，' Presentation to US NRC，June 2，2010，retrieved from Adams，ML101520619.

[33] Reyes，J. N. (2012) 'NuScale Plant Safety in Response to Safety Events，' Nuclear Technology，178，153 – 163.

[34] Schulz，T. L. (2006) 'Westinghouse AP1000 Advanced Passive Pant，' Nuclear Engineering and Design，236，1547 – 1557.

[35] Zuber，N. (1991) 'An integrated structure and scaling methodology for severe accident technical issue resolution.' Appendix D: A Hierarchical，two – tiered scaling analysis，U. S. Nuclear Regulatory Commission，NUREG/CR – 5809.

第9章 SMR 防扩散和实物保护

9.1 引 言

本节定义了防扩散(PR)和实物保护(PP)的含义,并描述了 PR&PP 对 SMR 的重要性。

9.1.1 定义

PR&PP 适用于大多核能系统,也适用于 SMR。

PR 原是针对核武器而言,目的是防止不良人员通过不良渠道寻求获得核武器或其他核爆炸装置,也指一些合约国家未申报生产核材料或滥用核技术。

PP 是为防止盗窃核爆炸物或辐射扩散装置(RDD)材料而采取的实物保护措施。

图 9.1 说明了 PR&PP 最基本的方法论。对于给定的系统,分析人员定义一组挑战,分析系统对这些挑战的响应,并评估结果。

图 9.1 PR&PP 评估方法基本框架

SMR 面临的挑战是潜在的核扩散国和其他国家竞争对手构成的威胁。SMR 系统的技术特征用于评估系统的响应,并确定其对扩散威胁的抵抗力、对破坏和恐怖主义威胁的鲁棒性。系统响应的结果用 PR&PP 评估结果度量值表示。

评估方法假设 SMR 至少已完成概念设计,包括系统内在和外在保护特征。内在特征包括系统的物理和工程方面,外在特征包括保障措施和外部障碍等制度方面。PR&PP 评估的主要目的是阐明内在特征和外在特征之间的相互作用,研究它们之间的相互作用,然后指导优化设计的道路。

PR&PP 评估结构可应用于整个燃料循环或所选燃料循环的特定方面(考虑特定燃料循环的反应堆运行、前端或后端)。该方法被认为是一种渐进的方法,以便随着系统设计的进展来评估更详细和更具代表性的内容。PR&PP 评估应在设计的早期阶段进行,首先制定流程图,以便系统地将 PR&PP 与其他高水平技术目标(如安全性、可靠性和经济性)集成到 SMR 设计中。这种方法为设计人员、项目决策者和外部利益相关者提供了早期有用的反馈,涉及基本流程选择、设备和结构的详细布置、设施测试试验等。

9.1.2 重要性

SMR 具有新的设计特点和新技术特征,可能需要新的工具和措施来保障安全。SMR 安全保障措施可能与大型反应堆不同。

例如,可能存在与燃料相关的问题,使得现有的工具和措施不适用,需要对使用非常规燃料类型的反应堆设施进行修改或开发。此外,新的燃料装载计划可能会带来挑战问题,因为寿命极长的反应堆堆芯可能需要创新监测工具和保护措施,而长寿命密封堆芯带来的挑战问题可能更多。

国际上防扩散措施通常核查运营商对核材料活动的申报,这些声明申报涉及核材料的接收、装运、储存、移动和生产,检查项还取决于材料的类型和材料是否受到辐照。IAEA 还会综合考虑国家的技术能力,包括可能存在其他核活动(如商业或学术研发)和核设施的位置。

防护措施考虑各种因素的差异,包括核材料的可达性、反应堆核设施连续运行状况、反应堆设施换料工艺、反应堆设施的位置和流动性,以及在给定状态下其他核设施的位置。

例如,对于不可提供某国家使用的核材料,如果供应国提供并交付了核材料及其密封装置,该装置在供应国用新装置替换之前一直处于运行状态,并在以后的某个时候,在某国家既没有储存用过的燃料能力,也没有处理用过的燃料设备,这可能会引起问题,反应堆是否可被国际原子能机构"密封"并作为一个项目处理,而且对密封的远程监测是否可以随时发现组织或机构可能企图打开反应堆密封装置。在同等发电功率水平下,多台小型机组与一台大型压水堆机组相比,检查存在的问题可能涉及小型机组是否在不同地点、换料计划是否同时进行或交替进行、每个机组模块是否配置有单独的燃料贮存设施等。

如果多台小型堆机组位于偏远地区(如北极),而位于中心的大型反应堆机组仅仅设置一个大型电网,则有必要考虑检查人员进入偏远地点的便利性以及建立配电网的可能性。其他考虑因素包括:反应堆的运行模式,能源供应方式是独立的还是多样化的,与国家/地区电网相连的方式类型(浮动驳船、滨海等),运行厂址的控制权与所有权等。

以下内容适用于任何新安装的机组(包括 SMR):

(1)避免在现场储存新燃料和/或使用过的燃料;

(2)需要考虑反应堆装置(海洋或铁路运输)的位置或流动性造成的实体隔离问题,包括检查人员准入和敌对分子入侵问题;

(3)远程监测:运营商/国家/原子能机构应就小型堆进行研究,评估其远程监控的能力,包括场外数据传输;

(4)是否存在不同的实物保护方法及其如何影响保障工具;

(5)现场或附近是否有更多或更少的辅助设备,如电源、燃料储存设施或研究活动;

(6)多个机组是否共享安全壳功能,是否有采用地下安全壳设施?

SMR 设计中所包含的一些与安全改进有关的功能可以提高其对物理威胁的保护。一些 SMR 设计的共同特点是采用紧凑反应堆冷却剂压力边界,主要设备部件被包含在反应堆压力容器内,这一特点提高了反应堆的安全性(IPWR),因为这些反应堆不需要考虑大破口失水事故,有利于防止恶意破坏行为。

SMR 可设置非能动物理屏障,系统简单,可根据需要实现安全停堆,如位于水下或地下的遥控装置、安全壳、部分或完全位于地下的反应堆厂房以及需要实物保护的安全停堆系统等。部分 SMR 的地下安装措施可以带来额外的安全效益,例如可最大限度地减少飞机撞击、限制进入重要区域、限制破坏分子通信能力。这些特性可以增强安全系统对抗外部破坏的能力,使用传统的威慑、探测、评估、延迟和阻截的多层防御方法,可有效进行实物保护。威慑、探测和延迟概念可以在设施的早期设计阶段解决,以便为现场安全人员提供足够的响应时间。对安全威胁的现场响应能力是潜在的重要因素,应在初始概念设计阶段进行考虑,以确保针对入侵具有一定的延迟响应时间。

原则上,可纳入 SMR 阻止入侵的方法包括:

(1)定位和配置重要组件,使入侵者极难或需要耗费较多时间才能突破并访问这些组件;

(2)定位和配置关键安全系统,使入侵者无法从单一位置摧毁多个安全目标;

(3)针对入侵者设置多层延迟屏障,将包含重要区域的接入点数量降至最低。

此外,还应考虑物理安全系统设计,使工作人员参与安全事件最小化(较低的安全风险配置资源),安全事件最小化可能带来系统改造,并可实现最大化延迟入侵者的时间,包括:

(1)根据纵深防御物理安全方法,设计最小的接入点和多个非能动物理屏障设施;

(2)使用冗余检测、评估和延迟系统;

(3)在物理安全系统中使用模块化功能,以尽量减少对电站安全人员配置的影响,以便进行系统维护和升级,以解决系统技术老旧和未来可能增加的设计基础威胁问题。

处于早期概念设计阶段的 SMR 可以考虑上述措施,而无须在电厂建成后进行改造。

与 SMR 屏障安全相关的重要监管问题是安保人员的配置。安保人员的配置直接影响运营和维护(O&M)成本,并在设施运行寿期内构成财务负担。SMR 尺寸小,系统简单,因而可以提高安全性,从而降低安保成本。

影响核设施人员配置的实物保护计划主要包括:

(1)使用分级实物保护区进行纵深防御,明确重要设备边界,加强保护和控制;

(2)制定访问授权程序;

(3)采用坚固屏障防范入侵行为;

(4)采用不同警报系统,以区分虚假或干扰警报和实际入侵,并启动响应;

(5)对不同入侵行为采取不同反应。

如上所述,SMR PR&PP 评估考虑因素如下:

(1)较小功率的反应堆具有较小的放射性积存总量,在非正常运行条件下,释放量可能较小;

(2)较小的反应堆具有较小的占地面积,从减少安保范围和安保人员数量,布控的监控设施量少,可在其他方面减小目标区域规模;

(3)有些 SMR 设计可能采用更长燃料循环,这可能导致燃料在较长时间内无法使用;

(4)较小的设计有可能限制进出,这使得检测和监控更简单;

(5)燃料组件运输的便利性,需要得到认可和评估;

(6)与常规轻水堆相比,SMR 浓缩水平更高,这需要得到评估认可;

(7)设施的偏远位置(运行厂址)给检查带来了新的挑战;

(8)与固定核设施相比,可移动核设施存在特殊的技术和体制问题;

(9)可能减少安保力量;

(10)可能会减少应急规划区和应急计划。

上述内容适用于目前正在设计的许多 SMR。IPWR 具有有益于防扩散和提升安全有关的显著特征。由于 IPWR 是基于更大、更成熟的压水堆,因此可以预期,IPWR 的安保措施可以在目前大型压水堆安保措施的基础上制定。

如果 IPWR 以类似于大型压水堆的方式在封闭容器中运行,并具有可比的换料周期则其就具有与大型压水堆核电站可比的安全保障条件,其安全屏障与大型压水堆就具有可比性。如果 IPWR 相对于其他 SMR 能够保持物理屏障优势,那就同样具有安全优势。

9.2　分析方法

9.2.1　基本评估方法

第四代核能系统国际论坛中提到 PR&PP 基本评估方法,包括界定威胁或挑战、评估组织对挑战响应能力和所采取措施的效果。SMR 可采用循序渐进式方法开展 PR&PP 评估,评估范围包括正在开发的系统、已完成设计的系统,评估的范围和复杂性应与详细设计具体信息和威胁情况的详细程度相适应。

图 9.2 给出了评估方法中各部分需要开展的工作。

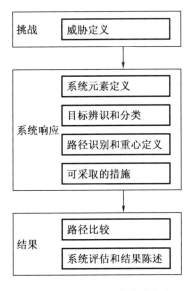

图 9.2　PR&PP 评估方法框架

9.2.2　定义挑战

PR&PP 评估的第一步是定义挑战,即评估范围内所要考虑的威胁。要做到全面,必须识别和评估一整套完整的潜在威胁,称为参考威胁集(RTS)。如果威胁空间的子集是特定案例研究的重点,则必须明确定义该子集。威胁可能随着时间的推移而演变,因此,系统设计必须基于对系统中的设施和材料在其整个生命周期中可能受到威胁的范围。威胁定义的详细程度必须与有关设计和部署的可用信息相适应。

PR&PP需要确定参与者及其所采取的行动策略。参与者由以下因素定义:类型(如主持国、参与国)、能力、目标、策略。

9.3　系统响应和结果

为了评估SMR对扩散、盗窃和破坏威胁的反应,分析人员需要考虑SMR的技术和体制特征,使用合适的分析方法评估系统响应。路径被定义为行为主体实现其扩散、盗窃或破坏目标而遵循的潜在事件序列。

在分析路径之前,比较重要的内容是定义所考虑的系统并确定其主要元素。在识别系统元素之后,可以识别和分类每个威胁的潜在目标,并识别这些目标的路径。用于评估系统响应的步骤如图9.3所示。

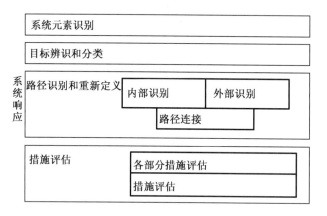

图9.3　系统响应步骤

9.3.1　系统元素标识

须明确界定评价范围界限,然后识别系统元素。"系统元素"可定义为SMR子系统,包括设施(不仅仅指建筑物,还包括系统工程意义上的设施)、设施的一部分、设施的集合或已识别出的SMR运输路径。

9.3.2　目标辨识和分类

目标是参与者和SMR之间的接口,目标是定义路径的基础。明确、全面的目标识别是PR&PP评估的重要组成部分。目标包括核材料、放射性材料、程序、设备和信息。

9.3.3　路径识别和优化

路径是围绕目标构建的,由各组成部分或片段组成。对于较粗的路径分析,一个片段由系统需要执行的操作单元组成。完整的路径包括从核反应堆获取核材料、将核材料加工成可直接用于武器的形式以及制造武器的所有行动。片段可以包括多个细化的子段。PP 路径涉及类似的裂变或放射性材料盗窃各环节。对于破坏,主要包括接近目标设备、损坏或禁用设备,以及随后可能导致放射性释放的系统响应。

为了得出可靠的路径,必须使用系统方法。分析人员须确定所有可信的路径,并提供充分的理由和文件证明,避免或取消不可信或不利于总体评估的路径。

表示动作的片段可以分解为更小的子段,可以将特征添加到子段中进行描述,以便于更准确地估计度量值。

9.3.4　措施评估

系统评估结果以 PR&PP 的等级表示,针对 PR 的含义如下:

(1)防扩散技术——克服扩散多重障碍所需的技术及复杂性(包括材料处理能力),由此行动带来的固有困难;

(2)扩散成本——克服多种技术扩散障碍所需的经济和人员投资成本,包括使用现有或新设施;

(3)扩散时间——克服多重扩散障碍所需的最短时间;

(4)核裂变材料类型——结合核材料特性,根据核爆炸物用途及影响程度对材料进行分类;

(5)检测概率——检测区段或路径所述动作的累积概率;

(6)检测资源效率——对 SMR 实施国际保障措施所需的人员、设备和资金。

针对 PP 的含义如下:

(1)成功概率——破坏者成功完成一条路径并产生结果的概率;

(2)后果——成功完成一条路径所述的预期行动所产生的影响,包括缓解措施的影响;

(3)实物保护资源——提供 PP 所需的人员配置、能力和成本,如场景筛选、探测、中断以及这些资源对威胁复杂性和能力变化的敏感性。

度量可以用定性和定量的方法来估计,包括工程判断和专家意见。度量也可以使用概率方法(如事件树)和双边模拟方法(如博弈论)来估计。

9.3.5　结果

为了确定系统对威胁的响应结果,分析人员需要比较路径并评估系统,以整合发现并解释结果。

分析人员通过考虑多个路径片段来执行路径分析。一般来说,测量值是针对一条路径的各个部分进行估计的,然后进行整合以产生该路径的净测量值。尽管针对不同路径的度量可以整合,但通常使用度量来确定最脆弱的路径。系统评估的目的是确定最脆弱的途径和与之相关的措施。

PR&PP 评估的最后步骤是整合分析结果并解释原因,以便对反应堆装置进行评估。结果包括最佳估计结果、相关联数据的不确定性以及最终结果的不确定性。

9.4 第四代核能系统国际论坛评估步骤

第四代核能系统国际论坛(GIF)评估过程包括9个具体步骤,分为4个主要活动:

(1)D——定义工作;

(2)M——管理流程;

(3)P——执行工作;

(4)R——报告工作。

每个步骤均与这四个活动之一相关联,图9.4给出了9个步骤。很明显,每步都有一定程度的管理。报告必须随着工作的进展而生成;过程是迭代的,有些步骤是并发的。

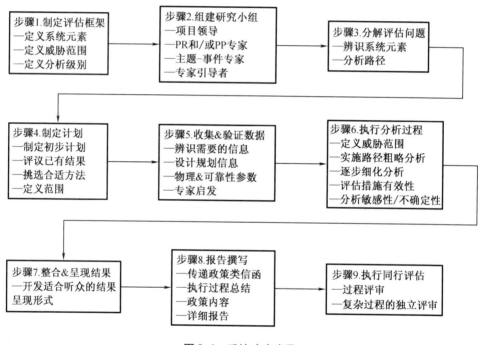

图9.4 系统响应步骤

9.4.1 主要活动 D 和 M:定义工作和过程(步骤 1,2,4 和 9)

为确保结果的完整性和充分性,必须系统地构建问题,组建专家分析小组,并确保有能力进行同行审查。与活动 D 和 M 相关的具体步骤如下所述。

9.4.1.1 第 1 步:明确范围定义(行动 D)

制定评估的过程需要分析人员和发起人之间密切互动,以明确范围,特别是系统要素(设施、过程、材料)以及威胁的范围和定义。实施保障和其他国际管制的体制环境(国家和国际保障要求以及监管指导等)也需要详细说明。

可根据赞助商的要求,在多个级别方面开展评估活动。从初步概念设计到全面运行的设施,评估必须逐步变得更加详细。可根据时间框架决定分析的深度,当需要在几周或几个月内得到答案时,可能需要快速和粗略的评估,对于某些问题,甚至可能更快。然而,采取捷径可能带来结果的不确定性。

9.4.1.2　第 2 步:组建研究团队(行动 M)

该研究小组应包括所有必要和相关技术领域的专家,以及以公正的方式进行征求意见的专门知识,并充分说明各种意见。

9.4.1.3　第 4 步:制定描述方法和预期结果的计划(行动 M)

在进行主要分析之前,应制定审查和记录的评估计划。此外,还必须明确界定人力资源、费用、时间表、成果和文件的形式。应制定里程碑,并定期向赞助者汇报工作。开展和使用同行评审的详细计划对于确保质量也很重要。在制定计划和执行信息收集和分析任务的同时,与安全评估、保障措施和人身安全工作的协调可以带来显著的效益。

9.4.1.4　第 9 步:同行评审(行动 M)

用于支持决策或计划分发的任何评估都应包括同行评审,以确保质量,以下两种类型的同行审查得到了广泛应用和支持。

(1)进程中的同行审查;

(2)对完成的分析进行独立的同行审查。

同行评审过程中,需要定期(每季度一次)将执业人员和决策者组成的专家组引入评审过程,听取关于工作状况和已知问题领域的简要总结意见。独立的同行评审允许未参与评审的独立外部专家对结果和行动进行客观的评审。这两类的同行审查在防扩散分析中具有潜在的作用价值。

9.4.2　主要活动 P:完成工作(步骤 3,5,6 和 7)

主要活动 P 涉及四个步骤,步骤 3 和步骤 5 准备所需的分析,而大部分分析工作在步骤 6 下完成,然后整合结果在步骤 7 中显示。

9.4.2.1　第 3 步:问题分解(主要活动 P)

此步骤将问题分解为一组系统元素和威胁,以便进行路径分析。可采用专家判断法进行定性识别,粗略路径分析将涵盖系统元素和威胁,以及那些通过定量分析逐步细化的系统元素和威胁。

9.4.2.2　第 5 步:收集并验证输入数据(主要活动 P)

输入数据的数量和来源取决于分析的范围。输入数据的确认意味着要对数据源进行独立审查,要对专家意见的一致性和依据进行审查。如果分析中使用的信息和输入数据来源敏感,分析人员必须确保该信息得到适当保护,包括敏感评估结果的可能性。这一步中最重要的是与设施设计人员的接口,设计人员应是防扩散和实物保护评估小组的关键成员。

9.4.2.3　第 6 步:性能分析(主要活动 P)

实际评估过程是一个多阶段的过程,涉及方法论、系统反应和预期结果。第四代核能系统国际论坛 PR&PP(2011b)附录 A 总结了这一过程。

9.4.2.4　第 7 步:整合结果(主要行动 P)

必须仔细总结结果。在整合过程中,分析人员应参考以前的研究成果,使用分析工具来呈现结果,并以最佳形式提供结果输出,以便于向设计人员、决策者和外部利益相关者呈现结果。

9.4.2.5　第 8 步:风险报告(主要行动 P)

提交报告是一个持续过程,报告内容可在整个过程中以草稿形式产生。最终,分析人员必须以用户可以理解的形式提供结果,从而使用户能够得出适当的结论。如果报告中包含敏感信息,可能需要进行特殊处理或者只提供摘要信息。

9.5　PR&PP 经验总结

9.5.1　钠冷堆经验反馈

第四代核能系统国际论坛(GIF)(2011a)详细介绍了钠冷快堆设计,包括四个 300 MW 钠冷堆和相关的燃料处理设施。钠冷快堆基于 20 世纪 90 年代开发的整体式快堆设计。第四代核能系统国际论坛(GIF)可供参考的钠冷堆经验包括:

(1)PR&PP 评估应以定性分析开始,确定假设威胁的范围,确定目标、系统要素等;

(2)PR&PP 方法中应包括定性分析的详细指导;

(3)获得有关系统设计、保障措施和实物保护措施的适当专业技术知识,这对于 PR&PP 评估至关重要;

(4)使用领域内权威专家,可确保结果的权威性、可追溯性以及分析报告和结果的一致性;

(5)在初步设计阶段,定性分析也能提供有价值的结果;

(6)需要加强方法及其使用的标准化。

此外,在评估过程中,分析人员必须经常引入在早期设计阶段尚不可用的关于系统设计细节的假设。例如,设置门或入口可能对迟滞破坏者或入侵者的行动时间。随着研究的进展,PR&PP 工作组意识到,当这些假设被记录在案时,它们可以为概念设计阶段建立的系统功能需求和设计基础文件提供依据。通过将这些假设记录作为设计基础信息或设计输入,可以确保后期详细设计结果与初始概念设计评估中预测的性能相一致。

9.5.2　GIF 经验反馈

PR&PP 工作组与 GIF 系统指导委员会(SSC)之间通过互动技术交流,提供了关于在开始 PR&PP 评估之前收集必要反应堆系统信息的见解。GIF 关心的重点是六种不同类型先进反应堆概念设计,这些设计中有些概念属于 SMR(低功率的钠冷快堆和铅冷快堆)。

这些必要的反应堆参数信息包括功率、效率、冷却剂、慢化剂(如有)、功率密度、核燃料材料、反应堆入口和出口条件、冷却剂系统压力和中子能谱等。

核燃料循环类型应重点关注,包括可能含有可用于武器的核材料或用于掩盖可用于武器的核材料转移、转运过程。

对于确定的 SMR 设计,PR&PP 所需的重要信息还包括燃料类型(包括新燃料和乏燃料特性)、燃料储存和运输方式、安全措施、重要设施及设备(用于限制放射性和其他危险、进行反应性控制、衰变热排出以及预防或抵御外部事件的设施和设备)、物理屏障方法等,这些信息影响到燃料访问控制(潜在盗窃目标)、关键设备(潜在破坏目标)的访问控制。

定义或开发系统元素的关键信息如下:

(1)核燃料中存在什么类型元素的材料?

(2)系统要素中预计会发生什么操作,这些操作是否(以及如何)可以被修改或滥用?

(3)在系统元素内部和外部预计会发生什么样的活动?

(4)在系统元素方面,设想了什么样的安全措施和安保措施?

可以根据定义的系统元素识别潜在敌对目标。所有系统元素都可以被考虑,或者只考虑那些被认为包含有吸引力的敌对目标的系统元素。通过考虑物质因素、设施因素和保障措施,确定潜在的敌对目标。物质因素包括可根据工艺流程表确定的属性,如同位素组成、物理形态、库存和流动情况等。设施因素包括设备功能和设施操作的基本特征、设施/设备误用的可能性、设施/设备的可接近性等。安保措施的考虑因素包括:安保系统侦查非法活动的能力、安保巡视人员对设施的可访问性、向安保检查人员提供过程信息的能力、遏制和监视系统侦查转移或滥用的充分性、安保纳入工艺设计和操作的程度。

由专家组成的实验室团队,包括 PR&PP 工作组成员,使用 PR&PP 评估方法对处于不同燃料循环的四种反应堆进行评估,包括钠冷快堆、高温气冷堆、重水堆和轻水堆。评估小组进行了系统评估,捕获了关键假设,并确定了分析中固有的不确定性。不同利益相关者的见解存在差异,利益相关者有:决策者、系统设计人员、安保人员和实物保护团体。

对于政策制定者,评估核能系统中特定反应堆设计的防扩散潜力时,应考虑系统的总体结构、燃料循环前后核材料的可用性和流动性。

对设计人员,设计人员可能会直接影响检测概率(DP)、检测效率(DE)和材料类型(MT)。为了加强 DP 和 DE,设计人员可以在设计中加入特征,以便于更容易、更有效的检查和监测安保措施,如最小化系统元件之间燃料传递的入口和出口点的数量。PR 的材料类型与核材料的选定成分有关,设计人员可以优化设计以降低核材料对恐怖分子的吸引力(例如,增加铀燃料的燃耗从而降低乏燃料中钚的质量份额),或者使材料后处理更加复杂,间接增加核材料提纯技术难度。

对安保检查人员,需要加强对新燃料和乏燃料的检查力度以减少扩散的可能性,需要加强对新燃料的检查以减少秘密转移和滥用新燃料的可能性,需要优化机器转移和材料移动路径以使核查更加有效和高效。

9.6　未来趋势

PR&PP 方法提供了基本框架,用于解释 SMR 各种不扩散和安全相关问题,并提供优化系统的方法,以增强其抵御扩散、盗窃和破坏威胁方面的能力。PR&PP 方法为评估 SMR 防扩散和安全性提供了方法论。

PR&PP 分析的目的是从系统设计的早期阶段开始,在初步流程图和物理布置图绘制的阶段就开始进行初步危险识别和安全定性分析。由于 PR&PP 方法框架结构与安全性分析具有相似性,因此该方法有助于推进早期阶段的物理安全性和防扩散性工作落实。

PR&PP 方法采用系统识别技术识别可能面临的防扩散和安全挑战,评估系统对这些挑战的响应,并比较结果。最终结果是以技术措施的形式表达,并反映扩散国或敌对国在选择实现其目标的战略和途径时考虑的主要内容信息。通过掌握到达核设施的路径或系统特征,设计人员可以引入障碍措施和障碍点,从而系统地降低不法人员可能采取的潜在通往核设施的路径措施。当路径不可能被取消时,分析人员需要确定需要采取的特殊安保措施和安保等级。

除了可采用系统过程来识别威胁、分析系统响应、比较最终结果外,PR&PP 方法还提供了高度的灵活性,可根据要求对研究结果进行同行评估。随着评估实例和范围的不断扩展,PR&PP 评估方法还将继续延伸发展,包括目标确定、系统响应评估、不确定性分析、路径结果比较、结果呈现方式、经验反馈等方面。

9.7　信息来源和建议

有兴趣读者可阅读以下文献中有关 PR&PP 资料:

(1)美国核学会《核技术》特刊第 179 卷、2012 年第 1 期,包含了关于 PR&PP 方法的应用文章;

(2)美国国家科学院 2013 年发布的关于扩散风险评估方法及其在决策中应用的综述,可在网站上获取:http://www.nap.edu/catalog.php;

(3)IAEA 2013 年发布的"核设施设计和建造中的国际保障措施"(NP-T-2.8),该报告讨论了如何在核设施设计阶段引入安保概念;

(4)IAEA 2014 年发布的关于创新反应堆防扩散和安全方面评估方法的技术报告"增强创新型中小型反应堆防扩散能力的选择";

(5)IAEA 制定的防扩散评估指南"创新核能系统评估方法应用指南:INPRO 手册-防扩散",IAEA-TECDOC-1575;

(6)关于 PR&PP 方法的三份重要报告(分别是:①评估方法报告(第 6 版);②钠冷快堆案例研究;③PR&PP 工作流程和第 IV 反应堆安保措施研究),可在以下网站上找到:https://www.gen-4.org/gif/jcms/c_9365/prppProliferation.htm。

9.8　参考文献

[1]　GenIV International Forum (2011a) PR&PP methodology, Revision September 15, 2011: see https://www.gen-4.org/gif/jcms/c_9365/prppProliferation.htm.

[2]　GenIV International Forum (2011b) PR&PP Case Study Report, July 15, 2011: https://www.gen-4.org/gif/jcms/c_9365/prppProliferation.htm.

[3] IAEA (2010) IAEA State Level Approach. See, for example, http://www. iaea. org/safe-guards/ DDG – Corner/dg – statements – repository/The Future of Safeguards. html.

[4] IAEA (2014) The proliferation resistance aspects of SMR are discussed in 'Options to Enhance Proliferation Resistance of Innovative Small and Medium Sized Reactors,' IAEA Nuclear Energy Series Report No. NP – T – 1. 11.

[5] NEI (2012) NEI Position Paper on Physical Security for Small Modular Reactors, July 31, 2012; see pbadupws. nrc. gov/docs/ML1222/ML12221A197. pdf.

[6] Zentner, M. , I. Therios, R. Bari, L. Cheng, M. Yue, R. Wigeland, J. Hassberger, B. Boyer, J. Pilat, G. Rochau, and V. Cleary (2010) 'An Expert Elicitation Based Study of the Proliferation Resistance of a Suite of Nuclear Power Plants,' Proceedings of the 51th Institute of Nuclear Materials Management Annual Meeting, Baltimore, MD, July 11 – 15.

第 10 章　SMR 经济性和融资方面

10.1　引　言

2010 年,美国能源部描述了小型模块化反应堆(SMR)的经济和工业潜力特征:"……SMR 的尺寸规格预计不到目前核电站的三分之一。SMR 设计紧凑,可以在工厂实现制造,可通过卡车或铁路运输到运行现场。SMR 具有"即插即用"特征。如果 SMR 获得商业应用成功,它将大大扩展核电应用领域。SMR 装机容量灵活、功率较小,特别适合小型电网,运行厂址要求不像大型核电站运行厂址那样苛刻。SMR 普遍采用模块化施工技术,可以减少资本成本和施工时间,从而使其具有经济竞争力。SMR 可以根据当地用户需求,实现平稳式、逐渐增长式发展模式,使得用户需求与机组之间实现平衡发展,SMR 还可用于替代老化的化石燃料电厂……"。

本章重点介绍 SMR 相关的经济性。

10.1.1　定义和概念

核工业通常将核电站生命周期成本归类为:资本成本、运维成本、燃料成本和退役成本。

(1)总投资成本(或资本成本)。核电厂总投资成本包括:基本建设成本、应急成本、升级改造成本、施工期利息(IDC)、业主成本(包括公用设施启动成本)、调试(非公用设施启动成本)和反应堆初始核燃料成本。

(2)运行和维护成本(O&M,简称运维成本)。运维成本包括但不限于:以调度、程序和工作/系统控制与优化为重点的行动;以提高电厂绩效为目标,执行旨在防止设备故障或性能下降的常规检查、预防、预测、计划和非计划行动、可靠性和安全性等。

(3)燃料成本。易裂变材料/可裂变材料(天然铀、低浓缩铀、高浓缩铀、混合氧化物燃料、铀钍等)的成本和裂变材料中燃料的浓缩过程,以及燃料组件(锆、石墨等)中使用的其他材料的总和,上述材料所涉及的成本。生产材料所需的服务活动包括:采矿、研磨、转化、浓缩、加工制造、燃料制造、运输和搬运、乏燃料处置或再加工成本以及废物(包括低、高和超铀废物)处置等。

(4)退役成本。为解除设施的部分或全部管制而采取的行政和技术行动的费用。这些行动将确保对公众和环境的长期保护,通常包括降低材料和设施现场的残余放射性核素水平,允许材料作为"豁免废物"或"放射性废物"进行安全回收、再利用或处置,并允许在现场无限制使用或用于其他用途。

这些成本对核电站经济性方面的贡献不同,一般可用衡量经济性的指标来权衡。比较重要的经济性衡量指标有:准化单位电力成本(LUEC)或平标准化电力成本(LCOE),它表示单位发电成本占所有核电站生命周期的成本比重,其单位为 $[\text{MYM/kWh}]$。

对于大型反应堆机组和 SMR,总资本成本占 LCOE 的 50% ~75%,其次是 O&M 成本和燃料成本,如表 10.1 所示,有必要详细分析各成本的性质和内容。表 10.2 列出了美国能源管理工作组提供的资本成本中包括的主要账目。

随着施工时间的增加,除设备外几乎所有成本项都会随着施工时间的延长而增加,特别是以下方面:

(1)劳动成本:在核电厂施工现场,雇用了数千劳动力;

(2)基础设施成本:建筑设施(如专用起重机)的租金;

(3)升级改造:由于通货膨胀,所有费用项目数额普遍会增加,通货膨胀率可能与投入的结构材料、能源类型等有关;

(4)利息:建设期间的利息与资本报酬随投资期限的增加而增加;

(5)除成本增加外,每天的施工进度延迟意味着错过规划发电时间而导致的潜在收入损失。

核电站一旦完成建造和调试工作,就进入运行模式。在运行阶段,几乎所有的成本都是固定的。大部分运营和燃料成本独立于发电量(固定成本)。此外,即使电厂的能力因子较低,作为运营和维护成本的主要组成部分的劳动力成本基本不变,因而大部分的运维成本基本不变。

因此,核电站最适合采用基负荷运行。

表 10.1　LCOE 成本组成

成本组成	OTA (1993)	DOE (2005)	MacKerron (2005)	Williams &Miller(2006)	Gallanti &Parozzi(2006)	Locatelli &Mancini(2010b)
建设成本	62%	71.9%	60% ~75%	48.7%	68%	59%
O&M 成本	12%	11.19%	5% ~10%	23.25%	13%	24%
燃料成本	26%	16.91%	8% ~15%	27.22%	15%	13%
退役成本	0%	0%	1% ~5%	0.84%	4%	5%

表 10.2　建设成本清单

账目编号	账目名称
1	厂址前期工程费
11	土地和土地权利
12	现场许可证
13	电厂许可申请
14	电厂许可证
15	电厂研究
16	电厂报告

表 10.2（续）

账目编号	账目名称
17	其他施工前费用
19	施工期随机费用
2	资本化直接成本
21	结构和改造
22	反应堆设备部件
23	汽轮发电机设备部件
24	电气设备部件
25	散热系统
26	多样化设备部件
27	特殊材料
28	模拟机
29	偶然的直接费用或相关费用
直接成本	
3	资本化间接服务成本
31	现场间接成本
32	施工监理
33	调试和启动费用
34	示范试运行
现场总成本	
35	场外设计服务
36	场外 PM/CM 服务
37	现场设计服务
38	现场 PM/CM 服务
39	偶然性的间接服务开支
基建成本	
4	资本化业主成本
41	工作人员招聘和培训
42	员工住房
43	与工作人员薪金有关的费用
44	其他所有者（业主）资本化成本
49	业主偶然性的开支
5	资本化附加成本
51	运输成本
52	备品备件成本

表 10.2(续)

账目编号	账目名称
53	税务成本
54	保险
55	初始燃料装载量成本
58	退役费用
59	偶然性的附加开支
基础成本	
6	资本化财务成本
61	升级
62	费用
63	建设期利息
69	偶然性成本
总资本投资	

10.1.2　工程造价

如前所述,为评估核电站(包括 SMR)主要组成部分的建造成本,通常采用两种方法:自上而下的成本估算和自下而上的成本估算。

(1)自上而下成本估算。从已知参考成本值开始计算成本,考虑最重要的成本因素,这些成本因素表征了特定技术的经济性,从而得出比例成本。对于发电行业,这些驱动因素包括:电厂规模、建设机组数量、现场位置等。当电厂设计仍处于早期开发阶段时,或者电厂设计复杂使得每个系统的成本估算较为困难的情况下,此方法尤其适用。

(2)自下而上成本估算。首先完成"部件级"的成本分析,最终将部件制造、组装、操作等相关的所有成本全部进行统计求和,从而得到总的成本。

通过上述方法进行成本估算,可以详细说明生命周期成本以及融资成本(股权和债务)和税收负担,以便进行折现现金流(DCF)分析。DCF 分析提供了经济绩效指标,如内部收益率(IRR)、净现值(NPV)、价值评估(LUEC)和投资回收期(PBT)(见图 10.1)。研究表明,大型项目如民用和运输基础设施、电厂等具有共同的财务成本特点,这一现象可在核电站成本投资过程中体现,核电站具有典型的建设延迟和成本上升特征。为提供可靠 SMR 成本估算,需要解释大型核电站成本较难估算以及大型工程项目的成本较难估算的原因。有学者认为大型工程项目财务数据的可用性和可靠性影响了经济估算。作者认为,造成成本预测不准确的主要原因有两大类:成本预测方法的缺陷和策略性的财务数据处理。后者乐观的估计是造成资本成本上升的主要原因。

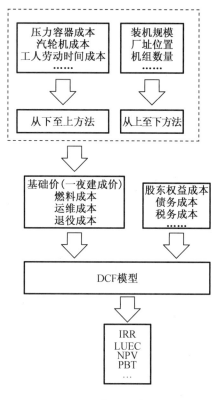

图 10.1　电站经济评估

10.2　投资和风险因素

工业活动中的投资决策很大程度上取决于项目是否有能力充分收回和支付初始资本支出。如第 10.1.1 节所述,资本成本估算的不确定性,即初始投资直接影响投资盈利能力的估算,影响情景条件、项目实现和运营条件,项目产生的收入流也将会受其影响。预期盈利能力具有风险性,取决于随机影响变量的实际情况。多数欧洲和北美国家对自由化电力市场的投资迫使投资者在其商业计划分析中包含不确定性,并在决策中给予风险与盈利同样重要的相关性考虑。衡量投资项目财务绩效的关键变量是"预测"准确性,必须对项目盈利能力和经济稳定性做出合理的预测分析。核电站代表长期投资,具有递延收益效应,核工业是资本密集型行业,这意味着项目建设需要前期资金高投入,收回资金则需要较长的回收期。

与预测相比,时间越长,情景条件以不同的不利方式演变的概率就越高。例如,市场电价可能会受到非预期市场动态的推动而下降;意外操作或设计缺陷也可能损害电厂的可用性。资本密集型投资要求充分发挥其经营能力,使其收益流尽可能稳定。从长期来看,可变趋势的低波动性可能转化为可变价值的广泛实现范围。这种情况在所有资本密集型行业都很常见。然而,一些风险因素对核工业是特定的或特别敏感的,例如公众的认可、长期能源战略中的政策支持、安全和监管机构监管的活动。

由于上述原因,核能投资通常被视为发电技术中风险最大的投资选择(见图 10.2)。显然,风险并不是选择发电技术的唯一或相关标准。除风险和成本外,技术投资评估还包括其他战略和经济问题,如发电独立性、电力密度(与土地占用相比)、供电稳定性(基本负荷)、电价稳定性等,表 10.3 列出了影响核电投资项目的关键风险因素,并对其进行了分类。

说明:
整体煤气化联合循环;
碳获取;
碳获取与分离。

图 10.2　新电厂发电资源的风险排序

表 10.3　资本密集型核电产业的主要风险因素

资本密集型行业常见的风险因素	风险因素,核电产业特有
复杂且高度资本密集:前期资本成本高	公众支持不稳定
成本不确定性	负面公众接受
完工风险:施工供应链风险	监管/政策风险(修订的安全措施)
交付周期长(工程和施工等)和回收期长	退役和废物成本/负债
对利率敏感	
电厂可靠性/可用性/负荷因子	
产出市场价格(电力)	

资本成本和建设期具有突出的重要性。建设时间和成本超支被认为是破坏核电经济的最不利因素。在整个建设期内,项目将面临商品价格风险、供应商信用风险、工程和施工合同履约风险、供应链风险、主权风险、监管风险等。建设阶段受投资风险影响最大,项目超支的规模往往很难在施工过程中估计,甚至更难控制。如表10.4中美国报告的数据所证实,估算建筑成本的能力非常有限。因此,核电融资受风险认知的影响。风险成本根据"风险溢价"转移到资本成本中,作为可能的负面结果成本。与投资项目相关的"评级"代表财务违约的可能性,只要"评级"较低(即风险较高),则应用于资本成本(股权或债务)的风险溢价就较高。因此,与其他能源相比,核电项目通常要承担很高的资金成本。由于这个原因以及长期债务风险,国际直接投资占资本成本的一部分(图10.3),资本成本的任何增加都将对项目经济造成重大负担。除了风险溢价考虑因素外,IDC还受到施工期的严重影响,施工期间的财务风险最高,项目对投资资本支付最多。因此,核业务风险来自:

表 10.4　美国核电站预计和实际建设成本表

施工开始		平均总体成本		
起始时间	电站数量	电力公司预测/(k $ /MW)	实际/(k $ /MW)	超支/%
1966—1967	11	612	1279	109
1968—1969	26	741	2180	194
1970—1971	12	829	2889	248
1972—1973	7	1220	3882	218
1974—1975	14	1963	4817	281
1976—1977	5	1630	4377	169
平均	13	938	2959	207

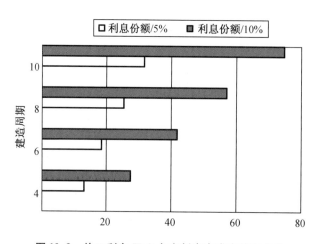

图 10.3　施工利息 IDC 占交割资本成本的百分比

(1)资本密集型的特性使得在很长的 PBT 期间将产生巨大的成本和高财务风险;

(2)长期的市场预测可靠性;

（3）意外外部不利事件（如自然事件、公众接受/政治支持撤销）或项目经济的内在缺陷（如施工时间和成本超支、运营不可用）。

SMR 可能是个有利的选择，可以减轻前面讨论的几个风险因素，SMR 能够降低施工前、供应链、施工和运营阶段许多风险因素的严重性。国际原子能机构得出的结论是，小型核反应堆可能会对核电的一些重大融资挑战提出缓解因素（图 10.4），特别是，SMR 具有较低的前期投资费用和较短的建设期，可以降低投资财务风险。

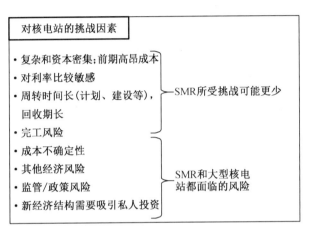

图 10.4　小型反应堆和大型反应堆的不同风险因素

10.2.1　工程造价

相比大型核电项目，SMR 可降低平均风险资本。财务风险与投入资本总额密切相关，银行常通过贷款组合多样化来控制信贷风险，这同样适用于股东投资者（如公用事业公司）。单个项目的高资本敞口意味着资产负债表压力以及相关的金融和工业风险敞口。因此，核能发电项目可以被视为股东公用事业的"赌注"，核电投资规模巨大，调试核电设施所需的时间相对较多。

Goldberg 和 Rosner 提出了将风险溢价与风险规模联系起来的模型，假设与项目相关的风险溢价是赞助实体财富的函数，例如可以通过净现值和债务股本比来衡量。这种数学表达式表明，随着项目规模接近投资公司的规模，风险溢价以指数速度上升。

将不同基本负荷技术的投资规模与公用事业公司的平均年收入进行比较后发现（图 10.5），投资群体应更看好小型反应堆，小型堆比大型反应堆承担的风险溢价更低（美国公用事业公司当前年收入例子，Exelon 公司：235 亿美元，Duke Energy 公司：196 亿美元）。

表 10.5 中的评级方法表明，低风险和高风险业务的多样化是评估公司信用价值时考虑的风险指标之一。由于总资本预算投资有限，中小制造企业可以更好地分散工业风险。在小型市场或资本预算可用性降低的情况下，通过将 SMR 纳入投资组合，有可能实现企业经营多元化，这将被大型电厂捷足先登，从而降低投资风险。

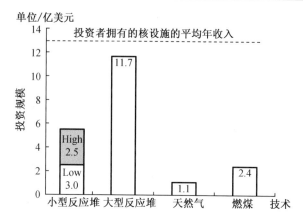

图 10.5 投资规模(直接成本)与投资者拥有的核设施平均年收入的比较

表 10.5 穆迪针对电力公司的评级方法

广义评级因子	广义权重因子	评级分项系数	子因子权重
额定系数权重-受监管电力公司			
法规框架	25%	—	25%
收回成本并获得回报的能力	25%	—	25%
分散化投资	10%	市场地位;	5%
		发电和燃料多样性	5%
财务实力、流动性和关键财务指标	40%	流动性;	10%
		前运营资本/前经营活动先进流;	7.50%
		经营活动先进流/前运营资本 + 利息/利息;	7.50%
		前运营资本/前经营活动先进流—股息/债务;	7.50%
		债务/资本或债务/监管资产价值	7.50%
额定系数权重-非监管电力设施			
市场评估、规模和竞争地位	25%	大小和规模;	15%
		竞争地位与市场结构	10%
企业现金流预测模型	25%	燃料策略和组合;	5%
		集成度与保值策略;	5%
		资本要求和经营业绩;	5%
		低风险/高风险业务的贡献	10%
财政政策 财务实力指标	10% 40%	现金流/债务;	12.5%
		现金流利息保障;	10%
		留存现金/债务;	12.5%
		自由现金流/债务	5%

10.2.2　施工提前及费用控制

投资者主要担忧核电站建设过程中的意外延误和相关成本的上升。面对上述风险,投资者多观望市场的演变、竞争对手的策略或是等待某一特定核电站概念走向更成熟阶段、等待成本降低和学习积累。

正如国际原子能机构所述,SMR 具有规模小、复杂性降低和设计简化特征,可以允许:

(1) 更好地控制施工周期,可以使施工提前,采用更简单的项目管理模式;

(2) 降低供应链风险,可增加供应商数量,减少特殊制造和安装的需求;

(3) 更好地控制建设成本,小型核电厂能够从标准化和加速学习中获得经济效益。

10.2.3　市场风险控制

多个 SMR 代表了"模块化"的设计理念和"模块化"的投资模式,多个 SMR 可能为投资者提供一个逐步进入核市场的机会。只要多个 SMR 按照错开的时间表进行部署,投资者就可以选择扩大、推迟甚至放弃核项目,调整投资策略,以便及早抓住市场机遇,或在市场意外低迷时获得优势。这种投资策略可使管理层能够对市场或监管环境的变化快速做出反应,或适应技术突破。与单个大型核电机组相比,模块化投资(如多个交错 SMR)的风险边缘能力可得到增强,这种面对未来不确定性的灵活部署特点可以通过实物期权分析来衡量,并用于面对投资风险。

10.3　资本成本与规模经济

发电技术的经济竞争力取决于向可负担的 LCOE 供电能力,和/或通过充足的现金流偿还投资的能力,与风险水平和 PBT 期限相比,给予最低可接受的资本报酬。资本成本在核能发电成本中占比较重,对关键经济绩效指标具有显著影响。

由于在建小型反应堆项目少,缺少隔夜成本实际数据,小型反应堆的成本估算通常是自上而下进行的,即从大型先进压水堆机组的可用成本信息开始,作为初始参考成本,进行粗算。有学者提出基于无量纲系数应用的参数化方法,进行 SMR 和大型核电站之间的经济差异特征分析:如预期学习效果、模块化程度、选址经济和简化设计情况等。其中,有许多经济因素取决于在同一地点建造的机组数量和电厂输出电力规模。

其中,与设计相关的经济性、学习效应、模块化和选址经济性研究成果表明,SMR 建设成本可以实现预期降低,SMR 单位建设成本与三代半大型压水堆核电站的预期成本基本一致。图 10.6 提供了 SMR 经济特征的定性示意图,即:当多个 SMR 被视为大型核电站的替代投资机组时,在总功率相同条件下,SMR 可恢复单位建设成本的规模经济成本。

在建大型核电站的实际情况证明了相关的时间表和成本超支情况。必须注意的是,这种比较方法适用于 SMR 与大型核电站预期成本估计。这意味着资本成本超支直接影响大型核电站项目的实际成本。当考虑到实际建设成本时,SMR 可实现对施工进度和成本的更好控制,且满足资本预算,前提假设条件是设计简单、采购、制造、装配过程和项目管理越容易。

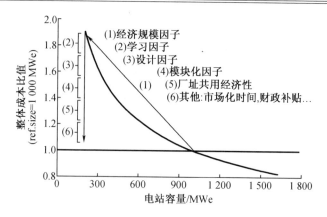

图 10.6 SMR 交接施工成本自上而下估算(定性趋势)

由于单个 SMR 的成本较低,其可能的成本超支在总投资中的发生率必然低于大型核电站。

如果时间/成本计划的不匹配性影响到最初 SMR 机组规划,那么将一座核电站划分为多个较小机组单元来实现的建造模式,就可能解决这种不匹配性,SMR 机组可随建造过程、施工工作和项目管理中进行学习和改进。

与理论预期成本相比,考虑到实际建设成本,包括可能的成本超支和财务增加,SMR 可以提高其相对于大型核电站的成本竞争力。

规模经济一直是核工业的主要推动力。核电技术的未来发展趋势具有单堆单机输出规模不断扩大的特点。美国公用事业公司已经应用了 1 000 ~ 1 400 MWe 核电站,法国核电站在 1971—1999 年间从 950 MWe 扩大到 1 550 MWe,研发出了更大电力输出(1600MWe)的欧洲压水反应堆(EPR)。作为资本密集型产业,核能发电技术追求规模经济规律,在较高的产出基础上降低固定成本。

原则上,SMR 受规模经济损失惩罚系数较大,应用典型的规模指数定律(通常系数在 0.6 ~ 0.7 范围内),单个电功率为 335 MWe 的 SMR 在单个发电功率为 1 340 MWe 大型核电站的基础上(7/kWe)可承受 70% 的成本增长惩罚系数。规模较小的 SMR 将承担更大的惩罚系数(高达 350%);为了保持成本竞争力,应通过其他方式收回经济惩罚系数。

然而,GWe 级反应堆建造成本上升引发了对核电站规模经济适用性的考虑:电厂规模的增加显然会增加复杂性,这对工厂设计、施工和装配的项目管理和其他活动提出了挑战。这意味着施工进度延误和巨大的成本超支。如欧洲的在建 EPR 项目,美国在建 AP1000 项目,欧洲在建或美国在建的新项目的预计成本和交付周期均已大幅上调,工厂试运行延误率每年增加超过 20%(表 10.6)。这种成本上升与建筑成本随时间增长的历史趋势基本一致(图 10.7)。

表 10.6 在建核电站的成本增加和调试延误情况表

	最初费用预估	调整费用预估	调试延误情况
Olkiluoto 3(芬兰)	3 Bn	8.5 Bn	从 2009 至 2018

表 10.6(续)

	最初费用预估	调整费用预估	调试延误情况
Flamanville（法国）	3.3 Bn	8.5 Bn	从 2012 至 2016
Levy County（美国）	5 Bn	24 Bn	从 2016 至 2024
South Texas Project（美国）	5.4 Bn	18.2 Bn	期望 2006，实际于 2011 终止
Hinkley Point（英国）	10 Bn	16 Bn	调试从 2017 延迟至 2033

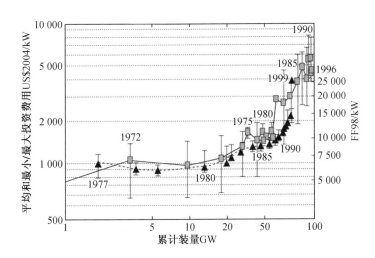

图 10.7　施工期内年度平均、最小/最大反应堆建造成本与累计完工容量之比

对法国核电站机组(压水堆)的详细分析表明,随着电厂规模的增加,施工成本和进度也随之增加(图 10.8 和图 10.9)。法国压水堆项目显示出实质性的实际成本上升,尽管其独特的机构设置允许集中决策、稳定监管和标准化反应堆设计。这一证据对学习型经济在核电站建设中的适用性提出了挑战,就"传统"核电站而言,在不引入设计简化和模块化概念的情况下,经济成本会增加。

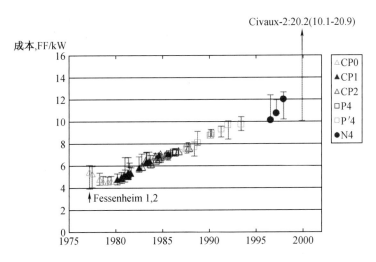

图 10.8　机组成本(假设法国压水堆建造成本为 1000FF98/kW)

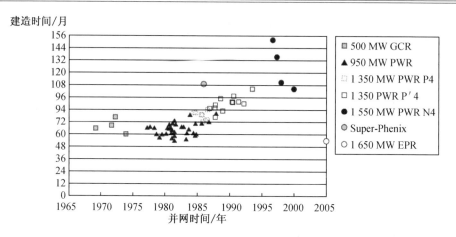

图 10.9　法国反应堆建设时间表(以并网为标志,以月为单位)

10.4　资本成本和多机组

多个核电机组建设中所考虑的竞争因素会对资本成本及发电量产生影响,通过在同一地点部署相同类型的核电站机组可以获得最佳成本优势。

10.4.1　学习

学习贡献适用于不同层次:在同一地点建立学习组,人员通过学习积累逐渐掌握以前建造和组装核电模块的经验;在制造厂不断学习积累制造经验并降低成本;使用成熟材料和工艺系统组装技术经验等。

Lovins(1986)提出了称为“Bupp – Derian – Komanoff – Taylor”模型,随着应用功能增加,技术复杂性不可避免增加,导致固有成本呈上升趋势,进而限制了降低成本的可能性。换言之,技术功能增加会导致系统复杂性增加,这种复杂性会转化为实际成本的增加,而掌握复杂技术需要的学习成本同样会增加。

学习积累对逐步降低成本起到了不可忽视的作用(图 10.10)。韩国核电站运营商 KH-NP 负责韩国 21 座核电站的运行,自 20 世纪 80 年代末美国西屋公司为韩国提供 system 80 (945 MWe)核电机组以来,韩国通过不断学习积累逐渐掌握了 system 80 机组技术,根据国内用户需求开发了改进的 system 80 核电机组,随后,KHNP 提出了韩国标准核电站 KNSP、OPR – 1000、APR1400 等序列。目前的 APR1400 技术代表了其最新的研究成果。据报道,APR1400 的建设和发电成本比 OPR1000 机组低 10%。

韩国核电站的经济案例提供了学习过程降低建设经济成本的实际参考,通过优化施工建造过程(图 10.11)、在同一地点部署同类双机组或多机组、采用成熟技术以避免设计变更等措施,以实现压水堆核电厂标准化设计和控制过程来达到学习效果。

可能有观点认为,学习积累将决定后续核电站机组的建造成本和建造时间。然而,就西方国家而言,在现实中大型核电站建设项目往往没有成本和时间效益的证据,模块化设计、工厂制造的简单小型核电站具有更高的过程复杂性,并为标准化创造机会,使得在建造和组装阶段都能积累足够经验。SMR 受益于预期的学习效果,主要来自同一场地上建造和组装多个机组单元。考虑到核电站的功率大小,制造和安装的 SMR 机组数量预计比大型核电站要多,学习的机会也会不断增加,学习积累可记录在工程采购和施工(EPC)层面,包括人力资源知识、工程项目管理经验、组织、采购、供应商选择和管理等。核电建设学习可独立于新核电站的现场,图 10.12 中给出了"全球"学习的概念。此外,现场学习积累同样适用于在同一现场建造的不同阶段核电机组。在市场化成熟阶段,全球学习并不是区别 SMR 和大型核电站建造成本差异的主要因素,通过在同一场地上建造多个单元机组,SMR 为现场学习积累提供了便利好处。

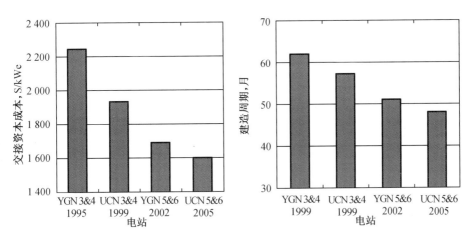

图 10.10　韩国核电站的交接资本成本和建设期限(从首次浇灌混凝土到机组初次临界,YGN = Yonggwang;UCN = Ulchin)

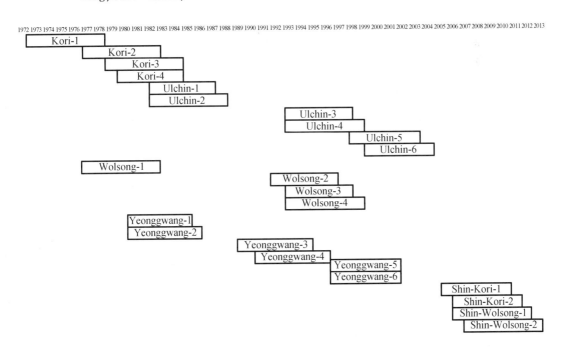

图 10.11　韩国核电站部署计划(来自 http://globalenergyobservatory.org,2013 年 2 月)

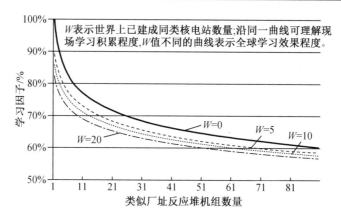

图 10.12　整体学习效果(现场＋全球)

10.4.2　厂址共用

厂址共用带来的经济好处在于,在同一厂址建造多个单元机组对一些共同结构、系统和服务的成本分担优势,厂址共用可以降低部分固定成本,从而减少了对规模经济损失的惩罚因子效应。

10.5　资本成本和规模因素

10.5.1　模块化

核电站的建造包括场地准备、现场施工和调试启动。传统上,核电站的建造阶段是在现场进行的,由专门的工人从原材料和主要设备开始,安装所有的土建结构、核岛和电厂配套设施(BOP)。每个核电站的建设具体到现场各个环节以及工厂设计、制造、加工、运输。相反,SMR电厂布局可从其设计阶段构思,分为若干子系统或"模块",这些子系统或"模块"可并行制造,然后在现场装运和组装。SMR通过将部分制造、安装活动转移至制造厂以减少现场施工工作量,从而获得以下益处:

(1)可有效控制工作条件和提高质量标准;

(2)可采用小批量生产零部件,促进学习积累,降低生产线的间接成本;

(3)可降低电站现场工作人员知识和技能特殊要求;

(4)从串行制造和建设活动转向并行制造和建设活动,从而降低施工周期;

(5)基于上述有力措施,可降低施工期间的财务成本。

由于组件和系统尺寸相对较小,SMR可以实现更高程度的模块化设计。SMR一些不可分割的子系统可以在现场进行施工,相对较小、功能独立的模块可在制造工厂预制,然后运至现场。模块化需要更多的项目管理工作,可能导致运输过程复杂化。供应商和承包商之间的沟通和合作必须准确无误,以便制定时间表并确保装运的协调同步性。这些额外的负担可通过电厂布置简化、模块化设计和制造工厂预制等措施予以平衡,从而将模块化转换为成本优势和时间优势。

10.5.2　设计因素

模块化主要针对设计和制造方法,而设计因素则与给定设计概念特性和特殊要求(如安全设施)有关,设计要考虑最终的设计成品要以最佳的安全性、简单性和经济性满足运行操作要求。大型核电站已针对其特定的发电量进行了优化。仅仅通过缩小大型核电站系统来设计小型核电站并不能一概而论。通常,SMR 不仅仅是对较大单元机组的重新调整,也不代表一种技术或规模经济的倒退,相反,新设计的 SMR 代表着技术的进步。

在较小的功率规模下,SMR 具有不同的多样化设计概念,这可能导致出现比简单应用缩比大型核电站设计方案更具经济性的 SMR 概念设计。SMR 的经济原理还取决于增强的非能动安全特性和设计的简化。20 世纪 90 年代提出的 300~400 MW 安全一体化反应堆(SIR)和 21 世纪初提出的国际创新与安全反应堆(IRIS)可视为 SMR 技术创新的典范。

多数三代半反应堆设计采用非能动设计理念,即系统正常运行、安全系统依赖物理定律而不是依靠人为干预来完成。小规模核电厂可以最大限度地利用这些非能动特性,因为它们的物理尺寸较小或功率密度较低,相应的功率输出较低。因此,可能会消除某些专设安全系统和/或降低某些部件的安全等级。这些简化措施会对成本产生有利影响。

除了这些与设计相关的成本优势外,SMR 还利用了小批量生产的经济性。SMR 被认为能最大限度地利用标准化技术和复制效应来提高经济性,也称为"倍数经济"模式。虽然原则上规模越小,需补偿的规模经济性损失越大,发电成本方面的成本效益损失越大(图10.13)。

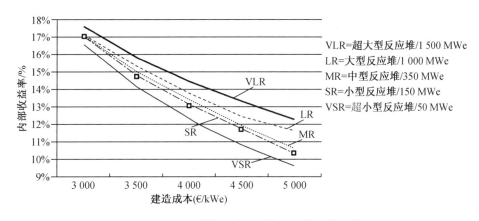

图 10.13　不同规模核电站机组的内部收益率比较

SMR 既依赖于"倍数经济",也依赖于"小型经济",即设计相关的成本节约对于恢复经济竞争力是必要的。反应堆及配套单元机组的尺寸越小,设计成本的节省就越高。通过设计降低成本一般可以从几个创新的 SMR 设计特征中得到答案,例如一回路集成到反应堆容器中,消除了大破口失水事故;在事故发生时,广泛使用冷却剂自然循环的非能动安全系统,消除一些能动安全系统。预期降低 SMR 建造成本的设计节省系数依赖于反应堆概念的具体设计,更可靠的成本估计来自自下而上的成本分析,涉及具体的电厂布置和技术特点。

在缺乏这些信息的情况下,经济分析可将设计节约系数视为要实现的目标值,以便使 SMR 项目和大型核电机组项目的盈利能力相当。因此,经济分析可能为制造商提供一种关于 SMR 设计的技术和经济目标的指示或要求。因此,"非常小"反应堆(VSR)必须有额外的节省成本因素考虑(图 10.14)。相反,VSR 并不能真正同 SMR 在市场上相竞争,因为它们有其他独特的要求,例如在强调总资本成本时考虑的不是每度电的安装成本,而是其他可能的独特应用价值。

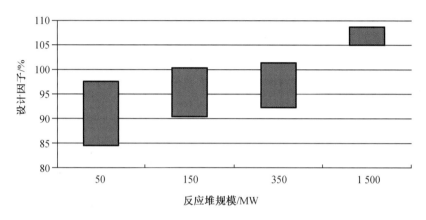

图 10.14 部署在超大型反应堆厂址(4 500 MWe)的不同 SMR 设计因子范围

10.6 多 SMR 机组竞争力

10.6.1 确定性

SMR 和大型核电站均属于资本密集型技术,核能发电的资本成本是衡量经济性的关键指标。大型核电站和多 SMR 机组间的成本比较基于保守假设进行评估,这些假设忽略了 SMR 的设计节省成本。在这种假设下,考虑到预期大型核电站建设成本和进度(即不存在延误和成本超支),对可替代大型核电站的多个 SMR 机组情景分析表明,大型核电站具有更高的经济性能,主要是由于建设成本的规模经济效应,大型核电站的投资内部收益率和盈利指数(PI)比 SMR 普遍高 1% ~ 1.5%,而在相关项目的投资价值方面差异较小。在确定性的情景条件下,SMR 的规模经济优势不明显。

尽管如此,从不同角度考虑,多个 SMR 机组的经济特征使它们在某些方面具有与大型核电站相竞争的经济性,多个 SMR 机组可提供模块化带来的财务效益。投资模块化和可扩展性是多个 SMR 机组的内在特征,允许投资计划适应电力和金融市场变化。SMR 部署计划中,首堆(FOAK)建设期为 4 年,第 n 个堆(NOAK)建设期为 2 年,这种较短的施工时间源自 SMR 机组尺寸更小、设计更简单、模块化程度更高、工厂制造和组件系列化制造程度更高。

较短的施工进度和较小的生产规模使 SMR 在时间和空间上更容易适应市场条件。较短的交货期和较小的工厂生产规模适应性允许 SMR 在更接近市场能源需求发展的情况下分散进行投资,可以避免建造额外 SMR 机组装置,而单一的大型核电站投资可能会导致意外的产能过剩。在市场条件高度不确定的情况下,SMR 的模块化转化为适应性,电站投资部署的灵活性具有重要的经济价值,可避免无效投资,避免在市场低迷时的财务损失,并在市场有利条件下获得早期收入回报。

较短的施工周期可限制施工期间财务成本增加的风险。在建设过程中,当没有收入进行资本偿还时,金融利息在不断增长的投资资本基础上呈指数增长趋势。这就是假设隔夜施工总成本与大型机组相同,多个 SMR 项目的 IDC 比大型核电站项目的 IDC 低的原因。

每台 SMR 机组较短的 PBT 允许从早期机组发电的销售中获得现金流。通过适当错开部署后续机组,可缓解平均未偿资本敞口,并可利用早期单元机组的现金流为后续机组建设提供资金。这种自我生成融资来源的能力不适用于单个大型核电站项目,反而是限制前期资本要求的有利选择,总资本投资成本的相关部分可由自筹资金提供(图 10.15 和图 10.16)。

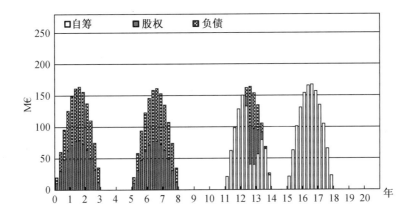

图 10.15　SMR 建设融资来源(M7)

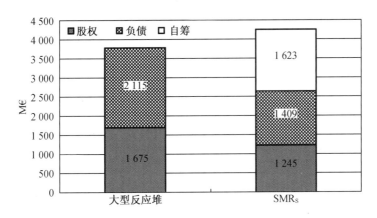

图 10.16　总融资来源明细(M7)

SMR 的投资可扩展性是一个关键的价值驱动因素,随着时间的推移,通过错开投资,平均风险资本和 IDC 降低。SMR 在建设阶段的现金流出情况更为平稳(图 10.17)。这些特点使 SMR 成为一个负担得起的投资选择,可放宽投资者的财务限制条件。

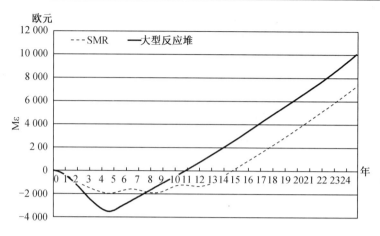

图 10.17 一台大型核电机组和四台 SMR 机组的累计现金流

10.6.2 不确定性

由于投资模块化,在面临不利条件时,中小型 SMR 财务方面具有相对平稳性,较低的平均投资资本使得利息资本低,金融违约风险也较低。自由化电力和资本市场的竞争规则特点是企业融资成本高,而较低的资本投资可以放宽电力和资本竞争因素。分析和模拟表明,成本效益差距越来越小,由于股权成本高,债务成本增加,中小型 SMR 的经济绩效有可能超过大型核电站(图 10.18),中小型 SMR 有能力限制 IDC 的增长。

当考虑确定性和可预测的情景时,假设考虑施工进度,基于规模经济和较低的隔夜施工成本,大型核电站通常表现出较好的经济性能:PI 和 IRR 较高,相应地发电成本较低。但当情景条件变得随机且分析中包含不确定性时,多个 SMR 的平均盈利能力可能高于大型核电站。特别是,假设一个随机延迟事件可能影响到大型核电站和多个 SMR 项目的施工进度,计算出的盈利能力分布显示 SMR 向正值的数据分散更为有利,这意味着 SMR 在盈利能力方面比大型核电站表现出更好情况(图 10.19)。对主要经济和财务参数的敏感性分析表明,SMR 在变化的情景条件下具有更好的特性和应对能力(图 10.20)。

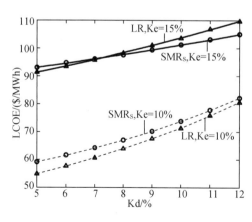

图 10.18 水平化电力成本(LCOE)随债务成本 Kd 的变化规律

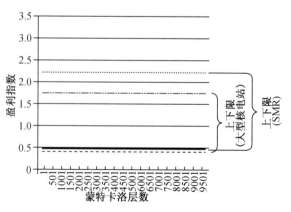

图 10.19 随机分析中一台大型核电站与四台 SMR 盈利指数比较

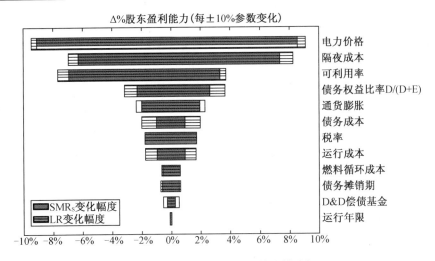

图 10.20　项目盈利能力(IRR)敏感性分析

10.6.3　SMR 运营成本

经济研究中,通常将资本成本作为衡量经济竞争力的主导驱动力。由于运营成本对发电成本的影响较小,因此很少有关于 SMR 运行和维护成本以及燃料成本的估算分析结果。尽管如此,成本估算时,仍要考虑以下因素:

(1)先进 SMR 设计人员提出,由于 SMR 更多依赖非能动安全系统满足核安全功能,由此导致安全功能要求和系统设备大幅度减少,运行和维护(O&M)成本可能低于大型核电站(LRs);

(2)规模经济、选址经济和学习影响多个 SMR 的运营成本,如建筑物成本。将 1 340 MWe 的大型核电站与 4 台 335 MWe 的 SMR 机组群进行经济性比较,由于规模经损失,SMR 对运营和维护成本的惩罚通过选址和学习效应得到缓解,相应的 SMR 核电站总成本增加限制在 +19%;同时也证实多个 SMR 机组对运营和维护活动的学习效应带来的经济性节省较为显著;

(3)由于反应堆堆芯尺寸较小,SMR 中子经济性较差,意味着燃料成本对发电成本的影响较高;

(4)与传统换料周期相比,由于燃料利用率较低,预计某些 SMR 长换料周期可能会增加特殊燃料成本;

(5)此外,预计驳船上安装的 SMR 的运行、维护和燃料成本的总和比陆基 SMR 普遍高出 50%,主要原因是驳船需要大量的运行和维护。

SMR 的去污和退役(D&D)成本数据信息无法从经验中获得。一种可能的计算方法是对过去退役项目中可用数据进行统计分析。历史记录数据表明,退役成本中有若干因素起关键主导作用,特别是:电厂规模、现场机组数量和退役策略("立即退役"或"延迟退役")。多元回归分析适用于这类分析,它能够准确地量化每种成本的影响,允许深入检查因变量和解释变量之间的趋势相关性。这种统计分析的结果表明,规模经济也适用于电厂退役活动,但这对于 SMR 来说是不利的,中型 SMR 机组的研发成本可能是大型电厂的 3 倍。

值得注意的是,历史数据中较多源自一代和二代核电站机组,而唯独缺乏三代＋核电站和小型堆的数据。对于 SMR,设计简化和组件数量减少有利于成本降低,还可通过减少现场组装活动来降低建设成本。模块化和工厂组装反应堆可在以实现子系统的整体拆除,然后再运回到集中处理工厂,实施成本低于现场拆除成本。

总而言之,设计简化、标准化和规模经济带来的技术节约是对抗规模经济损失的有效措施。这些因素之间的平衡节省应在具体项目基础上进行评估,并通过实际经验数据来予以支撑。

10.6.4 结论:倍数经济

同一地点的多台 SMR 可被视为一种投资选择,可替代相同总功率输出的大型核电站。SMR 投资具有规模经济损失,但可通过特定的成本效益加以缓解。这些经济效益可通过在同一地点部署多个单元机组而得到增强。在建设方面,多个单元机组的"理念"和一些小型单元的"小批量生产"有望促进学习积累、模块化和规模经济。此外,设计简化将进一步降低 SMR 的成本,但其评估过程较为特殊,值得进一步分析和探讨。

在投资方面,将总投资细分为多个较小的批次投资可能是降低风险的因素,可以防止成本/时间超支,并有机会根据市场情况调整投资计划和电力输出。所有这些经济特征都可以概括为"多重经济"概念,可以抵消"规模经济"损失的不利影响,特别是在分析中引入不确定性、影响市场条件或施工进度计划时。

通过简化运营或拆卸程序可部分恢复规模经济损失,SMR 设计简化对建造和退役成本都有影响。

10.7　SMR 相对于其他发电技术的竞争力

在特定市场或应用中,SMR 选择余地较广。由于其资本要求和规模较小,使其特别适合于小型电网、偏远分散地区的能源需求。SMR 较小的尺寸更适合热电联产和其他能源应用。在这些情况下,大型机组适用性受限。考虑到 SMR 输出规模较小,一台 300～400 MW 的 SMR 电厂也可作为替代燃烧化石燃料的中小型电厂(如煤炭和联合循环燃气轮机(CCGT))的选项。

根据 OECD(2011 年)的报道,在巴西、日本、韩国、俄罗斯和美国,核能发电成本可与燃煤电厂、燃气电厂、可再生能源具有同等的竞争力。SMR 与燃煤和燃气发电厂的蒙特卡罗对比分析表明,碳税或二氧化碳成本对核能发电成本具有显著的竞争力。如果不征收碳税,就净现值和 LCOE 而言,煤炭和 CCGT 比 SMR 更具吸引力。碳税可能会大幅增加燃煤和热电联产发电厂发电成本,并将其不确定性价值转移到化石燃料发电厂投资回报的总体不确定性上,从而提高 SMR 的竞争力(图 10.21)。

在公开的文献中,有研究涉及投资组合理论在发电领域的应用,但从这一角度比较大型和小型发电厂的研究很少。根据不同情况对基负荷发电厂的最佳组合进行调查研究,研究前提条件如下:

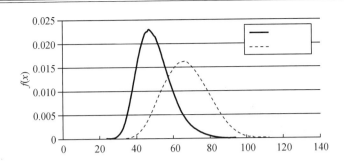

图 10.21　燃煤电厂碳税带来的不确定性

(1) 在考虑不同碳税和电价的情况下,利用蒙特卡罗模拟计算核能、煤炭和燃气轮机三种基负荷技术的内部收益率和 LCOE。

(2) 考虑不同的电厂规模,核电厂 335 MWe 和 1 340 MWe,燃煤电厂 335 MWe 和 670 MWe,CCGT 电厂 250 MWe 和 500 MWe。

(3) 调查大型电网(30 GWe,对应于国家级公用事业)、中型电网(10 GWe,对应于地区级公用事业)以及小型电网(2 GWe,对应于城镇或岛屿)。

(4) 对于每个市场考虑两种投资组合:仅考虑大型电站的所有可能组合和仅考虑小型电站组合。在这两种情况下,最大厂址规模为 1 340 MWe,即独立大型核电厂的规模,考虑了规模经济性和倍数经济性。

(5) 为了从投资者的角度确定最佳的发电厂投资组合,假设内部收益率和 LUEC 作为投资绩效的衡量标准(较高的内部收益率;较低的 LUEC)。根据这些指标各自的标准差,对其特定概率分布所产生的这些指标的平均值进行评估。

研究结果表明,核电站在组合发电中起着基础性作用,成为碳税纳入经济评价的一种便捷选择。基于上述 IRR 和 LCOE 标准,当需要新的大容量电力时,大型发电厂是最佳投资选择;而当需要小容量电力装置时,小型发电厂具有竞争力。为了以最低的风险实现最高的盈利能力,有必要建立几个不同类型的电厂,在小电网的情况下,只有小电厂才有可能做到这一点。尽管投资者的选择将取决于具体的需求和风险态度,但可以制定指导方针来促进优化选择过程:

(1) 根据 LCOE 指标,大型电厂投资组合通常比小型电厂投资组合表现更好;

(2) 根据内部收益率指标,小型电厂投资组合可能具有与大型电厂投资组合相当的业绩;

(3) 对大型市场(>10 GWe),大型电厂投资组合是大多数情况下的最佳选择;

(4) 对小规模市场(2 GWe),小电厂投资组合能够提供比大电厂投资组合更低的内部收益率和 LCOE 指标投资风险;

(5) 当二氧化碳排放的中/高成本或低电价适用时,最佳组合主要由核电厂组成;

(6) 在没有征收碳税的情况下,最好采用燃煤电厂;

(7) 提高电价或减少碳税可缩小小型和大型电厂效率边界之间的差距。

10.8 外部因素

对其他非设计甚至非技术特性因素(外部因素)进行分析,可能对中小型 SMR 部署策略产生重大影响。"外部因素"通常不是货币因素,也不是投资评估中直接考虑的因素,因为它不受投资者的直接控制。然而,它可能会直接影响生命周期和项目本身的吸引力和可行性。这些外部因素(图 10.22)包括:燃料供应的安全性、公众接受度和环境方面等等。

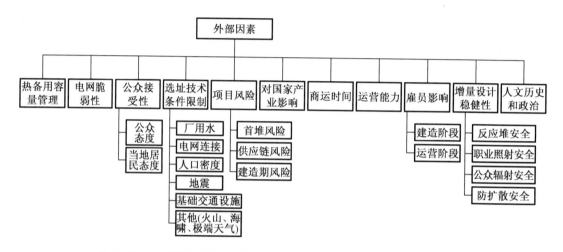

图 10.22 大型核电站和 SMR 之间进行经济性比较时应考虑的外部因素

必须重点指出的是,"不在我的后院"(NIMBY)综合特征限制了在不同地点推广 SMR 的可能性,限制了利用分散发电模式的优势(如更好的电网稳定性)。因此,对许多国家来说,一种可能的情况是在每个地点都有多个小的 SMR,即使在这种配置中,SMR 也应该在整个生命周期中获得优势。在规划和建设阶段,可开发的场址比大型核电站多,因为有更多的场址适合 SMR 部署;SMR 上市时间更短,与建设阶段相关的风险更少,同时也增加了当地产业的效益。在运营阶段,SMR 提供了更多的工作岗位,不需要额外的成本进行人力资源储备。

外部因素可以与货币因素相结合,通过六步法进行整体评估:

(1)确定评估和选择的地域属性,考虑具体国家。

(2)每个属性(定量或定性、货币或非货币等)的测量和评估过程的定义,每个核电站的设计必须对每个属性进行评估。

(3)根据模糊层次分析法(AHP)应用的要求定义属性的层次结构。

(4)专家启发获取属性权重,每个专家必须填写属性或属性组之间的成对比较问卷,模糊层次分析法允许通过语言变量进行判断。

(5)利用几何平均法对不同决策者的成对比较矩阵进行汇总。然后,将 Buckley 方法应用于层次结构并获得最终属性权重,这些属性是模糊集,需要解码过程来获得清晰的值。

(6)采用 TOPSIS 方法进行最终整合(见 Opricovic 和 Tzeng(2004)五个步骤)。

大多数 SMR 不仅仅是利用原始设计特性扩展大型核电站的功能应用,其中一些仍处于概念设计阶段,并采用了一种得益于投资模块化的部署策略。

在 SMR 概念研究阶段,需要对其潜力、有利特征进行适当的研究,需要互补研究。就中小 SMR 的经济、财务和部署问题而言,主要的研发工作应集中在成本估算(自下而上的方法)和部署灵活性价值估算(通过实物期权分析)方面。

自下而上的方法需要更稳健的成本估算,特别是关注基于不同设计思路的经济性,以及 SMR 设计目标、构筑物、系统、设备、部件、布置等更多细节。自下而上的方法是一种合适的、替代基于相似性的自上而下的方法,用于评估建设成本。SMR 操作策略和相关许可问题也应首先进行确定(参考机组人员要求和单个控制室操作的多个 SMR 模块),才能进行经济成本估算,这其中包括 O&M 成本。

实物期权方法的应用能够抓住投资灵活性的价值,可作为是对现金流量分析的补充。这种方法符合 SMR 的模块化特性。模块化投资根据业务边界条件的时间演变,例如能源市场、监管框架、政治以及宏观经济环境,提供延迟、预期、停止或加速部署计划的机会。作为直接现金流入,这是有价值的,应该加以考虑,以便对中小型 SMR 的投资做出正确的评估。实物期权是评价非电产品联产经济潜力的最合适工具,热电联产可以作为一种选择,使 SMR 的发电适应负荷曲线,而不会因核投资而失去经济价值,也不会对一回路系统评估造成压力。多个 SMR 的固有模块性特别适合于通过将一些 SMR 单元产生的热能用于共发电过程来提高发电的灵活性。

10.9　参考文献

［1］　Blyth, W., 2006. Factoring risk into investment decisions, working paper, UK Energy Research Centre, London.

［2］　Bowers, H. I., Fuller, L. C. and Myers, M. L., 1983. Trends in Nuclear Power Plant Capital Investment Cost Estimates 1976 to 1982, A. 2. Summary of Literature Review of Cost – Size Scaling of Steam – Electric Power Plants. ORNL/TM – 8898. Oak Ridge National Laboratory, TN, USA.

［3］　Bowers, H. I., Fuller, L. C. and Myers, M. L., 1987. Cost Estimating Relationships for Nuclear Power Plant Operation and Maintenance. ORNL/TM – 10563. Oak Ridge National Laboratory, TN, USA.

［4］　Carayannis, E. G., 1996. Re – engineering high risk, high complexity industries through multiple level technological learning. A case study of the world nuclear power industry. Journal of Engineering and Technology Management, 12 (4), 301 – 318.

［5］　David, P. A. and Rothwell, G. S., 1996. Measuring standardization: an application to the American and French nuclear power industries. European Journal of Political Economy, 12 (2), 291 – 308.

［6］　David, P. A. and Rothwell, G. S., 1996. Standardization, diversity and learning: strategies for the coevolution of technology and industrial capacity. International Journal of Industrial Organization, 14 (2), 181 – 201.

[7] Feretic, D. and Tomsic, Z., 2005. Probabilistic analysis of electrical energy costs compa-ring production costs for gas, coal and nuclear power plants, Energy Policy, 33, 5 – 13.

[8] Finon, D. and Roques, F., 2008. Contractual and Financing Arrangements for New Nu-clear Investment in Liberalised Markets: Which Efficient Combination, CeSSA Working Paper, European Regulation Forum on Supply Activities.

[9] Gollier, C., Proul, D., Thais, F. and Walgenwitz, G., 2005. Choice of nuclear power investments under price uncertainty: valuing modularity. Energy Economics, 27, 665 – 685.

[10] Ingersoll, D. T., 2009. Deliberately small reactors and the second nuclear era. Progress in Nuclear Energy, 51, 589 – 603.

[11] Kazachkovskii, O. D., 2001. Calculation of the economic parameters of a nuclear power plant. Atomic Energy, 90 (4), 329 – 336.

[12] Kennedy, D., 2007. New nuclear power generation in the UK: cost benefit analysis. Energy Policy, 35, 3701 – 3716.

[13] Koomey, J. and Hultmanc, N. E., 2007. A reactor – level analysis of busbar costs for US nuclear plants, 1970 – 2005. Energy Policy, 35, 11, 5630.

[14] Krautmann, A. and Solow, J. L., 1988. Economies of scale in nuclear power genera-tion. Southern Economic Journal, 55, 70 – 85.

[15] Langlois, R. N., 2002. Modularity in technology and organization. Journal of Economic Behavior and Organization, 49, 19 – 37.

[16] Lapp, C. W. and Golay, M. W., 1997. Modular design and construction techniques for nuclear power plants. Nuclear Engineering and Design, 172, 327 – 349.

[17] Marshall, J. M. and Navarro, P., 1991. Costs of nuclear power plant construction: theo-ry and new evidence. RAND Journal of Economics, 22 (1), 148 – 154.

[18] Oxera, 2005. Financing the Nuclear Option: Modeling the Cost of New Build. In Agen-da: advancing economics in business, www.oxera.com.

[19] Phung, D. L., 1987. Theory and Evidence for Using the Economy – of – Scale Law in Power Plant Economics. ORNL/TM – 10195. Oak Ridge National Laboratory, Oak Ridge, TN, USA.

[20] Reid, L., 2003. Modeling Modularity Impacts on Nuclear Power Plant Costs, ORNL, Oak Ridge, TN.

[21] Roques, F. A., Nuttall, W. J. and Newbery, D. M., 2006. Using Probabilistic Analysis to Value Power Generation Investments under Uncertainty, CWPE 0650 and EPRG 065, University of Cambridge.

[22] Schock, R. N., Brown, N. W. and Smith, C. F., 2001. Nuclear Power, Small Nuclear Technology, and the Role of Technical Innovation: an Assessment. Working paper for the Baker Energy Forum. Rice University, Houston, TX.

[23] Takizawa, S. and Suzuki, A., 2004. Analysis of the decision to invest for constructing a nuclear power plant under regulation of electricity price. Decision Support Systems, 37, 449 – 456.

[24] Toth, F. L. and Rogner, H. – H., 2006. Oil and nuclear power: past, present, and future. Energy Economics, 28, 1 – 25.

第 11 章　SMR 许可

11.1　引　　言

SMR 的许可和部署取决于：

(1)是否存在新核电的重大市场需求；

(2)是否能够及时开发 SMR 技术以满足需求；

(3)是否能够有效地许可认证 SMR 技术。

良好的经济性、强有力的安保、增强的安全性、灵活的选址和应用都是创造市场需求的驱动因素。市场对中小 SMR 的需求和融资能力明确后，许可证将成为 SMR 工程应用要解决的下一个风险因素。许可批准与否在某种程度上取决于 SMR 技术的成熟度和安全性。新的和未经证实的核工程技术可能对有效许可证发放产生影响。因此，近期 SMR 成功许可和部署的机会集中在经验证的轻水堆技术。

SMR 商业化部署将具有全球属性。供应商将在设计原产国(即供应商所在国)申请其设计的许可证批准，批准后的 SMR 将主要在原产国制造，在全球销售，并在部署国获得运营许可。SMR 系统和部件可能采用不同的设计规范和标准要求，从而实现 SMR 设计安全目标，这些不同的设计规范和标准要求可能对许可/监管机构造成适用性筛选方面的挑战。许可/监管机构必须能够以合理的方式对 SMR 进行许可和监管，以确保所有涉及安全、环境、监管和政策的问题得到解决，特别是福岛核事故后新的监管要求。更为重要的是，监管机构必须能够评估 SMR 设计的增强安全特性，以支持这些先进反应堆技术的批准或认证及其随后的许可活动。增强的安全设计显著降低了公众的风险，使许可证颁发机构有能力根据支撑设计的风险和安全评估对 SMR 设计进行许可。

一些国家已开始对 SMR 设计进行监管审查。本章讨论美国核管理委员会(NRC)新的许可程序中颁布的美国监管程序允许 SMR 申请许可的几种方法。讨论的范围可能与其他国家的 SMR 许可有关。此外，本章还讨论了 NRC 如何解决几个关键的 SMR 通用许可问题，以说明其他监管机构如何解决这些安全和政策问题。国际合作和援助将有助于 SMR 获得有效的许可证。行业和监管机构的这些合作将提供战略和框架，以协助安全有效地向全球部署的中小 SMR 发放许可证。

11.2　NRC 关于 SMR 的许可

SMR 被定义为围绕核燃料和冷却剂类型而进行的反应堆技术设计研发活动。目前，选择用于 NRC 许可和近期商业部署(2022 – 2025)的美国 SMR 反应堆技术均基于轻水堆技术，且多数 SMR 是一体化压水堆(IPWR)。轻水堆 LWR 具有最为完善的监管要求框架，包括监管法规、监管导则、监管要求、监管方法、技术基础等。NRC 采用标准审查要求(SRP)NUREG-0800 审查这些反应堆设计的许可申请。NUREG-0800 于 2014 年 1 月修订,为SMR 提供了一般审查指导。NRC 和 SMR 供应商正在开发这些 SRP。B&W mPower 提供的SRP 于 2014 年发布,以支持 2015 年提交的 mPower 设计认证申请。此外,NRC 拥有一套完善的、经验证的分析规范和方法,以及开展安全研究所需的完善软硬件基础设施,以支持其对轻水堆核电厂设计的独立安全审查和许可申请。应注意,近期小型堆资源管理,特别是知识产权管理,将受到与新的大型堆资源管理相同的许可程序、相同的安全要求和标准,但不会降低安全性要求。

新的 SMR 可根据两种现有监管方法中的任何一种获得许可。第一种方法是传统的"两步"流程,如《联邦法规汇编》(10CFR 第 50 部分)第 10 篇第 50 部分"生产和使用设施的国内许可证"所述,该流程首先需要施工许可证(CP),然后需要单独的运营许可证(OL)。第二种方法是《美国联邦法规》第 10 卷第 52 部分"核电厂许可证、认证和批准"中所述的新的"一步"许可程序,该程序包括施工和运营许可证(COL)。应注意,SMR 供应商 B&W 公司和拟议的许可证申请人 TVA 都选择了两步法第 50 部分流程,在田纳西州克林奇河现场对 mPower SMR 进行许可申请。该两步法流程由 TVA 选择,并由 NRC 批准用于这种首堆(FOAK)设计,以减少根据第 52 部分流程获得最终设计认证的延迟风险。假设所有其他申请 FOAK SMR 和 N 个 SMR 的美国申请人将遵守第 52 部分 NRC 许可程序。

包括 SMR 在内的任何新反应堆设计的关键是监管机构在评估反应堆和相关安全系统的安全基础时所采用的方法。无论选择何种许可程序,许可当局都需要考虑确定性方法与基于风险的绩效方法的相对优点,以评估和批准 SMR 的安全情况。

11.2.1　SMR 许可方案

如前所述,美国新 SMR 可采用现有监管方法(CP、OL 或 CP/OL(COL)组合)中的任一种获得 NRC 的许可认证。下文简要概述许可方案,其中一种或多种组合方案可能与其他国家的许可程序类似。在任一种许可方案中,需要注意:

(1)提交的设计文件是初步设计文件,还是最终设计文件;

(2)提交设计文件之前是否已通过相关主管和有资质能力的监管机构的批准或认证;

(3)选择的厂址之前是否已经过特征化分析和批准(如美国的早期场地许可(ESP)程序),或者正在寻求批准。

从根本上讲,选择何种许可申请策略都取决于反应堆设计安全审查的状态,以及现场安全和环境特性审查的状态。

NRC 有两个独特的许可程序。首先,NRC 许可程序有要求,即将通过 10 CFR 第 52 部分 B 子部分认证的反应堆设计必须通过规则制定程序,为公众参与提供机会。任何其他国家都不需要规则制定过程,以使反应堆设计得到认可的监管机构的认证。设计认证规则(DCR)旨在以最终和正式的方式冻结设计。对设计的任何更改都必须通过修改 DCR 来完成,这是一个正式而漫长的规则审查过程。其次,美国的另一个许可选择是,公用事业或其他最终用户通过 10 CFR 第 52 部分下的 ESP 流程"权限"提供潜在 SMR 情况。如果一个ESP 是由 NRC 批准的,那么申请人可以提交后续的 COL 申请,该申请将引用 ESP 和 DCR。

早期场地许可的使用时间有限(10～20年内),但可以转让给另一个可能希望将该场地用于核电站的潜在申请人。许可申请方案有:

(1)方案1:提供初步设计,现场需要批准。此选项从提交的厂址安全信息、完整环境报告(ER)、初步设计信息、初步运行计划、初步CP计划申请开始,一旦发布CP,将提交一份包含最终设计信息和运营计划(带有实施时间表)的OL程序。NRC在审查和批准了OL并监督项目完成施工后,方可授权运营商向反应堆装载核燃料。

(2)方案2:提供最终设计,厂址需要批准。此选项从提交的厂址安全信息、完整ER、最终设计信息和运营计划、初步CP计划申请开始,一旦现厂址得批准并发布CP,将提交一份OL申请,其中说明了运营计划(包括实施时间表),并确认系统和安全配置符合最终设计申请中的说明。一旦施工完成并发布了OL,NRC将授予运营商允许装载燃料的授权书。

(3)选项3:设计批准/认证,厂址需要批准。此选项与选项2相同,COL需设计认证,即DCR。COL还包含厂址安全信息、完整的ER、带有检查、测试、分析和验收标准(ITAAC)的最终设计信息,以及运营计划说明(带有实施时间表)。一旦厂址获得批准,COL得到发布,ITAAC得到满足,NRC将授予运营商允许装载燃料的授权书。

(4)选项4:设计批准/认证和厂址批准。此选项与选项3相同,提交的COL引用了DCR,同时也引用以前批准的状态监督点。一旦COL发布且ITAAC得到满足,NRC将授权运营商可以装载燃料。

NRC意识到SMR许可批准过程中法规第52部分流程具有显著的优势,它是所有非FOAK应用首选的许可申请过程。这一过程的优点及在国际许可中主要考虑因素如下:

(1)采用标准化流程,可在大多数申请过程中保持状态稳定、可控;
(2)便于及早查明和解决各类型的许可问题;
(3)所需的许可豁免很少;
(4)采用对公众公开和透明的许可程序;
(5)许可流程效率高、可预测,可降低财务风险。

这些许可优势有利于美国认证或其他监管批准的SMR设计的国际申请、许可和部署。

11.2.2 使用确定性或风险指引方法进行SMR许可

新的SMR轻水堆设计提供了显著增强的安全性、安保和设计的简单性。工业界和NRC认识到,许多现有的技术要求适用于这些新的设计。传统上,LWR的许可使用确定性工程判断和分析,以证明机组的安全性并建立许可的安全基础。然而,随着安全设计的重大改进,NRC允许更加重视使用概率风险评估(PRA)技术和风险指引评价,以建立SMR的许可基础。所有美国SMR将开发和使用针对特定设计的PRA,以作为其支撑许可申请的基础。

虽然NRC已表示,允许更多使用PRA来支持和建立许可基础,但PRA的使用需要将设备设计的质量和完整全面的PRA分析报告一同提交审查。根据质量和完整性,NRC可以使用PRA方法或风险指引评估方法来作为其确定论安全评价的补充,以作为许可审评的支撑基础(包括事件筛选)。或者NRC采用PRA分析方法并使用确定性工程判断和分析来作为PRA的补充。福岛核事故后,监管机构提出了设计需要将PRA分析和确定性工程判断结合使用的安全评审观念,对于寻求从传统轻水堆安全要求中解脱出来或用于支持修订后的许可要求的 SMR 许可而言,PRA 分析变得更为重要,尤其合适将 PRA 风险评估信息用于 SMR LWR 设计的许可申请,基于 LWR 设计的成熟性、大量运行历史数据可充分支撑 PRA 分析的质量和完整性。

11.2.3　特定 SMR 的许可和政策问题

美国自 2009 年以来,NRC、核工业和其他利益相关者一直在合作解决 SMR 轻水堆设计的潜在许可、政策和技术问题。这些问题主要源于新的 SMR 设计和当前大型轻水堆设计(如尺寸、慢化剂、冷却剂/冷却系统、燃料设计和预计运行参数)之间的关键差异。但它们也源于拟议的审查方法和对现行政策和做法的修改。NRC 的工作人员在 SECY - 10 - 0034(2010 年 3 月 28 日)中讨论了关键的许可和政策问题,以下对这些关键问题进行简要说明。

11.2.3.1　控制室人员配置

SMR 设计可在一个厂址使用多个模块机组作为技术的完整"参考"应用。这些设计还考虑由一个控制室控制多个反应堆。10 CFR 50.54(m)中概述了当前美国核管理委员会对操作人员配置的要求,规定了每个机组和每个控制室所需的操作人员数量。例如,对于在一个厂址运行的三台核电机组,NRC 法规和指南假设至少设置有 2 个控制室,总共配置 8 名操作员。这些要求基于大型轻水堆的运行。它们不是基于新的 SMR 设计,在操作和停堆模式下更安全、更简单。此外,该条例没有涉及三台或更多机组由一个控制室控制的情况。

NRC 工作人员审查了 SMR 供应商提交的有关操作员人员配置的申请前提交资料。工作人员考虑了根据控制室设计和新技术、拟议的人为因素、仪器和控制,以及为解决这一问题(国内和国际社会)拟议的这一领域的研究和开发而提出的操作员人员配置。在 SECY - 11 - 0098(2011 年 7 月 22 日)中,NRC 工作人员建议采用两步方法解决这个问题:①在短期内允许 SMR 通过豁免程序偏离当前的人员配置要求;②在人因工程(HFE)人员需求和设计分析的基础上,对人员需求进行进一步评估并提出修订。一些国际 SMR 应用正在考虑远距离操作反应堆。本章不考虑此应用,因为短期许可和部署不考虑可能支持远程操作的 SMR 机组类型。

11.2.3.2　安保要求

SMR 设计不仅更安全、更简单,而且更利于安保。安全和保障措施内置于设计特征之中,包括主要安全系统布置于地下的、较小尺寸的构筑物(目标)、更大的冗余和非能动特征。这为确定适当的设计基准威胁、制定有效的应急准备计划和综合保护措施提供了机会:用于检测、威慑和防御的物理安全;网络安全;核材料的控制和衡算。

SMR 设计将包括安全人员配置和保护区大小的安保各方面,整合到 NRC 审查的最终设计中。同样,NRC 将考虑对现有监管指南或关于 SMR 保障措施的新指南进行修改,以支持 SMR 设计的许可。SMR 应根据设计和工程特点,配备适当数量的安保人员和保护区或隔离区的大小,并减少对人为行动的依赖。

11.2.3.3　应急计划

美国当前的应急计划要求已在 NUREG - 0396(EPA - 520/1 - 78 - 016)中确定,并纳入

10CFR50 部分附录 E"生产和使用设施的应急计划和准备"。这些要求建立了(16 公里)10 英里的烟羽放射性扩散应急计划区(EPZ),以及大型轻水堆约(80 公里)50 英里的摄入放射性弥散路径。附录 E 承认,某些反应堆设计可通过"一事一议"的方式逐案豁免这些要求。SMR 提供了一个基础,可以根据假设事故造成的场外释放的可能性显著降低来修订这些 EPZ。设计监管提供一个良好的基础,以便在大幅降低公共健康和安全风险的基础上修订应急计划要求。随着对 SMR 安全设计的预期增强,NRC 工作人员认为:SMR 可能开发出与其事故源条件、裂变产物释放和事故剂量特性相称的、较小范围 EPZ 半价。

NRC 审评人员分析了 SECY - 11 - 0152(2011 年 10 月 28 日)中减小 EPZ 范围的可能性,认为 SMR 供应商可以根据上述有关源项、释放和剂量特性的因素,建立适当减小的 EPZ 范围。审评人员指出,需要进一步审查 SMR 反应堆的"模块化"和"同一厂址"。多个 SMR 设计将基于多个反应堆位于同一设施内。供应商正在设计这些 SMR,以使反应堆模块独立,即一个模块中的事故不会引发或加剧另一个模块中的事件,这种独立性允许较小的放射性源项和潜在的公众释放。基于这些设计考虑,NRC 将考虑基于对公众的场外剂量扩展 EPZ 范围,以及基于瞬态时间和联邦、州和地方响应组织的现有能力的 EPZ 内的应急计划措施。这种做法不会降低公共卫生和牺牲安全性。

应急规划规模和应对措施对于获得国际认可和许可证发放至关重要。NRC 基于对新设计的场外剂量考虑和对风险人群的适当响应措施所开展的相应评估对国际许可具有指导意义。对于极为偏远的厂址,EPZ 范围和响应措施的国际许可要求可能比较独特。NRC 没有考虑极端偏远厂址,因为现阶段尚无针对 SMR 极端偏远厂址有关的法规和标准可用。

在减少 EPZ 范围措施方面,除设计固有防范事故措施外,还可加强非现场人员和应急组织的响应能力。更好的设备、通信、协调和培训措施增强了政府应对突发应急事件的能力——所有这些都是应对核事件的重要能力。此外,福岛核电站事故后,核电运营商正在考虑更好地协调和整合应对核电站事故应急能力。国际应急计划许可证也可作为国家或区域应急考虑的因素。

11.2.3.4 多模块许可

由于多数美国 SMR 供应商将申请由 NRC 认证的"参考"电厂设计,参考设计中包含多个模块,NRC 必须考虑如何向参考电厂颁发许可证:向多模块电厂颁发许可证,还是应该为每个模块颁发许可证? NRC 对这个问题的考虑在 SECY - 11 - 0079(2011 年 6 月 12 日)中进行了讨论。NRC 审评人员建议,可以对参考电厂进行审查,并为所有模块颁发设计证书。如果模块是支持单一许可审查、SER 和公开听证的通用设计,NRC 将允许单一设计认证。

每个模块都应该被授予一个单独的许可证,并附带特定的技术规范(基本上是通用的)。这项建议主要基于模块机组的分阶段部署,以及每个模块机组在其使用寿命内的操作和维护——它可以与其他模块机组分开部署、操作、维护和退役。多模块电厂的国际许可应考虑并解决这些相同的许可问题。

11.2.3.5 制造许可

SMR 模块可能在制造工厂的环境中制造,然后将模块运输到现场进行最终制造和安装。这种制造方式通过复制、装配线建设和保持稳定和熟练的劳动力,在质量和效率方面提供了优势。《美国联邦法规》第 10 卷第 52.167 节中的 NRC 要求,允许签发带有必要和足够 ITAAC 的制造许可证,以确保反应堆按照其许可证制造和运行。尽管尚未根据第 52 部分提交制造许可证申请,但美国核工业建议 NRC 就这些要求以及 ITAAC 规定在核电站和现场的应用制定进一步的许可指南。NRC 的要求也不涉及 SMR 模块的出口,因为这些反应堆将获得技术进口国或出口国的许可。进口国(客户)必须满足所有美国法律和法规的出口要求,包括 10 CFR 110 "核设备和材料的进出口" 要求和 10 CFR 810 "对外国原子能活动的援助" 要求。这些要求正在修订中,美国中小 SMR 供应商和进口国及公司都应考虑这些要求。

11.2.3.6　SMR 许可及时性

及时和有效的 SMR 许可是至关重要的。

首先,公用事业决策者或其他申请人必须对一个稳定、可预测和及时的许可程序有信心,该程序承认需要平衡所有利益相关者获得有效投入的权利与及时和适当决策的需要。

第二,共同的智慧和逻辑将表明,SMR 基于经验证的轻水堆技术,结合通过 PRA 结果、测试和验证证明的安全和安保增强,应引导到许可审查中,该审查承认已证实的结果和风险见解,而不是规避风险审查,并要求进行验证。

第三,许可决定的及时性对于投资和财务决定以及成功部署的结果至关重要。

第四,政府能源政策制定者和公众必须有信心,许可证发放过程将导致及时做出能够支持政府能源政策的决定。延迟的核许可决定和商业部署可能导致政府政策加强其他能源选择,损害平衡的能源政策。

11.2.3.7　许可风险缓解

在确定美国是否会通过美国能源部(DOE)赞助和资助 SMR 项目时,NRC 和核工业在这些关键许可和政策问题上的进展是一个重要考虑因素。SMR 计划采用公共/个人成本分担方案,以帮助减轻首堆 FOAK 技术的融资和许可风险。

美国计划根据对影响 FOAK 部署的三个重要风险因素进行评估,资助并启动具有竞争力的成本分担 SMR 项目。首先,由于 SMR 是一项新的核技术,这项技术是否有市场和需求? 第二,资本市场或最终用户是否有能力和愿望为 FOAK 技术和后续商业项目融资? 第三,监管机构(本例中为 NRC)是否有资源和能力及时有效地对增强型 SMR 设计及其独特的安全和监管问题进行许可?

虽然没有任何风险可以完全避免,但美国决定建立 DOE SMR 计划,通过提供资源和资金支持,来帮助缓解 FOAK SMR 的财务和许可风险。美国决定建立 SMR 计划的原因中,部分是基于解决关键许可问题和潜在财务限制方面取得的重大进展。美国的资本市场已经注意到新核电站融资带有较大的不确定性,表现在以下方面:

(1)美国低廉的天然气成本将使电力市场的核电站难以与天然气发电厂的电价相竞争;

(2)根据能源需求发展趋势预测,节能和其他经济措施的实施减少了对电力能源需求的依赖;

(3)由于业内对可再生能源投资不断增加,以及不断呼吁取消继续向内华达州尤卡山废物处理设施发放资金支持,核电站的政治生态环境面临不可预测的风险。

全球核电市场,SMR融资同样遇到如下风险:其他能源竞争、政治需要、政策支持、监管机构许可等。

11.3　支持SMR许可的行业规范和标准

SMR将获得许可并在全球市场部署。然而,SMR全球部署不一定受到国际许可/认证框架协议的限制,该框架允许类似于电视、计算机和智能手机等电子产品的"即插即用"环境。目前的核许可战略要求任何SMR设计,无论其来源国许可稳健性如何,都必须在部署国获得许可。将此许可程序与飞机批准程序进行对比,实质上,由主管批准机关批准适航的飞机是通过一项国际公约在世界范围内得到承认的,虽然国际社会认识到有必要在切实可行的范围内统一许可证发放程序和做法,但原产国的反应堆设计仍要获得许可证,并在很大程度上参考和采用该国核准的行业规范和标准。

核能共同体和标准制定组织(SDO)(如美国机械工程师协会(ASME)、电气和电子工程师协会(IEEE)、美国核协会(ANS)、美国混凝土协会(ACI)、ASTM国际组织、美国焊接学会(AWS))认识到,通过协商一致制定国际核规范和标准将有助于在全球范围内对SMR进行许可和部署。SDO正在花费大量时间和资源支持所有行业制定国际标准。支持SMR设计的全球共识标准的目的是,许可当局将在设计的许可基础中采用或参考这些标准。采用或引用国际标准作为满足一国许可要求的可接受方法,将简化许可过程,并有助于实现全球SMR部署目标。

国际许可框架大部分采纳并使用国际准则和标准。NRC在其法规、管理指南和员工SRP中引用了大约520个标准。超过160名NRC工作人员参加了大约300个SDO委员会。NRC定期审查这些SDO制定的共识标准,并在适当情况下在其法规、监管指南和SRP中予以认可。5年内,NRC重新评估了约425份监管指南(参考共识标准的最常见来源),以确定它们是否需要更新,包括批准新的或修订的共识标准。根据技术发展和用户需求,可能会进行更频繁的修订。

在过去几十年中,新的和修订的核工业规范和标准的制定与新的核电站部署相对应,但一直处于停滞状态。如果新的核设计和技术没有商业化部署,那么SDO就没有什么商业动机在新的核标准上花费时间和资源。然而,适用于核工业的新技术(数字仪表、无线传感器、新材料和制造技术、激光焊接等)正在开发,并得到全世界采用的新工业标准的支持。

在美国,核工业、核管理委员会和能源部认识到需要确定:1)哪些新的工业标准已经制定或正在制定,以支持新的核技术;2)哪些新的或修订的核标准是必需的;3)核管理委员会许可文件中引用了哪些行业规范和标准,这些引用是否是最新的;4)核管理委员会引用的核行业规范和标准应如何纳入基于网络的数据库,以支持核技术的国际使用和许可。

2009年,在美国国家标准协会(ANSI)和国家标准技术研究所(NIST)的赞助和协调下,在DOE和NRC的赞助下,成立了核能标准协调合作组织(NESCC)。NESCC提供了跨利益相关者论坛,汇集了核工业、SDO、主题专家、学术界、国家和国际政府组织的代表,以促进和协调及时识别、制定或修订支持新核设计、许可、运行、制造和部署的标准。此外,在交叉领域有一些规范和标准活动,这些活动在技术上相对中立,因为这些标准涉及新材料、新技术或新方法,这些新材料、新技术或新方法基本上适用于用于新设计或新施工的反应堆技术。例如高密度聚乙烯管道、数字仪表和控制、复合混凝土结构和先进反应堆的风险方法。NRC还认识到,其监管指导文件需要审查和修订,以确保其适当引用了现行规范和标准,同时建议建立标准参考数据库。NESCC 优先级处理事项是支持 NRC 开发其基于网络的全球标准数据库,该数据库已经于 2014 年公布。

11.4　SMR 许可国际战略和框架

全球范围内的能源需求,特别是清洁能源需求,创造了 SMR 市场和需求。SMR 的承诺,无论是在应用和融资方面,都增强了安全性和灵活性,创造了一个全球市场和潜在的核能发展方向,必须得到更精简的许可和部署流程的支持。需要核能的国家可能会采购经过验证并获得监管机构许可认证的核动力技术。技术出口国应减少技术设计风险,利用有限资源选择经过验证的技术和已经获得部分或全部许可/批准的技术设计,从而减小研发成本,促进个人或企业投资。进口国的监管资源和能力是有限的,许可认证、批准 SMR 设计同样需要一个过程,可以利用已验证和许可的成熟技术。国际核能界需要共同努力,制定更有效的框架,为这些已经批准/认证的 SMR 发放许可证。现有的框架包括:国际原子能机构(原子能机构)关于创新核反应堆和燃料循环的国际项目、国际核能合作框架(IFNEC)和核管理委员会的国际监管发展计划(IRDP)。

11.4.1　国际规范和标准的制定

首先,需要考虑的事项是制定国际准则和标准,供许可证颁发机构参考使用。NRC 规范和标准数据库可以作为这项工作的重要参考基础。此外,对于已经设计、建造和运行大量核电站的国家来说,参与制定一致的核电行业标准至关重要,这可为国际战略和许可框架的达成提供坚实的基础。

11.4.2　SMR 国际监管指南

国际原子能机构及其成员国认识到,有必要就如何更有效地许可新的 SMR 设计制定国际指导意见。国际原子能机构在其第六届 INPRO 对话论坛"中小型反应堆的许可证和安全问题"(2013 年 7 月 29 日至 8 月 2 日)中建议,应制定关于 SMR 许可证和监管分级方法应用的指南。所有进行 SMR 部署的主权国家都必须有一个许可程序和能力,以合理保证国内核电站的运行安全可靠。这一进程必须对所有利益攸关方开放和透明。然而,在许多国家,全面审查安全基础的许可能力可能受到限制。因此,国际原子能机构首当其冲要制定出对许可证安全审查的范围和深度进行适当分级的指导意见,特别是对已经批准/认证的SMR 的指导意见。许可当局不应该也不需要在先前批准的反应堆安全审查中"重新审查"。许可证颁发机构必须审查完整的许可证申请,但反应堆安全审查的范围和深度可根据以下因素进行分级:

(1)设计中的安全裕度;

（2）对现场和区域的独特安全考虑；

（3）SMR 与现场其他工业应用的操作交互考虑；

（4）偏远场地对公众的风险；

（5）与批准的监管机构进行互动，以便更好地理解和评估许可基础；

（6）与 SMR 制造商互动，以更好地理解和评估安全、质量和 ITAAC 问题。

11.4.3 国际许可实践

核监管机构和国际原子能机构正在参与多国设计评估计划（MDEP）。13 个国家和国际原子能机构参加了经合组织/国家能源局推动的多边环境规划。MDEP 计划中，监管机构共同合作，共享有关特定新反应堆设计审查的信息。这些新设计需要对其安全性进行详细评估，并为其制造和施工开发 ITAAC。由于包括 SMR 在内的新反应堆设计可能用于出口，且其中部分系统和部件可能在原产国以外制造，因此所有监管机构必须相互交流，分享相关信息、经验和专门知识。MDEP 还支持促进规范、标准和安全目标国际趋同的活动。

11.4.4 SMR 国际认证

在第六届 INPRO 对话论坛上，国际原子能机构建议考虑对 SMR 进行国际认证，这项长期建议必须承诺并与保留主权国家的许可相结合。航空业被公认为国际飞机认证的可靠模式。仅仅因为核电站位于主权国家边界内的一个固定地点，政府有责任对其公民和邻国进行许可和管理，国际核界可能很难制定类似的认证程序。尽管这项任务可能很困难，但将为在国际上制造和部署标准化的 SMR 设计提供一个评估可能受益于国际认证的许可范围的机会。国际认证的可能许可范围包括：SMR 操作员，制造设施、设备和工艺，标准化运行和维护。

国际原子能机构必须在评估国际认证项目方面发挥主导作用。会员国需要参与并批准任何认证程序。国际原子能机构必须发展审查、批准和检查国际认证要求的能力和程序。标准化反应堆设计的全球部署提供了显著增强的安全和安保功能，为将传统的针对具体国家的许可程序纳入更具国际性的许可框架提供机遇。

11.5　结　　论

SMR 有望在众多多样化的全球市场成功进行商业部署。SMR 为所有应用领域提供了增强的安全性、安保措施和灵活性。大多数能源和环境政府政策支持这种清洁能源替代品。然而，这一能源替代和商业承诺必须通过增强的和对公众开放的许可来推进，该许可证承认 SMR 安全设计、制造质量、降低公共风险和部署灵活性的优势。

本章提供了基于美国 NRC SMR 许可流程和决策的策略和框架，以支持有效和及时的许可。针对如何在国际合作框架内对这种新的反应堆技术授予许可提出了建议，承认每个主权国监管机构的监管责任。成功的许可途径必须是协作性的，基于 SMR 设计和制造的一致性，同时反映出每个应用领域的独特安全和选址考虑。增强的 SMR 特性提出了一种新的核许可模式，将传统的主权国监管机构职责转变为一种国际战略和框架，用于认证批准和许可的 SMR 设计,以及相应的制造、运行和维护过程。

11.6　参　考　文　献

[1]　10 CFR Part 52,'Licenses, Certifications, and Approvals for Nuclear Power Plants'.

[2]　10 CFR 110,'Export and Import of Nuclear Equipment and Material'.

[3]　10 CFR 810,'Assistance to Foreign Atomic Energy Activities'.

[4]　IAEA 6th INPRO Dialogue Forum,'Licensing and Safety Issues for Small and Medium – Sized Reactors'(29 July – 2 August 2013).

[5]　NRC NUREG – 0800,'Standard Review Plan for the Review of Safety Analysis Reports for Nuclear Power Plants'.

[6]　NRC SECY – 10 – 0034 (28 March 2010),'Potential Policy, Licensing and Key Technical Issues for Small Modular Reactor Designs'.

[7]　NRC SECY – 11 – 0079 (12 June 2011),'License Structure for Multi – Molule Facilities Related to Small Modular Nuclear Power Reactors'.

[8]　NRC SECY – 11 – 0098 (22 July 2011),'Operator Staffing for Small or Multi – Module Nuclear Power Plant Facilities'.

[9]　NRC SECY – 11 – 0152 (28 October 2011),'Development of an Emergency Planning and Preparedness Framework for Small Modular Reactors'.

[10]　NRC NUREG – 0396 (EPA – 520/1 – 78 – 016),'Planning Basis for the Development of State and Local Government Radiological Emergency Response Plans'(1978).

[11]　Title 10, Part 50,'Domestic Licensing of Production and Utilization Facilities,'of the US Code of Federal Regulations (CFR).

第 12 章　SMR 施工

12.1　引　　言

若要对 SMR 的供应链和制造选择进行评估,就需要深入探索和了解成本效益部署的基本要求。

12.1.1　经济开发

从核电诞生之日起,设计人员一直在努力提高每台机组的经济效益,即最大限度地增加每台机组的收入,而不是资本投资。经济效益的改善大致可分为三个方面:设计、制造和运营。由此产生的经济变化可以从隔夜资本成本(以 \$/kW 表示)的变化中观察到,即发厂的资本成本(以 \$/kW 表示)。

改善经济状况的技术活动使得单元发电机组的发电量不断提升。然而每种发电方案都有经济上限,即电力容量的增加必然导致运行成本的提高。20 世纪 70 年代初的燃煤电厂就呈现出这种发展趋势,如图 12.1 所示。功率和成本之间的关系是带有非线性特征的,电厂规模从 600 MWe 增加到 1200 MWe 时,额外增加的成本并不是原始投资的 2 倍,如图 12.2 所示。

那么问题是扩大规模容量的限制条件是什么? 这是否给小型反应堆带来了机遇?

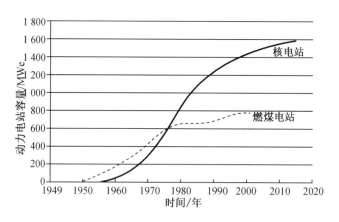

图 12.1　单元机组电力容量随时间的增量变化

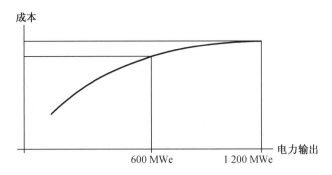

图 12.2　电站功率输出与造价之间关系

12.1.2　现有技术的局限性

大型核电站反应堆尺寸增加受到两个关键条件的限制：

（1）输配电网络限制了从单个厂址部署大额电力容量的可能性；

（2）制造工艺限制了关键设备（如压力容器）和部件的尺寸。

现有电网容量增长上限源自化石燃料发电规模及发电设备极限输出，并据此确定了电网结构。超过发电设备的极限后，增加单个核能发电容量规模将导致输电基础设施成本上升，或可能导致配电网在线路损耗增加的情况下运行。

目前制造能力面临着加工更大尺寸容器设备的挑战。全球制造供应链已处于生产核电站所需部件物理尺寸（如 AP1000、CPR1000、EPR 和 VVER 大型核电机组）的上限边缘。

由于受到上述两个限制条件，核能发电无法挑战日益扩大的设施所提供的规模经济。正是在这种背景下，小型反应堆才能发挥其优势作用，不考虑规模经济，而重在实现增量经济，即以批量化交付较小的单元机组实现增量经济，从而改变供应链模式。例如，如果供应链可以重组，可使用与航空航天、汽车、家电行业的其他工程成熟配套产品相似的零部件，从而降低核能成本。在建立供应链和制造方案之前，必须搞清楚这一关键属性。

12.1.3　机会：工厂调试和多机组模块化

SMR 有两个特性可以应对来自成本的挑战。首先，较小的压力容器物理尺寸允许较大的组件随同容器在完成整体测试的条件下运输到运行现场。意味着在交付之前，可以在制造工厂完成设备建造和部件调试。

其次，SMR 可采用多机组模块化部署实现更大的电力容量需求。多机组模块化对降低制造成本也是合理可行的。

12.1.4　技术挑战：改进与革新

SMR 的技术挑战来自选择的设计路线，是采用成熟技术改进设计思路？还是采用革新设计思路？改进意味着在已有基础上进行功能增补或取消，革新意味着利用新技术、新手段进行全新设计。新技术往往意味着更大的风险，解决问题的方法可能是研究已经在其他工业部门获得验证的技术。SMR 作为一种能源产品，对核工业来说是革命性的一步，这是个学习和模仿精益制造技术的机会。精益制造技术推动了制造业的效率,其规范性和纪律性将逐步延伸到各级供应商。革新技术的主要挑战是不同供应商的企业文化,某些供应商可能之前并没有给核电供应过配套产品,现有的供应商能否改变其组织结构和文化,并以核能质保和安全文化所要求的规范项目管理流程交付核设备和部件,这需要供应商适应核能的项目管理过程和理念。

12.2 加 工 制 造

制造过程特点和应用取决于交付的产品数量。每个生产过程旨在最大限度地提高效率,并将生产成本降到最低。大批量生产需要建立装配线从而提供最迅速的解决方案。流水线作业典型的案例是汽车制造领域,很多早期的生产线思想出现在汽车工业部门,并归功于亨利福特 T 型车生产线方法的应用。生产线需要步骤,在每个制造单元的同一位置重复相同的活动序列。SMR 可以实现工厂生产线加工制造,其容器和部件在物理上比传统核电站要小得多。设计的标准化同样可以与生产线方法过程实现相互匹配。同样,重复进行有序的活动也符合核制造所需的质量保证。

传统生产线方法在 SMR 加工制造时受两个方面的挑战,首先是销售量以及随时间推移销售额的增长。其次是生产线上每个单元组装活动的工作量与生产总单元数的相对比值。

12.2.1 销售量和销售增长

生产线是以工厂连续产品流为基础的,生产线已经成功应用于食品、电信、汽车和飞机行业领域。加工厂在进行投资前,需要确保生产产品的市场销售量是有充分保证的。对于物理尺寸相当于 SMR 容器的产品,在制造平台和加工工具上的投资是巨大的。对于 SMR,在工厂以每年特定的数量重复制造单元部件,可以认为具有足够的经济订单基础来支撑一定规模的夹具和工具支出。然而,市场需求影响 SMR 配套加工制造设施投资的吸引力。由于 SMR 属于新兴产品,没有理由证明其对设施的资本投资是合理的,这就削弱专门投资制造 SMR 生产线的吸引力。有以下三种可能的解决方案。

第一种选择是理性投资。所有的商业投资都包含风险因素。因此,在建立 SMR 设施之前,较低风险的 SMR 客户订单可能会限制净投资水平,这一限制反过来影响工厂长期提供成熟产品的有效性及获取成本效益的能力。

第二种选择是国家参与。各国参与的选择也将因地区而异。美国能源部(DOE)已经认识到这一点,他们采取了四个阶段的方法来加速 SMR 的部署,包括早期成熟技术的采用到全面批量化生产线应用,国家刺激措施可以有多种形式,从公私合作到承诺购买电力等。

第三种选择是可替代的生产流水线。流水线是一种介于全尺寸生产线和单个批量生产之间的过渡方案,它融合了这两种方法的最佳特性。批量生产制造包括一系列生产阶段,每个阶段建立在前一个阶段完成基础之上。批量重复加工操作确实可以提高加工操作的效率,批量生产的关键是项目始终保持静止状态,围绕每个操作重新配置工作站,在这些操作之间设置和重新配置时间会导致工时延迟。批量生产为批量公差变化提供了更大的可能性,这是不利方面。然而,它也为产品定制创造了有利窗口。

12.2.2 生产线

生产线是一种可用于 SMR 零部件制造和加工的工艺过程流水线。流水线方法适用于批量生产和装配线生产,如图 12.3 所示。核工程零部件制造历史已从定制化零部件制造逐渐转为生产线制造。现有的制造设施或生产线无法支撑 SMR 的批量生产,现实的替代方案是开发介于批量生产和生产线之间的混合制造方法,这种混合制造方法称为新的流水线,新流水线已成功应用于高科技、高集成度零部件的制造。

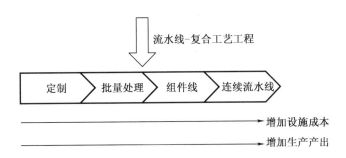

图 12.3 批量流水线制造加工应用过程示意图

流水线加工是一种制造和加工方法,需要把零部件的制造加工过程分解为多个环节步骤,每个步骤的特定加工工作称为工位,每个工位上都有许多预定义的制造或加工步骤要执行,每个加工活动的工具都保存在每个工位上,不需要更改功能设置或操作位移。工位上工作完成后,工件从一个工位移动到另一个工位。每个工位需进行工作计划和计时,以便在不同的工位各自完成不同的加工工艺。对于 SMR 采用流水线加工是比较合适的,生产线可根据市场增长情况进行扩大或缩小规模。图 12.4 给出了不同工位活动的分组,四个工位的步进时间可以根据加工流程进行优化。

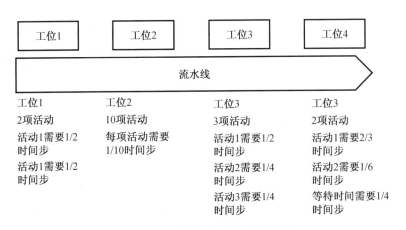

图 12.4 流水线工位任务分配说明

通过调整工位中执行的步骤,可以实现加工工序的增长或缩减。如果工位加工工艺数量只有一个,那么生产线只需设置一个定制的加工制造单元运行;如果工位加工工艺数量是无限多的,生产线需要设置多个加工工艺流程,从而实现不同加工需求。

生产流水线是否具有可扩展生产能力属性对交付成熟产品的成本极为重要。对于 SMR,从首堆(FOAK)到 n 堆(NOAK)的成本转换非常重要,客户的承诺主要基于感官上的成本大小。重要的是,有可行的途径来降低初始和成熟生产单位之间的成本。可以看到,流水线可实现以可扩展的方式提供成本降低的机会,如图 12.5 所示。

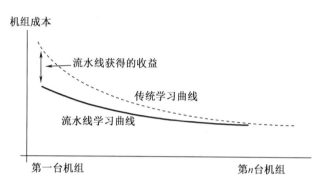

图 12.5　引入流线作业的成本效益示意图

为了增加生产量,可以增加生产线上的工位数量,以减少每个工位执行的工艺活动数量。这是流线作业的独特属性,使其能够随着市场需求的增长而扩大。假设最初的装置是建立在一条八个工位的生产流水线上,每个工位有 40 个加工操作工序,如果工位数量增加到 10 个,每个工位的操作数量可以减少到 32 个,基本假设是每个工位已经拥有各自最大的加工活动数。

流水线概念部署和应用已被证明属于成熟的工艺制造和加工过程,证明能够在不同的地理位置和工业部门进行快速复制,它适用于生产量中等的零部件复杂装配。流水线概念采用单轨流程系统来装配产品,使用单独的工位或过程步骤来进行部件装配过程。每个工位内的每个加工活动都按其作业时间进行映射。为了确保最大限度的重复性和可预测性,需要对每一步产生的最终产品进行最低限度的合格检查。随着"面向装配的设计"过程的加入,可以消除大量的检查工作,这属于产品简化和标准化活动的一部分。在装配过程中,可选择组件或组件的自动在线验证和测试,但仍无法在零部件验证或测试方法方面形成统一标准。

产品的某些关键特性对于任何流水线系统的成功都是必不可少的,包括:单一产品系列、无返工、零件/组件/套件的稳定供应以及工位设备、工具等的可靠性。对于单一产品系列,有一个一致的工作方法,允许为特定工作站创建标准化的工作指令,这需要稳定的零件供应。单元零件以统一的、可预测的方式进行组装。即使在另一个位置,零件套件也可以"配套"组装。这些套件将包含特定装配操作的所有零件。例如,对于传感器的安装,传感器、压盖和密封件都将作为套件和正确的紧固件同时提供。这使得装配团队能够在开始每个步骤之前验证他们是否拥有执行该组件安装所需的所有材料。因此,组件在该生产线上的配套和交付要求确保各环节的稳定性,有了这种稳定性,才有机会在集成到最终模块构件之前,在构件序列中预组装和校对部件。最后是工具的稳定性,随着已明确的和可重复的装配操作在一个特定工位上一致地执行加工过程,错误放置或误用工具和夹具的可能性就会得到相应降低。

任何流水线的设计都依赖于产品设计及其是否符合流水线标准。在产品概念设计过程中,过程和设计失效模式及影响分析(FMEA)工具的应用和使用是实现稳健流程系统的基础。这些制造思想已经被证明是有效的,在设计中加入简单的元素,如定位功能,以确保零件之间的方位正确。装配操作可以进行分组,以便在一个装配站安装特定尺寸的所有紧固件,这样可以减少潜在的装配错误。采用防错(故障保护)部件和通用工具也有助于流水线系统的成功装配。

在设计有效的生产流水线时,需要重点考虑设施布局。

在设施中储存零部件并不符合高效流水线原理。因此,直接将零件、子模块和套件交付到装配设施工位对于流水线加工至关重要。然而,工业经验表明,随着新生产线的建立,需要对关键零件进行初始储备,一种选择是在远离生产线的地方预装零部件,并按顺序进行装配。随着流水线工作站点功能日益完善,可以逐渐降低零部件的初始储备。

可使用标准化的托盘或手推车来交付预装配件,这些托盘或手推车使生产线人员能够轻松、快速地验证其操作的所有部件在生产线工位的加工序列已存在。类似地,可以从视觉上确认加工序列的阶段各部分已合并。这些技术并不针对特定核设施,由于历史上大型核电站的建造率较低,因此很少需要或鼓励采用这些技术。SMR 则首次提供了采用和实施这些精益制造技术的机会。基于这一理念建立的生产能力会产生较大结果,子组件和模块供应向下传递给次级供应商。在流水线上供应零件是很重要的,这一原则贯穿供应链。在这方面,SMR 可能不仅仅是现有核供应商的复兴,可能要求核工业寻找具有替代制造能力的新供应商。

随着装配过程中更高水平自动化技术的应用,需要关注在制造控制中实现高自动化的可能性。随着产品数量的增加,可以考虑扩大投资以支持这些技术的部署。RFID(射频识别)标签的使用提供了在装配过程中半自动、实时监控零件位置的能力,这项技术已经在航空航天工业领域中使用,可以很容易地将其应用于 SMR 零部件制造加工。来自其他行业的控制技术,如高分辨率全球定位系统(GPS)可以与手持扫描仪相结合,在部件组合到组件上时,可对其进行扫描识别。构建控制数据库可以记录特定零件和序列号编码组件,这个概念可以扩展到工具领域。例如,扭矩扳手可以包含一个 GPS 设备,该设备自动记录应用于特定位置螺栓的扭矩设置值。这样的技术并不限于普通工业应用领域,也可广泛应用于核能领域,比较适用于 SMR。

在全球其他制造业部门,早就已经有设施采用流水线加工方法,其复杂性和物理尺寸与 SMR 相同。例如,1941—1945 年期间,美国采用优化组装工艺技术,在 18 个不同的造船厂批量生产 2751 艘战舰,每艘战舰都有共同的设计(预制部分)成分,最初的几艘船建造大约需要 230 天,根据经验和持续改进制造理念后,舰船平均建造时间降至 42 天。

流水线系统的引入实现了输出产品效率的提高,包括:

(1)备品备件的库存量减少;

(2)每个制造加工工位规定了明确的职责和责任;

(3)针对每个工位设置制造加工工艺的控制和加工顺序步骤;

（4）明确了固有属性质量保证水平。

其他简单特性包括：

（1）物料搬运位置设计应避免有妨碍操作员巡检的行走路径；

（2）流动零部件架被填满并及时从流水线上运出，以避免在补充零件时造成循环加工或干扰正常工作循环；

（3）确保部件方向、位置准确，便于操作，允许操作人员使用手动进行控制；

（4）零件容器的尺寸应便于操作人员操作。

在流水线设计中，每个工位的时间步骤需设置一致，流程中每个步骤都需进行操作工序流程和人员配置优化。

12.2.3　标准化的作用

流水线中隐含的核心理念是产品设计的标准化。在批量生产的情况下，SMR通过密闭的制造路线进行设备加工制造。就其本身而言，这与其他高质量、有保证的制造业务相同，但它产生了新问题和新要求，如监管机构要求对制造部件所采用的方法进行评审并确认，这些部件最终将安装在反应堆中。

12.2.4　部件尺寸

目前设计的大型新建反应堆的部件需要单独运输到现场，以便在设备到达后，在现场进行组装。另一方面，小型反应堆的安全壳尺寸与单个大型反应堆压力容器部件尺寸基本相当。

从制造角度看，SMR关键部件（如反应堆、安全壳等）可以相对容易地在流水线上加工。整个SMR机组可以作为一个整体单元直接运输到现场进行安装，由此可将更多的任务转移到制造工厂，在制造工厂受控环境下完成机组单元设备组装。

一体化压力容器通常由更多的、更小的零部件组成，这使其特别适合进行流水线加工。例如，大型核电站主泵的重量约为124 t，而SMR所用主泵的重量可能仅有0.5 t。

12.3　部件制造

SMR工厂生产量预计为每年数十台机组。采用标准化部件制造和加工方法，既可以降低单台机组的成本，也可以缩短交付周期。假如每年有10台SMR机组采用传统核电设备设计和制造技术，其工程造价将是巨大的，特别是每个部件的焊接和检查需要耗费较长时间。

新的制造技术，即使已经在其他工业部门获得技术验证，在进行SMR制造加工之前，仍需要满足监管机构的资质和技术成熟度要求。

12.3.1　配件制造

配件制造工艺与传统的成形和削减工艺有很大不同。成型工艺，如浇注成型或铸造，首选需要花费大量时间和成本制作浇注用的材料模具。削减工艺，例如铣削或车削，通常需要采购一个加工周期长、成本高昂的锻件,从中去除材料以达到最终的部件体型。

配件制造过程通过逐层选择性地添加材料来创建零部件,以形成零部件几何结构。在计算机辅助设计(CAD)中需要指定每一层添加的材料类型和厚度。与传统工艺相比,这种方法具有明显的技术优势。

制造过程可根据使用的能源类型和/或原材料交付方式进行分类。工业上广泛使用的加工能源有两种:激光和电子束。有两种送料方式:粉床和吹粉。

增补制造(ALM)经常被使用,这与快速成型制造概念不同,快速成型制造需要确保工艺可行性和材料成品质量指标的可达标性,以及组件的最终用途。

3D 打印技术在工业内的应用越来越普遍,但其应用领域有限。

与传统制造方法相比,ALM 过程可以提供商业和技术优势。对于寿命为 40~60 年的 SMR,缺乏持续稳定的单一供应链以满足批量化市场潜在需求和已运行机组寿期内部件的更换。对于批量产品交付的 SMR,制造供应基地是否能长久持续运转面临多种挑战。在 SMR 生命周期内,可能依赖多个设备、零部件制造商(OEM)的供应链。例如,汽车制造商不会为 10 年前的车辆提供与当年车型相同的零部件。SMR 供应链面临同样的问题和挑战。与最初 OEM 供应链相比,ALM 技术发挥了显著的经济优势,可以通过掌握增补制造技术能力来解决各发展阶段所需零部件的问题。

资产负债管理可分为两组,原始设备制造商益处和终身益处。ALM OEM 益处包括:

(1)通过减少材料数量和/或 ALM 工艺提供的机械加工成本,节省设备和/或整个生命周期的成本;

(2)通过减少零件数量(例如,将多个零件组装为一个组件)节省单位和/或全寿命成本;

(3)充分利用焊接试件、无损检测(NDE)试件和其他装配和制造辅助工具的可用性,减少开发计划额外成本。

ALM 终身益处包括:

(1)ALM 可以提供一种替代传统锻造、铸造或制造路线的战略采购路线,非常适合低产量、高质量要求的核级部件供应。因此,它可用于降低现有制造路线受到挑战和/或在未来可能无法实现全寿命维持的风险。

(2)由于制造时间周期计划较长,现有制造路线在支持建造方面面临重大困难。

通过分解制造组件,实现将以前无法制造的几何图形制造出来。这将带来以下潜在益处:

(1)可以优化设计以提高性能;

(2)可将部件整合为单个组件,简化制造过程,降低全寿命成本,消除焊接和制造,减少库存;

(3)通过在结构内集成多功能机械部件、电气控制和仪表和/或电缆部件来实现多功能部件的制造;

(4)可实现提升结构完整性,例如消除焊缝;

(5)通过有限元分析(FEA)优化算法优化材料内部晶格结构,制造高硬度重量比的零件;

(6)当单个部件结构内存在不同材料类型时,可进行结构材料分层,例如,可以生产一端为 316L 型不锈钢,另一端为因科镍 625 的管道,而无须过渡焊接。

12.3.2 电子束熔炼(EBM)

电子束熔炼通过在高真空环境中使用电子束逐层熔化金属粉末来制造零部件。电子束熔炼生产的零部件通常比激光工艺生产的零部件小,但电子束熔炼工艺可生产出完全致密、无空洞和性能优异的零部件。

与 ALM 相同,电子束熔炼需要 CAD 造型、电源和金属粉末。然而,与 ALM 不同之处在于,EBM 制造的组件不需要进行热处理,因为它们在制造阶段的高密实化加工温度通常高达 700 ~ 1 000 ℃。电子束熔炼更多用于制造钛和钛合金部件的航空航天领域,现有的技术可实现将部分金属材料加工成预期要求的尺寸规格(如 0.45 m×0.1 m×0.1 m)。

镍基合金中的核部件材料可以通过 EBM 工艺制造,但与现有制造技术相比成本较高,应进行成本效益分析,以确定其可行性。

12.3.3 成形金属沉积(SMD)

成形金属沉积(SMD)是一种基于三维钨极惰性气体(TIG)焊接的金属丝基添加制造工艺。与锻造或铸造工艺相比,SMD 可在短期内生产核级材料部件,而无须特殊工具。SMD工艺由劳斯莱斯公司开发并获得专利,随后授权谢菲尔德大学使用并开展进一步的研究。

SMD 系统采用冷丝 TIG 沉积,使用钨阴极在惰性氩气中焊接所选材料,以防止基板、电极和零件与大气气体反应。这是一个非常稳定的过程,选择成熟的过程控制。TIG 焊接头与六轴机器人相连,在旋转转台底座上进行焊接。焊接材料以一种附加方式进行,并且在整个过程中对结构进行监控,以确保焊接参数保持不变,从而制造出一个质量可靠的成品组件。

由于 SMD 技术是一种基于焊接的技术,因此在焊接过程中产生的热应力决定了零件制造的精度。控制焊接沉积过程中的热传导可以减少最终部件的残余应力,从而减少形变。模拟建模工具可用于预测畸变水平,并可在沉积阶段反馈到 SMD 过程中。

元件的加工壁厚受电流、行程速度和送丝速度的控制,在一定程度上也受导线厚度的控制。移动速度是转台旋转速度和机器人头部移动速度的乘积,移动速度越快,壁厚越薄,但限制因素是需要在焊接头处保持稳定电弧。

圆柱形部件很容易在转台上加工,使用多轴机器人技术可加工更复杂形状的部件,如图 12.6 所示,其中两个圆柱形组件是作为原型而形成的。

整个组件基本上采用 100% 焊接,与使用金属粉末生产组件的添加制造系统不同,SMD组件需要经过后处理、热处理和最终机加工才能达到所设计的形状。SMD 工艺能很好地为现有部件(如带有凸台或喷嘴的大型容器)添加材料提供途径。作为可扩展的 SMD 系统,可通过传统锻造工艺制造出更简单的柱形件,并通过 SMD 技术增加外部特征。

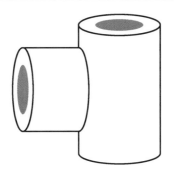

图 12.6　SMD 试件图

12.3.4　覆层

核部件,特别是大型容器设置覆层是为了承受运行环境的侵蚀,特别是对容器基底的腐蚀。容器基材通常为低合金钢,如 SA508 – 3,这是商业级压力容器钢,在核行业中广泛应用。这种基材可以用腐蚀性较小、惰性较强的材料(如镍基合金或不锈钢)覆盖或包覆。

目前的熔覆技术是以金属丝或带材为基础,通过焊接工艺与基体熔合而成。该技术相对昂贵且耗时,为了获得必要的惰性化学物质,需要制造几个焊道来增加熔覆层厚度。每次焊道后,需要进行一次无损检测,以确保熔覆层不仅与基体或其先前的熔覆层完全结合,而且不存在裂纹或高孔隙率等过度缺陷。最后的覆层通过机加工过程以达到质量要求,并提供优良的表面光洁度和几何轮廓。在典型的熔覆工艺中,60% 的熔覆层可以被切削加工掉,这使得目前的工艺技术带有材料浪费的情况。

理想的熔覆技术是在一次熔覆过程中将材料铺在基体上,而不需要进行熔覆后加工,这可以大大节省成本和时间。一种解决方案是采用一种添加制造工艺,即二极管激光粉末沉积技术(DLPD),DLPD 熔覆是一种在母材(基体)上沉积一层金属粉末(熔覆层)的熔敷焊接工艺。这两种材料被激光提供的能量熔化,并熔融形成合金。图 12.7 和图 12.8 显示了验证试验期间熔覆层的沉积情况。

图 12.7　垂直方向的 DLPD 覆层加工

图 12.8　水平方向的 DLPD 覆层加工

这种熔覆技术提供了高精度、高自动化水平、可靠且可重复的工艺和低稀释的熔覆 –

基底界面,从而获得了具有薄层熔覆层的有用化学成分。这种熔覆技术比现有的基于焊接的技术要快得多(见表12.1),并且结合了单道焊的可能性以及将在线无损检测/工艺反馈系统作为熔覆工艺的一部分的可能性,大型容器的熔覆过程可从数周减少到数小时。

表 12.1   传统和 DLPD 熔覆技术比较

	TIG 涂覆	MIG 涂覆	DLPD 涂覆
覆盖率(h/m^2)	20	5	2

TIG, tungsten – inert gas, 钨惰性气体;

MIG, metal – inert gas, 金属惰性气体;

DLPD, diode laser powder deposition, 半导体激光粉末沉积

12.3.5   热等静压(HIP)

热等静压(HIP)是指金属粉末在高温和高压下的固结和致密化,并封装在代表最终所需几何形状的容器中。热等静压构件具有高致密化体积的网状(NS)或近网状(NNS)构件的制造潜力,由于冶金晶粒尺寸较小,因此为铸造甚至锻造构件提供了优越的机械性能。

HIP 技术已经在汽车、航空航天和医疗工业中得到应用,在核应用方面也积累了一定的经验。HIP 工艺过程明确,包括五个关键阶段:

(1)采购符合要求规格的金属粉末。这是整个制造过程中的基本质量阶段。粉末必须保证质量,金属颗粒的尺寸分布和形态必须明确。如果没有定义和获得高质量的粉末,将导致质量低劣的产品。

(2)罐体建模和制造,包括应用变形建模优化 NNS。这是制造路线中最劳动密集的阶段。容器通常为低合金钢,采用金属板形结构,由人工成形和焊接。罐体及其焊缝的坚固性至关重要,罐体在 HIP 循环期间的故障将导致有缺陷的 HIP 循环产生,因此每个罐体都要接受严格的检查。能否在小型反应堆的单位体积上采用 HIP 工艺取决于容器制造的自动化水平。

(3)将罐体装入热等静压炉。罐体内装有粉末,通过振动以最大限度地填充粉末,在装载到热等静压炉之前排空并密封,图 12.9 给出了典型的装载方式。

(4)循环阶段。通常在高温高压下完成,压力可能超过 96 MN/m^2(14000PSI)和 1200 ℃。循环时间、压力和温度取决于粉末材料和罐筒体的几何形状,但通常该过程中需要若干小时。

(5)通过酸浸或机加工,在 HIP 循环后移除罐体,典型成品部件如图 12.10 所示。

热等静压炉技术在全世界范围内获得广泛应用,每个炉都有自己的"工作范围"。这对某些候选部件(如大型阀体或压力容器)甚至超过商业上最大的 HIP 容器的核部件有一定影响。目前最大的 HIP 设备在日本,其工作包层直径约为 2 m,长度约为 4.2 m。对于工作直径超过 3.5 m 的热等静压炉,存在适合大型核级部件制造的设计方案。

图 12.9　HIP 实例　　　　图 12.10　HIP 成形部件实例

与锻造零件相比,采用 HIP 方法制造零部件在节省单位成本和缩短交货期方面的潜力巨大。HIP 循环中最耗时的阶段是罐体研发,但通过罐体制造过程的自动化,部件的定期维护,可提供降低成本的机会。HIP 工艺的另一个显著优点是材料特性的固有可重复性和稳定性。众所周知,大型锻造部件很难生产,而且每个部件的晶粒结构都有缺陷和变化。HIP 组件在整个组件中始终具有相同的细晶粒结构,并具有各向同性的机械性能。

HIP 技术尚未在民用核电领域获得应用,但已经被用于石油和天然气行业中大口径管道制造领域。在海洋领域,HIP 技术应用潜力和市场较为宽广,英国海军就计划使用 HIP 技术。

SMR 为引入 HIP 技术提供了潜在应用机会,这需要与监管法规批准计划相一致。SMR 的设备部件相关试验为部件设计及质量情况提供了实际鉴定和运行试验机会。

12.4　先进焊接技术

整个核电站的部件通常是通过熔融焊接技术完成连接的,更具体地说是通过 TIG 工艺实施的,但是也有局部使用电子束焊接技术,这主要针对薄截面(小于 20 mm)的材料部件。

厚截面材料(如压力容器)的 TIG 焊接价格高昂、耗时长、前期准备工作多(如夹具、工装、部件预热等准备活动)。厚截面的 TIG 焊接也可在多个焊道上进行,通常 140 mm 及以上的部件可达 100 个焊道,并且在整个焊接过程需要进行多次无损检测。因此,大型容器的焊接、检验和完工需要数周甚至数月的时间,占据了制造成本和部件交付周期的较大比例。

将电子束焊接工艺发展到厚截面焊接提供了许多潜在的显著好处:厚截面(40 ~ 140 mm)的单道焊,无需对部件进行预热,也无需焊接填充材料。与传统焊接系统相比,这些都提供了显著的工艺和成本节约,但厚截面电子束焊接带来的主要益处是消除了各阶段焊接的无损检测。表 12.2 说明了从厚截面部件的焊接中去除无损检测可以显著缩短整个焊接过程,时间缩短了近 75%。

表 12.2　140 mm 厚环焊缝 TIG 与电子束焊接工艺比较

	总计/h	
	TIG	EB
初始设置,预热时间	175	120
级间无损检测 1	40	0
预热、焊接和清洁	135	0
级间无损检测 2	40	0
预热、焊接和清洁	135	0
级间无损检测 3	40	0
预热、焊接和清洁	135	0
最终无损检测	40	40
焊后热处理	15	15
热处理后无损检测	40	40
总计	795	215

　　简而言之,完整大型压力容器的电子束焊接可以包括多达五个厚截面环焊缝,保守估计焊接时间减少 3 倍。但是电子束焊接有一个显著的缺点:它需要真空来消除束流发散,真空不良会导致束流聚焦不良,从而丧失焊接能力或影响焊接质量,对厚截面部件时尤其如此。目前的技术要求使用一个真空室来容纳待焊接的部件以及电子束系统,真空室的建造成本极为昂贵,而且通常是为了容纳待连接部件的尺寸而建造的,因此即使是小型反应堆压力容器也需要大型真空室。

　　一个可行的替代方案是将真空环境带到要焊接的部件上。可以设想开发一种"护套",它可以包裹和密封待焊接的部件,从而为电子束提供局部真空。电子束枪可以附着在密封套上,部件围绕枪旋转以执行焊接过程。这项技术成功的关键在于电子枪和密封套或密封圈的设计,密封系统应采用装配原理设计,并确保密封件和密封面等消耗品易于更换。更为谨慎的做法是设计整个系统,以便在系统上使用多个电子束枪制造商,从而消除单一源路径和与此策略相关的风险。

　　除了制造核部件和通过引进先进制造技术消除材料浪费和提高制造效率外,还需要提高核电站部件的寿命。在核电站部署涂层系统,可以提高运动部件(如阀门、泵内件和其他运动机构)的耐磨性。

　　在汽车和航空航天领域,金刚石涂层(DLC)被广泛应用,在使用中具有优异的耐磨性和耐久性。在核能应用环境中,发生过金刚石薄膜在使用过程中断裂现象,结果与母材发生脱离,从而丧失其有效性,同时导致金刚石碎片进入主冷却剂系统回路。核工业界正在开发专门针对压水堆环境的优化 DLC 工艺技术。

　　其他工业涂层系统材料成分中含有钴元素,由于中子会活化钴元素,从而导致材料核污染,因此不适用于核能应用环境。劳斯莱斯公司正在开发基于铁基元素材料的无钴涂层材料。

12.5　供应链影响

流水线对供应链的影响是显著的,整个系统基于稳健的物料需求计划(MRP)基础。对于较大的供应商,可以将子组件或零件套件直接交付到流水线上的工位。每一部分都有通过物理(激光)蚀刻或铭牌永久标记的唯一标识符,包括视觉可读和电子扫描数据矩阵标识符。在装配过程中,使用手持式矩阵读取装置读取点阵数据标识符,该装置将矩阵解释为定义属性,例如项目零件号和序列号,并创建记录。完成的单元组装将与零件的完整库存一致,每个零件都通过数据矩阵系统予以记录,这可以提供 SMR 的完整建造过程历史,也可用于在部件并入客户单元时自动触发供应商的付款里程碑。

12.5.1　部署

小型反应堆的部署方案建立在其设计关键属性之上。小型模块化反应堆工厂建设方面创造了许多显著的优势:

(1)建设周期;

(2)风险规避——进度风险和成本超支风险相对可控;

(3)验证——核电站场外交付前即可在制造厂实施测试;

(4)通过模块化技术构建现场活动的关键路径。

与原计划和成本估算相比,核能建设项目的成本增加和进度延误的根源,在很大程度上源于现场出现的各种不确定性。模块化已经被提供作为解决这些不确定性的有效方法。

建筑工业协会将模块化定义为"代表大量场外施工和组装成品部件和区域的工作"。需要考虑模块化的增量水平,模块化施工的分级如下:

(1)交付至现场的设备进行模块化组装,并进行鉴定、测试和验证,以尽可能减少运行现场的安装和调试活动;

(2)针对增量计划提前进行模块设计,并在构筑物中提前设计考虑大部分的设备模块化装运和就位;

(3)将小模块的预制扩展到全模块预制,包括构筑物外壳中的设备。

由于包含大量模块化构筑物,大型核电站已经开始采用模块化建造方法。然而,大型核电站的模块基本上是一次性的模块,在场外逐块建造,将现场可拼装式建造变为场外可拼装式建造,与小型反应堆所倡导的模块化建造方法的某些目标方面不同。

先进的模块化结构意味着模块完全在车间被制造,这种制造方法对前期的计划和管理要求更高。随着对设计集成、采购、制造和施工活动的更加重视,进度变化和调整的机会越来越少。这种模块化的现场部署方法与流水线加工方法一旦实现完美结合,就可以实现现场施工周期的大幅度缩减,也有利于降低施工成本。

模块化部署的初步和最终设计活动必须保持一致,以便有时间完成采购和交付活动。此时的设计变更会影响各个环节,因此,必须确保各个环节工艺过程的无缝对接。

12.5.2　国际观点

有些观点认为应该扩展国际合作的领域,即采用全球性的模块化方法来建造和开发SMR。进入全球市场的单一产品需要明确工作范围、本地化途径、合作和分工界面。根据整个核电厂(核岛、常规岛、电厂配套设施及部件)构筑物、系统、设备和部件特点,分别实施相应的模块化建造和施工方法,可在模块边界处定义机械和工艺接口以适应模块化建设目标。这样,才能有效发挥整个核电厂的模块化功能,达到预期效果。同样,跨越这些模块边界的固定接口将限制更改选项。历史证明,模块化的接口边界需要进行强有力的变更控制管理,以确保不会出现接口兼容性问题并导致现场施工延误。

12.5.3　电厂关键路径

通过商品模块交付,现场准备的水平可以更高。这可能会导致核岛偏离现场施工活动的关键路径。如表12.3所示,这一潜在影响的典型表现是典型汽轮发电机尺寸。可以看出,随着功率的增加,汽轮发电机的尺寸迅速增加,逐渐超出传统运输尺寸范围。宽约5 m、高约5 m及以上的货物通常可视作超大货物。汽轮发电机零部件中,移动超过5 m以上的部件就可作为单个模块通过公路进行运输。非模块化的汽轮发电机部件可将旋转部件置于现场建造的关键路径上。联合循环燃气轮机建造计划证实了这一点。从最后一台发电机机交付到现场后一年汽轮机才在盘车装置上运行,再过三个月,机组才准备好首次同步。在SMR核电站中,很容易理解汽轮发电机体积和质量相对较大,有可能不能作为一个单独的机组单元进行公路运输,汽轮机可以在现场关键路径中分步实施。

表 12.3　汽轮发电机尺寸比较

功率等级	50 MWe	175 MWe	250 MWe
长度/m	12	19	20
宽度/m	4	8	11
高度/m	5	6	10

在各类能源投资组合中,部署小型反应堆面临相对较高的资本成本挑战。模块化建造方法可以降低成本,但仅此一项并不能达到预期降本目标。类似地,模块化批量生产设备和部件能够摊薄企业管理费用,从而进一步降低成本。而实际中,提高SMR经济竞争力的最后一个要素是实施在役部署。

2012年3月,TVA核电开发副总裁Jack Bailey就福克核电站在役部署模式发表了看法,他评论说,对于早期部署的SMR核电厂,集中实现区域服务的目标可能无法实现。然而SMR需要从一开始的设计中就考虑在役部署策略,正如生产线需要从一开始就需要思考为产品交付而进行设计一样。如果SMR要获得与当前循环燃气轮机电厂相当的绩效水平,那么仅培训负担需要一定程度的创新思维,以最小化资质的操作人员数量。SMR部分市场吸引力在于较低的前期资本投资,较少的资本支出使SMR有机会向新运营商开放。因此,实现 SMR 具有经济竞争力的第三个方面是部署群堆群机组,通过多个厂址提供集中支持服务。

12.6　结　　论

可以看出,SMR 的供应和部署为核工业提供了革新供应链模式的机会,该供应链建立在已在其他行业部门得到验证的制造技术基础之上。

加工厂实现模块化制造加工,迫切需要与先进制造技术实现相互结合,从而提高制造效率,降低制造成本。模块化的工厂组装可以通过提供反映市场确定性的增量来支持。

将现代自动化技术与工厂制造技术相结合,实现从标准化产品装配到自动化零件跟踪的更高水平,这反过来又为采用通用模式进行多厂址机组群集群管理提供了机会,因此小型反应堆的部署模式对核工业来说是革命性的一步。

第13章 SMR综合能源系统

13.1 引　　言

传统上,大型核反应堆装置的运行只有一个目的:稳定地向电网提供可调度的基本负荷电力。虽然这一目的是确保电网的可持续性、可靠性和稳定性,但 SMR 为更多地点的电力和热力应用提供了更多使用清洁核能的新机会,同时仍满足支持可再生能源的愿望。做出建造发电厂决定之前,潜在投资者或公用事业公司必须明确以下几个问题,然后才能决定发电厂的选址:

(1)需要满足的具体能源需求是什么? 是热能还是电能,还是两者的综合? 单一综合能源系统能同时满足这两种需求吗?

(2)能源需求是否在短期或长期内变化(例如每小时、每天或季节)?

(3)该区域有哪些资源(水、土地、碳原料等)? 这些资源对拟议的能源系统的运行是必要的吗? 它们能否用于加强综合能源系统的运作?

(4)可再生能源发电在该地区是一个有吸引力的选择吗? 目前是否在使用可再生能源(风能、太阳能、水力、地热、生物质能等)?

(5)拟议的发电厂将并入小型或大型电网,还是独立运营以满足特定的工业需求?

对这些问题和相关问题的回答为核能系统的多用途实施提供了框架,这些系统可以整合多种资源,生产多种产品。联合发电系统(单输入系统,提供热输出和电输出)和多输入、多输出综合能源系统可以设计为根据热能和/或电能需求灵活运行,同时容纳多个输入流。这些输入流可以是几个独立的反应堆单元,也可以是核反应堆、风能、太阳能、生物燃料和化石燃料等资源的组合。

鉴于公众(以及因此而产生的政治)强烈希望支持无碳排放能源,可再生能源生产的电力通常被视为电网的"必须承担"。这种情况意味着,当条件适宜风能或太阳能发电时,基本负荷供应商需要减少生产,或亏本出售电力。风能和太阳能可再生电站的间歇性出现在一个相对较短的时间尺度上,这种间歇性对同时提供电网可调度基本负荷的电厂提出了重大要求,因为它们需要在短时间内改变相对较大的负荷份额。

欧洲经济合作与发展组织(OECD)核能机构(NEA)最近的一份报告指出,德国大量的可再生能源被引入电网,一再导致电价低于核能的边际成本。从核电站运行和维护的角度来看,这些方案在经济上不具有吸引力,通过增加或降低反应堆功率来跟踪电网负荷也不是长久之计。在这些情况下,可再生能源直接连接到电网,导致松散耦合的发电源。本章考虑了另一种情况,即可再生能源发电将与电网后面的核能发电紧密耦合,以满足电网作为综合能源系统的需求,同时利用热能生产其他商品。

通过逐步建立分布式、可调度发电资产的紧密耦合系统,包括间歇性可再生资源和能源储存的高度渗透,或缓冲装置,优化和整合这些更加复杂和互动的电力系统将需要新技术和新方法,以跨地方、区域和国家边界提供优化的能源服务。控制系统、能源管理系统、先进的信息学和预测技术的最新发展使得电厂综合设计实现了创新。

13.1.1　综合能源系统的定义

图 13.1 概述了广义综合能源系统(HES)含义示意图,HES 可以只包含一个输入和多个输出(共产生),或者可以简单地为一个输出流(例如电)集成两个输入源。后一种单一输出场景将需要至少一个生产源的负荷跟踪操作。在这种情况下,基本负荷源产生的热能没有得到最佳利用,也没有实现财务投资的全部效益。后一种情况被认为不是理想的配置,但联合发电可以提供理想的早期实现紧密耦合的能源系统,而无须增加多种能源的复杂性(其中一个能源是可变选择)。

目前的能源网利用多种能源来满足热能和电力的需求。然而,在实际运行中,这些资源大多数处于松散的耦合状态;每个生产源单独连接到能源网络,其相对输入作为一个整体在大规模电网上进行管理。在紧密耦合的综合配置中,这些子系统将耦合在电网后面,既满足外部电网需求,又满足集成能源系统内部的热需求和电需求。

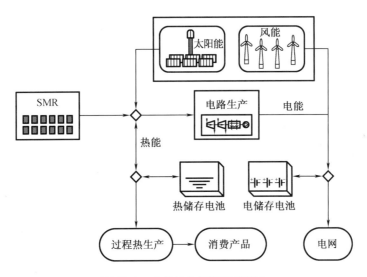

图 13.1　广义综合能源系统概念

13.1.2　SMR 关键特征

SMR 比较适合用于高度耦合的综合能源供应系统。SMR 发电容量小,具有固有的非能动安全优势,在运行厂址上部署多台 SMR 机组,可以更灵活地调整装机容量大小,以满足特定终端用户对输出能源的需求(例如电力、工艺热应用)或最大限度地提高工厂热效率。较小的反应堆功率规模为投资者提供了更大的灵活性(较低的初始资本支出),降低了与负载平衡相关的成本,减轻了选址困难问题,并确保了运行灵活性。SMR 通过固有安全、非能动安全设计理念将设计基准事故及严重事故的风险降至最低。

综合能源系统可采用成熟的轻水反应堆(LWR)技术或推荐的先进反应堆技术路线,这些技术可以在更高的温度下运行,从而为非电力应用提供更高的温度。目前,大多数运行的轻水堆发电量约为千兆瓦级别。对现有的轻水堆进行改造以纳入非电力输出应用是核动力潜在的发展方向。这种选择可以避免核能发展面临的现实困境,特别是低成本天然气的竞争压力(可能导致许可证到期前提前关闭核电站)和可再生能源发电(太阳能、风能等)比例大幅增加对核能发电的竞争压力。然而,改造现有的大型反应堆设施可能会给再许可过程带来重大挑战和障碍,鉴于剩余的核电厂寿命有限,这可能不是最佳的投资方式。

目前考虑用于综合能源系统的反应堆设计主要来自SMR(电功率小于300 MWe),因为这些装置的尺寸可以匹配多样化的工业应用,适合小型区域电网或需要热电资源的孤立工业应用领域。目前运行的大多数发电厂的发电量都不到500 MW,因此可以设想采用综合能源系统取代老化的发电厂,特别是二氧化碳排放量大的燃煤发电厂。较小的能源系统(50MWe)适合与风力发电相结合。由于个别风电场受到区域风暴系统的影响,电网层面的发电量总体变化可能在几十分钟内达到千兆瓦的量级,这种巨大的波动对天然气热电厂的适应能力提出了挑战。

许多SMR概念最终都会包含多个单元模块。对于这种实施方式,可以逐步增加额外的产能,根据需要分阶段建设个别单元机组,以满足市场需求的增长。根据总体控制策略,这些装置可以作为一个整体单独或协同运行。模块化扩建改善了整个项目的财务投资状况,电厂业主可以选择首先建造基本的电厂机组(如核能发电、能源转换系统和电力发电),以在电厂其余部分完工时建立稳定财务收入,在必要的互联点和控制系统结构中预留接口,以便后续增加额外的发电量(如可再生能源系统或额外的核电机组)和热能应用。

小规模、模块化反应堆包含的组件比大型核电站小得多,因此可以在工厂建造。传统大型基本负荷核电站的大型系统部件通常是在现场建造的,且依赖于国外供应商。SMR组件制造厂可以利用国内供应链,并且可以靠近建造厂址,或者部件可以容易地运输到预期的厂址附近。未来的综合能源系统可实现为国内的SMR部件制造厂提供研发驱动力。

模块化结构还允许替代操作场景和集成系统控制策略,而不是将单个大型核电站合并为一个综合能源系统。在多单元发电厂中,每一个单元都提供适量的热能输入,其中一些输入单元可以专用于特定的输出应用。其他装置可被指定为"自由装置",根据客户需求、经济因素、所需维护或换料活动等切换输出。

与传统的大型核电站相比,拥有一台或多台机组SMR的选址要灵活得多。在人口稠密地区(由于禁区减少)设置SMR的可能性,使SMR的选址可更接近最终客户。在综合能源系统中,选址的灵活性也转化为可在这些人口密集区附近选址用于工业供热。通过在使用点附近生产非电力产品(热能、化学品等),增加了规划设施的经济吸引力,扩大了市场规模(尤其是替代老旧的煤电厂)。

智能电网可以借助SMR来平衡负荷动态变化。在这种情况下,SMR可以根据其他(非电网)子系统的需求进行选址。选址位置可在靠近工艺原料资源(如煤炭、天然气、生物质)产地,或靠近最终用户(如当地社区或商业工业),或靠近耦合的可再生能源输入源。这样的选址将减少电能和热能的传输距离,从而最大限度地减少能源传输损耗。因此,与大规模核电设施相比,SMR通过引入广泛的生产机会和简化与可再生资源和更多工艺应用的简化耦合,提供了运行的灵活性。

对于综合能源系统,特别是那些使用小型模块化反应堆的系统,可以设想多种部署机会。早期部署的 SMR 可能会为独立的工业应用提供电能和热能,而不期望弥补电网缺口,从而使系统仅根据内部能源需求进行优化,这些需求可能比电网的外部需求更加可预测。另外,早期综合能源系统可以为目前依赖柴油发电的小型偏远地区提供电力和热量,而柴油发电中柴油必须通过卡车运到该地区。以后可以实现将综合能源系统直接集成到大规模电网中,同时内部管理热能和电能资源,以满足电网需求并实现经济回报的最大化。

13.2　综合能源系统原理

目前,电能来源具有多样化,许多输入源被组合起来,以满足不断变化的电力需求。然而,在这个松散耦合、大规模的能源系统中,可再生能源的电网优先权可以通过降低承担基负荷、可调度的电力系统功率来跟踪电网剩余电力的需求。尽管新的核电站可能在低至其额定容量 25% 的功率水平下运行(旧的核电站可能被限制在接近额定容量 50% 的范围内),但从优化投资资本使用的角度来看,这不是一种理想的运行模式。基负荷发电厂不是为包含重要功率循环的运行模式而设计的,如果承担基负荷的核电厂或燃煤电厂采用以适应电网的方式引入高度可替代性资源的运行模式,将会导致电厂系统严重损耗,增加运行和维护成本,并有可能缩短电厂的寿命。

真正的综合能源系统将是紧密耦合的,要求各个子系统以一种集成的方式运行来适当地电网的瞬态变化,同时优化能源使用和最小化集成系统内的循环。然后,这种广义的体系结构描述引出了一个问题,即在集成系统中哪些子系统是有意义的。必须利用既定的性能标准,确保技术上的可行性并能够有效和可靠地满足选定区域或工业应用能源需求。

13.2.1　能源结构

在多输出系统(电和工艺热)中使用裂变能比煤或天然气等碳基能源具有显著优势,包括减少大气废物排放(如碳或其他污染气体的排放)和减少对环境资源的影响(土地使用或改造、永久性抽取淡水、热排放等)。在综合多输出系统中,当电网的电力需求较低时,或当大量可再生能源发电并网时,来自核能系统的热能可以转移到工业应用中。先进的反应堆概念设计可产生高质量的热量用于高温工业生产过程,如制氢或生产合成燃料。来自先进或轻水反应堆系统的低温热可应用于区域供热、海水淡化或低温生物质预处理和乙醇生产。亚临界蒸汽也可以通过工艺热回收、化学热泵或加热至过热,然后再被引导至给定的高温热应用中。

动态综合能源系统描述了由一台或多台反应堆组成的综合能源综合体,这些反应堆与可再生能源(风能、太阳能、地热等)耦合,与一个或多个化学品、燃料或商品制造厂的生产相关联。热能、电能、机械能和化学能之间的各种交换使在适当时间生产、储存并向市场交付高价值产品成为可能。例如,当电网需求电量减少时,发电厂无须降低功率,可以将多余的功率/热量用于生产工业所需的热量或制氢。根据地理位置和市场因素的不同,这种氢可以供应垄断市场或商业市场。或者,氢可以储存并分配给新兴的氢燃料电池汽车行业,使用固体氧化物燃料电池为微电网发电,或者巩固风力或太阳能发电厂的可变功率输出。爱达荷州国家实验室(INL)在支持下一代核电站产业联盟(NGNP)的情况下,开发并评估了用于合成燃料和化学生产的其他面向工艺热应用。

多输入、多输出系统是综合能源系统建设的目标。这些系统可以由传统上相互分离但可以实现物理或功能耦合的两个或多个能量转换子系统组成,通过在能源生产和输送系统之间的动态集成来实现能量和物质流生产。这些系统的耦合可发生在电力传输的下游,使得所有子系统共享互连,系统将通过一个统一的控制系统运行,从而形成一个与电网相互作用的单一、动态和快速响应的系统。

13.2.2   负载动态控制

综合能源系统必然处于动态运行状态。从这个意义上说,该系统可以被视为“负荷跟踪”,因为所产生的电力将与电网需求相匹配;然而,该系统可被更准确地描述为“负荷动态”。这里不是通过改变反应堆功率水平来改变系统生产以匹配电网需求,该系统通过设计和控制来维持反应堆功率水平,同时将输出从电网转移到替代输出流,这样反应堆本身就是“负荷动态”。因此,名义上的基本负荷核电站将在系统内通过灵活的电力输出来缓解可变的可再生能源输入到集成系统或来自电网的电力需求变化。可以通过将电力输出与需求相匹配,同时将多余的发电容量用于其他目的(如果可用)来提高效率。

所设想的系统运行从成本角度为系统优化提供了一种新的方法,有机会从各种产品流中获得收益,同时避免因资本未充分利用而导致的资金低利用率。这种方法认识到并利用了以稳定状态运行核电站额定容量的好处,以减少核系统部件的磨损。它允许核电站以高容量因子运行,以弥补与化石燃料电站相对较高的资本成本,同时充分利用有限的铀燃料。

13.3   综合能源系统结构评估

综合能源系统的结构评估包括:
(1)技术可行性;
(2)整体经济性;
(3)环境影响;
(4)生产可靠性/按需可用性;
(5)可持续性;
(6)系统安全性;
(7)公众或政治接受性。

13.3.1   技术可行性

技术可行性是由系统的可操作性决定的,以在线运行容量因子和热效率(能源资源中转换成更可用能源现货或产品的百分比)来衡量。考虑到电网需求周期和电厂周期性的设备维护大修影响因素,发电厂通常的目标是至少达到85%的容量因子。从2006年到2012年,美国现有轻水堆的容量因子大约在86%到91%之间。化工行业努力建立尽可能高的产能系数,有时达到厂年运行额定产能的 98% ~ 99%。目前建设风电的补贴授权(即产品税抵免)已将许多基本负荷电厂(包括一些核电厂)的容量因子降低到 50% 左右。

一些关键技术参数可能影响综合能源系统设备中给定子系统组合的可行性,包括:反应堆出口温度、反应堆入口温度、热流密度、热容和峰值工作温度(在某些情况下,最低工作温度)、热工水力系统、材料或热传输流体。这些特性决定了材料的选择、最佳的发电周期以及哪些工艺应用最适合与反应堆产生的热能相互耦合。

当两个或多个子系统的运行计划相互依赖时,电厂设计和运行计划必须考虑所有子系统的启动和同步。储能子系统在系统热力和电力分支上可能起到必要的缓冲作用,以确保在非正常运行中断或计划维护的情况下顺利关闭能源设施。还需考虑循环机组运行的可行性,同时考虑到热能生产的斜坡率、能量输送系统的滞后、机械和热应力的影响以及电滞效应对蓄电池组的影响。

技术可行性受到单元机组运行操作模块能力的影响。SMR 非常适合模块化,单个电站中的多个模块增加了物理集成、系统操作和控制的复杂性。然而,模块化实施也提供了一个机会,可以随着需求的增加更容易地增加容量,获得更高的集成系统容量因子,同时允许根据维护或换料的需要使单个子系统离线,并根据不断变化的市场趋势提供额外的运行灵活性。

13.3.2 整体经济性

对给定的综合能源系统架构进行经济评估应包括多个输入,如市场规模、盈利能力、总资本投资、运营和维护成本以及制造成本(包括燃料和其他固定或可变成本)。当额外的创收子系统与 SMR 集成时,整个系统的经济性会有所不同。当考虑到电力成本的时间变化时,经济分析变得特别复杂,这也取决于电力的来源(考虑到可再生能源发电的电网优先权和税费补贴)、电力需求的变化性、潜在的未来碳税,以及非电力产品(如甲醇)的收入。

在采用和实施创新的能源生产和传输之前,企业需要进行合理的经济分析,并合理保证当前和未来的价值。需要对综合能源 SMR 经济回报的不确定性进行估计,需要对某些子系统(例如先进的非水冷反应堆设计)进行额外的研究和开发,更具体地讲,是对这些子系统的功能集成、系统监控技术,以及控制系统架构进行可行性分析。综合能源系统架构中,即使采用具有良好运行历史的现成子系统集成设计,也偏离了引入经济不确定性和风险的已知操作空间。所考虑的一些子系统在不同的时间尺度上运行,具有各自不同的技术特性,需要展示瞬态工况下系统的交互特性,以验证物理接口(硬件耦合)、控制系统层次结构、控制操作等在各种运行工况下的运行特性。

13.3.3 环境影响

综合能源系统的明确目标是更好地利用自然资源,减少向环境的索取以及废物排放对环境的影响。这种环境管理的一个重要方面是减少温室气体的排放。通常将温室气体的总量(根据其能量吸收能力进行调整)等效折算为等量的二氧化碳来进行评估。

综合能源系统向生态环境系统的总取水量变得日益重要并受到严格控制,特别是考虑到不稳定的天气模式和大气温度升高的影响,这些因素会影响到给定位置的可用地表水。

在干旱气候区,地表水几乎不存在,或者地下水的抽取已经排干了地下含水层,水源保护是一项基本要求。高温先进反应堆(非水冷)比传统的轻水堆系统运行效率更高,产生的必须排放到环境中的废热更少。这不仅减少了对环境的热输出,而且还减少了冷凝器冷却回路中的水损失。

土地占用被定义为由于设施的安装而对土地的永久性改变,例如为了安装风力发电而对山顶进行改造,处理燃煤产生的煤灰废物(通常倾倒在燃煤电厂附近的垃圾填埋场或灰池中),或根据电厂占地和设置禁区要求平整土地。这些改变对生态系统的影响与废物排放的影响一样大,包括对常住物种的长期生命周期的影响。排出余热对环境的不利影响属于额外环境考虑因素。

环境影响可能来自由于资源或原料的开采或生产造成环境影响、气体排放和高温水排放对环境的影响、能源传输对环境的影响。距离最终用户一定距离的电力生产可能需要在某些地区安装一条新的长距离高压电力线,能源产品(如氢、合成燃料)的铁路运输可能具有较少的监管限制和较低的环境影响。

环境管理要求现代能源基础设施的建设要考虑到稀缺资源(如水、土地、碳原料等)的长期前景。但长远前景往往被忽略或重视不够。评价和设计紧密耦合的小型综合能源系统的重点是选择对环境影响相对较小的系统配置,同时满足对各种能源商品的需求。

13.3.4　可靠性

电厂可通过提高容量因子和避免运营商因突然失去能源供应(电和热)来提高可靠性,可靠性直接影响电厂的经济性。此外,客户已经开始期待高质量能源产品的按需供应。因此,能源系统应根据其对市场需求的响应能力,按分钟、小时、天、周和季度进行判断。综合能源系统必须能够在时间尺度上进行临时调整,以确保电网的电能质量标准(即功率因数、电压、频率和相位);其他综合能源系统产品可以根据子系统功能或需求来调整生产率和生产计划。综合能源系统所具有的关键优势是,当短期能源市场形势变化而需要高价值能源产品时,综合能源系统可在满足电网需求的同时也具备转向生产这些高价值产品的附加能力,这种灵活性在经济表现和应对需求波动的能力方面提供了明显的益处。

13.3.5　弹性和可持续性

综合能源系统的弹性和可持续性虽然重要但难以量化,能够在不断变化的市场中适应并持续保持竞争力的综合能源系统应考虑到潜在的未来风险和机遇。这类预测分析虽然基于不确定的假设,但对于制定影响未来技术实施的合理投资决策却至关重要。应考虑的风险和机遇类别包括:

(1)监管框架的变化,特别是环境保护要求和指标;

(2)原材料(燃料、工艺应用原料、化合物等)的挥发性和长期可用性;

(3)行业对能源生产或化学品生产的依赖性以及供应链风险;

(4)原材料供应短缺或价格波动较大,导致市场价格波动,最终导致产品的总体价格上涨。

一般这些情况代表着极低概率事件(如石油或天然气供应短缺),但其后果可能非常严重,以至于总体风险不容忽视。

投资组合多样化可能对能源解决方案的长期可持续性很重要。综合能源系统可以为该系统生产的商品现有供应商提供多样化的机会。多样化的必要性适用于广泛的能源商品,例如为运输燃料提供经济可行的选择,或更狭义地适应电力生产的能源多样化需求。只有所比较的能源不相关时,才能实现多样化。多样化增加了候选系统的长期可持续性,对稳定能源价格至关重要。

先进 SMR 还代表了可基于不同初始材料生产当前有用产品(如甲醇)的一种备选技术途径,并通过生产过程的多样化渠道获得价格相对稳定的产品。

装置效率对最终热分配(最终用途)的低敏感特点决定了系统可以具有多种功能,可以降低系统不可预见的变化风险(例如不同产品的需求变化)。

综合能源系统天然具有客户多样化的特征。客户可以选择更便宜的电力来源,业主/运营商也可根据客户的需求而将生产方式进行调整,以满足用户的多样化要求。这种能源生产经营模式为开拓新兴能源产业提供了机会。

13.3.6　系统安全

系统安全是指系统受到物理和网络攻击后的安全特性,包括已安装设施和供应链(设备、原材料)的安全特性。从风险因素考虑,基于国内自主产权的综合能源系统将优于依赖外部的综合能源系统。

为确保安全,必须为复杂的综合能源系统设计安全、可靠的控制系统,控制系统必须确保综合能源设施免受网络攻击。鲁棒控制还应确保集成系统对非正常条件(如物理攻击或自然现象,包括地震或洪水)能够做出安全、可预测的响应。

13.3.7　政府或公众接受性

与其他大型工程项目一样,综合能源系统必须关注社会价值观,如对可再生能源的需求、对核材料和废物管理的关注、核扩散问题和一般安全问题。公众接受度受新设施、行业或系统对当地正面或负面影响的程度。这一影响可以量化为拟议项目创造和维持的就业岗位的数量,或该项目带来的年度国内生产总值增长的幅度。这些和其他社区经济考虑因素对公众接受和支持拟议项目、相关政治决策、分区和设施选址等具有重要影响。由于占地面积较小的电站可放宽限制区域,SMR 提供了靠近人口中心和最终客户的可能性。相对于现有的大型轻水堆核电站,一体化压水堆增强安全和减少源项的设计特征有望使选址更接近最终用户。通过在使用点附近生产非电力产品(热能、化学品等),增加了规划设施的经济吸引力,并扩大了市场规模(尤其是旧火电厂淘汰)。

综合能源系统在监管领域同样面临公众可接受性的挑战。核电站的选址和运行需要遵守一系列规定,如规划限制区、每个反应堆的最低运行操作人员数量等。化石燃料电站在限制区、排放等方面也有类似的规定,如果按现行法规要求进行厂址选择,对 SMR 而言明显不利。联合许可对于紧密耦合的综合能源系统设施至关重要,但同样需要获得公众和政治认可。公众认可或可接受性挑战方面,需要与核管理委员会和化学工业管理机构协商,制定新的许可程序,开展以前没有考虑过的适当风险评估。临时解决方案可以是对每个子系统进行独立选址,输电线路跨越现场边界。然而,与目前的综合能源电网配置相比,这种配置不会提供显著的改进,因为现阶段不允许各种子系统的紧密耦合和集成控制。

13.4 SMR 综合能源系统发展潜力

综合能源系统可以利用已证实的轻水堆技术或推荐的先进反应堆技术,这些技术将在更高的温度下运行,从而为非电力应用提供更高温度的热能。SMR 体积小、便于模块化建造、运行灵活和投资自由的优势,为综合能源系统的应用提供了独特的发展潜力和机会。

13.4.1 新兴电力市场

"智能"电网和小型模块化反应堆的出现可能对未来电力市场产生重大影响。数据采集系统和信息处理方面取得的重大进展,使智能电网能够适应负荷/需求曲线,并集成储能系统,允许基本负荷系统以可预测的方式(根据历史趋势和当前状态预估电网需求)在较长时间内稳定运行,而不是根据可再生能源可用性的波动间歇性地改变生产。这些进展是综合能源系统各能源结构可靠运行的关键。

智能电网可以通过本地能源规模实际动态需求来平衡负载动态,实现小型电力输入源的接入。在这种情况下,SMR 可以基于其他子系统需求进行定位。选址可以靠近工艺原料(如煤、天然气、生物质)附近、最终用户(如当地社区或商业工业),或耦合的可再生能源输入源。这样的选址将减少电能和热能的传输距离,从而最大限度地减少了能源的传输损耗。因此,SMR 提供了运行灵活性,引入了批量生产的机会,简化了与可再生资源的耦合,可耦合到比大规模核设施更多的工艺能源应用中。

2012 年,OECD NEA 关于核能和可再生能源的报告中就发电成本、当前和未来能源市场对低碳能源技术的需求提出了若干建议,报告指出:随着可再生能源所占电网份额的持续增长,需要低碳技术来补充可变可再生能源;随着可再生能源在电网中的渗透性增加,核能可以提供灵活、低碳的备用容量,而在综合能源系统中引入 SMR 则使这一建议更具优势;低碳、基本负荷、可调度能源(如核能)与低碳可再生能源的直接结合,使减少温室气体排放的政策目标得以实现,通过负荷动态运行(在稳定状态下运行以生产多种产品)保持基本负荷的高容量因子;建议为未来的低碳系统建立系统层面的灵活性。而要实现这种灵活性,就需要提高可调度能源(如核能、扩展的储能系统)的负荷跟踪能力,并提高对需求变化的响应能力。同样,推荐的综合能源系统配置可以通过负荷动态运行(负荷跟踪)在可靠地满足电网需求的同时也在满足当地能源需求。

13.4.2 SMR 在综合能源系统中的作用

目前,多个 SMR 概念正在研究中,并处于不同的发展阶段。这些概念从传统先进轻水堆概念(如 IPWR)到其他先进堆概念(如高温气冷堆 HTGR、氟盐高温堆 FHR 和液态金属冷却堆 LMR)。水冷堆使用工质水的自然对流或强制对流冷却堆芯,属于热中子反应堆类型。热中子反应堆也可以使用其他冷却剂(HTGR、FHR)替代,而快中子反应堆(LMR)可能导致较大技术参数差异。这些反应堆的工作温度是耦合到不同工艺应用的主要驱动因素。

表 13.1 总结了不同类型反应堆的主要特点。

在确定综合能源系统的运行策略时,首选方法是在额定功率水平下长时间运行反应堆,从而将部件的应力降到最低,实现堆芯寿期的最大化。在 LWR 的堆芯寿期内,堆芯可能出现 65%FP ~ 100%FP(FP 为满功率)的功率变化,但这种长期跟踪运行变化循环不应成为系统运行的标准方法。为了在稳定的功率水平上保持稳定的反应堆性能,应该明确详细的电力需求循环计划以及随后在发电和直接应用热能之间切换的具体需求。能量缓冲可以通过储能系统来实现,也可以通过选择对系统二次侧变化具有较长响应时间的反应堆设计来辅助实现。必须进行分析,以评估反应堆整体运行性能特征,这些特征可以符合综合能源系统模型,包括系统响应时间(如,反应性反馈、冷却剂热容量、中间热交换器要求等)、反应堆与电厂配套设施的结合、负荷均衡方案等。

表 13.1　实现综合能源系统功能的 SMR 类型

反应堆技术	冷却剂	反应堆出口温度	关键特点
轻水堆 (LWR)	水	约 300 ℃	一体化压水堆(普遍采用);多模块机组配置;采用自然循环进行应急冷却
液态金属冷却堆 (LMR)	钠,铅,铅铋	约 500 ~ 550 ℃	常压环境运行压力;快中子;高热容冷却剂;响应时间较其他 SMR 迅速
氟盐冷却高温堆 (FHR)	一次侧:氟盐,氟化物; 二次侧:$KF - ZrF_4$	FOAK:约 700 ℃ NOAK:约 850 ~ 1000 ℃	常压环境运行压力;固体燃料(如 TRISO);提升温度需要先进材料
高温气冷堆 (HTGR)	氦气	FOAK:约 750 ℃ NOAK:约 900 ~ 950 ℃	石墨慢化剂;球床或棱柱堆芯;高压系统(6 ~ 9 MPa);提升温度需要先进材料

FOAK: First - of - a - kind implementation (first reactor build),首堆

NOAK: nth - of - a - kind implementation,第 n 台反应堆

13.4.3　选址

增加可再生能源需要依赖并适应当前的能源基础设施,可再生能源包括一系列不同的选择,美国国家可再生能源实验室(NREL)为用户提供了风能和太阳能应用的示范。爱达荷国家实验室(INL)同样开发了虚拟水资源勘探工具,以支持未来潜在的水电项目。

NREL 风能勘探方法可用于确定美国具有显著风力发电潜力的地区,中西部和沿海地区的潜力最大。同样,NREL 太阳能勘探方法可用于确定美国太阳能潜力最大的地区,美国西南部和西部地区的太阳能强度最高。其中一些地区已经引进了大量的风能和太阳能,将大量风能和太阳能并入公用事业系统需要负荷跟踪或负荷均衡能力,以便在这些可变资源

可用时加以利用。从各个项目的产出来看,风能和太阳能的平均利用率分别约为 30% 和 20% 。虽然太阳能利用率和需求之间存在某种因果关系(至少在太阳辐射峰值与日峰值和夏季峰值重合的炎热晴天),但风能利用率和电力需求之间没有类似的因果关系。

橡树岭国家实验室(ORNL)开发了一种工具,利用地球信息系统(GIS)数据源和空间建模能力评估新核电厂的选址方案,该工具被称为 OR – SAGE(用于发电扩建的橡树岭选址分析),其目的是使用行业认可的参数筛选潜在的核电厂厂址,并应用 GIS 数据源和空间建模能力评估这些厂址的适用性。该工具考虑了各种输入数据,如输电线路的距离、人口密度、区域地震活动、水源、保护地、地面坡度、危险(滑坡、水泛滥)和外部危险作业的距离。然后,该工具为每个参数建立标准,以评估在特定位置安置大型或小型反应堆的可行性。这种方法允许将选址研究范围从广阔的区域依次缩小到感兴趣地区的候选区域、候选场址,最后到首选场址。

图 13.2 显示了确定大型(1600 MWe)和小型(350 MWe)反应堆潜在场地的 ORSAGE 分析筛选结果。分析结果表明,美国约 24% 的土地面积适合小型反应堆选址,而 13% 的土地面积适合大型反应堆选址。

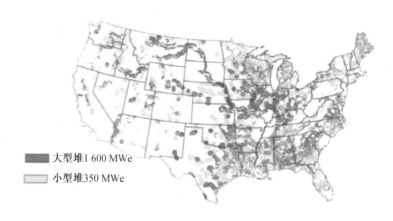

大型堆1 600 MWe
小型堆350 MWe

图 13.2　基于 OR – SAGE 分析给出的小型和大型反应堆选址方案

13.4.4　可更新情况

目前,电网几乎没有适应各种可再生能源高度融合的灵活性,当前电网面临三个方面的挑战:

(1)可再生能源的地理位置向人口中心转移;

(2)风能和太阳能等可再生资源的可变性高,可靠性低;

(3)可再生资源的调度性有限(不能根据需要对其进行调节)。

如,美国某风力发电厂一周的预计风力发电效率如图 13.3 所示,该风力发电厂的年容量因子已达 40% 。高产量或低产量的时间持续数天,但发电效率可能在短时间内发生很大变化。

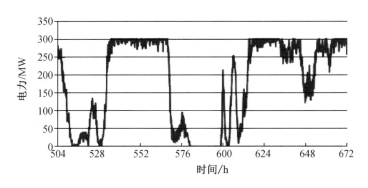

图 13.3　总装机容量为 300 MW 的风电在 1 月份 7 天内的实际发电量变化

为了消除风力发电量变化的影响,有以下几种策略可以选择。

其一是综合能源系统中的主要热源(例如 IPWR)和风力发电厂一起运行,从而产生恒定的组合电力输出,基本上实现了基本负荷。如图 13.3 所示的风力发电厂将始终对应于 300 MW 的发电量,或尽可能接近这一目标。这类运行允许综合能源系统取代现有的基本负荷 300 MW 的燃煤电厂。这种方法的困难之处在于,风能的可用性很低(即便最有吸引力的地区,风能的利用率也只有 30% ~45%),因此综合能源系统中的主要热源(占总发电量的 55% ~70%)用于平衡运行发电。反过来,这意味着综合能源系统的主要热源仅在有风时向耦合工艺应用输送热量(占预期年总热量的 30% ~45%),且在某些时间内,只能减少热量输送。对于工艺装置而言,这种水平的运行是不经济的。

另一种运行策略是向工艺装置提供规定的最小热量,使其可在额定容量的 70% 和 100% 之间变化运行,以抵消风电的波动。这导致了当大型电站与相对较小的风电耦合时,超出了两者的理想运行范围。当核能不可用时,辅助化石燃料蒸汽发生装置(第三个输入系统)可以向工艺装置提供热量。然而,可能只需运行 55% ~70% 的时间,这在很大程度上抵消了综合能源系统二氧化碳排放的优势。

第三种策略是只处理风电高频成分,只要风力容量不超过日循环量(通常约为日峰值的 30%),就可以使用相同的设备处理该时间尺度上的风电变化。在这种运行模式下,通过在电力系统和工艺设备之间切换热输出,综合能源系统将产生电力,使得风力发电和核能发电的总量变化不超过规定的速率。SMR 综合能源系统补偿风力发电快速变化的能力取决于蒸汽在发电厂和工艺厂之间的切换速度,而不是反应堆本身对瞬态的响应速度。在风力发电迅速下降的情况下,核电站的电力输出将迅速上升,以缓和风力发电的电力下降。

13.5　核能的非电力应用

核能 - 可再生综合能源系统的另一个发展动力是非电力应用,如热能应用。考虑到热量可利用时间、要求的响应时间或供热速率、转移到工业应用的多余热量份额等,可采用可变的可再生能源系统。工艺过程可能被设计成在一定时间范围内吸收热量,并与热量可用性保持一致。每种工艺热应用所需的温度等级不同,需要结合工艺热工作温度等级选择合适的 SMR 堆型。表 13.2 简要概述了不同工艺应用所需的相应工作温度。

表 13.2　不同工艺应用所需的工作温度及合适反应堆堆型

工艺过程	过程工作温度/℃	与之相匹配的反应堆类型
直接加热(区域供热)	80 ~ 200	LWR 或来自高温堆的废热
海水淡化	80 ~ 200	LWR 或来自高温堆的废热
石油炼制	220 ~ 550	LWR,LMR,FHR
油页岩和油砂加工	300 ~ 600	LMR,FHR
热电联产	350 ~ 800	LMR,FHR,HTGR
天然气或煤重整(甲醇生产);合成气生产	500 ~ 900	LMR,FHR,HTGR
高温蒸汽电解制氢;甲烷重整制氢;煤气化	800 ~ 1000	FHR,HTGR

13.5.1　一般考虑

将工艺热应用耦合到核反应堆时,必须考虑一系列综合性问题。主要考虑因素包括:

(1)反应堆出口温度;

(2)反应堆入口温度;

(3)流体成分;

(4)一次侧冷却剂、传热回路和工艺热应用压力;

(5)一次侧冷却剂热容量;

(6)氚迁移。

反应堆出口温度定义了可提供给工艺热应用的温度和热量。低温反应堆仍可为大多数应用提供工艺热,但需要通过热回收或来自化石燃料的高温预热和/或电加热进行升温,以便与高温工艺热应用进行耦合。相对传统发电源或热源,可以减少温室气体的排放。NGNP 工艺热应用研究发现,当反应堆出口温度为 825 ~ 850 ℃ 时,其热能的应用范围将更为宽广。然而,将高温反应堆耦合到低温工艺热应用中会由于高温热的低效利用而降低整个工艺效率。基于出口/入口温度要求的子系统优化耦合可使反应堆热输出得到最有效的利用,但区域需求可能会影响系统配置选择和经济性。

每种反应堆堆型都有规定的安全、经济堆芯温差和压差。例如,氦冷却高温气冷堆的额定温升一般为 350 ~ 400 ℃,而氟化物盐冷却高温反应堆的堆芯温升为 100 ~ 150 ℃。从工艺热应用返回的传热流体温度必须在规定的反应堆入口温度或以下。如果温度较高,则必须将热量排放到环境中或用于其他工艺(如低温循环发电)。与堆芯温升较大的设计相比,较小的堆芯温升具有较高的平均温度工艺热,这类工艺热需要较少的反应堆数量。

冷却剂和二次侧传热回路流体的成分会影响工艺热的综合应用。工艺热应用必须考虑熔盐和液态金属(如钠)的熔化温度。低于冷却剂凝固温度的工作流体返回过程中,可能会堵塞热交换器和管道。水、蒸汽、二氧化碳和氦等冷却剂不存在此类问题,但必须考虑冷凝传热问题。

工艺热应用不仅需要在特定温度下加热,还需要在特定压力下加热。低压冷却剂,如液态金属和熔盐,在堆芯处提供了理想的压力条件,但在工艺换热器处可能会出现较大的压差,在换热器设计中必须考虑高温和高压差。高压冷却剂,如氦气和加压水,如果用于低压工艺热应用,也可能产生同样的效果。

工艺热应用通常需要一个二次传热回路,以将一次侧堆芯冷却剂回路与工艺热应用隔离。二次侧回路的主要目的是减少氚从反应堆堆芯向工艺应用侧的迁移。为了减少氚的迁移,可以增加额外的传热回路,但每个回路会通过附加换热器传热所需的温差来降低工艺热温度。

还有些工艺热应用使用反应堆功率转换循环排出的热量。低温应用,如海水淡化和区域供暖,可以利用朗肯循环冷凝器排出的热量。这些应用所需的温度高于通常的废热温度,但可能需要进行加热升温。在较高的温度下,可以交替地从低压汽轮机中抽取热量;虽然这会减少所产生的电力,但由于额外的热量利用,整个系统的热效率会得以提高。

13.5.2　工艺热应用

综合能源系统集成考虑了许多工艺热的应用。这些应用中的许多内容已经在 NGNP 和先进反应堆概念计划中进行了分析,用于高温气冷反应堆概念的热电联产应用。这些应用领域包括:

(1)制氢:高温蒸汽电解(HTSE)、蒸汽甲烷重整;

(2)通过甲醇生产煤制汽油;

(3)通过甲醇生产天然气制汽油;

(4)通过费托合成法生产煤制柴油;

(5)通过费托合成法生产天然气制柴油;

(6)氨生产:蒸汽甲烷重整制氢和制氮、高温电解制氢和制氮、高温电解制氢和空分装置制氮;

(7)用于油砂的蒸汽辅助重力排水;

(8)页岩油加工;

(9)通过甲醇生产烯烃;

(10)海水淡化:反渗透、多级闪蒸、多效蒸馏。

SMR 已被用于一些偏远地区的区域供热。其他应用可能包括利用综合能源系统进行金属精炼和制氢。

13.5.2.1　制氢

氢气可以通过高温电解(HTSE)和核集成蒸汽甲烷重整来生产。氢是制造燃料和其他工业化学品的关键元素。目前,工业界正在通过蒸汽重整从天然气中制取氢气。水和甲烷是过程原料,部分甲烷被用来制造蒸汽,其余的与蒸汽结合生成氢气和二氧化碳。传统情况下,天然气被用来驱动蒸汽重整制氢。对于核集成蒸汽甲烷重整方式,来自反应堆的工艺热将被加入蒸汽重整装置中。

氢也可以用核反应堆通过高温电解产生。反应堆产生的热量和电能可以用来分裂水,利用固体氧化物电解槽产生氢气和氧气。与低温电解相比,来自反应堆的工艺热减少了分解水所需的电量,从而提高了过程效率。

氢是许多工业过程的重要成分。传统的甲烷蒸汽重整制氢方法是成本最低的制氢方法,但会产生二氧化碳,需要经常操作。电解过程中产生的氢可以很容易地启动和停止,对于综合能源系统,它提供了间歇性整合可再生资源的方法。

HTSE 比低温电解制氢具有更高的生产效率,而低温电解是通过添加热能来分解水分子,这个过程需要热量,但电解过程中热量回收减少了所需的热量。其中,需要 10% ~ 15% 反应堆的热量用于维持高温电解温度,剩余热量被转换成运行电解槽所需的电能。只要保持在所需的温度,电解过程就可以根据需要启动和关闭,再者,HTSE 工艺不产生二氧化碳排放。

13.5.2.2　天然气或煤制汽油

合成汽油(合成气)可以由天然气或煤通过传统的甲醇汽油工艺生产。这些过程的中间产物为甲醇,最终产品为合成汽油和液化石油气。传统的煤和天然气的合成气生产方法不同,但从合成气到甲醇制汽油的生产过程是相同。

甲醇制汽油的核热集成方法与以煤和天然气为原料的重整方法略有不同。在煤制汽油过程中,利用核反应堆高温电解产生的氢气进行气化。反应堆的作用在于压缩和脱硫。在天然气制汽油工艺中,重整过程采用核能,压缩过程采用电能。与常规化石能源情况相比,核能大大减少了二氧化碳的排放。

13.5.2.3　煤和天然气合成柴油

合成柴油可以由煤或天然气通过费托法生产。费托反应利用铁基或钴基催化剂将合成气、氢气和二氧化碳转化为液体燃料。煤制柴油和天然气制柴油的工艺在合成气生产和柴油生产方面有所不同。

对于核集成综合能源系统,核能产生的热量和电能被应用到高温电解过程中,为煤制柴油提供氢气。核能用于天然气的重整、二氧化碳和硫的脱除、加氢处理和产品升级。核能大大减少了煤炭消耗和二氧化碳排放,也使天然气的消耗量有所降低。

13.5.2.4　氨生产

传统的氨生产使用天然气、蒸汽和空气,通过两步蒸汽甲烷重整工艺生产氢气和氮气。合成氨通过从重整过程中添加二氧化碳来生产氨衍生物,如尿素、硝酸和硝酸铵。

核能合成氨有三种生产类型,第一种是在脱硫过程和转化炉中增加核热量,核系统还为压缩、制冷、风扇和膨胀提供动力。第二个过程绕过转化炉,利用核能高温电解产生氢气,氢气直接用于制氨过程,也与空气一起燃烧,获得制氨过程所需的氮气,压缩机、风机和膨胀扩散器需要电力才能维持运行。最后一种情况是再次使用高温电解产生的氢气,但氮气是由空气分离装置提供,这需要反应堆生产的电力。采用核能生产氨将大幅减少天然气的消耗量,并显著减少二氧化碳的排放量(与传统工艺相比,可减少 99%)。

13.5.2.5　海水淡化

传统的海水淡化利用低温热净化海水。海水淡化可分为三种类型:多级闪蒸、多效蒸馏和反渗透。

多级闪蒸将海水加压到较高的压力并加热到接近沸腾,然后经过一系列的降压阶段,将海水的压力降低,从而产生蒸汽,蒸汽再被海水冷凝后变成脱盐水(淡化水)。

多效蒸馏过程使用蒸汽热源和一系列压力依次降低的蒸发器来产生水。

反渗透过程使用渗透膜将纯水从盐水中分离出来。传统的情况是使用天然气联合动力循环的底部循环产生的蒸汽作为蒸汽源。对于综合能源系统,蒸汽来自低压汽轮机。海水淡化所需的温度高于动力循环的常规排热温度。因此,需要减少发电量以进行补偿,但从循环中提取的蒸汽将用于海水淡化过程。

13.5.2.6　蒸汽辅助重力排水

利用蒸汽从油砂沉积物中回收沥青的过程称为蒸汽辅助重力排水(SAGD)。传统上,蒸汽是由天然气燃烧并加热锅炉水产生的。在综合能源系统中,传统的天然气燃烧将被反应堆产生的高温蒸汽所取代。蒸汽被注入油砂沉积层加热沥青,使沥青能够被带到表面。将沥青与石脑油混合生产原油,然后将其运送到炼油厂进行加氢改质,转化为可运输的燃料和其他石油产品。

13.5.2.7　页岩油加工

页岩油有机物在地下高温转化为天然气和页岩油的过程称为原位干馏。传统上,蒸汽是由天然气燃烧的锅炉产生的,利用闭环的注射和回流管道系统将蒸汽从锅炉引入地下并返回。在地下,循环蒸汽的热量通过管壁传导到页岩油有机物中。随着页岩的升温,有机物转化为天然气和页岩油,在转化过程中产生的压力通过生产井输送到地表。一部分产出的天然气用于在燃气锅炉中产生蒸汽,产生的二氧化碳被释放到大气中。综合能源系统利用反应堆代替天然气燃烧室产生的热量,可以显著减少二氧化碳的排放,并大幅增加天然气的产量。

页岩矿是从靠近干馏炉的地方开采出来。采矿设备和机械设备运转所需的电力均从电网采购。采出的矿石被送入旋转的水平定向炉中进行干馏。页岩进入处理器,并从环境温度加热至约 500 ℃。在干馏过程中,页岩油有机物分解成碳氢化合物气体、页岩油和一种叫作煤焦的含碳残渣。煤焦在大约 750 ℃ 的温度下燃烧,提供预热和干馏页岩油所需的热量,并释放二氧化碳。在这个温度下,页岩基质中的碳酸盐物质分解并释放额外的二氧化碳。这个过程产生的二氧化碳被释放到大气中。经过干馏和燃烧的废页岩,将其热量传递给矿石后冷却,并在离开处理器时通过喷水进一步冷却。当可冷凝的原页岩油产品离开加工炉时,必须稳定下来,以便通过管道运输到炼油厂。油通过加氢改质后,降低到可接受的管道极限,并降低氮和硫的浓度。核能在整个过程中为干馏炉提供热量和电力,从而大大减少了二氧化碳的排放。

13.5.2.8　甲醇制烯烃

链烯是由低碳烯烃(乙烯和丙烯)制成的,它们是石化市场的支柱,用于生产塑料。传统的工艺是用煤来制造成气,然后转化为甲醇。甲醇在烯烃合成过程中被用来生产含有多种天然气成分的乙烯和丙烯。综合能源系统将通过高温蒸汽电解增加热量和动力来产生氢气,从而显著减少二氧化碳排放。

13.5.3 综合能源系统配置优化

研究人员对所提出的综合能源系统配置进行了初步分析。对紧密耦合的 HES 进行更为详细的分析则需要精确的子系统配置模型,以预测系统动态性能,并确定潜在的操作程序,以便最好地管理和缓解可变能源的生产,并在输出产品(如电和化学过程)之间进行转换。

用于动态综合能源系统的分析工具将变得更加复杂,子系统和集成系统设计应首先进行定义,以便于进行更精确的动态分析,确定最佳系统配置和特定操作参数,设计集成系统控制架构,建立控制所必需的状态估计仪表要求等。

13.6　未来发展趋势

核能在工业应用中的广泛使用正面临一些技术上的挑战,这些挑战可以通过概念设计、系统建模和优化、部件、子系统和综合能源系统测试(非核和核)以及高级能源系统的最终联合匹配部署来解决。早期的工作应集中于确定关键挑战,然后通过设计解决方案解决这些挑战。先进的建模和仿真工具可以提供对系统可行性和预期性能的重要分析,从简化的稳态分析开始,转到更复杂的动态分析和更详细的子系统模型。在硬件实现之前,动态系统模型可以用作控制系统设计的虚拟试验平台。然而,许多与综合能源系统相关的重大挑战来自复杂的集成系统控制和硬件接口,包括在输出流和连接到能量存储系统之间转移热能所需的快速切换阀门。这些挑战可以通过用于模拟验证的一些组件和子系统测试以及随后的系统集成测试来解决。

13.6.1 稳态和动态系统建模与仿真

综合能源系统分析分两个阶段进行:简化的稳态分析以确定候选系统架构的技术可行性,详细的动态分析有望对集成系统配置进行系统优化、详细性能分析和控制系统设计。

稳态建模和分析工具可用于进行顶层系统分析,这些分析有助于建立系统和子系统的边界条件(如维持整体能量平衡所需的工作温度、压力和流速),为确定所建议的配置方案在技术上是否可行提供必应的信息。引入初步的经济分析工具之后,系统设计人员就可以确定与拟议的综合系统配置相关的潜在经济价值(投资回报)。

动态系统建模集成了更详细的组件和子系统模型,尽可能使用经过验证的组件模型和建模工具。对于先进的子系统,例如采用非水冷却剂的先进 SMR 概念或新型换热器设计,验证过的组件模型可能不可用。在这些情况下,模型开发人员应该使用经过验证的建模工具对子系统设计参数和性能行为进行合理的假设。单独效应测试和子系统测试可在后期验证这些假设。

综合能源系统性能动态仿真是解决综合能源系统运行可靠性、弹性和效率等关键问题的基础。从反应堆子系统的角度来看,这些问题可能包括:

(1)单个反应堆模块的功率可以在多大程度上变化以适应负载变化?

(2)通过在集成系统中集成多个小型反应堆模块,可以实现哪些好处?

(3)哪些因素限制了反应堆功率增加/减少的速率和幅度,包括系统负载、频率和电压波动的频率或幅度?

(4)如果电厂需要快速响应来平衡各能量系统,可以使用哪些机制来缓解反应堆的快速瞬变以及如何才能可靠地执行这些缓解措施?

(5)开发和演示单个反应堆循环最小化的系统级控制需要哪些步骤?

(6)如何进行整体系统安全分析,以反映反应堆安全特性与整体系统安全之间的关系?

(7)如何管理电力需求变化?电力需求的减少将触发从发电转变为热能储存或直接用作综合工业过程中的热能。需要什么样的接口(阀门、控制、运行策略)才能将反应堆的热功率转移到适当的子系统,与这些部件相关的特性响应是什么?

良好的动态仿真将为控制系统的开发提供良好平台。综合能源系统控制必须首先建立控制层次,包括电力生产的优先顺序(即在考虑其他输出流之前先满足电力需求)或基于输出商品的当前市场价格分配热能。其次,鉴于提供这些数据所需仪器的最佳布置对可靠的控制系统性能至关重要,控制系统需要进行特定的状态估计(温度、压力等)来为控制算法提供输入。经验证的集成系统仿真为控制系统设计和控制系统结构优化相关的灵敏度研究提供了良好的虚拟试验台。

动态模拟的结果将确定影响子系统和综合系统测试优先级的重大不确定性或重大敏感性区域。虽然建模和仿真可以提供对集成系统潜在性能的分析,但在构建集成综合能源系统原型之前,将仿真转换为硬件演示(特别是非核、电加热演示)是非常有价值的。

13.6.2　组件、子系统和集成系统测试

紧密耦合的集成系统将从集成测试设施的演示验证中获益,这种设施允许子系统组件以实物和虚拟的形式呈现,需要在子系统之间建立物理或数据链接。集成测试设施可以支持组件测试、部分集成系统测试和/或完整集成系统测试,包括电网接口。

有些研究机构已经对空间核动力和推进系统进行了大规模的、非核的综合系统试验,这些试验基本上是陆地综合能源系统的缩比版本。目前,一些研究机构正在通过计算机建模和实验的方式开展太空用途的小功率核裂变动力系统研发。美国国家航空航天局(NASA)和能源部核能办公室(DOE-NE)采用了一种基于硬件的系统开发方法,旨在早期识别系统设计、制造、组装和运行面临的挑战,并协助优化设计。为了使成本和开发时间最小化,在系统设计和开发阶段,使用非核试验方法演示系统的综合运行,为系统重新配置提供了机会,而不会产生与燃料相关的辐射危害。

对于综合能源系统,硬件演示同样可以集成物理反应堆模拟器,该模拟器使用电加热器模拟核燃料产生的热量。反应堆模拟器的运行将依赖于从系统建模中导出的虚拟组件,以计算模拟在燃料系统中观察到的中子响应,使用测量的系统温度作为加热器控制逻辑的状态估计器。一旦了解特定反应堆设计的所有相关反馈机制,就可以为非核试验硬件选择适当仪器和测量点,从而可以适当地应用虚拟反应性反馈。其他系统组件可根据设施的开发阶段、特定组件或子系统的可用性,或子系统的相关经验(影响已验证过的计算模型的可用性),来确定是由物理硬件表示还是通过模拟计算代替。硬件回路集成系统演示验证允许研究人员评估系统的集成特性,并分析系统的响应时间和响应特性。

应用于控制系统架构的"虚拟"反应堆动力学可以在系统层面产生结果,允许系统重新配置、控制系统设计和演示、操作员培训、故障测试等,而不增加核系统固有的复杂性和安全性。

完整综合能源系统的成功(非核示范测试)将为未来的核样机的建造提供坚实的基础。潜在 SMR 供应商已经建造并运行了一些测试设施,用于特定的、有针对性的目的,包括测试单个部件和材料的性能,评估子系统热工水力学特性以及识别并评估整体系统特性。在许多情况下,这些设施是围绕特定的反应堆概念设计的,旨在测试传统的轻水堆设计,但其他设施的应用可能更普遍。

非核试验设施可能包括:阿根廷为改进 CAREM 反应堆设计而建造的各种非核试验设施(于 2014 年 2 月建造的 25 MW 原型核电机组);韩国原子能研究所(KAERI)已经建造的验证系统集成模块化先进反应堆(SMART)设计的若干实验设施;巴威公司(B&W)建造的验证 mPower 反应堆设计和安全性能以支持 NRC 许可活动的一体化综合系统测试(IST)设施;NuScale Power 公司设计并建造的用来证明其概念可行性和运行稳定性的比例(1:3)电加热原型试验模拟设施(集成系统测试 NIST 设施)。

通过对这些试验设施的研究,可以为 SMR 综合能源系统试验台的设计提供参考。现有的测试设施可以用来对组件和子系统模型进行基准测试,相应模型可以被纳入综合能源系统仿真中,可能需要额外的设施来验证综合能源系统的性能或改进特定接口组件的设计,例如在紧密集成的系统中实现所需负载动态行为所需的快速切换阀和缓冲组件,如热能和电能储存技术。安装这些部件后,可进行整体系统测试,以通过评估从阀门到储能装置子系统间的相互作用,验证预期运行事件和事故工况下相关系统的瞬态行为。

13.7　参　考　文　献

[1] OECD NEA 2012, 'Nuclear Energy and Renewables: System Effects in Low – carbon Electricity Systems'.

[2] D. Runkle, 'Old plant, new mission,' Power Engineering Magazine (2007).

[3] L. Nelson, A. Gandrik, M. McKellar, M. Patterson, E. Robertson, R. Wood, V. Maio, 'Integration of High Temperature Gas – Cooled Reactors into Industrial Process Applications,' Idaho National Laboratory External Report # INL/EXT – 09 – 16942 Rev. 3, September 2011.

[4] L. Nelson, A. Gandrik, M. McKellar, M. Patterson, E. Robertson, and R. Wood, 'Integration of High Temperature Gas – Cooled Reactors into Selected Industrial Process Applications,' Idaho National Laboratory External Report # INL/EXT – 11 – 23008, August 2011. NEI 2013, http://www. nei. org/Knowledge – Center/Nuclear – Statistics/US – Nuclear – Power – Plants/US – Nuclear – Capacity – Factors, March 2013.

[5] OECD Nuclear Energy Agency, Generation IV International Forum. , www. gen – 4. org, 2010.

[6] D. E. Holcomb, F. J. Peretz, and A. L. Qualls, 'Advanced High Temperature Reactor

Systems and Economic Analysis', Oak Ridge National Laboratory Report ORNL/TN – 2011/364, September 30, 2011.

[7] Idaho National Laboratory, NGNP Project 2011: Status and Path Forward, Appendix A, High Temperature Gas – cooled Reactor Technology and Safety Basis, INL/EXT – 11 – 23907, December 2011.

[8] National Renewable Energy Laboratory, http://www. nrel. gov/gis/gis_news/2012_october _ email. html, accessed February 2014.

[9] Idaho National Laboratory, http://hydropower. inel. gov/prospector/index. shtml, accessed May 2013.

[10] National Renewable Energy Laboratory Wind Prospector, http://maps. nrel. gov/wind_ prospector, accessed February 2014.

[11] National Renewable Energy Laboratory Solar Prospector, http://maps. nrel. gov/prospec- tor, accessed February 2014.

[12] Energy Information Administration (EIA) (2011) Today in Energy, August 2, 2011, ht- tp://205. 254. 135. 7/todayinenergy/detail. cfm? id = 2470, accessed March 29, 2012.

[13] C. Rubens, Solar map: More than 30 utility – scale solar plants in the US GigaOM. ht- tp:// gigaom. com/cleantech/solar – map – over – 30 – utility – scale – solar – plants – in – the – us/, accessed March, 2012.

[14] Energy Information Administration (EIA), Power Plant Operations Report 2010, Form EIA – 923, http://www. eia. gov/cneaf/electricity/, 2010.

[15] G. T. Mays et al. , 'Application of Spatial Data Modeling and Geographical Information Systems (GIS) for Identification of Potential Siting Options for Various Electrical Genera- tion Sources', Report prepared for the Electric Power Research Institute (EPRI), ORNL/TM – 2011/157/R1, May 2012.

[16] G. T. Mays, 'Using GIS Screening/Modeling Provides Basis for Evaluating Array of Si- ting Related Options and Issues', presentation, 2011 Utility Working Conference, Holly- wood, FL, August 17, 2011.

[17] M. G. McKellar, 'An Analysis of the Effect of Reactor Outlet Temperature of a High Temperature Reactor on Electric Power Generation, Hydrogen Production, and Process Heat,' Idaho National Laboratory Technical Evaluation TEV – 981, September 14, 2010.

[18] McKellar, M. G. , 'Nuclear – Integrated Hydrogen Production Analysis,' Idaho National Laboratory Technical Evaluation TEV – 693, Rev. 1, May 15, 2010.

[19] Wood, R. A. , 'HTGR – Integrated Hydrogen Production via Steam Methane Reforming (SMR) Process Analysis,' Idaho National Laboratory Technical Evaluation TEV – 953, September 15, 2010.

[20] Gandrik, A. M. , 'HTGR – Integrated Coal and Gas to Liquids Production Analysis,' I- daho National Laboratory Technical Evaluation TEV – 672, Rev. 3, April 19, 2012.

[21] Wood, R. A., 'Nuclear – Integrated Methanol – to Gasoline Production Analysis,' Idaho National Laboratory Technical Evaluation TEV – 667, Rev. 2, May 15, 2010.

[22] Wood, R. A., 'Nuclear – Integrated Ammonia Production Analysis,' Idaho National Laboratory Technical Evaluation TEV – 666, Rev. 2, May 5, 2010.

[23] Gandrik, A. M., 'HTGR – Integrated Oil Sands Recovery via Steam – Assisted Gravity Drainage,' Idaho National Laboratory Technical Evaluation TEV – 704, Rev. 2, September 30, 2011.

[24] Robertson, E. P., 'Integration of HTGRs with an In Situ Oil Shale Operation,' Idaho National Laboratory Technical Evaluation TEV – 1029, Rev. 1, May 16, 2011.

[25] Robertson, E. P., 'Integration of HTGRs to an Ex Situ Oil Shale Retort Operation,' Idaho National Laboratory Technical Evaluation TEV – 1091, Rev. 1, July 19, 2011.

[26] R. Wood, 'Nuclear – Integrated Methanol – to – Olefins Production Analysis,' Idaho National

[27] Laboratory Technical Evaluation TEV – 1567, July 25, 2012.

[28] S. M. Bragg – Sitton, T. J. Godfroy and K. L. Webster, 'Improving the Fidelity of Electrically Heated Nuclear Systems Testing Using Simulated Neutronic Feedback,' Nuclear Engineering and Design, 240 (10), (2010), p. 2745 – 2754.

[29] S. M. Bragg – Sitton, D. S. Hervol and T. J. Godfroy, 'Testing of an Integrated Reactor Core Simulator and Power Conversion System with Simulated Reactivity Feedback', in Proceedings of the Nuclear and Emerging Technologies for Space (NETS – 2009), American Nuclear Society, June 14 – 19, 2009, Atlanta, GA, paper 208198 (2009).

[30] S. M. Bragg – Sitton, Analysis of Space Reactor System Components: Investigation Through Simulation and Non – Nuclear Testing, Doctoral Dissertation, University of Michigan, Ann Arbor, MI (2004).

[31] R. Mazzi and C. Brendstrup, 'CAREM Project Development Activities,' 18th International Conference on Structural Mechanics in Reactor Technology (SMiRT 18), Beijing, China, paper SMiRT18 – S01 – 3, August 2005.

[32] IAEA, Status Report 77, System – Integrated Modular Advanced Reactor, 2013, available at http://www. iaea. org/NuclearPower/Downloadable/aris/2013/29. SMART. pdf.

[33] M. K. Chung, et al., 'Verification Tests Performed for Development of an Integral Type Reactor', Proceedings of the International Conference on Non – Electric Applications of Nuclear Power: Seawater Desalination, Hydrogen Production and other Industrial Applications, Oarai, Japan (2007).

[34] Generation mPower, January 2014, Technology, http://www. generationmpower. com/ technology/.

[35] NuScale Power, January 2014, NuScale Integral System Test Facility, http://www. nuscalepower. com/testfacilities. aspx.

第14章 美国 SMR 技术

14.1 引　　言

　　本章概述了美国正在进行的小型模块化反应堆的研发活动和技术。首先介绍了美国政府资助的小型堆研发情况,然后介绍了供应商针对各自小型堆的研发情况。

　　美国政府内部负责进行 SMR 研发活动的责任主体是美国能源部核能办公室(DOE – NE),DOE – NE 的研究规划包括支持近期部署的活动,支持的重点是:

　　(1)获得美国核管理委员会(NRC)设计认证批准的许可支持;

　　(2)先进小型堆的设计、制造和施工;

　　(3)通用问题研究,如源项、人员配备、选址、经济性等;

　　(4)核能先进技术研究;

　　(5)先进 SMR 概念设计发展规划和计划。

　　本章重点介绍具备近期商业部署的轻水堆 SMR(LW – SMR)设计方案。LW – SMR 设计方案包括 IPWR、紧凑 SMR、分散 SMR 等设计方案。鉴于这些技术基于成熟轻水堆技术,因此,此类研发属于工程应用研发,而不属于长期的科学技术创新研发。具体地,围绕商业试验和/或试验验证设施而进行的工程研发活动。

　　本章最后分析了美国未来先进 SMR 研发的方向和重点。

14.2　DOE – NE 关于 SMR 的研发计划

　　DOE – NE 对 SMR 的总体研发目标是开展有关的研发活动,支持短期内具备商业部署的 SMR 工业研究,支持开发更先进的 SMR 技术,包括采用创新设计、提高经济性、提高安全性,拓展其他核能应用领域,如过程工艺热生产、综合能源系统、电力生产等。

　　显然,先进 SMR 部署时间可能远远超出 LW – SMR 商业部署时间。DOE – NE 支持 LW SMR 近期部署计划来自"SMR 许可技术支持 LTS 发展规划"。

14.2.1　DOE – NE LTS 发展规划

　　美国正在开发的 LW – SMR 概念中至今没有一个获得政府批准许可和建造。SMR LTS 的任务是通过与行业合作伙伴签订合作协议,支持美国 SMR 项目的认证和许可要求,并解决 SMR 的通用问题,促进 SMR 的快速商业部署。合作协议由能源部和行业合作伙伴签署。LTS 规划的项目周期为六年,由政府提供总计 4.52 亿美元的研究资金,并由行业合作伙伴完成 SMR 设计。

　　能源部已发布公告进行了两次不同的 SMR 技术方案征集。首先胜出并获得资助的

SMR 是 mPower 小型堆,其重点任务是完成设计认证、场地特征、许可申请、工程活动以及相关的 NRC 安全审查流程,以支持在 2022 年具备商业部署的目标。第二个胜出并获得赞助的 SMR 是 NuScale 小型堆,其重点任务是寻求创新和有效的解决方案,以增强安全性、运行操作性和绩效性能,超越目前 NRC 认证过的设计方案,预计在 2025 年可实现商业运行。

DOE – NE 本身并未参与 LW – SMR 技术设计、方案选型、特定技术研发过程,但有必要研究潜在 SMR(包括 LW – SMR 和未来先进 SMR)技术和管理所面临的共性问题,这些问题包括:

(1)SMR 源项;

(2)运行、维护和安全人员配置要求;

(3)通过改进设计和制造工艺,提升模块化工艺水平;

(4)SMR 经济潜力等。

此外,DOE – NE 还与美国电力研究所(EPRI)合作,为 SMR 起草编制用户要求文件(URD),旨在制定一套通用的设计要求,从而有助于明确 SMR 的具体设计目标和设计指标。

14.2.2 DOE – NE ART 规划

先进反应堆技术(ART)研发计划的目的是对非轻水堆 SMR 进行研发,解决各自技术挑战,研发未来增强型 SMR 技术,先进 SMR(ASMR)在 ART 研发计划中定义为非 LW SMR 设计,包括正在研发的液态金属、氦气和熔盐冷却剂反应堆技术。DOE – NE 的目标是进行有效的研发以加快这些创新反应堆概念的技术开发。ART 规划的主要研发领域有:

(1)开发先进仪表、控制和人机界面(ICHMI)(也适用于轻水 SMR);

(2)开发和测试材料、燃料和制造技术;

(3)解决监管和安全问题;

(4)制定评估 ASMR 技术和特性方法;

(5)评估 ASMR 概念的先进性、技术可行性、安全性和经济性。

前四项已于 2012 年启动,第五项于 2014 年启动,ASMR 概念评估包含早期可用的研究成果。

补充性的 ART 计划还包括大学核能科研计划(NEUP)、综合研究计划(IRP)和工业研发合作计划,这些计划包括 ASMR 相关的研发要素和企业间的联合研究。

ASMR 设计中使用非轻水冷却剂反应堆,具有潜在的经济、安全和操作效益方面的优势。然而,为了实现这些优势,需要解决一些技术挑战问题。

14.3   DOE – NE ART 规划研发领域

14.3.1   先进 ICHMI 研发

ICHMI 代表能够影响反应堆运行、性能和安全的技术。ASMR 和 LW SMR 将采用数字化 ICHMI 系统,用于运行和操控可用于发电和制热的多模块机组单元,ICHMI 有可能为

SMR 提供抵消大型轻水堆电厂"规模经济性"成本节约。

ART ICHMI 研究基于三个主要驱动因素:独特的运行和工艺特点、经济成本可接受、功能增强。表 14.1 列出了 ART ICHMI 研发项目概况(主要的研究领域和研究范围)。图 14.1 总结了三个驱动因素中需要考虑的关键技术问题。

表 14.1　ART ICHMI 研发项目概况

研究领域	研究范围
1. 传感器和测量系统	
堆内光纤测量	研发光学传感工程创新技术,以解决堆内测量重大技术难题
Johnson 噪声测温	研发在 ASMR 堆芯附近部署的无漂移 Johnson 噪声温度计
2. 监测和预测	
ASMR 非能动部件诊断	开发并验证状态诊断管理系统,用于 SMR 不可接近的非能动部件
增强型风险监控软件开发	开发集成设备状态评估的事件概率风险监测评估系统
3. 电站控制和运行	
多模块 ASMR 运行	定义各种运行场景,对任务进行功能分析,通过仿真演示人员到达路径
自动化协作研究	建立人 - 机自动化协作框架,整合人员和自动化过程来优化 SMR 操作
多模块 ASMR 监控	开发和演示功能架构,实现控制、诊断和决策集成,实现高度自动化的多电厂运行监控
能动控制对非能动安全的影响	设计强调内在自我调节策略,降低主动控制损害非能动安全特性的可能性
4. ICHMI 基础研究	
ASMR 仿真建模工具软件开发	开发 ASMR 建模和仿真软件,支持项目的性能和动态行为研究

(1)独特的运行和工艺特点

SMR 的工艺测量需求可能不同于当前大型 LWR,对于使用气体、熔盐、液态金属冷却剂的 ASMR,由于冷却剂运行温度比轻水堆更高,过程测量仪器既需要与冷却剂的化学特性相兼容,也要耐受更高温度并确保测量准确性。相应地,ASMR 的测量值亦将有所不同,多数 SMR 运行特性源自反应堆的动态特性。很多 SMR 设计可能采用非能动安全系统,因此,需要评估这些非能动安全系统对运行和性能的影响,以确保在控制和安全要求中得到考虑。对于涉及单元模块之间共享的系统、设备或资源配置,或多功能集成的系统和设备,需要进行功能(热量、流量、负载等)平衡检查。

为了降低成本,单元或模块之间的系统、设备共享可能涉及辅助系统(如应急冷却水箱、控制站、备用电源等)、一次或二次系统(如与两个或多个反应堆耦合共用的汽轮发电机)等。根据共享的程度,电厂的运行控制中心可能要考虑动态耦合效应及其相互影响程度。

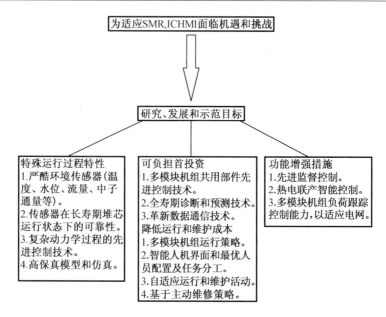

图 14.1　ART ICHMI 机遇和挑战

（2）经济成本可接受

ICHMI 成本不随反应堆的大小而增加，与 LWR 相比，它们通常是 SMR 成本的主要组成之一。因此，有效地使用先进技术（如可在高可靠性系统中最大限度地减少电缆线路并整合系统功能）有助于降低初始成本。某些创新技术还可降低设计、制造、安装、检查、融资、运营和维护成本。日常成本中最重要的可控因素来自运营和维护活动，这些活动在很大程度上取决于员工规模和工厂可用性。

（3）功能增强

通过应用先进的控制方案和预防性维修措施，在使用多个单元或模块机组的情况下，可以将可靠性影响降至最低。先进控制系统技术、先进反应堆系统状态监测技术的应用可以提供额外的益处。对于既用于电力生产又用于制氢或石化加工工艺热（电力需求和工艺热可能不同）的 ASMR，采用先进控制系统和集成工艺诊断技术可以大大简化运行人员的负担。显然，这些潜在的新技术应用对 ASMR 系统的设计、建设、许可、管理和运行具有重要的意义。

14.3.2　材料、燃料和制造技术研发和测试

目前，这一领域研究重点是对新材料进行基础研发，以便最终应用到创新的 ASMR 设计中。其旨在解决先进材料应用的关键长期设计需求。大多数 ASMR 概念采用高温运行环境，设计中需要消除设计方法中不必要的保守性，使 ASMR 运行操作更加灵活。需要获得材料长期变形和退化机制（如蠕变、蠕变疲劳和热老化）机理，为 60 年及以上设计寿命的材料温度加速时间以及设计数据外推提供参考数据指导。在实现先进材料的研发方面，面临候选材料的鉴定和验收问题。

DOE – NE 的先进反应堆技术办公室负责指导先进反应堆概念开发的工艺研发项目，

该项目专注于更大尺寸的先进堆概念,包括 NGNP 计划的高温气冷堆和钠冷快堆(SFR)。项目目标是开展创新技术研究,解决关键技术可行性和性能挑战,并提供重大的安全、经济改进措施,从而降低制造、施工和运营成本。对于任何新型反应堆,材料工艺和性能都是必须首先要解决的关键技术。考虑到小型反应堆的先进概念可能会使用相同的冷却剂(氦、液态金属和氟化物盐),这些材料研发项目同样适用于大型和小型先进反应堆。

目前的研发范围分为三个方面:材料高温设计方法;ASMR 材料研发;研发材料物性基础数据。

表 14.2 列出了材料方面的主要研究领域和研究内容。

表 14.2　先进反应堆技术 ART 材料相关的研发项目概况

研究领域	研究范围
1. 高温设计方法论	
900 ~ 950 ℃ 范围内 NGNP 用 617 合金研发	改进高温设计方法,更新 ASMR 系统设计所用的 ASME 锅炉压力容器规范;开发增加设计规范所需的材料鉴定和分离效果验证数据,并进行合金 617 鉴定所需的材料特性研究
为应用 617 合金弹塑性分析方法提供实验数据	生成数据以验证应变极限和蠕变 – 疲劳规范,开发测试方法并生成实现蠕变 – 疲劳设计曲线所需的数据,制定和验证用于非弹性分析的材料模型,试验包括:(1)耦合试样,与施加的平均荷载和叠加的热循环同步进行试验,以明确棘轮机理,评估应变极限和蠕变疲劳;(2)检查应力和应变重分布,以评估蠕变疲劳损伤
2. ASMR 先进材料研究	
先进铁素体 – 马氏体钢 60 年设计寿命基础评价研究	评估以下内容:热老化对 SFR 断裂韧性、变形和断裂机制的影响、蠕变疲劳交互作用、蠕变疲劳设计寿命以及焊接件的拉伸和蠕变疲劳
三维有限元模型开发	WARP – 3D 程序中加入蠕变断裂机制的二维有限元模型的扩展应用,包括用于评估高温宏观变形行为的基于位错的晶体塑性模型的评估分析
3. 材料属性数据与计算软件开发	
第四代高温堆设计材料手册 – 支持 ART 和 ARC 计划	(1)开发和维护手册,将其作为美国和国际超高温反应堆结构材料的数据库;(2)在核结构材料数据方面发挥领导作用,与国际实体开展合作,包括第四代核能系统国际论坛成员国、欧盟联合研究中心以及美国机械工程师协会
美国机械工程师协会(ASME)制定高温反应堆复合堆芯部件设计规范	制定复合材料(SiC)标准试验方法和标准材料规范,以供复合材料工作组在 ASTM C28.07《陶瓷基复合材料》中采用

图 14.2 显示了表 14.2 中所述的用于确定合金 617 数据所用的试验设施。两台伺服液压试验机以电力方式耦合,以便在荷载总和等于预选总荷载的情况下,始终施加等量的拉

伸。这种双杆热棘轮试验使非弹性分析材料模型的开发和验证以及弹塑性应变极限规范的验证成为可能。这项工作正在美国能源部橡树岭国家实验室进行。

图 14.2　617 合金双杆热棘轮试验装置

14.3.3　监管和安全问题

NRC 制定的许可程序是根据过去 40 年的经验制定的,这些经验几乎都集中在大型轻水反应堆(如目前美国在运的 96 座反应堆经验)。DOE - NE 认识到:在概念开发过程的早期阶段解决轻水 SMR 特别是 ASMR 的监管和安全问题极为重要,有助于促进关键安全和许可问题的解决,并为支持这些新反应堆设计的许可审查制定监管技术基础。对于 SMR 设计,包括轻水 SMR 和 ASMR,为了在经济上与大型轻水堆进行竞争,管理必须能够适当地适应和解决诸如电厂简化、降低风险系数和预期增加安全裕度等设计考虑因素。ASMR 设计概念代表了与传统 LWR 显著不同的设计理念和安全特性。

就所采用的反应堆冷却剂技术而言,ASMR 与 LWR 有所不同,大多数 ASMR 将所有的一回路系统和部件都包含在一个反应堆容器中,这种设计简化对于提高 SMR 的总体安全性和经济竞争力至关重要。这种整体/一体化的设计消除了大型管道破裂导致的冷却剂丧失事故(LOCA)极端事故后果场景,并显著地减少了贯穿反应堆压力容器的贯穿件数量和尺寸。ASMR 的其他关键通用安全特性包括:

(1)非能动、固有安全功能,降低驱动循环泵的应急电源要求;

(2)反应堆容器中反应堆冷却剂装量按功率比例增大;

(3)放射性源项减少;

(4)加长压力容器长度、限制压力容器直径用于容纳主要系统部件,同时增强系统自然循环冷却能力,使其能够通过铁路或卡车运输;

(5)反应堆布置于地下以增强抵御外部极端人为破坏的能力。

图 14.3 从监管角度列出了一些政策和技术问题,这些问题代表了监管和许可考虑方面,以便在 SMR 设计概念发展之初解决。表 14.3 列出了当前监管和安全研究领域,包括每

个研究领域重点内容概述。目前 ASMR 监管和安全项目涉及其中几个领域。此外,这些政策和技术问题也可能与以下因素有关:

(1)采用不同冷却剂而产生的特殊技术问题;

(2)如何根据电力负荷需求确定反应堆规模和数量问题;

(3)部署单个或多个模块机组,采用共用系统问题;

(4)最终用途、设计目标等指标问题,如电力、工艺热、与可再生能源综合等;

(5)ASMR 通用审查问题。

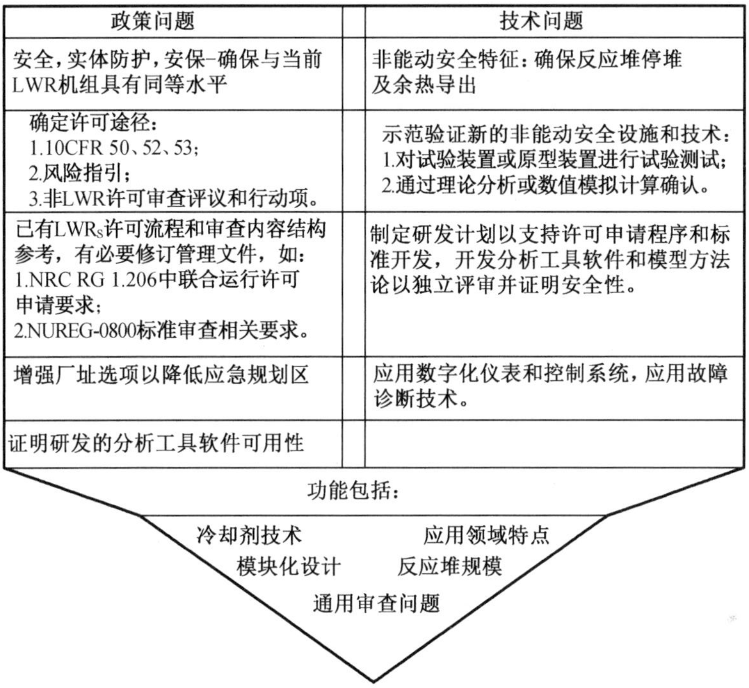

政策问题	技术问题
安全,实体防护,安保-确保与当前 LWR 机组具有同等水平	非能动安全特征:确保反应堆停堆及余热导出
确定许可途径: 1.10CFR 50、52、53; 2.风险指引; 3.非LWR许可审查评议和行动项。	示范验证新的非能动安全设施和技术: 1.对试验装置或原型装置进行试验测试; 2.通过理论分析或数值模拟计算确认。
已有LWR$_s$许可流程和审查内容结构参考,有必要修订管理文件,如: 1.NRC RG 1.206中联合运行许可申请要求; 2.NUREG-0800标准审查相关要求。	制定研发计划以支持许可申请程序和标准开发,开发分析工具软件和模型方法论以独立评审并证明安全性。
增强厂址选项以降低应急规划区	应用数字化仪表和控制系统,应用故障诊断技术。
证明研发的分析工具软件可用性	

功能包括:

冷却剂技术　　　　应用领域特点

模块化设计　　　　反应堆规模

通用审查问题

图 14.3　ASMR 关键监管/安全问题总结(政策和技术方面)

表 14.3　ART 监管和安全相关研发项目

研究领域	研究范围和内容
1. 执照许可研究	
先进反应堆管理框架研究(轻水堆除外)	制定将 10 CFR50 附录 A 的一般设计标准(GDC)应用于先进非轻水反应堆所需的指南,从 10 CFR50 附录 A 衍生出的一套通用 GDC。通用 GDC 预计将应用于 SFR、铅冷快堆(LFR)、气冷快堆(GFR),高温气冷堆(HTGR)、氟化物高温堆(FHR)和熔盐堆,结果将提供给 NRC 考虑作为评审依据
监管技术研究	评估 NGNP 许可经验和 DOE 实验室的 SFR 安全和许可研究计划,以形成识别、整合、确定关键研究和技术开发活动的优先方法,其中包括适用于 ASMR 的许可考虑因素

表 14.3（续）

研究领域	研究范围和内容
2. 厂址筛选评估	
确定 SMR 和 ASMR 的选址方案	应用地理信息系统（GIS）和空间建模工具,基于行业的场地筛选参数,识别和表征 SMR/ASMR 的潜在厂址,对人口密度、水资源可用性、地震带、断层带、保护地等关键因素进行评估和敏感性分析,确定邻近危险设施、应急规划区（EPZ）等。DOE 设施、国防部设施和退役燃煤电厂场地等位置的特点是,它们适合作为 SMR/ASMR 的厂址
SMR 厂址评估指南	制定现场危险评估指南,以支持实际的现场考察和巡查,向现场适宜性评估人员通报 NRC 在许可审查期间常用的重要反应堆选址标准和缓解措施。本指南的开发补充了上述地理信息系统筛选项目
3. 非能动系统试验和测试	
严重事故排热试验	对先进反应堆设计进行容器外非能动衰变热排出试验,重点是空冷反应堆腔冷却系统,以产生数据,用于验证和确认分析程序
4. 实体安全	
评估和证明减少安保人员的潜力	开发先进工具:使用改进的技术来减少实体安全保卫人员,建立安保演习模型,分析安全事件的时间序列,并对风险进行优先排序,以分配资源,将威胁的可能性降到最低

如图 14.4 所示,一些严重事故试验正在 DOE 阿贡国家实验室的自然对流停堆排热试验设施（NSTF）中进行研究。NSTF 需要进行排热试验研究,以评估非能动堆腔冷却系统（RCCS）在 ASMR 事故条件下导出堆芯衰变热的有效性,这种非能动系统可减少对电动泵的应急电源特殊要求。NSTF 试验计划包括:评估不同功率下的自然循环启动特性、稳态特性、并联通道相互作用影响、流动稳定性、分层现象及事故条件下的性能验证试验。

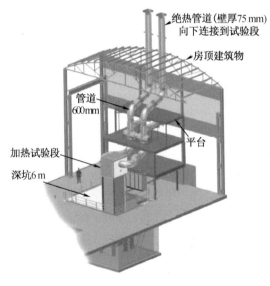

图 14.4　非能动安全设施严重事故试验测试设施

14.3.4　ASMR 技术特性评估方法

ASMR 设计与大型轻水堆存在差异,需要评估大型轻水堆审查方法的适用性,或者是否需要结合 ASMR 特点进行修改或增补新方法论。目前,在 ART 项目中,评估和/或开发的 ASMR 审查方法包括:

(1)概率风险评估(PRA);

(2)安保措施;

(3)经济性。

在审查早期阶段,将 PRA 方法应用于 ASMR 的主要目的是:

(1)协助概念设计工作,从风险和可靠性的角度评估设计方案;

(2)制定 ASMR PRA 框架,为评估未来设计方案和许可申请活动提供资源支撑,通过定量方法和工具软件分析 ASMR 风险量级。

安保措施方面,ASMR 设计过程中可将实体保障措施和物理安全防护结合起来统筹考虑。NRC SECY – 10 – 0034《小型模块化核反应堆设计有关的政策、许可和关键技术问题 8》中指出,"由于许多 SMR 仍处于早期开发阶段,且设计尚未最终固化,因此设计人员有机会确定适当的设计基准威胁,研发应急准备措施,在设计过程、许可证申请实物安全、材料责任和控制(MC&A)计划、系统开发等过程中,将实体安全防护、网络安全保护、MC&A 措施与设计和运行操作要求相结合"。因此,SMR 设计人员应将安保纳入设计,并进行安全评估,以评估所提供的安全保护水平,包括与 SMR 相关的燃料循环和运输活动的安全保障方面。

经济性方面,研究的重点是从经济学角度分析小型模块化反应堆和大型轻水堆在设计(非能动系统与能动系统配置方面)、施工(模块化工厂制造与现场建造成本节省)、融资成本(较低的资本支出,对于初始模块和随时间增加的附加模块的部署,以满足不断增长的电力需求)等方面区别,还包括从首堆(FOAK)到第 N 堆(NOAK)标准化模块生产的学习引起的成本节省以及降低人员配置水平的可能性,经济性影响 SMR 发展前途和未来。

表 14.4 列出了目前这三个领域的评估方法,包括每个研究领域内容的总结。

表 14.4　ART 评估方法相关的研发项目

研究领域	研究范围和内容
1. 概率风险评估 PRA	
ASMR PRA 框架	研究内容包括开发 PRA 框架以支持建模、现象识别/表示和风险集成,展示非能动系统可靠性建模能力,通过分析先进液态金属冷却堆(LMR)事故,开发事故进程状态数据库,通过将先进 LMR 仿真模型(物理)与先进的 PRA 模型耦合来提高建模能力。所涉及的其他领域包括确定非轻水类先进反应堆安全目标,以及确定 SFR 和 HTGR 的始发事件
2. 安保	
适应 ASMR 的防扩散和实物保护(PR&PP)方法	评估 DOE 实验室开发的 PR&PP 方法以用于 ASMR,检查 SMR 的一般特性和特点,安全和安保之间的相互作用和协同作用,以及 NRC 具体许可要求

表 14.4（续）

研究领域	研究范围和内容
3. 经济	
模型和工具开发	检查工厂制造、模块化建造、供应链优化、FOAK 与 NOAK 成本以及分阶段部署多个模块（包括 SMR 行业互动）对融资的影响。采用第四代核能系统国际论坛（GIF）开发的 G4Econ 模型估算 ASMR 成本
经济竞争力评估	开发分析数据和工具，以便于分析具有商业潜力的各种先进反应堆设计方案的经济性和竞争力，包括开发有利于部署先进反应堆设计的潜在商业案例和市场条件

14.3.5 ASMR 概念评估

能源部正通过其实验室启动三项 ASMR 技术概念研究工作：

（1）阿贡国家实验室牵头设计的额定电功率为 100 MWe 的先进钠冷快堆 AFR100；

（2）爱达荷州国家实验室牵头，隶属于 DOE NGNP 项目下的通用 HTGR 设计概念；

（3）橡树岭国家实验室牵头的小型氟盐冷却、石墨慢化模块化先进高温堆（SmAHTR）（设计电功率为 20 ~ 50 MWe）。

三个反应堆概念设计初步目标是：1）根据设计特征和属性进行反应堆概念设计；2）对重要技术进行技术评估，以提供下一步研究规划，解决商业部署前的关键技术问题。

图 14.5 和图 14.6 分别给出了 AFR100 和 SmAHT 概念设计示意图，表 14.5 和表 14.6 提供了反应堆概念设计参数。

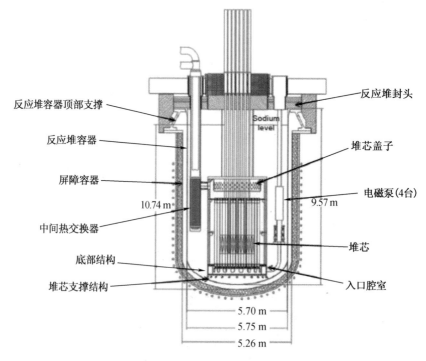

图 14.5　AFR100 钠冷 ASMR 概念示意图

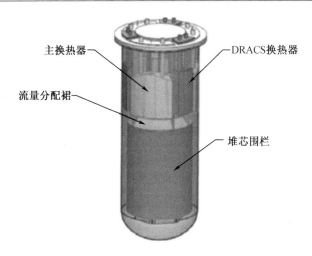

图 14.6　SmAHTR 氟盐冷却 ASMR 概念示意图

表 14.5　AFR100 设计参数

参量	数值
反应堆功率/(MWt/MWe)	250/100
燃料形式/富集度	U – Zr/13.5%
平均功率密度/(kW/L)	64.3
堆芯直径/高度/m	3/4
堆芯进/出口温度/℃	395/550
主冷却剂	钠
冷却剂流量/(gal/min)	5864
非能动堆芯热导出能力	三条环路,每条环路导热能力 0.25% FP
运输方式	铁路/卡车

表 14.6　SmAHTR 设计参数

参量	数值
反应堆功率/(MWt/MWe)	125/50
燃料形式/富集度	TRISO/19.75%
堆芯体积功率密度/(MWt/m^3)	9.4
堆芯直径/高度/m	2.2/4
堆芯进/出口温度/℃	650/700
主冷却剂	氟盐
冷却剂流量/(kg/s)	1020
非能动堆芯热导出能力	三条环路,每条环路导热能力 0.25% FP
运输方式	铁路/卡车

14.3.6　ASMR 工程评估

正在评估的 ASMR 工程领域有：

(1)综合能源系统(HES)中 ASMR 负荷跟踪特性；

(2)钠和二氧化碳换热特性；

(3)超临界二氧化碳($S-CO_2$)功率转换系统(PCS)特性和热效率。

ASMR 概念设计评估包括：SFR、HTGR 和 FHR 的总体性能特征和反应堆动态运行规律。HES 主要考虑 ASMR 概念与风力发电的结合。SFR 在 HES 配置中的研究包括生产电力、甲醇和氢气。超临界二氧化碳在 HES 配置中的研究也在进行中。

SFR 设计采用中间钠热交换器，为确保钠热交换器可靠性，需要获得热交换器通道中钠的试验数据，以掌握钠凝固和重新熔化潜在应力情况，还应考虑钠的排放和补充方法，通过实验验证热交换器钠通道的设计配置方案和有效排放、填充工艺。钠的意外凝固和重新熔化可能导致特定钠成分失效。

在过去的几年中，作为 DOE－NE 的 ASMR 研究项目，桑迪亚国家实验室一直在承担研发和示范超临界二氧化碳原型动力装置的工作。目前已经研发出了 1MW 的超临界二氧化碳布雷顿循环试验装置，并在进行试验，图 14.7 给出了分流再压缩回路试验示意图，该回路部件测试是试验研究的重点，为 ART 研发计划中研究和预测 10MWe 动力装置的性能提供依据。

目前，ART 项目计划的工作范围是进行工程基础研究，积累经验后进行 10 MWe 装置系统设计，包括压力、温度等参数，性能研究计划包括确定压比、涡轮进口温度、压缩机进口温度和负荷等关键参数。随着超临界二氧化碳布雷顿循环技术被视作一项先进的 PCS 技术，紧凑型印刷电路板热交换器制造成本的下降以及有关不锈钢高温应力腐蚀现象不断取得研究进展，换热器的技术问题已经被确认。此外，不锈钢在 550 ℃下的应力腐蚀情况和分析工具也正在研究中。

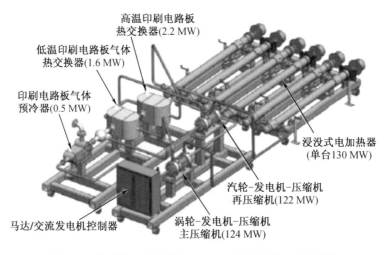

图 14.7　超临界二氧化碳($S-CO_2$)布雷顿循环试验装置

14.4　DOE - NE(NEUP) ASMR 相关研发

DOE - NE 于 2009 年创建了 NEUP 核能开发项目规划,为大学核能研究提供经费支持,将大学研究成果更好地整合到 DOE - NE 技术项目中,其中包括 SMR 研究。该计划目标是让美国高校进行研发,加强这些机构的基础科研设施,同时支持核能教育。总体研究项目(IRP)属于 NEUP 项目中的一部分,旨在为 DOE - NE 项目提供近期科研需求,IRP 通常为期三年并提供较高额度的资助。

2012 年,IRP 将 FHR 试验堆和商业化 FHR 提上研究日程。虽没有明确强调 SMR 的研究规划,但 IRP 的研究结果将为 ART 项目提供输入,并允许 ART 项目利用这些成果支持 SmAHTR 的概念设计。麻省理工学院(MIT)正在进行液态熔盐辐照材料试验,以验证反应堆模型和可行性;加州大学伯克利分校(UCB)进行热工水力模拟实验,以预测氟盐的传热和事故特性;威斯康星大学麦迪逊分校对候选建筑材料进行腐蚀实验;麻省理工学院和加州大学伯克希尔分校将开展试验和商用动力反应堆的初步概念设计方案。

14.5　DOE - NE 先进反应堆研发

2013 年 6 月,美国能源部宣布提供总计 350 万美元的资金,以研究解决未来先进反应堆设计、建造、运行中存在的技术难题。SFR 和 HTGR 研发项目属于此类先进反应堆范畴,下面给出了几家单位的研究内容概述:

(1)通用原子能公司:对碳化硅复合材料进行研发,该材料可作为先进反应堆设计中燃料棒包壳材料,研究碳化硅复合材料特性有助于获得燃料包壳高温辐照和导热等性能,促进包壳结构设计;

(2)通用电气日立公司:研发耐高温绝缘材料,开发分析工具,设计、研发和制造用于液态金属冷却堆的电磁泵。电磁泵比传统机械泵具有更少的运动部件,可提高泵的可靠性和安全性,减少维护需求;

(3)Gen4 能源:研发自然循环铅铋冷却先进核反应堆系统;研发计算程序、三维设计模型,以进行可视化自然循环流动机理特性研究,并将其集成到安全、可靠的反应堆设计中;

(4)西屋电气公司:进行钠的热工水力特性分析,以支持先进钠冷核反应堆的设计研究。

14.6　核工业界的 SMR 研发

本节提供了美国正在进行中的、已经完成的轻水堆 SMR 概念研发和试验测试。在反应堆开发过程中,需要进的关键试验是热工水力试验,基本上所有的非核试验都可以以集成的方式在热工水力试验设施或回路中进行,以获得热工水力特性,如流量、温度、压力、泵性能、材料性能等,试验装置中的热量通过电加热元件模拟燃料组件或其他的方式提供。下面对 NuScale、mPower 和 W - SMR 三种轻水 SMR 的整体模拟试验装置进行简述。

14.6.1　NuScale 试验装置

NuScale 设计(每个机组模块的发电功率为 45 MWe)采用全自然循环运行,冷却剂流经堆芯受热后通过堆芯上部的热段上升管进入上腔室,随后向下流经螺旋管直流蒸汽发生器冷却降温,冷却后的冷却剂进入冷段下降管,然后返回堆芯。NuScale 构建了整体系统试验设施 NIST (NuScale Integral Scaled Test),以获取自然循环运行特征数据。图 14.8 给出了 NIST 试验设施示意图。

NIST 试验设施位于俄勒冈州立大学(OSU),最初由 OSU、爱达荷国家实验室和 NEX-ANT Bechtel 公司在 2000—2003 年间设计和建造。2008 年后,NuScale 公司接管该试验设施,并对 NIST 试验设施进行改造,以匹配功率规模增大后的 NuScale 设计方案。NIST 试验装置的目的是为自然循环系统特性和安全分析程序验证提供基础热工水力数据,同时也为电厂操作程序、控制逻辑方案设计和测试以及安全分析方法开发提供信息,附加测试试验包括:失水事故、非失水事故、流量稳定性和启动试验。

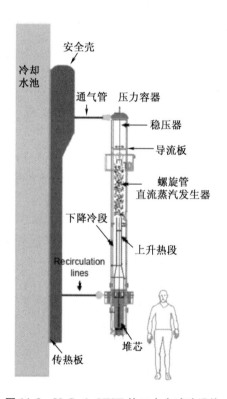

图 14.8　NuScale NIST 热工水力试验设施

14.6.2　mPower 试验装置

mPower 电力公司在弗吉尼亚州构建了整体系统试验(IST)设施(每个机组模块的发电功率为 180 MWe),采用缩比试验装置研究 B&W 公司设计的 mPower 反应堆整体热工水力特性,IST 包含 mPower 反应堆的所有技术特征,热源采用电加热。

IST 总体目标为通过为期三年的整体性能试验收集数据,验证反应堆的设计和安全性能,以支持该反应堆相关的 NRC 许可。IST 可提供整体系统性能有关的试验数据,还可获得包括蒸汽发生器和其他关键部件、评估模型开发、控制和保护系统开发、操作程序和培训开发等方面的必要数据和信息。

表 14.7 给出了 IST 试验装置的关键特性。

表 14.7　mPower IST 试验装置关键特性

内容	说明
比例	高度:1:1
	热工参数:采用与 mPower 反应堆相同的压力和温度等热工参数
	功率:mPower 设计参数:530 MWt(180 MWe);
	IST 设计参数:425 MWt(125 MWe)
试验时间尺度	实时运行
模拟的系统	反应堆冷却剂系统
	蒸汽和给水系统
	反应堆冷却剂水装量与净化系统
	应急堆芯冷却系统
	设备冷却水系统
	控制和保护系统

14.6.3　W – SMR 试验

2013 年 7 月,西屋完成了 W – SMR 两个试验用燃料组件的制造和组装(每个反应堆机组电功率 225MWe),其燃料设计基于西屋公司现有压水堆和 AP1000 使用的鲁棒燃料组件(RFA)技术。压水堆核燃料失效机理主要是微动磨损。由于 W – SMR 燃料采用全新设计,与其他现有的 RFA 燃料相比,具有不同的轴向高度和网格位置,因此燃料棒具有独特的振动特性。

西屋公司正在开展燃料棒磨损试验,以确保设计具有可接受的燃料棒微磨损性能。

流动和压降试验在西屋公司哥伦比亚燃料制造厂的振动和压降试验回路(VIPER)中进行。VIPER 测试回路设计用于容纳两个并排放置的全尺寸压水堆试验组件,最高工作温度为 204 ℃,最大压力为 2.38 MPa,最大流量为 442 L/s。

14.7　未来发展趋势

决定 SMR(尤其是 ASMR)最终能否部署的关键因素是经济性,即这些 SMR 与大型轻水堆在经济上具有同等竞争力,建造和运行成本更低、热效率更高、安全性更高、核燃料利用率更高。由于引入新燃料和新材料技术,ASMR 涉及创新设计,其中一些设计被用于高温用途。而对于新的非水堆概念设计,未来研发的重点集中在新材料和新燃料的研究、设计、试验和鉴定。

新材料的研发包括与高温冷却剂(液态金属、气体和液态盐)相兼容的材料研发,如用于 HTGR 和 FHR 堆芯的结构材料研究,用于快堆堆芯的先进钢材研究,材料研发是新堆研究的重点项。

新燃料的研发包括用于 HTGR、FHR 以及 FBR 燃料(氧化物和金属)的 TRISO 燃料,这些新燃料和包壳材料需要能够承受较高燃料燃耗下辐照的影响。

新材料和燃料的研发活动包括基础材料、模拟分析、性能试验研究,同时需要大量配套资源设施,用于反应堆物理分析、热工水力计算和试验、结构力学分析等,以评估这些新堆的预期性能。此外,可以对早期研发中使用的试验设施进行升级改造或重新设计,以作为建造模型验证与确认用的新试验设施的替代选项。

更多的研发工作将聚焦于如何应用集成数字仪表和控制(I&C)系统以及先进的控制系统架构,以实现高度自动化的多机组电厂运行控制、故障诊断和决策支持,并为多机组 SMR 的主控室设计、运行测量提供演示和功能验证。将故障诊断能力集成到新的 ASMR 设计中,将有助于促进其运行操作的安全性。

由于风能、太阳能等可再生能源可提供互补发电功能,反应堆多余的热能可以扩展用于工艺热应用领域,因此 SMR 可以与可再生电力综合应用,从而作为平衡电网电力的一种互补方法,目前这些综合能源系统正受到越来越多的关注。由于天然气成本的降低和电力需求的下降,一些大型轻水堆由于经济因素被关闭,这些综合能源系统可能为轻水堆提供新的应用途径。为了有效地评估这些综合能源系统,需要通过系统建模的方式进行综合分析,以掌握可再生能源和核电站之间耦合作用和交互控制模式。此外,在这些耦合的能源系统中,反应堆可以采用负荷跟踪运行模式,这需要在不同能源供应之间进行协调控制,同时确保各类能源系统的安全性(特别是反应堆)。

随着 ASMR 概念设计、工程方案逐渐成熟,可能会出现两种未来发展趋势。

第一个趋势是潜在核行业研究机构或企业与政府之间的合作,合作重点是研究、设计、验证、许可申请、建造等过程的成本分担。通过政府资金支持的研发规划项目,研究并证明 SMR 在经济性、效率、安全性、运营等方面的优势,这些项目可能涉及局部试验或原型堆试验验证。政府需要从宏观上规划清洁能源发展目标,确定计划部署的技术路线,从而吸引能源领域企业积极参与先进能源的研发。电力需求缺口较多的地区将会是电力应用市场的潜在突破口,容易实现 SMR 部署。

第二个新出现的趋势可能涉及国际共用现有的试验设施、试验回路、设计和分析工具,在反应堆试验方面开展更多的国际合作。在这种模式下,可以通过国际分工来完成先进 SMR 的试验和研究分析工作,加快新技术的研发进度。目前,在第四代核电技术中,正在开展 6 个先进堆概念为重点的国际合作。研发、设计、建造和运营第四代先进反应堆需要高昂的原型堆试验费用,任何一个国家都无法独立承担,因此,有必要通过国际原子能机构、经济合作与发展组织等开展国际合作。

14.8　参 考 文 献

[1]　US Department of Energy, Small Modular Nuclear Reactors – SMR Licensing Technical Support Program, http://energy. gov/ne/nuclear – reactor – technologies/small – modular – nuclear – reactors

[2]　Wood, R. T. , U. S. Department of Energy Instrumentation and Controls Technology Research for Advanced Small Modular Reactors, ' Nuclear Safety and Simulation, Vol. 3, Number 4, December 2012.

[3]　Wood, R. T. , Instrumentation & Controls Technology Research under U. S. Department of Energy Nuclear Power Programs, ' American Nuclear Society Winter Meeting, Washington, DC, November 2013.

[4]　Corwin, W. , Advanced Small Modular Reactors Materials Activities, ' DOE – NE Materials Coordination Webinar, US DOE Office of advanced Reactor Technologies, July 2013, http://energy. gov/sites/prod/files/2013/09/f2/FY13% 20NE% 20Matls% 20Coord% 20 WEBINAR% 20SMR% 20Materials – Corwin_0. pdf

[5]　Ingersoll, D. T. , An Overview of the Safety Case for Small Modular Reactors, ' Proceedings of the ASME 20111 Small Modular Reactors Symposium, Washington, DC, September 2011.

[6]　Mays, G. T. , Key Technical Issues Associated with SMR Policy Issues, ' Regulatory Information Conference 2010, U. S Nuclear Regulatory Commission, Rockville, Md, March 2010.

[7]　Smith, C. , et al. , Small Modular Reactor (SMR) Probabilistic Risk Assessment (PRA) Detailed Technical Framework Specification, INL/EXT – 13 – 28974, April 2013.

[8]　US Nuclear Regulatory Commission, Potential Policy, Licensing, and Key Technical Issues for Small Modular Nuclear Reactor Designs, SECY – 10 – 0034, March 28, 2010.

[9]　Grandy, C. et al. , A 100 MWe Advanced Sodium – cooled Fast Reactor (AFR – 100), Fast Reactor 2013 Conference, Paris, France, March 2013.

[10]　Greene, S. R. , et al. , Pre – Conceptual Design of a Fluoride – Salt – Cooled Small Modular Advanced High – Temperature Reactor (SmAHTR), ORNL/TM – 2010/199, December 2010.

[11]　Pasch, J. , et al. , Supercritical CO_2 Recompression Brayton Cycle: Completed Assembly Description, SAND2012 – 9546, October 2012.

[12]　Massachusetts Institute of Technology, ' MIT Wins $7. 5M DOE Grant to Develop a New Generation of Advanced Reactors, ' http://web. mit. edu/nse/news/2011/advanced – reactors. html.

[13]　US Department of Energy Press Release, ' Energy Department Announces New Investments in Advanced Nuclear Power Reactors' http://energy. gov/articles/energy – depart-

ment – announces – new – investments – advanced – nuclear – power – reactors, June 27, 2013.

[14] Wolf, B., et al., 'Analysis of Blowdown Event in Small Modula Natural Circulation Integral Test Facility,' 2013 American Nuclear Society Winter Meeting, Washington, DC, November 2013.

[15] Houser, R., et al., 'Overview of NuScale Testing Programs,' 2013 American Nuclear Society Winter Meeting, Washington, DC, November 2013.

[16] Temple, R., 'B&W mPower Program,' IAEA SMR Technical Meeting, Chengdu, China, September 3, 2013.

[17] Nuclear Engineering International, 'Fuelling the Westinghouse SMR,' http://www. neimagazine. com/features/featurefueling – the – westinghouse – smr/, October 24, 2013.

第 15 章　韩国 SMR 技术

15.1　引　　言

世界范围内正在开发各种类型的先进 SMR,有些已经建造。SMR 多采用先进的设计理念和新技术,通过采用固有安全特性和非能动安全系统,大大提高安全性。通过系统简化、模块化和缩短施工时间来提高经济效益。

过去二十年里,韩国原子能研究院(KAERI)一直致力于一体化压水堆(IPWR)、钠冷快堆(SFR)和超高温气冷堆(HTGR)技术研发。除了 KAERI 的研究外,首尔大学(SNU)的核能嬗变研究中心(NuTrECK)也在研究功率为 35MW 的铅铋快堆,反应堆设计寿命为 60 年,可实现 20 年不换料运行,系统运行压力为大气压,设计取消冷却剂丧失事故(LOCA)。

系统一体化模块先进堆(SMART)是一种很有发展前途的先进小型核电反应堆,它属于一体化压水堆,采用成熟的技术和先进的安全设计特点。SMART 旨在提高反应堆装置的安全性和经济性,通过采用高固有安全性和高可靠性的非能动安全系统来提高总体的安全性和可靠性;通过简化系统、模块化设计部件、缩短施工时间和提高设备可用性等措施来提升经济性。韩国核安全监管机构的标准设计审查证实了 SMART 系统的安全性。

SMART 一体化压水堆的额定热功率为 330MWt,反应堆冷却剂系统采用一体化布置,设计上提升了一回路系统自然循环能力,通过引入非能动余热排出系统(PRHRS)和失水事故缓解措施,提高了反应堆的固有安全性。

根据福岛事故经验,极端自然灾害可能导致核电站严重受损。因此,需要考虑极端自然灾害造成的严重事故类型及其缓解措施和设施。显然,反应堆停堆后保持持续和适当的堆芯冷却能力对于缓解严重事故极为重要。SMART 计算分析结果表明,二次侧 PRHRS 能够有效地去除反应堆衰变热,在丧失电源和运行操作人员人为缓解措施的情况下,反应堆可以维持 20 天以上的稳定余热导出能力。如果从安全壳外部及时对 PRHRS 冷却水箱进行补水,则此事故缓解宽限期可以继续延长。

一般认为,SMR 的经济竞争力不如大型反应堆。SMART 采用简化系统以省去大量的管道和阀门,同时采用模块化技术、标准化成熟组件、零部件车间制造、现场直接安装等技术措施,来降低施工成本,这使得 SMART 能够具有与大型核电站相当的经济竞争力。

SMART 设计为多用途 SMR,可用于发电、海水淡化或区域供热以及多种工业应用。

钠冷快堆(SFR)系统采用快中子反应堆和闭式核燃料循环技术,可以大大提高自然界核燃料的利用率。目前 SFR 的主要任务是处理核电站的高放废物,特别是钚和锕系元素。通过降低资本成本,SFR 可以扩展应用到电力生产。自 1997 年以来,KAERI 一直在国家核能研发计划下研发 SFR 技术。SFR 研究项目的目标是确保核能战略关键技术的安全并开展 SFR 的概念设计,从而有效利用天然铀资源并减少铀资源的浪费。2002 年到 2005 年期间,韩国提出了先进液态金属反应堆 KALIMER – 600 的概念设计;随后,提出了 KALIMER – 150(150MWe)概念设计,完成了堆芯、中间热传输系统(IHTS)、反应堆结构等设计,完成了关键技术的分析和论证;通过试验装置获得基本试验数据;开发了相应的计算机分析程序。近期,韩国制定了先进 SFR 原型堆的研究规划以及中长期发展战略。

气候变化和对进口化石燃料的严重依赖促使韩国政府在 2005 年确立了研发清洁氢能源的长期发展愿景。其中关键技术问题是如何以清洁、安全、经济的方式生产大量氢气。在各种制氢方法中,利用高温气冷堆进行大规模、安全、经济的水裂解制氢是一条相对经济的成功途径。由于氢能燃值高,清洁无污染,被认为是未来最具发展前途的能源解决方案。核能的优势在于作为一种可持续的、以技术为主导的能源,不受化石燃料价格动荡的影响。目前,氢能需求主要来自炼油和化工行业。氢气主要是通过蒸汽重整产生的,期间需要利用化石燃料热量催化。韩国炼油厂每年生产和消耗的氢气超过 100 万吨,2040 年预计总氢需求的 25% 将由核能提供,核能的年产氢量也将在 300 万吨左右。

高温气冷堆(HTGR)因其高温特性,可用于制氢、高效发电等高温工艺热应用。其中最有效的用途是制氢。高温气冷堆使用热化学特性稳定的氦气作为冷却剂,石墨作为慢化剂并采用了耐火涂层颗粒燃料 TRISO(三各向同性涂层燃料)。高温气冷堆设计具有高固有安全性,堆芯功率密度低、燃料固有负温度系数大、石墨热容量大,保证了反应堆在事故状态下的安全停堆,堆芯余热通过传导、辐射和对流等自然原理被输送到自驱动堆腔冷却系统中,这种固有安全特性已经被公众接受。

15.2　压水堆 SMR 研究历史

KAERI 于 1997 年开始研发 SMART 一体化小型压水堆,旨在将其出口到需要小电网和海水淡化的国家。

过去 20 年里,KAERI 通过一系列的验证试验和设备验证措施证明了其安全性、可行性,并开发了专用设计方法和计算机程序。

2009 年至 2012 年期间,KAERI 开展了 SMART 的技术验证和标准设计审查。

2010 年 12 月,KAERI 向韩国核安全与安保委员会(NSSC)提交了一整套许可申请文件,包括标准安全分析报告(SSAR)。NSSC 经过严格许可审查,根据《核安全法》第 12 条,于 2012 年 7 月 4 日正式发布了 SMART 的标准设计批准书(SDA)。SMART 可能是世界上第一个通过安全审查的 IPWR。

SMART 研发共耗资 2.75 亿美元,投入研发人员 1 500 人·年。

15.2.1　SMART 研发里程碑

图 15.1 给出了 SMART 的研发里程碑,SMART 的研发分为三个阶段:技术开发、技术验证和商业化。自 1997 年以来,韩国政府一直支持 SMART 的技术研发。在此期间,开发了基本技术并进行了概念设计。概念设计完成后,基本设计于 2002 年完成。在技术开发阶段之后,启动了一个 SMART 试验工厂设计项目,以进行全面的性能验证。通过 2006 年至 2007 年的 SMART – PPS(项目前期服务)阶段,进一步优化了 SMART 的系统设计,并制定了

为期 3 年的 SMART 技术验证和标准设计批准（SMART SDA）计划。该项目规定了三年的标准设计开发时间，包括相关技术的试验和测试，同时还编制了一套许可申请文件。在 SDA 申请之后，进行了一年半的许可审查。SMART 脱盐装置的商业化将在 SDA 阶段之后推出。

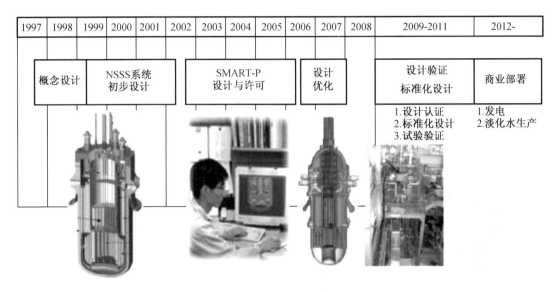

图 15.1　SMART 研发历程

15.2.2　SMART 技术验证

SMART 设计源自现有成熟的压水堆技术，但它采用了革新设计技术，这些创新技术必须通过试验和理论分析来证明。

15.2.2.1　热工水力试验

SMART 开发的各阶段都进行了一系列的基础测试和试验，以检查与特定 SMART 设计相关的物理现象。这些试验的主要目的是获得反应堆堆芯、蒸汽发生器等热工水力特性；通过试验获取基础数据为优化设计提供依据。SMART 设计相关的具体实验如下：

（1）螺旋管直流蒸汽发生器的沸腾传热特性；

（2）反应堆一回路系统的自然循环试验；

（3）含不凝气体的两相临界流试验，研究不凝气体存在情况下的临界流现象；

（4）5×5 燃料组件试验棒束的临界热流密度实验，全尺寸 SMART 燃料组件的机械和水力试验；

（5）水化学和腐蚀试验，检查反应堆运行条件下燃料包壳、内部结构材料和蒸汽发生器传热管材料的腐蚀行为和特性；

（6）湿隔热试验，确定内置稳压器（PZR）的设计隔热效果，并获取传热系数；

（7）为获取 PRHRS 系统中热交换器的冷凝机制，进行有关的传热现象和特性试验。

下面简要介绍 SMART 典型测试和试验项目。

（1）临界热流密度试验（CHF）

针对 SMART 燃料棒束进行临界热流密度（CHF）试验，为建立 CHF 关系式提供数据库，

CHF 关系式对 SMART 燃料棒的热工设计准则和安全性分析至关重要。韩国通过 CHF 试验研究了均匀、非均匀轴向功率分布下 5×5 棒束中的热混合现象机理和 CHF 现象。

高压水试验回路包括带 5×5 SMART 燃料棒束模拟体的耐压壳、高扬程泵、带不凝气体的稳压器、热交换器、预热器和混合器。CHF 试验压力范围为 2.5~17 MPa，质量流量范围为 200~2 500 kg/m². s，包括正常运行工况和预期运行事件。韩国通过 CHF 实验获得的庞大 CHF 试验数据库，开发并验证了 CHF 关系式，将其应用于 SMART 堆芯热工设计和安全性分析。

（2）含不凝结气体的两相临界流动试验

早期 SMART 概念设计采用压力容器内置式的稳压器，具有固有的压力自调节能力，通过水、蒸汽和氮气（稳压器采用三种介质填充）之间的热平衡进行压力自我调节和控制操作。连接到稳压器的管道发生破裂后，水、蒸汽和氮气的混合物在临界流条件下通过破口迅速排出。SMART 安全分析程序中需要对该临界流模型进行验证和分析，以确定准确的排放速率。为了研究两相临界流中夹带的不凝气体对临界流动热工水力的影响，KAERI 设计并安装了单独效应试验装置，试验装置参数如下：温度 323 ℃、压力 12 MPa、最大断裂直径 20 mm、氮气流速 0.5 kg/s。可在试验段注入两相混合物，以模拟失水事故期间预期的瞬态行为。该装置的试验数据用于开发和验证 SMART 临界流模型。

（3）整体效应试验

SMART‐P 是一体化压水堆 SMART 的小型试验装置，具有创新设计特点，旨在实现高度增强的安全性和经济性。通过对瞬态与事故（VISTA）装置的整体模拟，对反应堆的各种瞬态与事件进行了试验验证。VISTA 设施（图 15.2）用于获取整体热工水力特性，包括若干运行瞬态和设计基准事故。

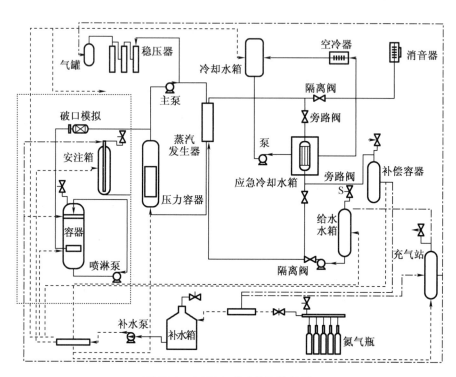

图 15.2　VISTA 试验设施流程图

在过去的五年中,韩国 KAERI 陆续进行并开展了一系列整体效应试验,包括性能试验、反应堆冷却剂泵(RCP)瞬态、功率瞬态和加热或冷却过程,以及与安全相关的设计基准事故,从而有助于验证参考装置的系统设计。

15.2.2.2　主要部件性能试验

KAERI 还对 RCP、蒸汽发生器和控制棒驱动机构等主要部件进行性能试验。在 SMART 标准设计批准计划中,对 RCP 和 CRDM 进行额外性能测试,以验证最终设计性能。

15.3　其他堆型 SMR 研究历史

15.3.1　SFR 技术

15.3.1.1　第 1 阶段

韩国认识到快堆是最有前途的核能发电技术之一,它能有效利用铀资源,减少核电站的放射性废物。韩国于 1992 年开始 SFR 技术研究,KAERI 批准了关于 SFR 的国家中长期核能研发计划,目的是研发快堆基础关键技术,以实现核能可持续性、安全性和经济竞争力。

在发展初期,研究工作主要集中在堆芯中子学、热工水力学和钠技术的基础研究,目的是掌握液态金属冷却反应堆的基础关键技术。

1977 年以来,KAERI 不断突破 SFR 基础关键技术,先后完成了 KALIMER – 150 和 KALIMER – 600 的概念设计。

2008 年,韩国原子能委员会(KAEC)批准了长期先进 SFR 研发计划,该计划的目标是到 2028 年,结合技术的发展,建设一座先进的 SFR 原型堆,SFR 研发计划如图 15.3 所示。为了支持这一研发计划,KAERI 致力于研发先进增殖堆概念设计,以满足未来安全、经济、可持续和防扩散的目标。此外,还开展了相关研究活动,以确保 SFR 相关基础技术的可实现性,如大型钠热工水力试验设施、超临界 CO_2 布雷顿循环系统、钠监测技术、金属燃料、安全分析方法论和分析程序等。

15.3.1.2　第 2 阶段

在 1997 年后的十年里,在修订后的核能研究与发展规划下,KAERI 在早期开发阶段研究基础上,开展了 KALIMER 150 和 600 概念设计及其基本关键技术的研发。根据 2005 年制定的核能技术路线发展规划图,SFR 被选为最有前途的发展堆型之一,可在 2030 年实现部署。

KALIMER 600 采用无覆盖层的增殖堆芯,以及基于钠自然循环冷却的衰变热排出回路(PDRC),设计采用缩短的 IHTS 管道和抗震隔离设施。KALIMER 600 概念设计是在 KALIMER 150 设计的基础上发展起来的,并被选为第四代 SFR 候选堆型之一。

KAERI 还研究了其他先进的设计理念,包括超临界 CO_2 布雷顿循环能量转换系统、设计方法、计算工具和钠技术。

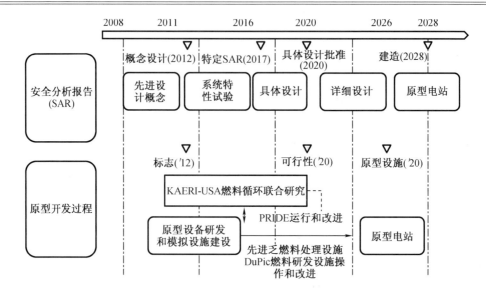

图 15.3　韩国 SFR 研发计划图

15.3.1.3　第 3 阶段

2007 年后,韩国参与了第四代 SFR 合作项目,SFR 技术发展进入了新阶段。

2010 年,KAERI 开发出能够更好地满足第四代核电技术目标的先进 SFR 设计理念,开展了先进 SFR 的概念设计,重点是堆芯和反应堆系统,开展了实现商业化所必需的先进 SFR 技术和基本关键技术研究,以提高 SFR 在安全、燃料和材料、反应堆系统和 BOP 领域的经济性、安全保证和金属燃料性能。

韩国正在寻求在国际快堆技术开发组织中承担一定角色,这样做韩国不仅能够借鉴先进国家的设计经验,也为国际上快堆技术的发展做出贡献。为此,韩国负责快堆发展的主要机构 KAERI 正积极寻求与国外相关研究机构的合作(中国 CIAE、法国 CEA 法国、日本 JAEA、俄罗斯 IPPE 和美国 ANL)和国际组织的国际合作(IAEA、OECD/NEA),并参与了有关快堆国际合作项目(IAEA INPRO、GIF 和 ISTC)。

15.3.2　VHTR 技术

韩国政府于 2005 年制定了一项长期的氢能源发展规划,以应对气候迅速变化和对进口化石燃料的严重依赖。

2004 年,韩国启动利用超高温反应堆(VHTR)制氢的项目。

2005 年,韩国初步确定了关键技术领域,启动了 VHTR 和核能制氢两个重大项目、关键技术开发项目和核能制氢研发与示范项目(NHDD)。

2008 年,KAEC 正式批准了氢能计划,氢能计划上升为国家议事日程之一。

2006 年,KAERI 启动了关键技术开发项目,作为政府支持的国家项目,其主要目标是开发和验证实现核氢系统所需的关键和挑战技术。KAERI 在该项目和 VHTR 技术的研发中起主导作用,韩国能源研究所(KIER)和韩国科学技术研究所(KIST)承担着研发制氢技术的角色。该项目为期 12 年,与第四代核能系统国际论坛和 NHDD 项目同步进行。该项目包括两个阶段:第一阶段(2006 – 2011 年)开展技术开发,第二阶段(2012 – 2016 年)开展性能改进和技术验证。NHDD 项目正在讨论中,目标是 2026 年完成建设,2030 年完成示范运行。最终目标是在 2030 年之前将核能制氢技术商业化。VHTR 的总体研发计划如图 15.4 所示。

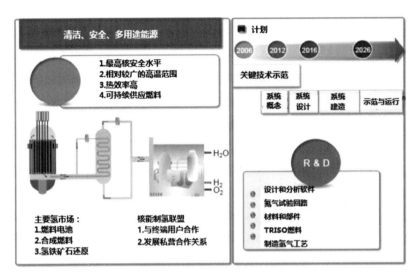

图 15.4　韩国 VHTR R&D 项目

15.4　SMART IPWR 设计特点

SMART 反应堆设计和安全特性总结如下:

(1)采用较低的堆芯功率密度,改善对各种瞬态的响应,增加燃料安全运行和性能裕度;

(2)一回路系统采用一体化布置,设计取消连接一回路系统的大尺寸管道,设计杜绝一回路系统大破口失水事故(LB – LOCA);

(3)足够的冷却剂装量提供了较大的热惯性和事故瞬态相对较长的响应时间,从而增强了对系统瞬变和事故的抵抗能力;

(4)采用大容积空间稳压器,在反应堆功率运行期间可以适应较宽的压力瞬变;

(5)采用屏蔽泵,不需要主泵密封,消除主泵密封失效导致的小破口事故发生的可能性;

(6)堆芯衰变热经由蒸汽发生器二回路系统的汽轮机旁路排放系统将蒸汽排放至冷凝器;也可采用二回路非能动余热排出系统导出堆芯衰变热。

SMART 电站详细设计参数见表 15.1。

表 15.1 SMART 一体化压水堆设计参数表

描述	数值
主要参数	
反应堆输出总热功率	330 MWt
机组输出总电功率	~100 MWe
机组净输出电功率	~90 MWe
发电厂热效率	30.3%
运行操作方式	负荷跟踪
设计寿命	60 年
电厂可利用率目标	>95%
安全停堆地震(SSE)	0.3g
主冷却剂类型	轻水
慢化剂材料	轻水
热力循环方式	朗肯循环
循环类型	间接
非电力应用	海水淡化,供热
安全目标	
堆芯损坏频率	$<10^{-6}$ 堆·年
大规模早期释放频率	$<10^{-7}$ 堆·年
职业辐射暴露限值	<1.0Sv/(堆·年)
操作员动作时间	36h
经济目标	
第 N 个(NOAK)电厂平准化单位电费	0.06 \$
NOAK 非电力产品平准化单位成本	0.7 \$
堆芯	
堆芯有效高度	2 m
等效堆芯直径	1.832 m
平均线功率密度	10.97 kW/m
平均堆芯功率密度	62.60 MW/m^3
燃料材料	UO_2
包层材料	Zr – 4
排列方式	方形
燃料组件数量	57
重装燃料在平衡堆芯处的富集度	4.8wt%
燃料循环长度	36 个月
燃料平均卸料燃耗	36.1 MWd/kg

表 15.1（续）

描述	数值
堆芯	
可燃吸收体	$Gd_2O_3 - UO_2$
控制棒吸收材料	$Ag - In - Cd$
反应堆停堆控制棒方式	可溶硼
反应堆冷却剂系统	
一回路冷却剂流量	2 090 kg/s
反应堆运行压力	15 MPa
堆芯入口冷却剂温度	295.7 ℃
堆芯出口冷却剂温度	323 ℃
动力转换系统	
工作介质	蒸汽
额定工况下的工作介质流量	160.8 kg/s
额定工况下的工作介质供给流量	13.4 kg/s
补给工作介质温度	200℃
反应堆压力容器	
内径	5 332 mm
设计压力	17 MPa
设计温度	360 ℃
基材	SA508,Class3
总高度	15.5 m
蒸汽发生器（SG）	
SG 数量	8
SG 传热管外径	17 mm
SG 传热管材料	因科镍690
主泵	
数量	4
额定压头	27 m
额定流量	0.89 m³/s
稳压器（PZR）	
PZR 总容积	61 m³
余热排出系统	
驱动形式	非能动系统
安全注射系统	
驱动形式	非能动系统

表 15.1(续)

描述	数值
安全壳	
整体形式(球形/圆柱形)	圆柱形
安全壳直径	44 m
安全壳设计压力	0.42 MPa
汽轮机	
气缸数(高压 HP/中压 MP/低压 LP)	1/0/1
转速	1 800 r/min
高压缸进口压力	5.2 MPa
高压缸进口温度	296.4 ℃
发电机	
数量	1
额定功率	111 MVA
有功功率	105 MW
电压	18.0 kV
频率	60 Hz
核电站配置和布局	
厂址地基类型	花岗岩地基
厂址表面积	99 800 公顷
核岛高程或地下埋深	11.7 m
堆芯捕集器	无/容器内保留(堆外容器冷却)
防止飞机坠毁	设计考虑

15.4.1 反应堆压力容器

SMART 反应堆压力容器包含了其主要的一回路系统主要的设备和部件,如燃料和堆芯、8 台蒸汽发生器、压力容器本体、4 台主泵(RCP)和 25 台控制棒驱动机构(CRDMs),如图 15.5 所示。

反应堆冷却剂系统主要的设备和部件采用一体化布置,取消大尺寸管道,从根本上消除了大破口失水事故(LBLOCA)。主泵安装在反应堆压力容器(RPV)上部侧方区域,提供驱动冷却剂流动的动力,使反应堆冷却剂向上流过堆芯,并从蒸汽发生器顶部进入蒸汽发生器壳侧。二次侧给水从蒸汽发生器底部进入螺旋管管内,向上流动,带走一回路冷却剂的热量,并产生过热蒸汽。稳压器位于反应堆压力容器顶部的大自由空间内,由于稳压器的蒸汽空间容积设计足够大,因此取消了稳压器喷雾装置,当压力较低时采用稳压器电加热装置升高压力,负荷变化期间通过堆芯出口温度程序控制及其他相关参数维持一回路系统压力恒定。8 台蒸汽发生器布置在压力容器内部、堆芯上部环向外围,在反应堆压力容器内等间距布置。为确保自然循环能力,蒸汽发生器中心位置标高高出堆芯中心位置标高一定距离。

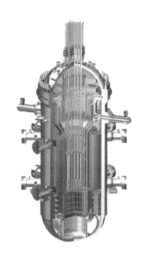

图 15.5　SMART RPV 部件示意图

15.4.2　燃料组件

SMART 堆芯由 57 个燃料组件组成,基于商用压水堆中已验证的 17×17 排列 UO_2 陶瓷燃料。每个燃料组件包含 264 根有效高度为 2m 的燃料元件棒、24 根控制棒导管和 1 根仪表套管,这些导管通过机械方式连接成方形阵列。设置 8 个格架将燃料棒固定在指定位置。燃料成分中 ^{235}U 的富集度不超过 5%,堆芯循环寿期 36 个月。燃料组件设计满足负荷跟踪特殊性能要求。

SMART 燃料棒的最大燃耗为 54000MWD/MTU,为降低临界硼浓度和径向功率峰值,采用由钆(Gd_2O_3)和铀(UO_2)混合而成的可燃毒物吸收棒,铀 ^{235}U 浓度为 1.80wt%,每个燃料组件设置 8～24 根可燃毒物吸收棒。

15.4.3　堆芯设计和燃料管理

SMART 堆芯设计热功率 330 MWt,57 个燃料组件在堆芯的布置如图 15.6 所示,SMART 堆芯设计特点如下:

(1)采用长寿期运行策略;

(2)采用两批换料方案;

(3)采用低堆芯功率密度;

(4)堆芯热工安全裕量不低于 15%;

(5)消除了氙振荡引起的反应性不稳定;

(6)控制棒调节移动速率满足冷却剂温度控制要求。

SMART 燃料管理旨在实现最大化的换料周期长度,简单的两批换料方案可满足 36 个月的满功率运行周期。

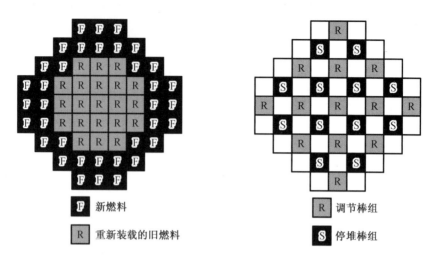

F 新燃料

R 重新装载的旧燃料

R 调节棒组

S 停堆棒组

图 15.6　SMART 堆芯燃料装载模式和控制棒组分布示意图

15.4.4　主冷却剂系统部件

15.4.4.1　蒸汽发生器

SMART 采用 8 台(盒)相同的螺旋管直流蒸汽发生器(OTSG),位于 RPV 和堆芯支撑筒(CSB)之间的环形空间内,每盒 OTSG 的结构如图 15.7 所示。每盒 OTSG 布置多个螺旋盘管,反应堆冷却剂在 OTSG 螺旋管的管壳侧向下流动,给水在 OTSG 螺旋管的管内自下向上流动,过冷给水在螺旋管管内蒸发产生 5.2 MPa、30 ℃ 过热度的蒸汽,蒸汽在 OTSG 蒸汽母管中汇集并流出。在紧急停堆情况下,OTSG 被用作 PRHRS 的中间换热器,PRHRS 可独立于一回路系统条件运行。OTSG 一次侧、二次侧的设计温度为 360 ℃,设计压力为 17 MPa。

图 15.7　SMART 单盒/台螺旋管直流蒸汽发生器结构示意图

15.4.4.2　主泵

SMART 在 RPV 外壳上水平布置了 4 台屏蔽主泵(RCP),每台 RCP 作为独立完整单元运行,RCP 由封闭式异步三相电动机组成,转子转速为 1800 r/min,转子转速由安装在电机上部的传感器进行测量。RCP 结构如图 15.8 所示。屏蔽泵无须密封的特性从根本上消除了与泵密封失效相关的 SB – LOCA 事故,而泵密封失效导致的小破口事故属于反应堆设计基准事故。

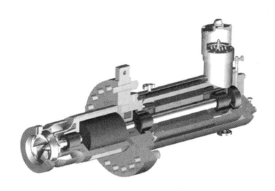

图 15.8　SMART 屏蔽泵示意图

15.4.5　二回路系统

二回路系统从核蒸汽供应系统(NSSS)接收过热蒸汽,将大部分蒸汽用于发电、海水淡化或工艺热应用。二回路蒸汽压力控制系统用于控制主蒸汽的压力,以便在功率运行期间保持蒸汽压力恒定,蒸汽压力控制是通过改变给水流量来实现不同负荷下的蒸汽压力恒定。海水淡化系统,如 MED(多效蒸馏)、MSF(多级闪蒸)和 RO(反渗透)可通过适当的接口方法与二回路系统耦合使用。

SMART 二回路系统流程如图 15.9 所示。

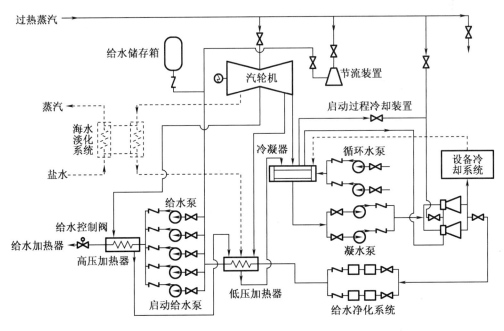

图 15.9　SMART 二回路系统流程图

15.4.6 海水淡化系统和工艺热联合生产

SMART 海水淡化系统由 4 个 MED 单元和 1 个蒸汽压缩机(MED - TVC)组成。蒸馏装置可在最高盐水温度 65 ℃ 和供应海水温度 33 ℃ 下运行。与 SMART 耦合的 MED 工艺包括降膜、带水平管的多效蒸发和蒸汽喷射器。MED - TVC 的显著优势是能够充分利用蒸汽压能,当蒸汽高于蒸发器要求的温度和压力条件,热蒸汽压缩非常有效。热蒸汽压缩机使低压废蒸汽增压到更高的压力,以更有效地回收其可利用的能量。蒸汽压缩可以通过使用无运动部件的喷射器来实现。SMART 和 MED - TVC 单元通过蒸汽转换装置连接,蒸汽转换装置利用从汽轮机中抽出的蒸汽产生动力蒸汽,并将工艺蒸汽供应给脱盐装置,它可以防止一次蒸汽中的联氨和放射性物质污染。蒸汽采用自动(控制)抽汽的方法从汽轮机抽出,抽汽控制阀改变抽汽点下游各级的过流能力。当工艺蒸汽产量超过抽汽点下游流量的 15% 时,通常使用这种控制。一次侧蒸汽在管内饱和温度下凝结。盐水经循环泵加压后喷射到管束外部,部分喷淋水被蒸发,产生的蒸汽被用作蒸发器压缩机的动力蒸汽。蒸发器第一个单元中的部分冷凝水用作蒸汽转换装置的补水,补水在送入蒸汽转换装置之前由一次蒸汽的冷凝水预热。当 SMART 用于热电联产(即发电和区域供热)时,可向电网输送 80 MWe 的电力和 150 kWC/h 的热量。

15.4.7 核燃料装卸和贮存

除高度外,SMART 燃料与 17×17 标准压水堆燃料尺寸几乎相同,因此 SMART 燃料装卸设备与目前在韩国运行的商用压水堆燃料装卸设备相似。燃料装卸设备可在所有规定条件下安全装卸燃料组件和控制棒组件(CRA),并可在换料期间对反应堆容器顶盖和堆内构件进行必要的组装、拆卸和储存。主要设计规定包括以安全的方式插入、取出和运输燃料,并在所有操作中保持次临界状态。

在反应堆寿期内,通过位于安全燃料厂房内的大型乏燃料贮存池,对乏燃料进行管理。

15.4.8 安全系统及其相关系统

SMART 的安全系统及其相关系统采用了基于纵深防御的设计理念,广泛使用了具有固有安全特性的非能动安全系统和经验证的能动安全系统。SMART 大部分安全设计功能已经在工业上得到了验证。

15.4.8.1 纵深防御理念的应用

SMART 设计中,为了贯彻实施纵深防御理念,采用并实施了多级安全功能:

(1)第一级:最小化异常操作和故障;

(2)第二级:实现对异常操作的控制和故障监测;

(3)第三级:根据设计基准预防安全措施缓解事故;

(4)第四级:控制核电厂严重事故状况,包括延缓事故进展和减轻严重事故后果的措施。

15.4.8.2 安全特性增强

SMART 设计中安全功能增强措施提升了 SMART 抵御事故的能力,安全特性增强措施如下:

（1）一回路系统的一体化布置消除了主要部件之间的大尺寸管道的连接，从根本上消除了大破口失水事故；

（2）屏蔽电机主泵消除了主泵密封的特殊要求，基本上消除了与主泵密封故障相关的小破口失水事故发生的可能性；

（3）模块式直流蒸汽发生器位于堆芯上方相对较高的位置，为自然循环流动提供驱动力，这种设计流动阻力小，使得系统能够通过自然循环排出余热；

（4）在系统瞬变和事故过程中，大容积气体稳压器可以适应大范围的压力瞬变；

（5）低堆芯功率密度降低了事故工况下燃料元件的温升，增加了热工裕量；

（6）负燃料和慢化剂温度系数可对堆芯自稳定产生有利影响，并在事故期间限制反应堆功率。

15.4.8.3　安全系统

除设计采用固有安全特性外，SMART 还通过高可靠的工程安全系统进一步提高安全性。安全系统包括非能动余热排出系统（PRHRS）、停堆冷却系统和安全壳喷淋系统。附加的工程安全系统包括反应堆超压保护系统和严重事故缓解措施。

在紧急情况下，如给水不可用或电站停电，PRHRS 通过自然循环去除堆芯衰变热和显热。此外，PRHRS 也可用于长期维修或换料冷却。PRHRS 由 4 列独立的冷却回路组成，每列容量为 50%，采用 2 列 PRHRS 就足以排出堆芯衰变热。每列 PRHRS 由 1 台紧急冷却水箱、1 台热交换器和 1 台补给水箱组成。当冷却水箱中的水蒸发完毕后，系统可通过冷却水或空气进行冷却。在 SMART 正常停堆的情况下，反应堆余热通过蒸汽发生器、汽轮机旁路系统、冷凝器进行导出。

严重事故缓解措施（SAMS）的功能是防止因严重事故而导致堆芯熔化，防止堆芯熔融物流出安全壳。由于反应堆堆腔和安全壳设计考虑了严重事故对策，可以避免这种极端情况的出现。在严重事故中，RPV 下方间隙充满来自安全壳喷淋系统的水，可利用该间隙内的水冷却 RPV。此外，安全壳内换料水箱（IRWST）中的水也可以为 RPV 提供外部冷却水源，并防止压力容器遭到损坏。设置在安全壳中的非能动氢气复合器（PAR）被用来去除在严重事故中产生的氢气，以防止氢气爆炸。

15.4.8.4　安全评估

SMART 采用确定论分析和概率论分析相结合的方法对设计进行了安全性分析。分析结果表明，SMART 的设计能够满足规定的安全验收标准。

在确定论安全分析中，确认了运行限值满足 SMART 运行设计要求。KAERI 对安全相关的设计基准事件（SRDBE）中列出的适用于 SMART 的始发事件进行了全面的安全分析，始发事件序列经过分析和评估，并与辐射限值和设计限值验收标准进行比较。对于非失水事故，通过事故分析计算机程序进行详细分析，同时考虑数字化保护和监控系统的兼容性；对于失水事故采用保守分析方法进行分析。分析结果表明，在极限事故条件下，SMART 设计能很好地保证反应堆系统的安全。

SMART 使用概率安全分析（PSA）来验证事件分类和设备状态，评估安全水平并识别 SMART 设计的薄弱点。PSA 分析范围包括初步设计阶段的 1 级、2 级和 3 级 PSA 分析，施工设计阶段的外部事件、低功率/停堆事件 PSA 分析。对于 1 级 PSA 分析，已研究了 10 个事件场景：一般瞬变、给水丧失、丧失厂外电、小破口失水、蒸汽管线破裂、蒸汽发生器传热管破裂、二次侧管道破裂、控制棒弹出、未能紧急停堆的预期瞬变和控制棒组抽出事件。

15.4.9　厂址安全和安保措施

钢衬混凝土安全壳建筑（RCB）容纳所有反应堆系统，包括反应堆部件、设备、阀门和管道，综合楼和辅助楼环绕 RCB 布置。SMART 与正在运行的压水堆核电站类似，安全壳厂房建筑设计需要包容放射性物质，以防止一回路冷却剂泄漏到环境中去。RCB 还用于保护整个反应堆系统免受任何外部事件的威胁。

15.5　SFR 和 VHTR 设计特点

15.5.1　SFR 设计特点

KALIMER 600 采用先进设计理念和特点，它是韩国为满足第四代核电技术目标而提出的钠冷快堆概念设计方案。

KALIMER 600 设计要求分为三类：通用设计要求、安全和投资保护、电站性能和经济性，见表 15.2。设计要求反映了设计策略，特别是防扩散、安全保证和金属燃料性能。

表 15.2　SFR 顶层设计要求（初步）

描述	数值
通用设计	
反应堆类型	池式
电厂规模	600 MWe
电厂设计寿命	60 年
设计基准地震	SSE：0.3g
初始堆芯燃料类型	U – Zr 金属燃料
堆芯换料燃料类型	U – TRU – Zr 金属燃料
安全与投资保护	
设计简化	
负功率反应系数	
堆芯损伤频率（CDF）	小于 10^{-6}/（堆·年）
设计基准事件情况下无燃料包壳破损	
多样化的停堆机制	
衰变热排出的可靠性和多样化	
无需操作员干预即可应对 ATWS 事件	
大规模放射性释放概率	小于 10^{-7}/（堆·年）
3 天内无需对设计基准事件采取行动	

表 15.2(续)

描述	数值
性能和经济性	
电厂热效率	净值 > 38%
电厂可利用率	≥70%
换料间隔	U - Zr 首炉:6 个月。TRU 焚烧堆芯:11 个月

15.5.1.1　流体系统设计

为满足第四代反应堆核安全目标,SFR 采用成熟的安全系统和设备,并进行各种设计方案权衡来提高经济性。SFR 流体输送系统由热传输系统和安全系统组成。

热传输系统由主热传输系统(PHTS)、中间热传输系统(IHTS)和功率转换系统(PCS)组成。反应堆停堆后,当正常热传输路径不可用时,采用衰变热排出系统(DHRS)排出堆芯衰变热。

PHTS 是一种池式装置,一次侧部件和一次钠都位于在反应堆容器池内,以防止一次钠泄漏到安全壳外。PHTS 由 2 台 PHT 泵和 4 台中间热交换器(IHX)组成,PHT 泵和 IHX 位于反应堆容器内的钠池中。PHTS 泵为离心式机械泵,容积流量为 290.3 m^3/min。IHX 为逆流管壳式换热器(TEMA S 型),在反应堆容器内垂直方向布置,其中 PHTS 钠流过壳侧,IHTS 钠流过管侧。堆芯进出口温度分别为 365 ℃ 和 510 ℃。IHTS 为两条回路,2 台 IHX 连接到每个回路中的 1 台蒸汽发生器和 1 台 IHTS 泵。IHTS 泵为离心式,容积流量为 209.8 m^3/min,位于每个冷段。

蒸汽发生器为螺旋管式,换热功率为 776.7MW。IHTS 钠向下流过壳程,而水/蒸汽向上流过管程。额定工况下,正常运行蒸汽温度和蒸汽压力分别为 471.2 ℃、17.8 MPa。IHTS 冷管道为自底向上的 U 形结构,具有足够的高度,以防止在蒸汽发生器管道发生故障时钠水反应产物到达 IHX。此外,IHTS 管道的布置高度设计考虑了自然循环能力。

PCS 采用过热蒸汽朗肯循环,设计使 IHX 和蒸汽发生器的总传热面积最小化,并使电厂效率最大化。

DHRS 由两个非能动衰变热排出回路(PDRCs)和两个能动衰变热排出回路(ADRCs)组成,设计具有足够的排热能力,通过冗余和独立原则进行系统设计,从而应对所有设计基准事件过程中的反应堆衰变热排出,每个回路的设计排热能力为 9 MWt。

PDRC 属于安全级非能动系统,由两个独立回路组成,每个回路的衰变热交换器(DHX)浸没在钠池中,自然通风钠 - 空气热交换器(AHX)位于反应堆厂房上部,系统受冷却介质密度、DHX 与 AHX 之间的高差形成的驱动力作用以自然循环方式进行运行。

ADRC 属于安全级能动系统,由两个独立回路组成,每个回路有 1 台 DHX、1 台强制通风钠 - 空气换热器(FDHX)、1 台电磁泵和 1 台 FDHX 鼓风机。电磁泵和 FDHX 风机提供冷却介质循环所需的动力。

15.5.1.2　机械结构设计

反应堆外部由双容器(反应堆容器和保护容器)和顶部厚平板组成,反应堆容器的直径为 12 m,高度为 16.5 m。反应堆系统由裙座式支撑结构支撑,裙座式支撑结构通过螺栓与反应堆顶盖和反应堆容器连接,同时为在役检查装置提供检修通道,堆芯支撑结构是一种独立裙座式结构,堆芯支撑结构与反应堆容器底盖之间不采用焊接结构,而采用一体化锻造结构。

15.5.2　VHTR 设计特点

超高温气冷堆(VHTR)设计最大限度地利用高温气冷堆的固有安全性和非能动特点,如堆芯功率密度低、燃料固有负温度系数大、石墨热容量大等,以确保事故状态下安全停堆和衰变热导出。堆芯余热通过传导、辐射和对流等自然现象被输送到堆腔冷却系统。

根据燃料类型的不同,高温气冷堆分为两种类型:棱柱堆和球床堆。美国通用原子公司开发了棱柱堆,而德国开发了球床堆。两种反应堆的燃料类型均采用了与包覆颗粒燃料 TRISO 相同的技术,即在直径为 0.5 mm 的燃料核上包覆碳化硅层。

在棱柱燃料中,TRISO 粒子聚集在一起形成燃料芯块,芯块放入六角形石墨元件中,燃料块被装载到堆芯的固定位置并定期换料。

在球床燃料中,燃料和碳化硅颗粒密实压制在一起,形成燃料球,尺寸与网球基本相同,燃料球从顶部进入堆芯,不断向下流动,然后从底部离开堆芯,离开堆芯的燃料球被测量,或作为废燃料丢弃,或重新放入堆芯继续运行。TRISO 燃料失效概率非常低(10^{-5}),燃料球可视为一道天然的实体屏障。

15.6　发展趋势

15.6.1　SMART

目前,SMART 计划将原来的能动和非能动相结合的安全系统设计方案调整为全部采用非能动安全系统。在设计基准事故(如失水事故和非失水事故)发生后,无交流电源或操作员操作的情况下,利用非能动安全系统使 SMART 保持在安全停堆状态,非能动安全系统主要由 PRHRS 和 PIS 组成,PRHRS 的设计容量将大幅增加,以满足操作人员至少 72 h 不干预的要求,从而消除核应急柴油发电机(EDG)或操作员事故后紧急干预行动,从而全面提升系统固有安全性能。2012 年,SMART 调整安全系统设计策略,全部改成非能动安全系统,同时开展非能动安全系统的试验和验证。

福岛第一核电站事故的重要经验反馈表明,核电站成功完成停堆后,必须确保衰变热能够导出。尽管 SMR 使用与大型轻水反应堆相同的燃料类型和相同的轻水冷却,但反应堆的设计不同于大型反应堆,堆芯功率小,有助于提高安全性。SMR 安全性与已证实的大型核电站技术具有相同的属性,但 SMR 反应堆的热输出低,需要排出的热量少,冷却剂装量和补水资源充足,有更多的响应时间采取补救措施。

一种质疑 SMR 安全性的观点认为,SMR 运行原理与大型反应堆相同,由于安全特性类似,因此 SMR 安全特性并没有明显优于大型反应堆;多堆多机组厂址 SMR 核电站总功率与大型核电站基本相当,但安全综合效益也可能会有所下降。SMR 最有可能成功商业应用的堆型仍然是技术成熟的轻水堆,轻水堆设计和监管经验最为成熟和完善。

SMR 最大的挑战是经济性。众多分析表明 SMR 发电成本不比大型核电站低,但在非核动力方面的竞争中可能会略具优势。SMR 不能采用传统的规模经济分析方法论证明其经济可行性,需要从多维角度综合分析和权衡其经济性。影响 SMR 经济性的因素有:总资本成本、模块化制造和现场施工技术、征用土地费用、系统简化设计、运行操作人员、非电力应用市场等。

SMR 的潜在市场目标是目前尚未涉足核电领域的公用事业、公司和国家。为了打开这个新的市场,开发商应提供成本效益高的设计方案,包括厂址细节、融资、许可、建造、制造、燃料供应模式等。

15.6.2　SFR

2008 年 12 月,韩国原子能委员会(KAEC)批准了韩国未来核反应堆长期发展规划,其中包括 SFR 和 VHTR。这项核能长期发展规划是通过国家研究基金会下的核能研发计划实施的,资金来自韩国教育科学技术部。KAEC 计划包括:2017 年前开发原型 SFR,在 2020 年和 2028 年前分别获得设计批准和建造。SFR 开发署(SFRA)于 2012 年 5 月成立,进行 SFR 项目预算管理。韩国 KAERI 正在开发 SFR 原型概念设计,于 2012 年完成概念设计,预计 2050 年将具备商业化部署条件。

KAERI 建造了热法工艺集成示范验证设施(PRIDE)用来积累工程数据。热处理技术利用从乏燃料中回收锕系元素,在 SFR 中进行循环和裂变,以燃烧长寿命放射性核素。这项与 SFR 相结合的热处理技术研发计划的首要目标是开发一种经济上可行的闭式核燃料循环工艺,防止核材料转移用于核武器项目,并将废物的产生量降至最低,从而有效地将最终乏燃料储存库的容量提高约 100 倍。在这种燃料循环中,钚在整个过程中仍与其他同位素和裂变产物共存,不能以纯形式进行化学分离,从而降低了核扩散的风险,最终产物将被限制在钠池中使用。

15.7　参 考 文 献

[1] Caree, F., Yvon, P., Lee, W. J., Dong, Y., Tachibana, Y. and Petti, D., Vhtr - Ongoing International Projects, GIF Symposium - Paris (France), 9 - 10 September, 2009.

[2] Carelli, M. D., Iris: An integrated international approach to design and deploy a new generation reactor, Status and Prospects for Small and Medium Size Reactors, Proc. Int. Seminar, Cairo, May 2001, IAEA - CSP - 14/P, Vienna, 2002.

[3] Chang, M. H., et al., SMART - An advanced small integral PWR for nuclear desalination and power generation, Global 1999, Proc. Int. Conf., Jackson Hole, USA, Aug. 29 - Sept. 3, 1999, ANS/ENS.

[4] Chang, M. H. and Hwang, Y. D., Coupling of MED - TVC with SMART for nuclear desalination, Nuclear Desalination, Vol. 1/1, 2003, 69 - 80.

［5］ Chung, M. K., et al., Verification Tests Performed for Development of an Integral Type Reactor, Proc. Int. Conf. on Non – Electric Applications of Nuclear Power: Seawater Desalination, Hydrogen Production and other Industrial Applications, Oarai, Japan, 2007.

［6］ http://www. kaeri. re. kr:8080/english/sub/sub05_02. jsp

［7］ International Atomic Energy Agency, Small Reactors without On – site Refuelling. Neutronic Characteristics, Emergency Planning and Development Scenarios, Final Report of an IAEA Coordinated Research Project, IAEA TECDOC 1652 (2010).

［8］ International Atomic Energy Agency, Design and Development Status of Small and Medium Reactor Systems 1995, IAEA – TECDOC – 881, IAEA, Vienna, 1996.

［9］ International Atomic Energy Agency, Desalination Economic Evaluation Program (DEEP), Computer User Manual Series No. 14, IAEA, Vienna, 2000.

［10］ International Atomic Energy Agency, Status of Advanced Light Water Reactor Designs, IAEA – TECDOC – 1391, IAEA, Vienna, 2004.

［11］ International Atomic Energy Agency, Status of Innovative Small and Medium Sized Reactor Design 2005, IAEA – TECDOC – 1485, IAEA, Vienna, 2006.

［12］ Ishida, T., et al., Advanced marine reactor MRX and its application for electricity and heat co – generation, Small Power and Heat Generation Systems on the Basis of Propulsion and Innovative Reactor Technologies, IAEA – TECDOC – 1172, IAEA, Vienna, 2000.

［13］ Kim, H. C., et al. Safety Analysis of SMART, Global Environment and Advanced NPPs, Proc. Int. Conf. Kyoto, Sept. 15 – 19, 2003, GENES4/ANP2003, Kyoto, Japan, 2003.

［14］ KIM, S. H., et al., Design Development and Verification of a System Integrated Modular PWR, Proc. 4th Int. Conf. on Nuclear Option in Countries with Small and Medium ElectricityGrids, Croatia, June 2002.

［15］ Kim, S. H., et al., Design Verification Program of SMART, Global Environment and Advanced NPPs, Proc. Int. Conf. Kyoto, Sept. 15 – 19, 2003, GENES4/ANP2003, Kyoto, Japan,2003.

［16］ Kim, T. W., et al, Development of PSA workstation KIRAP, Korea Atomic Energy Research Institute, KAERI/TR – 847/1997, KAERI, Taejon, 1997.

［17］ www. karei. re. kr/smart is available to browse the latest activities and revised information upon SMART.

［18］ Kim, Y. – I., Lee, Y. B., Lee, C. B., Chang, J. – W. and Choi, C. – W., Design Concept of Advanced Sodium – Cooled Fast Reactor and Related R&D in Korea, Review Article, Hindawi Publishing Corporation, Science and Technology of Nuclear Installations, Volume 2013, Article ID 290362.

［19］ Zee, S. K., et al., Design Report for SMART Reactor System Development, KAERI/TR – 2846/2007, KAERI, Taejon, 2007.

第16章 阿根廷 SMR 技术

16.1 引　言

50 年前,阿根廷决定使用天然铀燃料循环核电站发电,这项决策旨在控制整个燃料循环。阿根廷在重水堆(HWRs)基础上建设了中小型反应堆,建设了铀转化、特种合金和锆合金管生产、燃料元件生产和重水生产等设施。

自 20 世纪 50 年代以来,阿根廷一直致力于开发和建造研究堆,相继出口到秘鲁、阿尔及利亚、埃及和澳大利亚。

20 世纪 80 年代初,阿根廷利用气体扩散法发展了铀浓缩能力。这一成果有助于在当地核电站使用浓缩铀,并开启了阿根廷 CAREM 一体化压水堆项目。该项目包括基于一体化压水堆小型核电机组开发、设计和建设。首先,建造 1 座电力输出约为 27 MWe 的原型 CAREM – 25,以验证 CAREM 创新概念的运行特性并积累工程数据,然后开发商用机组。经过几年的发展,CAREM 项目积累了丰富的经验,阿根廷政府决定建造 CAREM 原型堆,并于 2014 年 2 月开始 CAREM 原型堆的建设。

16.2　SMR 发展规划

16.2.1　研究堆发展

20 世纪 50 年代,阿根廷就已经开始设计和建造研究堆,主要目的是生产放射性同位素,但这对于核工程设计和建造提升非常重要。RA – 1 反应堆于 1958 年设计完成,后被改造为 40kW 的研究堆。

20 世纪 60 年代,阿根廷原子能委员会(CNEA)设计了功率为 5MW 的 RA – 3 研究堆,用于生产放射性同位素。RA – 3 也是阿根廷研究堆领域重要的标志性里程碑成果。

20 世纪 70 年代末,CNEA 向秘鲁出口了 10MW 研究堆,用于秘鲁医疗机构的放射性同位素生产。

INVAP 研究所创建于 1976 年,参与了许多核技术项目,包括铀浓缩、研究堆等。INVAP 在阿根廷巴里洛切设计并建造了研究培训用反应堆(RA – 6)。INVAP 还建造了阿尔及利亚 NUR、埃及 ETRR – 2 和澳大利亚 OPAL 研究堆,还参与了秘鲁 RP – 10 反应堆的工程建设。

16.2.2　HWR 发展

1966 年,CNEA 启动招标程序,共收到 17 份工程方案及报价,最终选择 Atucha – 1 反应堆方案。

Atucha - 1 反应堆的建造始于 1968 年,1974 年并网发电。Atucha - 1 反应堆设备主要供应商为德国的西门子公司,该反应堆采用天然铀燃料,由重水慢化和冷却,主要技术源自西门子 KWU 反应堆和德国加压重水反应堆 MZFR,阿根廷当地产业参与该项目的投资比例约为 40%。Atucha - 1 反应堆运行良好,总负荷因子约为 70%,Atucha - 1 反应堆热功率为 1 179 MWt,发电机总出力为 357 MWe,电站净电功率为 335 MWe。

1972 年,阿根廷政府决定在科尔多瓦省建造第二座核电站,招标遵循了与 Atucha - 1 相同的策略,要求当地企业至少参与 50% 投资股份。

1973 年 3 月,加拿大和意大利公司联合推出了一种 600MWe 的天然铀压力管式重水反应堆。阿根廷和加拿大达成了一项技术转让协议,并于 1974 年 3 月签署合约。

1979 年,CNEA 成为该项目系统工程总承包商。该核电站于 1984 年投入商业使用,目前运行良好,机组总负荷因子约为 84%。该反应堆为 CANDU - 600 型反应堆,采用重水作为慢化剂和冷却剂,燃料通道为水平压力管。慢化剂运行在低压状态并与冷却剂相互隔离,反应堆热功率 2 109 MWt,发电机总输出功率为 648 MWe,净电功率为 600 MWe。

1979 年,阿根廷启动第三座核电站招投标,该核电站建在 Atucha - 1 核电站附近,最终选择德国和瑞士提供的 700 MWe 重水堆。

1981 年,阿根廷与德国合资成立了 ENACE 工程公司,开始建造 Atucha - 2 核电站。随后阿根廷遭遇经济危机,工程延期,1994 年停止建设。阿根廷重组核工业部门(NA - SA),负责两座核电站的运营以及第三座核电站的建设及随后的运营。

2006 年 8 月,政府决定重新建造 Atucha - 2 核电站,计划 2014 年并网。Atucha - 2 核电站由西门子联合电力公司设计,许多设备和部件设计与 Atucha - 1 基本相同,而电厂布置源自 PRE Konvoi 和 Konvoi 1300 电厂设计布置思路,反应堆热功率 2160MWt,发电机总功率 745 MWe,净电功率 692 MWe。

20 世纪 80 年代,阿根廷中央核电公司(ENACE)设计了 ARGOS PHWR 380 核电站,系统流程和主要技术特点与 Atucha 核电站基本相同,乏燃料水池位于反应堆厂房内,考虑不同的燃料选择,安全设计主要基于概率安全准则。

CNEA 开发了一种用于重水堆的先进燃料元件概念,设计用于满足阿根廷燃料循环要求。Atucha - 1 和 Embalse 在燃料元件方面采用了截然不同的设计。两个核电站换料元件的数量和长度不同。在 Embalse CANDU 反应堆中,共有 12 个燃料元件,6 m 长通道。在 Atucha - 1 压力容器设计中,每个垂直通道都有长度约为 5 m 的燃料束,其活动部分悬挂在上部。Atucha - 1 由位于反应堆上方的一台换料机提供动力。

CARA 的主要目标是:

(1)燃料元件可用于两种反应堆类型;

(2)提高核电站性能;

(3)提高热工水力和热工机械性能;

(4)负空泡反应性系数;

(5)降低成本。

16.2.3　IPWR 发展

阿根廷 IPWR 发展主要是 CAREM。CAREM 项目包括先进、简单和小型核电站的开发、设计和建设。

CAREM 开创了新一代革新反应堆设计的潮流,其设计方法和理念已被国际上其他中小型核电厂所采用,该项目的第一步是建造约 27 MWe(CAREM 25)的原型堆,使阿根廷能够继续维持核电站设计和施工能力,确保在中期内获得新技术。在研究堆、重水堆、Atucha-2 等反应堆的设计、建造、运行、维护、改进方面积累的经验,为 CAREM 设计提供了经验支持。

CAREM 被第四代核能系统国际论坛(美国能源部核能研究咨询委员会和第四代核能系统国际论坛)确认为短期内具备商业部署的革新型中小型反应堆。

CAREM 研究历史如下:

(1)1984 年,在 IAEA 关于小堆的国际会议中,阿根廷提出了 CAREM 全自然循环一体化自加压压水堆概念,引起广泛关注,CNEA 正式启动 CAREM 项目研究;

(2)2001 年,第四代核能系统国际论坛评估了 CAREM 设计,被选为近期最有前途的创新小堆;

(3)2006 年,阿根廷核能发展规划中把 CAREM25 列为国家核能发展的重点项目之一;

(4)2009 年,CNEA 为 ARN 完成了 CAREM25 的初步安全分析报告(PSAR),发布声明称 Formosa 省被选为 CAREM 小堆建造的厂址;

(5)2011 年,开始进行高温高压循环以测试创新的液力控制棒驱动机制(CAPEM);

(6)2011 年,开始进行土建开挖工作,签署股东协议和合约;

(7)2012 年,进行土建工程;

(8)2014 年,正式开始施工建造;

(9)原计划 2019 年首次装料。

16.3　CAREM 一体化压水堆

16.3.1　CAREM25 设计

CAREM25 属于一体化压水堆,采用间接朗肯热力循环,主要设计特点如下:

(1)一回路反应堆冷却剂系统和设备集成于反应堆压力容器内部;

(2)正常运行和事故工况下,一回路系统采用全自然循环运行模式;

(3)一回路系统压力采用自增压方式稳压;

(4)安全设施采用非能动技术。

CAREM25 反应堆压力容器(RPV)包含堆芯、蒸汽发生器、一回路冷却剂和控制棒驱动机构。RPV 直径约为 3.2 m,总高度约为 11 m。

堆芯装载 61 个六角形截面的燃料组件(FA),燃料组件的有效长度约为 1.4 m。每个燃料组件包含 108 根燃料棒、18 个导向套管和一个仪表套管,燃料元件为 UO_2 陶瓷燃料。

堆芯反应性通过可燃毒物(Gd_2O_3)和控制棒吸收体元件(AEs)进行控制。正常运行期间,冷却剂水中不使用化学毒物(硼酸)进行反应性控制。燃料循环可根据客户要求定制,设计换料周期为 390 个满功率天,每次换料更换 50% 的堆芯燃料组件。

若干根控制棒吸收体元件棒通过结构连接形成控制棒组件,一个控制棒组件作为一个单元进行移动。吸收棒安装在导向套管中。控制棒吸收体材料为 Ag – In – Cd 合金。AEs 用于正常运行期间的反应性控制(调节和控制系统),并在必要时执行紧急停堆功能。

蒸汽发生器采用 12 台相同类型的螺旋管直流蒸汽发生器,沿 RPV 内表面彼此等距布置,蒸汽发生器主要用于导出一回路的热量,并产生压力为 4.7 MPa、过热度为 30 ℃的过热蒸汽。蒸汽发生器布置在堆芯上面侧方区域,确保一回路中能够形成自然循环。二回路系统冷却介质在传热管管内自下而上流动,而一回路系统在传热管外自上而下流动。

为保证每台蒸汽发生器一回路侧流量分配的均匀性,对堆芯上部吊篮开孔进行优化设计以确保主流能够均匀分配至每台蒸汽发生器的换热区域。为获得二次侧均匀的压力损失和过热度,通过优化设计或改变每个线圈层的管数使传热管的长度保持一致。因此,外部螺旋层将布置比内部螺旋层更多的传热管。出于安全考虑,蒸汽发生器二回路侧的设计压力与一回路侧相同,二回路侧全压设计的范围为蒸汽出口隔离阀前和给水母管隔离阀后之间的蒸汽发生器传热管束区以及管道。

一回路反应堆冷却剂系统的自然循环流量是根据产生(和移除)的功率水平、蒸汽发生器和堆芯位置高差、系统阻力特性等确定的,在不同的功率状态将确定不同的自然循环流量。

由于 RPV 采用内置自增压稳压设计,系统压力将保持在接近饱和压力的状态。在所有运行操作条件下,RPV 内的压力响应具有显著的稳定性,这种自增压稳压方式已通过试验验证。在不同的运行瞬态过程中,借助于控制系统实现将反应堆压力保持在运行设定目标值。

CAREM 堆芯设计具有较大负反应性反馈系数,一回路系统设计考虑较大水装量,稳压器采用自增压方式,这些设计特征使得控制棒运动量可以实现最小化。分析结果表明,该反应堆在运行瞬态下具有良好的响应特性。CAREM25 设计之初就将核安全融入设计考虑,通过纵深防御理念及其具体应用,预防或减轻事故后果。

CAREM 的安全系统由两列反应堆保护系统(RPS)、两列停堆系统、非能动余热排出系统(PRHRS),安全阀和泄压阀、低压注入系统和压力抑制型安全壳。

CAREM25 采用非能动安全系统,可保证在很长一段时间内无须采取能动措施来缓解事故。非能动安全系统设计考虑了单一故障、冗余性等标准要求。反应堆停堆系统采用多样化设计以满足监管要求。

第一套停堆系统(FSS)设计用于在出现异常或偏离正常情况时停闭反应堆,并在所有停堆状态下维持堆芯次临界状态。这一功能是通过重力作用,将全部 25 个中子吸收元件插入堆芯中来实现。每个中子吸收元件由 18 个单独的控制棒元件组成控制棒束,每个单元控制棒与每个燃料组件中的控制棒导向套筒进行配合。CAREM 采用内置控制驱动机构,内部液压驱动的控制棒驱动装置(CRD)可避免使用贯穿 RPV 压力容器的机械结构,从而消除了控制棒驱动机构与 RPV 接触位置潜在的冷却剂丧失事故发生的可能性。CAREM 设计的

25 个 CRD 中,有 9 个属于快速停堆系统,正常运行期间,它们保持在上部位置,CRD 采用铰链结构进行调节和控制。当循环流量丧失时,控制棒因重力下落,液压回路的任何动力部分故障(即阀门或泵故障)均将导致反应堆立即停堆。快速停堆系统的控制棒驱动装置在活塞和气缸之间采用了大间隙设计,以获得最小下落时间,从而在几秒钟内将吸收棒完全插入堆芯。对于调节控制系统,CRD 的制造和装配公差更为严格,间隙更窄。

第二套停堆系统是高压及重力驱动的含硼水注入装置。当反应堆保护系统检测到 FSS 故障时,自动启动第二套停堆系统。该系统由位于安全壳上部的两个大水箱组成,通过两条管道连接到反应堆容器,一条管道连接安全壳穹顶和水箱上部,另一条管道连接反应堆和水箱下部。当触发该系统动作时,阀门自动打开,含硼水通过重力排入一回路系统。

余热排出系统设计用于排出堆芯衰变热,利用应急冷凝换热器冷却一回路系统,应急冷凝换热器由两个公用母管之间的水平 U 形管组成。顶部母管集管与反应堆压力容器中的稳压区域蒸汽穹顶相连,下部母管集管与反应堆压力容器水位下方相连接。冷凝换热器位于安全壳厂房内充满冷水的水池中,蒸汽管道的入口阀门保持常开状态,而出口阀门保持常闭状态,管束中充满了冷凝水。当系统触发动作时,出口阀自动打开,水从管道中排出,蒸汽从一回路系统进入管束,并在管道的冷表面上凝结。冷凝水返回反应堆容器,形成自然循环回路,实现从反应堆冷却剂中排出热量。在冷凝过程中,热量通过沸腾过程将一回路的热量转移到水池中。而水池中蒸发的水在安全壳的抑压水池中被冷凝。

CAREM 采用应急堆芯冷却系统防止失水事故时堆芯裸露。如果发生此类事故,在应急冷凝器的作用下,一回路系统减压至 2MPa 以下,低压安注系统开始投入运行。该系统由两个装有硼酸水的水箱组成,这些水箱与 RPV 相连。

CAREM 采用安全阀保护反应堆压力容器的完整性,防止压力容器超压,以防堆芯功率和热量排出系统功率之间出现严重失衡,每个阀门都能产生 100% 泄压排量,从安全阀排出的放射性水通过排污管引至抑压水池中。

一回路系统、反应堆冷却剂压力边界、安全系统和反应堆辅助系统高压部件被密封在安全壳内,安全壳为圆柱形钢衬混凝土结构。安全壳采用了抑压型设计,设置有两个隔间:干井和湿井。湿井空间的下部充满水作为冷凝水池(抑压水池),上部为气空间。图 16.1 给出了 CAREM 安全壳厂房结构示意图,围绕着安全壳的厂房建筑被设计成几个隔间,它们具有相同的抗震等级,允许在一个隔间内集成 RPV、安全设施、反应堆辅助系统、乏燃料水池和其他相关系统。

与传统压水堆设计方案相比,CAREM25 具有以下技术和经济优势:

(1)设计取消一回路系统大直径管道,安全系统中可不用考虑大破口失水事故,大大降低了应急堆芯冷却系统(ECCS)设备、部件、交流供电系统等的容量需求;

(2)设计取消主泵和稳压器,可大大提高固有安全性(消除了主泵故障引起的冷却剂流量丧失事故),降低了能动设备定期维护的负担,提高了电厂可用性;

(3)采用内置液压驱动控制棒驱动机构,设计取消了弹棒事故发生的可能性;

(4)采用较大冷却剂装量,提高了一回路系统的热惯性,延长了瞬变事故情况的系统响应时间;

(5)采用非能动安全系统,降低了能动电源的需求;

（6）通过将一回路系统和部件集成布置于反应堆压力容器内部，大大降低了屏蔽的范围和重量；

（7）堆芯和反应堆压力容器之间的环形流道采用较宽的尺寸，确保了足够的水层厚度，大幅度降低了高能中子注量率水平，有利于保护反应堆压力容器材料、降低一次屏蔽负担；

（8）采用符合人因工程学的厂房、主控室设计和布局，使设备操作和运行维护更为容易。蒸汽发生器管道检查等维护活动不与换料活动相冲突。

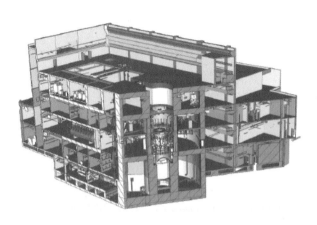

图 16.1　CAREM25 安全壳周围厂房布置示意图

16.3.2　CAREM 后续研发

CAREM 项目涉及商业电站工程应用，包括：工程技术、解决方案、设计验证、设计软件、分析软件等。项目工作主要集中在核岛设计，创新设计解决方案需要进行试验验证，包括：应急堆芯冷却系统试验、堆芯和燃料组件热工水力试验、控制棒驱动机构试验、非能动安全系统试验等。阿根廷已经建造了高温高压自然循环试验设施 CAPCN，对应急堆芯冷却系统进行动态试验、对一回路热工水力动态响应进行验证，同时校验开发的计算机分析程序，并将验证模型扩展到 CAREM 反应堆理论分析。

CAPCN 试验设施一回路采用自增压自然循环（与 CAREM 原型堆运行模式相同），蒸汽发生器采用螺旋管直流蒸汽发生器（与 CAREM 原型堆蒸汽发生器类型相同），而二回路系统的设计仅考虑了试验边界条件，可对主要参数变量（如压力、温度、含气率、热流密度等）进行试验，对部分参数变量（如流量、加热功率、横截面积等）进行比例缩放。为确保自然循环不失真，冷热源的布置高度保持在 1:1 比例，加热功率可调节到 300 kW。二回路的压力和冷段温度可通过泵和阀门进行控制。冷凝器采用风冷，仅对空气流量进行控制。执行器（加热器、阀门、泵等）的控制、数据采集和运行跟踪是通过基于计算机的多节点软件在控制室内进行。

为了真实模拟 CAREM 原型堆运行状态下的热工水力响应，对比例试验装置进行详细试验研究，研究内容包括：

（1）稳压汽室容积、水力阻力、氮气压力等参数对稳压汽室性能的影响；

（2）内外部不同参数变量扰动对一回路系统热力状态、散热损失和泄压特性方面的影响；

（3）升降功率过程中,低压、低温、带控制反馈回路的系统热工水力动态响应;

（4）不同运行点附近,自增压型自然循环的稳定性研究;

（5）为了验证计算机程序模型,选择具有代表性的运行瞬态进行试验和计算分析研究;

（6）采用三维双流体模型程序对 CAREM 堆芯进行热工水力设计;

（7）为了考虑堆芯热工水力与中子动力学之间的强耦合效应,将该程序与中子程序相耦合,研究不同燃耗循环阶段对功率和热工水力参数的影响。

与典型轻水堆相比,CAREM 堆芯的质量流量相对较小,设计或评估可用的相关试验数据或关系式较少。为了进行评估,在俄罗斯联邦奥布宁斯克物理和动力工程研究所的热工水力实验室进行低流量试验,试验的主要目标是建立低流量参数数据库以评估适用于 CAREM 堆芯的临界热流密度(CHF)预测方法,试验参数涵盖正常运行功率和流量范围的广泛热工水力参数。大多数试验使用低压氟利昂试验台进行试验,试验结果通过比例模型外推到高温高压水状态。同时针对高温高压水分组进行简化试验,以验证分析方法的准确性,最后将不同的试验段组合起来,模拟燃料元件的不同区域以及径向均匀和非均匀加热情况下的 CHF 情况。

燃料组件和控制棒吸收组件需要进行一系列试验,包括标准机械评估分析和液压试验：

（1）在低压试验台上进行试验,评估压损、流致振动和通用装配公差特性;

（2）在高压回路中进行耐久性试验,以评估磨损和微动问题。

CAREM 在哈尔登沸水堆中进行燃料棒辐照试验,试验的目的是研究燃料相关的性能,如温度特性、尺寸稳定性和裂变气体释放情况。

CAREM 利用匈牙利 ZR-6 研究堆实验数据和典型压水堆基准数据,对 VVER 反应堆几何结构进行了中子模型验证研究,设计并建造了 RA-8 临界装置,作为测量 CAREM 中子参数的实验装置。

CAREM 最具创新性的系统是内置液压控制棒驱动机构(HCRD),包含机械、热工、液压驱动创新解决方案,需要完整的实验方案来验证控制棒驱动机构既能够实现预期功能,又具有高可靠性和低维护性。HCRD 发展计划包括建造若干台实验设施,试验内容如下：

（1）首先进行初步试验,在特制试验台上进行,以证明理论方法的可行性,了解最敏感的控制参数,并确定设计过程中需要重点关注的事项。在简化的试验装置上进行该试验,取得了令人满意的试验结果,与第一次建模数据吻合良好。第一次原型试验有助于确定全尺寸装置的初步运行参数,这些参数包括流量范围、产生液压脉冲的方式等。

（2）其次,在低压回路上进行试验。在大气压下,调节给水温度,直至低过冷度;使用第二条注入管线模拟给水管道,以测试脉冲可能干扰;测试回路可实现流量、压力和温度的自动控制,仪表可产生包括脉冲形状和定时在内的操作参数信息。试验内容包括:不同工况下的作用机理,驱动水回路的特性;阻力增加、泵故障、水流量或温度失控、饱和注水、悬浮颗粒影响;给水管道压力噪声等异常情况的研究;湍流区试验结果表明,在标准控制能力范围内,相关变量具有良好的可靠性、重复性、灵敏度裕度。

（3）最后,为模拟真实工况(12.25 MPa,326 ℃),建立了高温高压试验回路(CAPEM),

主要目的是验证控制棒驱动机构的性能,调整最终控制参数值,并进行耐久性试验。这一阶段试验工作完成后,在异常情况下进行试验以检验控制棒插入特性,例如 RPV 泄压期间的行为、模拟进水管破裂等。

(4)由于采用 HCRD 设计,在 RPV 外没有活动部件,因此有必要设计专用探头来监测控制棒的位置。设计方案包括绕在 HCRD 周围的线圈和外部相关电路,该电路测量由活塞轴(由磁钢制成)运动引起的磁阻变化。冷态试验表明,该系统能够检测到调节 CRD 的每一步运动变化,精度可以接受。此外,还进行了堆内高温试验,以评估系统对温度变化的响应行为,这些变化与运行瞬态期间堆内发生的变化情况类似。

为了满足阿根廷核安全法规的规定,CAREM25 设置有两个独立的停堆系统,设置两套独立的反应堆保护系统来驱动这些停堆系统和安全系统。这些反应堆保护系统同样需要进行原型开发、设备鉴定、建造和测试。

16.3.3 福岛后行动

基于福岛核事故经验反馈,阿根廷核安全监管方对 CAREM 原型堆设计方案进行了全面审查,讨论了地震、丧失热阱和全厂断电等问题,对安全强化措施提出了针对性的改进意见。

16.4　SMR 部署

2009 年 12 月 17 日,阿根廷政府针对 CAREM 设计和建造出台特殊声明,中国核电受委托完成相关工作任务,CAREM 初步安全分析报告和质量保证手册已于 2009 年提交阿根廷核安全监管当局。

2010 年,ARN 发布了新的原型核电站许可程序,根据许可程序,需要进行环境影响评价。Avellaneda 大学对 CAREM 反应堆原型进行了环境影响研究(包括厂址土壤研究和环境分析等),并于 2012 年 12 月提交给布宜诺斯艾利斯省监管当局。

2012 年,阿根廷完成了新型 HCRD 高温高压试验台架的研制,该试验台架也被用于燃料组件的结构性能测试。

2013 年,ARN 和布宜诺斯艾利斯省颁发了许可证,允许开始 CAREM 原型堆建设活动。CAREM 原型于 2014 年 2 月开始建造。

16.5　未 来 趋 势

CAREM 是阿根廷的重点研发项目,该项目的第一步是建造约 27 MWe(CAREM 25)的原型堆,原型堆技术验证和示范取得成功后,开始考虑商用核电站研发和市场推广。

对于商业机组开发,经济性至关重要。CAREM 最初设计电功率为 15 MWe,但为了获得更好经济效益,需要提高设计输出电功率。一般来说,规模经济可以提高反应堆的竞争力。

阿根廷利用最先进的核电站经济分析工具分析了 CAREM 一体化压水堆的经济性,对主要系统流量(自然循环和强迫循环)进行了两种备选方案的评估。当反应堆功率低于 150 MW 时,自然循环方案是首选。当反应堆功率继续提高时,RPV 的尺寸和成本超出了可接受的范围,因此推荐采用强迫循环方案,使用主泵可确保在不增加反应堆压力容器尺寸的情况下,堆功率最高可达 300 MW。

预计阿根廷将开发 100 MW 左右的自然循环商业核电站机组,该机组借鉴 CAREM 原型堆设计、工程、许可、施工和运营方面的经验,同时结合规模经济带来的经济改善效益。目前,阿根廷考虑建设第一座 CAREM 商业机组。

预计阿根廷下一步将会考虑开发更大功率的强迫循环 CAREM 机组。CAREM 配置与沸水堆比较相似,可选择类似沸水堆的喷射泵方案,在一体化压水堆反应堆压力容器中,蒸汽发生器下方的下降管中有一个环形空间,喷射泵可以布置在这个位置。另一种选择是采用位于反应堆压力容器下腔室内的离心屏蔽泵,强迫循环的使用必须考虑到热工裕度评价和安全系统的潜在新要求。

16.6　参　考　文　献

［1］　Boado Magan, H., Delmastro, D. F., Markiewicz, M., Lopasso, E., et al(2011), 'CAREM Project Status', Science and Technology of Nuclear Installations, Article ID 140373.

［2］　Delmastro, D., Mazzi, R., Santecchia, A., Ishida, V., Gómez, S., Gómez de Soler, S. Ramilo, L. (2002), 'CAREM: an Advanced Integrated PWR'. In IAEA, Small and Medium Sized Reactors: Status and Prospects, IAEA – CSP – 14/P, 224 – 231.

［3］　Delmastro, D., Patruno, L. and Masson, V. (2006). An assisted flow circulation option for integral pressure water reactors, Proceedings of ICONE 14, Miami.

［4］　Florido, P. C., Cirimello, R. O., Bergallo, J. E., Marino, A. C., Brasnarof, D. O., Delmastro, D. F., Gonzalez, J. H. and Juanico, L. E., (CNEA) 2012. Modular fuel element adaptable to different nuclear power plants with cooling channels. Canadian patent 2307402. March 20 2012.

［5］　IAEA (1989), Status of advanced technology and design for water cooled reactors: Heavy Water Reactors, IAEA – TECDOC –510, Vienna, Austria.

［6］　IAEA (2002), Heavy Water Reactors: Status and Projected Development, IAEA – TRS – 407, Vienna, Austria.

［7］　IAEA (2004), Status of advanced light water reactor designs 2004, IAEA – TECDOC – 1391, Vienna, Austria.

［8］　IAEA (2006), Status of Innovative Small and Medium Sized Reactor Designs 2005: Reactors with Conventional Refuelling Schemes, IAEA – TECDOC – 1485, Vienna, Austria.

［9］　Mazzi, R., Santecchia, A., Ishida, V., Delmastro, D., Gómez, S.; Gómez de Soler, S., Ramilo,L. (2002), 'CAREM Project Development'. In IAEA, Small and Medium Sized Reactors: Status and Prospects, IAEA – CSP – 14/P, 232 – 243.

［10］ US DOE Nuclear Energy Research Advisory Committee and the Generation IV International Forum（2002）, A Technology Roadmap for Generation IV Nuclear Energy Systems, GIF – 002 – 00.

第 17 章　俄罗斯 SMR 技术

17.1　引　　言

　　SMR 是等效电力输出小于 300 MWe 的反应堆,它具有高度的模块工厂制造能力,允许通过驳船、铁路或卡车运输组装成品的反应堆模块,甚至运输整个电厂(如浮动式核电站),并可选择通过多模块方法实现规模经济。俄罗斯正在开发多种 SMR 设计,以期为本国偏远和难以进入的地区提供小型区域能源供应,这些地区的气候特点可能是极端的,而且运输路线不可控、不可靠(一年中可能只有很短季节才能进行海洋运输)。俄罗斯的总体发展战略是拥有各种功率规模的反应堆技术(设计、建造、运行、核燃料供应、维护、退役等),以满足本国地理和气候条件限制情况下不同地区集中和区域能源供应需求,反应堆的功率容量(以电功率计)范围包括:

　　(1)大型和超大型核电机组:1 200 ~ 1 500 MWe;

　　(2)中型反应堆:300 ~ 600 MWe;

　　(3)小型和超小型核电/核动力单元:10 ~ 150 MWe。

　　俄罗斯约 60% ~ 70% 的领土受到永久冻土的影响,这使大规模建设成本高、技术复杂,开发和维护可靠的运输路线成本昂贵。俄罗斯北部和东部的大片领土特点是人口稀少,矿产资源丰富,原材料处理企业和军事基地分布发散,冬季的气温非常低,因此,工作和生活离不开热能和电力。在这样的环境中,对能源的基本要求是能够在不需要燃料输送的情况下长时间运行,并且最佳的运行模式是热电联产。

　　俄罗斯北部领土蕴藏着丰富的石油、天然气、氧化铝、镍、钻石和其他宝贵的自然资源,这些资源的开发对于仍然以资源出口为主的俄罗斯经济至关重要。与采矿有关的因素是矿山的寿命,通常仅限于几十年。鉴于此,可迁移的能源设施具有天然的优势。

　　俄罗斯的北部和东部有一条长长的海岸线,在漫长冬季,滨海被冰雪覆盖,沿海沿线或附近的小型和稀疏居民点(当地小型企业或军事基地周围的居民点)也需要能源和热能,因此也可从与其小型或非现有电网匹配的自主可靠能源的供应中受益。在这里,具有船上新燃料储备和乏燃料储存的驳船式核动力装置被视为首选的能源供应方案。

　　俄罗斯正在开发位于该国北部巴伦支海陆架的天然气和石油生产。核反应堆可用于此类生产活动的电力、动力和热能供应,反应堆装置可部署于岸上、浮动船舶、可潜式平台或海底核电站,为水下采矿提供动力、电力或热能。

　　根据俄罗斯电价局(2013 年)数据,俄罗斯北部和东部一些地区的最高电价是最低电价的 20 倍(最高可达 97 $/kWh,最低为 5 $/kWh)。高电价意味着缺乏集中的电网,燃料供应条件困难,需求有限或其特定选址条件受限,使得建设规模经济的大型电厂不切实际或不可能。因此,这些领域是中小 SMR 的潜在市场。

俄罗斯民用 SMR 的设计开发活动始于 20 世纪 80 年代,广泛借鉴了海军核动力舰船和民用核动力破冰船用反应堆的设计和运行经验。这种经验包括不同的压水堆技术和铅铋冷却快堆技术,已经积累超过 6500 堆·年的运行经验,仅核动力破冰船用反应堆就已经积累了 260堆·年的运行经验。相比之下,常规陆基压水堆的设计和运行经验不少于 8 000 堆·年。

基于压水堆技术的俄罗斯 SMR 设计既包含了上一代船用推进反应堆的成熟技术,也包含了当代 VVER 型反应堆的最新技术。采用铅铋冷却剂技术的 SMR 设计既借鉴了 20 世纪80 年代的潜艇反应堆,也借鉴了俄罗斯钠冷快堆的经验。

比较俄罗斯和美国中小 SMR 发展,可以得出以下结论:

(1)20 世纪中期,美国小型反应堆开发计划中,引入的"小型模块化反应堆"一词在俄罗斯并不常见,尽管许多俄罗斯设计的小型堆与美国目前正在开发的小型反应堆有着共同的设计方法,俄罗斯此类小型反应堆方面的开发活动早在 20 世纪 80 年代中期就已经启动了;

(2)与美国的设计思路不同,俄罗斯通常不考虑容量灵活得多模块工厂和反应堆模块的地下布置设计。但俄罗斯通常会考虑使用双堆双机组单元,俄罗斯多个 SMR 设计部署于非自航驳船上,同时考虑海底深度设计(沉船后确保安全壳结构完整性);

(3)与最先进的大型核电站相比,俄罗斯工程师普遍认为:SMR 是价格最昂贵的电力来源,SMR 不具有大型核电站那样廉价的经济竞争力,通过缩短建设周期、多模块核电站配置、学习节省等措施并不能降低 SMR 的单位造价;相反,SMR 的应用目标应是电力成本高昂的特定市场,在这些市场中,热电联产、长换料周期或电厂可移动是其典型特征,运输路线可能随季节而变化,电力需求是有限的,选址条件是特定等。上述独特观点和立场是因为俄罗斯的政策是在互补而非竞争的基础上拥有大、中、小型反应堆;

(4)与美国情况相似,俄罗斯 SMR 的设计和许可活动首先在其反应堆原产国实施。如果运行经验积累丰富,可以在世界市场上提供针对市场需求而定制功能,例如将热电联产改为海水淡化联产。

本章重点介绍俄罗斯 SMR 设计和安全特征,包括纵深防御、概率安全目标,特别是防止外部事件影响的设计特征,俄罗斯正在开发或部署的各种反应堆技术特点及预期应用。

17.2 OKBM SMR 技术

俄罗斯阿夫里坎托夫机械工程实验设计局(Afrikantov OKBM,简称 OKBM)正在开发或已经开发的小型模块化反应堆包括:

(1)KLT - 40S 反应堆,用于双机组驳船安装(浮动)核电站,具有热电联产功能;

(2)ABV 反应堆,用于双机组驳船或陆基核电站,具有热电联产功能;

(3)RITM - 200 反应堆,用于最新一代多用途核动力破冰船,可考虑用于驳船和陆上核电站。

上述反应堆装置均为采用间接朗肯热力循环的压水堆技术。在大多数情况下,带有此类反应堆的双机组被视为标准电厂配置。OKBM 的任何电站设计方案都没有考虑超过 2 个以上多模块电站配置。表 17.1 总结了这些 SMR 的设计和运行特性,表 17.2 总结了堆芯和燃料设计特性。

表 17.1　OKBM SMR 设计和运行特点

名称	KLT－40S 特点	ABV 特点	RITM－200 特点
热功率/电功率	2×(150 MWt/38.5 MWe)	2×(38 MWt/8.5 MWe)	2×(175 MWt/50 MWe)
非电力产品	供热:2×25 Gcal/h; 供水:20 000~100 000 m³/day	供热:2×12 Gcal/h; 供水:20 000 m³/day	单模块轴功率:30 MWe; 产汽:248 t/h(3.82 Pa,295 ℃)
配置	驳船式双堆双机组	驳船式双堆双机组; 陆基核电机组	双堆双机组核动力破冰船; 核电站备选方案
建造工期	48 个月	48 个月	<48 个月
运行方式	负荷跟踪	负荷跟踪	增强型负荷跟踪
热力学循环	间接朗肯蒸汽冷凝循环	间接朗肯蒸汽冷凝循环	间接朗肯蒸汽冷凝循环
热效率	23.3%	21%	28.6%
主冷却剂系统 循环方式	强迫循环	自然循环	强迫循环
主冷却剂系统 运行压力	12.7 MPa	15.7 MPa	15.7 MPa
堆芯进/出口 冷却剂温度	280/316 ℃	248/327 ℃	280/312 ℃
反应性控制	带外部驱动的机械控制棒, 正常运行不调硼	带外部驱动的机械控制棒, 正常运行调硼	带外部驱动的机械控制棒,正 常运行不调硼
RPV 直径× 高度	2 176 mm×4 148 mm	2 135 mm×4 479 mm	相对 KLT－40S 有较大增加
二回路压力	3.82 MPa	3.14 MPa	3.82 MPa
SG 进/出口温度	170/290 ℃	106/290 ℃	~/295 ℃
汽轮机类型	两台冷凝抽汽式汽轮机,每 个反应堆一台	两台冷凝抽汽式汽轮 机,每个反应堆一台	不确定
仪表和控制系统	基于压水堆和船用堆最新 技术	基于压水堆和船用堆最 新技术	基于压水堆和船用堆最新 技术
安全壳类型 和尺寸 (长×宽×高)	主安全壳为矩形钢制安全 壳:12 m×7.92 m×12 m; 副安全壳为矩形钢制安全 壳部件:15 000 m³	主安全壳为矩形钢制安全 壳:5.1 m×4 m×7.5 m; 副安全壳为矩形钢制安全 壳部件	主安全壳为矩形钢制安全壳: 6 m×6 m×15.5 m; 副安全壳为矩形钢制安全壳部件
占地面积	海岸:8 000 m² 水域面积:15 000 m²	海岸:6 000 m² 水域面积:10 000 m²	取决于破冰船尺度

表 17.2　OKBM SMR 堆芯和燃料设计特点

名称	KLT-40S 特点	ABV 特点	RITM-200 特点
热功率/电功率	2×(150 MWt/38.5 MWe)	2×(38 MWt/8.5 MWe)	2×(175 MWt/50 MWe)
堆芯尺寸(直径×高度)	1 155 mm×1 200 mm	1 155 mm×1 200 mm	1 550 mm×1 650 mm
堆芯平均功率密度	119.3 MW/m³	30 MW/m³	45 MW/m³
燃料组件平均线功率密度	140 W/cm	65 W/cm	高于 KLT-40S
燃料材料	UO_2 弥散基体	UO_2 弥散基体	UO_2 弥散基体
燃料组件类型	光滑圆柱棒状	光滑圆柱棒状	光滑圆柱棒状
包壳材料	锆合金	铬镍合金	铬镍合金
燃料元件外径	6.8 mm	6.9 mm	信息不全
组件栅格排列方式	三角形	三角形	三角形
单个燃料组件中燃料棒数目	69,72,75	69,72,75	信息不全
堆芯燃料组件数目	121	121	199
可燃毒物吸收体	Gd	Gd	Gd
^{235}U 富集度	15.7%	18.7%	<20%
换料周期	45.4 个月	288 个月	首台机组:54 个月 批量化后机组:84 个月
平均燃耗	45.5 MW·d/kg	49 MW·d/kg	45~47 MW·d/kg
换料模式	船上分批装料	全堆芯换料(船坞维修期间)	在码头基地进行换料

KLT-40S 反应堆是 OKBM 最成熟的 SMR 设计,它拥有极为丰富的潜艇反应堆设计、运行经验和核动力破冰船用反应堆使用经验。KLT-40S 设计类似于传统的压水堆,采用单独的反应堆压力容器容纳堆芯和堆内构件、主泵、稳压器和蒸汽发生器(见图 17.1)。控制棒驱动装置位于反应堆压力容器外部的顶盖上方。不同之处在于,KLT-40S 所有单独的容器都是紧凑的,通过短管道连接,在热管段中管套管式容器贯穿件,所有模块均与用螺栓和螺母固定的支架连接,以限制管道破裂时可能出现的泄漏(图 17.1 中未显示)。所有主冷却剂系统均位于压力边界内。这种设计特点有效地降低了可能发生的失水事故的范围和程度。KLT-40S 每 45~46 个月分批进行换料。

ABV 反应堆同样基于某些原型堆运行经验支持(图 17.2 所示),其细节尚未披露。直流蒸汽发生器集成布置在反应堆压力容器内,但稳压器和控制棒驱动装置是外置的,堆芯设计和尺寸与 KLT-40S 相似,反应堆每 12 年在进行一次全堆芯换料。为了保证足够长的换料周期,采用铬镍合金代替传统的锆合金作为燃料包壳材料。新的 ABV 反应堆型号采用主泵强迫循环运行,旧型号的 ABV 反应堆采用全自然循环运行。

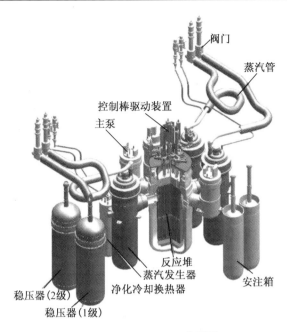

图 17.1 KLT-40S 布置图

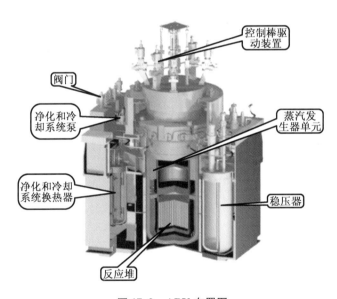

图 17.2 ABV 布置图

RITM-200 作为俄罗斯第四代核动力破冰船用核动力装置型号,采用强迫循环和自然循环相结合的运行模式,每个动力装置模块电力输出为 50 MWe。它吸收了俄罗斯船舶推进反应堆的设计和运行经验,采用一体化压水堆技术,如图 17.3 所示,蒸汽发生器布置在反应堆内部,稳压器和控制棒驱动装置布置在反应堆外部。堆芯设计和尺寸见表 17.2。RITM-200 反应堆每 4.5~7 年进行一次全堆芯换料,燃料元件包壳采用耐腐蚀和辐照性能优异的铬镍合金材料,取代传统的锆合金燃料包壳。

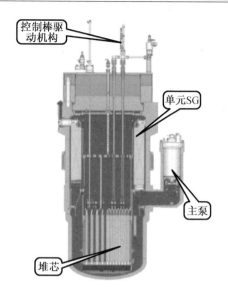

图17.3 RITM一体化压水堆示意图

OKBM设计的SMR具有以下共性特点：

（1）所有工程设计方案均为双堆双机组配置,每个反应堆配置各自独立的汽轮发电机组;

（2）设计普遍具有多用途,而非单一发电用途,即热电联产、电力和海水淡化,或三种联合用途;

（3）施工期通常为4年,RITM－200更短;

（4）所有设计均考虑负荷跟踪能力要求;

（5）燃料为圆柱形UO_2燃料元件,燃料^{235}U富集度低于20%;

（6）所有设计普遍多采用反应堆压力容器外置式控制棒驱动装置方案和气体稳压器;

（7）所有设计均考虑两种不同的反应性控制方式,机械控制棒控制和化学毒物硼酸控制;

（8）燃料平均燃耗在45~49 MW·d/kg范围内,低于大型核电站燃耗水平;

（9）所有设计均采用双层安全壳。

OKBM设计的不同SMR的主要区别如下：

（1）KLT－40S采用了旧的紧凑型主回路模块化设计,而ABV和RITM－200采用一体化模块化设计(蒸汽发生器内置于反应堆压力容器内);

（2）KLT－40S每隔4年进行一次全堆芯换料,而ABV和RITM－200换料间隔最长可达7~12年;

（3）ABV和RITM－200堆芯燃料元件采用优异的铬镍合金作包壳材料,以确保在长换料间隔情况下包壳结构不发生裂纹;

（4）ABV设计中,化学硼酸系统参与正常运行反应性控制,而KLT－40S和RITM－200设计中未考虑将化学硼酸作为正常运行反应性控制的手段。

分析OKBM关于SMR技术设计的特点可发现,设计人员更倾向于选择革新设计方法,然而燃料组件尽可能采用成熟的经原型堆试验考验的组件,主要创新方式是一回路系统的集成紧凑或一体化布置创新、直流蒸汽发生器技术创新。紧凑设计或一体化设计使得在同等电力输出情况下,核岛安全壳的总体尺寸和重量得到大幅度降低,对于双机组单元装置,核岛重量从 1 770 t(KLT – 40S)减少到 1 100 t(RITM – 200)。RITM – 200 堆芯设计方案使得堆芯寿命期间允许的功率变化循环次数增加了 20 倍。

俄罗斯小型堆安全设计理念与国际上先进压水堆设计理念基本一致,同时借鉴了船舶推进反应堆的经验,通过采用"设计保障安全"来消除或减少事故始发事件,然后通过冗余、多样化的能动和非能动系统的合理组合来处理无法通过设计消除的其他事故,根据 IAEA 安全标准 SSR – 2/1《核电厂安全:设计具体安全要求》中定义的纵深防御原则应用,OKBM SMR 安全设计特点分析如下。

第一级纵深防御的目的是防止偏离正常运行和对安全重要的物项失效。针对这一级别,OKBM 设计中考虑的要素有:

(1)保守地进行核动力装置设计、选址、施工、运行和维护;

(2)确保整个运行周期内堆芯负的反应性系数;

(3)采用紧凑或一体化模块设计,缩短主管道(如 KLT – 40S)或取消主管道(ABV、RITM – 200),集成一回路系统设备于反应堆压力容器内,减少一回路系统的贯穿件,以通过设计消除或降低某些部件失效而造成失水事故;

(4)正常运行取消化学反应性控制系统(KLT – 40S、RITM – 200)。

第二级防御的目的是检测和控制偏离正常运行状态,以防止核动力装置的预期运行事件升级为事故状态。针对这一级别,OKBM 设置并采用了特定的系统和功能,包括:

(1)采用基于压水堆和船舶推进反应堆经验的最先进的仪控系统;

(2)采用冗余和多样化的反应堆停堆系统(如重力、弹簧力和机械驱动的控制棒);

(3)一回路整个核动力装置采用相对较大的冷却剂水装量,提高系统的热惯性和热容量;

(4)采用多台外置式气体稳压器控制一回路瞬态过程中升压或降压速率。

第三级防御假定某些事故发生(虽然可能性很小),采取必要的事故控制措施或预防假定的始发事件升级到不可控制的状态。在具体技术措施上,通过固有安全设计增设安全系统,防止堆芯损坏或造成重大的场外放射性释放,并将核动力装置恢复到安全状态。为此,OKBM 设计采取冗余和多样化的能动/非能动的停堆措施、应急堆芯冷却系统和余热排出系统。

第四级防御的目的是减轻因第三级纵深防御失效而造成的事故后果。为了达到这一目标,OKBM 在 SMR 设计上考虑了堆芯熔融物滞留安全功能,包括:

(1)堆芯设计采用相对较低的堆芯功率密度;

(2)反应堆压力容器外部设置能动和非能动冷却措施,用来冷却反应堆压力容器,保持其完整性;

(3)此外,所有设计均采用双层安全壳结构,同时采用多样化的能动和非能动安全壳冷却系统。

第五级也是最后一级防御的目的是减轻严重事故发生后可能造成的放射性释放严重后果。为了实现这一目标,OKBM 所有 SMR 的设计都提供了场区和场外应急措施以及场外应急规划区。与大型核电站相比,场外应急计划要求有所降低。装有两台 KLT – 40S 的浮动式核电站场内和场外应急计划措施如下：

(1)安全壳附近隔间、其他不包括高辐射水平的隔间内,允许少量工作人员进行相关操作处理;

(2)限制浮动式核电站周围 1 km 范围内居民的辐射剂量,采取碘预防或防护措施;

(3)当受到放射性释放污染时,对距离浮动式核电站 0.5 km 半径范围内的农产品实行临时限制;

(4)浮动式核电站设计保证无需考虑紧急人口疏散。

OKBM 设计的小型堆包含了对外部事件影响的保护(如地震),设计抗震等级为发生概率为 10^{-2}/年的地震,且最大能够抵消发生概率为 10^{-4}/年的地震,能够抵御的最高地震烈度等级为 MSK 8 级(福岛核电站等级)。浮动式核电站中,安全重要的设备、机械、系统及其支撑全部按照 $3g$ 峰值地面加速度(PGA)进行抗冲击设计,同时确保在倾斜和起伏的情况下核动力装置仍然可以运行(浮动式核电站运行条件)。

除上述内容外,浮动式核电站的设计还考虑了其他外部事件,如:

(1)沉船;

(2)触礁;

(3)与其他船舶碰撞;

(4)军用飞机从高空坠落撞击;

(5)取水口堵塞(海生物、船残骸、海洋垃圾等);

(6)直升机坠毁。

第四代核动力破冰船采用 2 台 RITM-200 反应堆装置提供破冰所需的推进动力。浮动式核电站采用 2 台 KLT-40S 反应堆装置,驳船工作在由大坝保护的海湾中(见图17.4),并牢固系泊到岸边或岸边固定设施,系泊设备可满足在海啸波高高达 4 m 的情况下继续保持其功能不损。

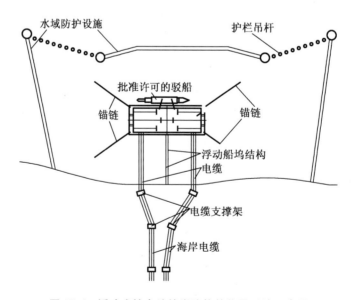

图 17.4 浮动式核电站的岸边构筑物及系泊示意图

基于 KLT - 40S 和 ABV 反应堆技术的驳船核电站概率安全分析结果表明,堆芯损伤频率(CDF)为 10^{-6}/(堆·年),而大规模早期释放频率(LERF)为 10^{-7}/(堆·年),这与第三代先进大型核电站的安全目标基本一致。

截止到 2020 年 1 月,俄罗斯已经建成基于 KLT - 40S 的浮动式核电站和基于 RITM - 200 的第四代核动力破冰船。

17.3　AKME SMR 技术

作为俄罗斯国家原子能公司 Rosatom 和俄罗斯电力公司 OJSC EuroSibEnergo 的合资公司 AKME 工程股份公司(简称 AKME 公司)研发了 SVBR100 反应堆。SVBR100 属于小型模块化反应堆,采用铅铋冷却剂,每个反应堆模块可产生 101.5 MWe 电力。SVBR100 基于俄罗斯阿尔法级潜艇推进反应堆的设计和运行经验,该潜艇在 20 世纪 70 ~ 80 年代成功运行,并获得了 80 堆·年的反应堆运行经验。俄罗斯是当前世界上唯一拥有铅铋快堆实际运行经验的国家。

俄罗斯已经解决了铅铋快堆冷却剂的两个重大难题:结构材料在低于 500 ℃ 冷却剂中的腐蚀/侵蚀问题和 ^{210}Po 的捕获和去污问题。所采取的辐射屏蔽和防护措施,可以在泄漏期间和维修期间,有效避免对人员的额外辐照剂量。

表 17.3 总结了 SVBR100 设计和运行特点,表 17.4 给出了堆芯和燃料设计特点。

表 17.3　AKME SVBR100 设计和运行特性

名称	SVBR100 特点
热功率/电功率	280 MWt/101.5 MWe
非电力产品	供热,海水淡化,工艺供汽
电站配置	单机组(原型电站),灵活多模块机组(将来)
施工周期/运行模式	42 个月(基负荷运行),负荷跟踪运行模式
热力学循环类型/热效率	间接朗肯循环/36%
一回路主冷却剂循环方式	强迫循环
一回路系统运行压力、冷却剂类型	与大气压接近,采用铅铋冷却剂
堆芯进/出口冷却剂温度	320/482 ℃
反应性控制方式	机械控制棒
反应堆尺寸(直径×高度)	4 530 mm × 6 920 mm
二回路运行压力	9.5 MPa
SG 二次侧进/出口工质温度	241/307 ℃
汽轮机类型	标准化设备
仪表和控制系统	与钠冷快堆类似
安全壳类型和尺寸	取决于电厂配置和布局,多模块机组采用预应力混凝土
电厂面积	取决于电厂设备设施配置

表 17.4 **AKME SVBR100 堆芯和燃料特点**

名称	SVBR – 100 特点
热功率/电功率	280 MWt/101.5 MWe
堆芯尺寸(直径×高度)	1 645 mm×900 mm
堆芯平均功率密度	146 MW/m^3
燃料元件平均线功率密度	243 W/cm
燃料材料	UO_2((U – Pu)O_2, UN, (U – Pu)N)
燃料元件形状	圆柱形
包壳材料	不锈钢 EP – 823
燃料元件排列方式	三角形
堆芯燃料元件总数目	12 114
可燃毒物吸收体	无需(快堆)
^{235}U 富集度	<16.4%
平均燃耗	67MW · d/kg
换料周期	84～96 个月
换料模式	现场全堆芯换料(未来则根据堆芯配置)

与采用铍作为冷却剂的船用堆不同之处在于 SVBR100 主要用途为发电,这意味着需要开展额外的设备鉴定和许可相关的验证试验。

SVBR100 采用模块化设计,具备可扩展性,除用于电力生产外,还可用于供热。快堆燃料循环选择上较为灵活,易于调整使用不同类型的燃料——铀、铀钍、超铀和铀钍基氧化物或氮化物燃料,有效匹配当今的燃料循环选项。当使用先进的"致密"燃料(如氮化物燃料)时,SVBR100 可具有较长的限循环寿期,这种情况下,可大大减少裂变产物和附加燃料(贫化铀)的后处理量。

SVBR100 可选择建造不同容量的单模块或多模块机组,可以选择基负荷发电运行模式。原则上,也可以采用负荷跟踪运行模式(将来设计考虑)。俄罗斯对 4 个、16 个反应堆模块的 SVBR100 型核电站进行了概念研究,有些设计考虑将反应堆模块布置在地底,这些设计特征与美国正在推广的 SMR 设计理念较为接近。

图 17.5 给出 SVBR100 一回路设备布置示意图。与钠冷快堆不同之处在于,SVBR100 未设置中间传热系统,这是因为铅铋不与水或空气发生放热反应,反应堆为池式,一回路循环由外部驱动的泵提供动力,一回路运行压力为常压,回路上方充有 0.1 MPa 的惰性气体。SVBR100 设置两个反应堆容器,主容器和保护容器。保护容器被浸泡在一个常压的水箱中,水箱中带有鼓泡装置,以便于在正常停堆和事故中排出堆芯衰变热。二回路运行在饱和蒸汽状态,设计中需要考虑设置蒸汽分离器。

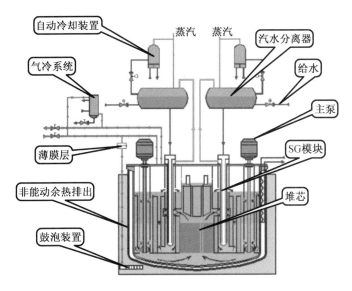

图 17.5　SVBR100 反应堆装置示意图

　　铅铋冷却剂熔化温度较高(125 ℃),因此在反应堆容器首次冲入冷却剂之前,需要提前加热反应堆内的结构部件和冷却剂,确保冷却剂处于液态。如果反应堆中的乏燃料不能提供足够的衰变热来保持一回路冷却剂处于液态,则需要对停堆后的反应堆进行加热。目前,俄罗斯已经完成这种特殊的加热装置及配套系统,并成功应用于舰船反应堆中。此外,俄罗斯还开发了基于特定时间 – 温度曲线的反应堆冷却剂安全凝固/熔化操作程序,并在陆基试验设施上进行了试验验证。

　　SVBR100 反应堆模块的总体布置极为紧凑,如图 17.6 所示。

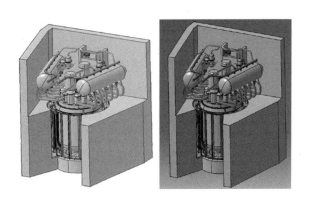

图 17.6　SVBR100 反应堆装置三维示意图

　　安全方面,SVBR100 固有安全特性和非能动安全技术包括:

　　(1)一回路冷却剂系统采用低压(常压)运行,可有效预防传统压水堆高压冷却剂丧失事故(纵深防御 1 级);

　　(2)铅铋冷却剂沸点很高(大气压下,温度为 1 670 ℃时才发生沸腾),设计采用双反应堆容器,铅铋冷却剂凝固温度相对高(大气压下,温度为 125 ℃时凝结为固体),外层反应堆容器可布置在水池中,可在设计上实际排除丧失冷却剂事故,限制堆芯熔化事故中的潜在放射性释放(纵深防御 1 级和 4 级);

(3)空气、铅铋冷却剂、水之间不发生化学反应,可防止火灾和爆炸(纵深防御 1 级);

(4)反应堆采用池式设计,一回路具有较高热容量,可确保瞬态情况下一回路具有高热惯性(纵深防御 2 级);

(5)堆芯设计确保负反应性反馈,以核燃料高转化率或堆芯低增殖(1.05)为代价,使用"致密"燃料实现燃料燃耗的极小反应性裕度,防止正反应性引入事故(纵深防御 1 级);

(6)一回路冷却剂系统设计具有高自然循环能力,以便于从堆芯排出衰变热(纵深防御 3 级);

(7)合理布置一回路冷却剂的流动路径,防止蒸汽或气泡进入反应堆堆芯,避免正空泡反应性价值(纵深防御 1 级)引入导致瞬发临界事件。

除上述设计考虑外,SVBR100 还采用基于重力和弹簧力插入的机械控制棒停堆系统和两个不同的非能动衰变热排出系统;设置了蒸汽发生器泄漏定位监测系统,以防止由于蒸汽发生器管道破裂(纵深防御 3 级)而导致高压蒸汽从二回路进入一回路。SVBR100 采用钢筋混凝土安全壳,以防止假想的核电站边界以外的放射性释放。

SVBR100 安全停堆抗震设计基准为 $0.5g$ PGA,反应堆被浸泡在水箱中,水箱起抗震结构作用。

根据概率安全分析,SVBR100 堆芯损坏频率为 10^{-8}/(堆·年)。铅铋冷却剂在水和空气中具有化学惰性,允许一回路在接近大气压下运行,并具有自我修复裂纹的能力(铅铋冷却剂凝固温度为 125 ℃)。此外,铅铋冷却剂沸点很高(1 670 ℃),设计中不需要中间热传输系统,在流量丧失事故中具有较高的自然循环能力。此外,一回路一体化布置包容了自由液面以下的冷却剂以及液面以上的惰性气体。

2013 年初,俄罗斯已完成 SVBR100 的技术研发,正在进行详细设计,为原型堆施工建造准备条件。俄罗斯还提出了功率更小的 10 MWe 浮动式铅铋快堆概念设计,命名为 SVBR10。

17.4　NIKIET SMR 技术

俄罗斯国家原子能公司 Rosatom 下属 JSC NIKIET 公司(简称 NIKIET)开发了两种燃料类型的 SMR 概念设计,分别应用于陆基核电站机组和海基核电机组两种场景,海基核电机组设计考虑长时间无人值守自动运行功能。

陆基核电站反应堆名称为 UNITHERM,它是带有中间热传输系统、发电功率为 2.5 MWe 的间接朗肯循环式压水堆,换料周期 25 年,主要用途是为气候条件恶劣的偏远地区的小型(如采矿)企业和居民定居点提供电力和热能供应。UNITHERM 和 SHELF 的设计和运行特性见表 17.5,堆芯和燃料设计特性见表 17.6。UNITHERM 反应堆装置三回路方案流程如图 17.7 所示。

表 17.5 NIKIET SMR 设计和运行特点

名称	UNITERM 特点	SHELF 特点
热功率/电功率	20 MWt/2.5 MWe	28 MWt/6 MWe
非电力产品	供热:20 MWt	供热:12 Gcal/h 供水:500 m³/h
机组配置	单模块电站	海基机组:单机组; 陆基机组:备选
施工工期(月)	不确定	陆基核电 48 个月建成
运行方式	负荷跟踪运行模式	负荷跟踪运行(15% ~100%)
热力学循环/热效率	间接朗肯蒸汽循环/12.5%	间接朗肯蒸汽循环/21.4%
一回路主冷却剂系统循环方式	自然循环	强迫循环
一回路主冷却剂系统压力	16.5 MPa	17 MPa
堆芯进/出口冷却剂温度	258/330 ℃	280/320 ℃
反应性控制方式	带外部驱动的机械控制棒	带外部驱动的机械控制棒
RPV 尺寸(直径×高度)	3 220 mm×5 050 mm	1 538 mm×2 950 mm
二回路压力	中间循环回路:3.9 MPa; 二回路:1.35 MPa	2.4 MPa
SG 二回路工质进/出口温度	中间循环回路:249 ℃ 二回路:40/235 ℃	不详/260 ℃
汽轮机类型	低蒸汽参数、标准汽轮机设备	凝汽式热电联产汽轮机,5 级
仪表和控制系统	先进的系统确保电厂自主运行	先进的系统确保电厂自主运行
安全壳类型和尺寸	不详	钢制主安全壳:φ3.85 m×5 m; 副安全壳为厂房外壳 φ8 m×14 m
电站面积	不详	不详

表 17.6 NIKIET SMR 堆芯和燃料设计特点

名称	UNITERM 特点	SHELF 特点
热功率/电功率	20 MWt/2.5 MWe	28 MWt/6 MWe
堆芯尺寸(直径×高度)	1 130 mm×1 100 mm	1 050 mm×800 mm
堆芯平均功率密度	18.1 MW/m³	44 MW/m³
燃料组件平均线功率密度	不确定	61 W/cm
燃料材料	UO₂ 弥散锆基硅铝涂层基体	UO₂ 弥散锆基硅铝涂层基体
燃料组件形状	圆柱棒状,外表面有四个格架	圆柱棒状,外表面有扭曲格架
包壳材料	锆合金 110	锆合金 110
燃料元件外径	不详	6.95 mm
组件栅格排列方式	三角形	三角形

表 17.6(续)

名称	UNITERM 特点	SHELF 特点
单个燃料组件中燃料棒数	不详	不详
堆芯燃料组件数目	265	163
可燃毒物吸收体	硼、钆	硼、钆
^{235}U 富集度	19.75%	<20%
换料周期	300 个月(25 年)	56 个月
平均燃耗	不详	不详
换料模式	工厂换料	工厂换料

　　海基核电站反应堆名称为 SHELF,它是间接朗肯循环压水堆,可实现海底无人值守运行,换料周期 4.6 年,主要用途是为海上石油和天然气开采提供能源供应。SHELF 反应堆、安全壳、堆舱三维布置如图 17.8 所示。

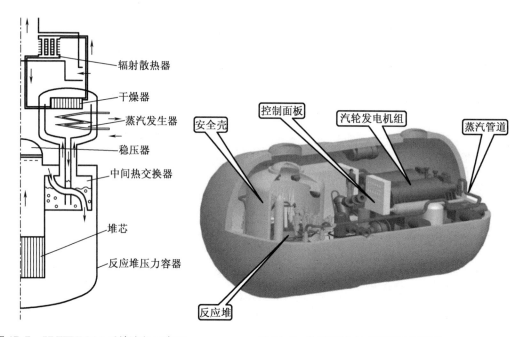

图 17.7　UNITHERM 系统流程示意图　　　　图 17.8　海基核电站 SHELF 示意图

　　UNITHERM 设计用于区域供热或供应蒸汽,具有热电联产功能。这种反应堆的供热回路需要中间热传输回路,以防止放射性物质进入区域供热热网用户。堆芯产生的热量首先通过热交换器传递到位于反应堆压力容器隔室内的独立中间热传递回路。一次和中间热传输系统通过冷却剂的自然循环运行。然后,热量从中间回路通过位于反应堆压力容器外部模块中的蒸汽发生器传递到热网回路。UNITHERM 中间回路由几个平行的单元组成,每个单元是一个独立热虹吸管,安装在单独的容器中。UNITHERM 设置有单独的蒸汽发生器部分,如果其中一台蒸汽发生器发生破裂,则通过切断相应回路实现受损回路隔离功能,反应堆无须停止运行,可利用设计余量继续运行,损坏部分的修复可在预定的修复期内完成。电力回路中使用低参数蒸汽,因此能量转换效率非常低(12.5%)。必要时,该反应堆可以用来生产工业用蒸汽,通过从汽轮机中抽取蒸汽用于工业用途。UNITHERM 反应堆设计具有自主运行功能。为确保此类装置运行的安全,增加了非能动安全系统,由连续运行的热交换器 – 蒸发器和连接到蒸发器的散热器组成,在环境条件下由大气冷却。该回路能够在控制棒不动作的情况下使反应堆处于热备用状态,并在意外情况下充当衰变热排出系统(如失去通向区域供热网络的正常热排出路径)。UNITHERM 设计可在俄罗斯北部和东部恶劣气候条件下运行,那里的环境温度经历了从 –55 ℃ 到 +35 ℃ 的季节性变化。为了使反应堆在这种条件下持续运行,中间回路可考虑采用氨、乙二醇或酒精代替水作为工作介质。

SHELF 属于一体化压水堆,反应堆压力容器内装设有堆芯、蒸汽发生器、稳压器、控制棒驱动装置和密封屏蔽泵(图 17.8 中未显示),配置有两台汽轮发电机,每台汽轮发电机的蒸汽管道与反应堆压力容器内的一台蒸汽发生器相连。反应堆本体浸没在一次钢制安全壳底部的水池中,水池采用钢水结构,具有一次屏蔽和散热双重功能。SHELF 核动力装置设计运行海洋深度为 50～100 m,外部船体外壳的设计可承受 300 m 水深的水压。反应堆装置在水上或陆上控制中心(如石油平台)实现远程操控,进而实现无人自主运行,SHELF 采用海底电缆向水上或水下用户(如天然气开采设施)输送电力。SHELF 反应堆运行至寿期末后,整个平台被提升到水面,并采用专用的辅助船拖到换料基地。如图 17.8 所示,SHELF 配置有船内控制室,可在紧急情况下由潜水员潜入进行控制操作。

UNITHERM 和 SHELF 都吸收了小型船舶推进反应堆的设计经验。燃料借鉴了俄罗斯在船用推进用反应堆方面的经验,采用外部加肋固定的圆柱形燃料元件,燃料元件的锆基体上镀有含硅铝材料(SiAl)的 Zr 涂层材料,这种燃料导热特性优异,燃耗深度高。但由于 UNITHERM 和 SHELF 堆芯尺寸较小,所实现的燃耗远远低于大型先进压水堆核电站燃料组件的燃耗。究其原因在于尽管换料间隔较长,但这些反应堆的平均堆芯功率密度较低(见表 17.5 和表 17.6)。

NIKIET 公司设计的 UNITHERM 和 SHELF 小型反应堆的鲜明特征是实现了核动力装置的自动化无人值守运行,它们的安全性主要依赖于固有安全和非能动安全设施。固有安全特点包括:足够大的一回路水装量,足够低的一回路堆芯功率密度,足够大的一回路热容量和热惯性,一回路系统采用一体化布置设计,最大限度地减少可能的内部事件种类和范围(如设计取消失水事故)。

另一方面,两种小堆均采用最先进的仪控系统,堆芯不含硼酸,所有的安全系统都采用非能动技术,包括重力驱动的机械控制棒和冗余的、多样化的非能动衰变热排出系统。UNITHERM 采用独立的非能动衰变热排出系统,该系统基于外部空冷器技术。SHELF 将反应堆容器直接放入安全壳大水池中,利用无穷尽海水作为最终衰变热导出热阱。

两个反应堆设计都具有很高的自然循环能力。UNITHERM 一回路和中间回路正常运行模式为自然循环,自然循环能力为 100% FP。SHELF 自然循环能力为 65% FP。

为防止事故过程中堆芯发生裸露,两种反应堆均设计采用双安全壳方案以及非能动安全壳热量排出系统。

UNITHERM 反应堆设计抗震等级为 MSK 64 标度的 8~9 级地震荷载。SHELF 由于海底核电站外部事件及防护要求缺乏,需要考虑的外部事件尚待明确,但初步评估认为,地震影响可能大致相同,海啸对 100 m 深度平台的影响可以忽略不计,飞机的影响可以通过周围层层防护来减轻,但对抵御鱼雷攻击的能力有待进一步研究明确。

SHELF 概率安全分析结果表明,堆芯损坏频率为 $10^{-6}/($堆·年$)$。由于没有查到 UNITHERM 堆芯损坏频率的公开数据,因此不能确定 UNITHERM 堆芯损坏频率,但根据研发机构推测,该值可能比与 SHELF 更低。

根据国际原子能机构报告,UNITHERM 概念是基于 NIKIET、俄罗斯其他机构和企业在发展海洋核设施方面的经验,包括核工程方面的设计方法和成熟技术,如燃料元件、结构材料、金属处理、焊接、热交换设备、水化学等。有鉴于此,UNITHERM 核电站可能不需要进行重大的技术研发工作。到目前为止,UNITHERM 核岛的概念设计、初步设计工作已经全部完成。

SHELF 技术融合了俄罗斯推进动力反应堆方面的设计经验,进一步研究可能包括与核电站目标海床位置有关场址相关研究,SHELF 已完成了概念设计。

17.5 俄罗斯 SMR 部署情况

关于 KLT-40S 反应堆,2019 年,俄罗斯率先建成全球首座先进的浮动式核电站 KLT-40S,命名为"罗蒙诺索夫院士"号,计划部署在俄罗斯北部佩维克市附近的一个海湾。在运营成功的情况下,俄罗斯可能会在其北部和东部地区部署五个或七个相同类型的浮动式核电站。国际上一些潜在客户已经向俄罗斯提出了采购意向。

关于 ABV 反应堆,俄罗斯正在研发新的堆芯设计方案,换料周期为 12 年。目前还没有建造该堆型核电站的确切消息,但俄罗斯可能在北部和东部的河流或湖泊三角洲地区建造带有两台 ABV 反应堆的浮动式核电站。俄罗斯同时也在考虑陆基 ABV 型核电站的设计和建造事宜。

关于 RITM-200 一体化压水堆,俄罗斯已于 2012 完成装载该堆型的核动力破冰船施工设计并获得建造许可。2019 年,俄罗斯建成基于双 RITM-200 反应堆、双机组的第四代核动力破冰船。通过积累足够的运行经验后,RITM-200 反应堆还将被用于新一代浮动式核电站和陆基中小型核电机组。

关于铅铋快堆 SVBR100,俄罗斯正在开展详细设计。2017 年,俄罗斯国家科学中心决定建造原型堆,原型堆成功运行后,开始考虑部署带有 SVBR100 反应堆的单模块或多模块机组。俄罗斯联邦计划将 SVBR100 开发项目列为优先科研项目。

关于 UNITHERM,尽管俄罗斯与潜在地区的用户进行了一段时间的谈判,但部署目标尚未确定,目标客户为亚库特大陆和西伯利亚的小型居住区。

关于 SHELF,正处于早期设计阶段,部署前景取决于北极海底的凝析气矿床开采天然气和石油开采项目进展,当前没有明确的部署日期。

表 17.7 给出了本章中所述的 SMR 资本成本、隔夜资本成本和平准化单位电力成本(LUEC)的可用数据。为进行比较,表中给出了俄罗斯最先进的 VVER 核电站参考数据。

从表 17.7 可以看出,与大型压水堆(VVER - 1150)相比,SMR 隔夜资本成本和 LUEC 更高;然而,它们低于目标地区的现行电价;与大型核电站相比,SMR 绝对隔夜资本成本要小得多。

俄罗斯 SMR 被设计为首先在其原产国俄罗斯联邦获得许可和部署,它们可以满足各种能源需求,特别是在偏远地区,那里的电价目前远远偏高。在局部偏远地区成功部署并获得运行经验的情况下,俄罗斯才会考虑在其他国家部署 SMR(可向其他国家提供浮动式核能海水淡化装置、浮动式核电站等)。

表 17.7　俄罗斯 SMR 成本数据分析表

SMR	机组功率 (MWe)	隔夜资本成本 (10 亿 $)	隔夜资本成本 ($/kWe)	LUEC (美分/kWh, 5% 折扣)	标准化热成本 ($/Gcal)	标准化海水 淡化成本 (美分/m³)
俄罗斯 PWR 型 SMR						
KLT - 40s	2×35	0.259 ~ 0.294	3 700 ~ 4 200	4.9 ~ 5.3	21 ~ 23	85 ~ 95
ABV	2×8.5	0.155	9 100	≤12	≤45	≤160
RITM - 200	2×50	0.33 ~ 0.37	3 300 ~ 3 700	n/a	n/a	n/a
IEA/NEA 对大型 LWR 的预测,数据来自 IEA/NEA - OECD 第 59 页(2010 年)						
VVER - 1150	2×1 070	6.276	2933	4.35	n/a	n/a

17.6　未来发展趋势

俄罗斯工程师普遍认为,小型反应堆不具有大型核电站那样的经济竞争力。俄罗斯研发小型堆的总体思路是:设计研发较宽广功率范围内、不同容量的反应堆技术,以满足本国不同地区、不同气候和不同场合下特殊能源用户的需求。

近期,俄罗斯浮动式核电站工程项目取得重大进展,配置两台 KLT - 40S 反应堆的“罗蒙诺索夫院士”号成功完成调试并并网发电,首次证明了在民用驳船上部署核动力装置所采用的工程技术解决方案的有效性和可行性,特别是可满足当前高标准民用核安全指标要求,从而为民用海洋核动力的发展奠定了基础。此类反应堆还包括 RITM - 200、VBER300、ABV、SVBR10、SVBR100 等,未来可根据用户功率、能源需求,配置与之相匹配的反应堆型号。

在核动力破冰船方面,俄罗斯继建造完成带有双 RITM - 200 机组的多用途核动力破冰船后,还计划开发功率规模更大、技术更先进、自动化控制技术更先进、破冰能力更强大的 RITM 系列反应堆型号,用于超大型的“领袖”级核动力破冰船。

SVBR100 是俄罗斯联邦计划中包含的三个快堆项目之一,该计划由俄罗斯联邦政府第 50 号命令实施。另外两个是商用钠冷快堆 BN - 1200 和铅冷快堆 BREST - 1200,其发电功率均为 1 200 MWe。在研发 BREST - 1200 反应堆之前,俄罗斯还设计建造了功率为

300 MWe 的小型 BREST - 300 原型堆。2020 年后,俄罗斯将根据三个项目各自的研发进展情况,对快堆设计部署目标做出战略决策。SVBR - 100 可能被进一步用于多模块机组核电厂(如4 ~ 16 个模块核电厂),以获得更大规模的电力输出(1 600 MWe),并具有热电联产等多种选项。

17.7 结 论

多年来,在小型堆应用方面,俄罗斯积累了丰富的核动力破冰船和舰船推进动力方面的设计、建造、运行、退役经验,俄罗斯小型堆技术正朝着压水堆(浮动式核电站)和铅铋快堆方向发展。此外,俄罗斯也在研究其他先进反应堆。

俄罗斯发展小型反应堆并不是因为小型堆具有经济竞争力。事实上,俄罗斯的研究表明:小型堆的经济竞争力远不如大型核电站。俄罗斯发展小型堆的目标市场是电力成本高昂、季节性运输普遍、电力需求有限、厂址条件苛刻(水面结冰、厂用水困难、常规能源匮乏等)的特定市场,这些市场中需要具有热电联产、长换料周期以及可移动的能源,而小型堆可以提供最能满足现实需求的解决办法,从而获得潜在的市场机会。

俄罗斯计划完成国内小型堆商用部署并证明其技术成熟性后,才会考虑出口。

17.8 参 考 文 献

[1] AKME Engineering (2013), http://www.akmeengineering.com/aboutus.html [accessed 29 May 2013].

[2] ARIS (2013), available from:http://aris.iaea.org [accessed 29 May 2013].

[3] IAEA (2000), Safety of nuclear power plants: design requirements, IAEA Safety Series No. NS - R - 1, Vienna.

[4] IAEA (2006), Status of innovative small and medium sized reactor designs 2005: reactors with conventional refuelling schemes, IAEA - TECDOC - 1485, Vienna.

[5] IAEA (2007), Status of small reactor designs without on - site refuelling, IAEA - TEC-DOC - 1536, Vienna.

[6] IAEA (2009), Design features to achieve defence in depth in small and medium sized reactors, IAEA Nuclear Energy Series No. NP - T - 2.2, Vienna.

[7] IAEA (2010), Small reactors without on - site refuelling: neutronic characteristics, emergency planning and development scenarios, final report of an IAEA coordinated research project, IAEA - TECDOC - 1652, Vienna.

[8] IAEA (2012a), Safety of nuclear power plants: design specific safety requirements, IAEA Safety Standards Series SSR - 2/1, Vienna.

[9] IAEA (2012b), Liquid metal coolants for fast reactors cooled by sodium, lead, and lead - bismuth eutectic, IAEA Nuclear Energy Series No. NP - T - 1.6, Vienna, 32 - 33.

[10] IAEA (2012c), Status of small and medium sized reactor designs, a supplement to the

IAEA Advanced Reactors Information System (ARIS), Vienna.

[11]　IEA/NEA – OECD (2010), Projected costs for generating electricity: 2010 edition, International Energy Agency, Nuclear Energy Agency, Organisation of Economic Cooperation and Development, Paris, 63 – 69.

[12]　Kessides IN and Kuznetsov V (2012), 'Small modular reactors for enhancing energy security in developing countries', Sustainability, 4(8), 1806 – 1832.

[13]　Kuznetsov V and Sekimoto H (1995), 'Radioactive waste transmutation and safety potentials of the lead cooled fast reactor in equilibrium state', Journal of Nuclear Science and Technology, 32 (6), 507 – 516.

[14]　NEA – OECD (2011), Current status, technical feasibility and economics of small nuclear reactors, Nuclear Development, International Energy Agency/ Nuclear Energy Agency, Organisation of Economic Cooperation and Development, Paris.

[15]　NIKIET (2013), http://nikiet. ru/eng/ [accessed 29 May 2013].

[16]　OKBM Afrikantov (2013), available from: http://www. okbm. nnov. ru/english [accessed 29 May 2013].

[17]　RF Government Order No. 50 from 3 February 2010 regarding a Federal programme on nuclear power technologies of new generation for the period 2010 – 2015 and for the future up to 2020. Available from: http://base1. gostedu. ru/57/57729/ [accessed 29 May 2013].

[18]　Russian Federal Tariff Service (2013), Order #185 – e/1 of 01 November 2013: http://www. fstrf. ru/tariffs/info_tarif/electro/organizations/01442 [accessed 10 March 2014].

[19]　Sozonyuk A (2011), 'Floating Nuclear Power Plants, Status and Prospects', Technical Paper C03, Interregional Industrial Conference ASMM – Regionam 2010, IBRAE, Moscow, Russian Federation.

[20]　Velikhov E P (2008), Evolution of power production in the XXI century, IzdAt, Moscow, 159.

[21]　Veshnyakov K (2011), 'Results of development of detailed design of a reactor installation for multi – purpose nuclear icebreaker', Sudostroyenie, No. 3, Moscow, Russian Federation, 32 – 37.

第18章 中国 SMR 技术

18.1 引 言

20 世纪 80 年代以来,中国经济持续快速增长,化石燃料燃烧造成的能源需求增加和环境问题是中国可持续发展面临的主要挑战。2000—2007 年,中国能源消费年均增长 8.9%,用电量年均增长 13.0%。一次能源产品构成(按标准煤当量计算)为:原煤 76.6%,原油 11.3%,天然气 3.9%,水电 7.3%,核电 0.9%。这样的一次能源组合导致了大量的二氧化硫和二氧化碳的排放。2006 年,二氧化碳排放量为 56.1 亿吨,工业二氧化硫排放量为 2235 万吨。为了迎接挑战,中国正在发展包括核能、风能、太阳能等可再生能源在内的清洁能源。

近年来,中国核能发电量不断增加,采用新型压水堆技术建造的核电站总容量约为 10 000 MWe(占总发电量的 1%)。三代压水堆 AP1000、EPR、华龙的建设进展顺利。根据 2007 年 10 月中国发布的《国家核电中长期(2005—2020 年)发展规划》,2020 年核电厂总发电能力为 40 GWe + 18 GWe。核能的大量应用将大大改善中国的一次能源的结构和空气质量。

为了实现中国政府的目标,中国有关的核能设计院所已经开发了各种反应堆型号,如 CAP1400、ACP1000、HTR200 和 ACP100。其中,HTR200 和 ACP100 是清华大学和中国核工业集团公司分别研制的小型模块化反应堆(SMR)。

推动中国研究 SMR 的原因是多方面的,SMR 潜在的应用包括小型电网、区域供热、工艺供热和海水淡化。根据具体情况,中国不同的地区具有不同的目标:

(1)在中国北方,城市用热的能源需求量为每年几亿吨煤炭,其中 10% 用于冬季供暖,由于冬季空气污染,SMR 小区供暖是一种可选方案;

(2)在华东地区,建材、冶金、化工等耗能行业纷纷建立了自己的火电厂,碳排放量占中国总排放量的 70% 以上;

(3)对于大多数地处华东沿海地区的工业而言,淡水资源的严重缺乏已成为制约经济发展的瓶颈,用于工艺供热和海水淡化的 SMR 是很好的选择;

(4)在中国的山区、海岛等边远地区,SMR 将是发电的最佳选择。

本章选择 IAEA 公开报道的、设计研发比较深入的中国 SMR 反应堆型号进行技术特征分析。

18.2 HTR200

18.2.1 简介

20 世纪 70 年代以来,中国发展了高温气冷堆(HTR)技术。2000 年,中国建成了一座 10 MWt 球形燃料元件试验堆(HTR10),现已投入运行。中国在 HTR10 上进行了许多与安全相关的实验,正在进行直接循环氦涡轮技术研发,将氦涡轮系统耦合到现有的 10 MWt 试验反应堆系统中。

模块化高温气冷堆 HTR200 工业规模示范电站建设是中国国家重大科技专项之一。

18.2.2 技术特点

HTR200 具有以下技术特点:

(1)使用三结构各向同性(TRISO)涂层颗粒的球形燃料元件,在 1 600 ℃ 以下可以滞留裂变产物。

(2)反应堆堆芯周围采用耐高温的石墨陶瓷材料。

(3)燃料元件中的衰变热可以通过热传导和向反应堆压力容器外部辐射的方式散热,然后通过一次混凝土表面的水冷板将衰变热传输至最终热阱。在冷却剂丧失或失压事故中,可不必通过反应堆堆芯的冷却剂流动来排出衰变热,事故情况下可将燃料最高温度控制在 1 600 ℃ 以内。

(4)球形燃料元件可以多次被放入堆芯进行循环运行,从而实现不停堆换料,并获得较高的燃耗。

(5)设计采用两套独立的反应堆停堆系统,两套系统位于堆芯周围反射层中,根据需要可将中子吸收元件落入位于堆芯侧方反射层内指定的通道中,控制元件的下落由重力驱动。

(6)堆芯和蒸汽发生器安装在两个不同的钢制压力容器中,两个压力容器由一个连接容器进行连接。在连接容器内,安装有气体管道,氦气在一次压力边界内循环流动。

(7)在完全丧失压力事故下,由于一回路冷却剂(氦气)中的放射性物质含量非常低,氦气可能释放到大气中,经分析评估,对环境的放射性影响可接受;在冷却剂丧失事故期间可利用自然对流实现堆芯热量导出,而不会出现燃料熔化事件。

(8)可根据负荷需要,在同一厂址部署建造多个 HTR - PM 模块,以满足公共设施的电力需求,一些辅助系统和设施可以在模块之间实现共享。

18.2.3 主要设计参数

HTR200 的主要技术参数见表 18.1,电厂平面布置图见图 18.1,工艺系统流程见图 18.2。

表 18.1　HTR200 主要技术参数表

名称	参数值
电站容量	211 MWe
单个反应堆热功率	250 MWt
反应堆数量	2
主循环回路氦气运行压力	7.0 MPa
堆芯入口冷却剂温度	250 ℃
堆芯出口冷却剂温度	750 ℃
堆芯活性区直径和高度	3 m,11 m
新燃料芯块富集度	8.9%
每个燃料芯块中重金属质量	7g
堆芯平均功率密度	3.22 MW/m³
堆芯最大功率密度	6.57 MW/m³
单堆堆芯燃料球总数	10 000
燃料在堆芯的循环次数	15
平均每天投入堆芯的燃料球数目	400

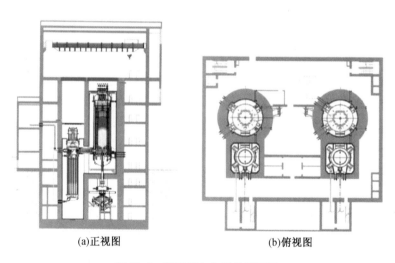

(a)正视图　　　　　　　　(b)俯视图

图 18.1　HTR200 电厂总平面图

18.2.4　专设安全设施

HTR200 安全设计理念是实现高安全水平,同时尽可能简化安全系统设计。在技术上,基本不需要场外应急措施或可将场外应急要求降低至最低水平。HTR200 安全设计在很大程度上基于固有和/或非能动安全特性,同时仍然遵循纵深防御原则。HTR200 的基本安全概念具有以下三个特点:

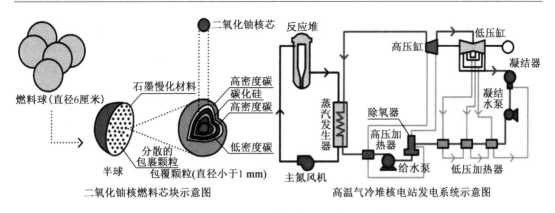

图 18.2　HTR200 燃料球和电站工艺流程示意图

（1）通过实施多重屏障限制放射性材料泄漏。带有涂层颗粒的燃料元件作为第一道实体屏障，每个厚度约为 0.5 mm 的燃料层都涂有三层热解碳和一层碳化硅，大量涂层颗粒分散在直径为 5 cm 的石墨基体中，形成燃料元件的含燃料部分，进而由 0.5 cm 厚的无燃料石墨层保护。HTR200 使用的燃料元件能够在约 1 600 ℃ 的温度下将裂变产物限制在涂层粒子内，这在任意可能的事故情况下都是不可能的。第二个屏障是一回路压力边界，它由一个承载一回路部件单元的压力容器组成。第三道屏障是反应堆厂房和附加的辅助厂房，其中容纳了含氦气的部件。

（2）衰变热在事故条件下可实现自动排出。如果发生事故，一回路氦气循环停止，由于石墨结构的低功率密度和大热容，燃料元件中的衰变热将通过堆芯内部结构的热传导和辐射耗散到反应堆压力容器的外部，而不会导致不可接受的燃料温度超限。

（3）在所有条件下，保证整体负温度反应性反馈。反应堆核设计确保在所有运行和事故条件下，燃料和慢化剂的温度反应系数始终为负值，一回路氦气风机运行停止将导致反应堆自动停堆。

18.2.5　试验和验证

设计方已经建立了 HTR200 试验设施，例如氦试验回路和燃料装卸试验台，对氦密封、氦净化技术和燃料装卸部件进行了试验研究。此外还进行了燃料燃耗试验、金属合金和绝缘材料的研究。

2003 年 4 月至 2006 年 9 月，为验证模块化高温气冷堆的固有安全特性，完成了四项试验：未干预失去厂外电源、未干预关闭一回路氦气风机、未干预失去一回路散热器、特别是未干预拔出所有控制棒。反应堆的余热完全采用非能动方式导出，试验证明了反应堆可以保持在安全状态。国家核安全局参与见证、监督了所有这些试验情况。

18.3 ACP100

18.3.1 简介

2010年以来,中国核工业集团公司研制出了一种中小型水冷式一体化压水堆ACP100。ACP100是一种基于现有压水堆技术的创新反应堆,采用了"非能动"安全系统和"集成一体化"反应堆设计技术。经过3年的发展,ACP100总体设计全部完成,相关安全验证试验也于2016年基本全部完成。ACP100正处于施工建造阶段。

18.3.2 技术特点

ACP100具有以下技术特点:

(1)主系统和设备采用一体化布置,一回路系统连接管的最大尺寸为5~8 cm,设计取消大尺寸主管道,而大型核电站一回路系统主管道尺寸可达80~90 cm;

(2)采用足够大的一回路冷却剂装量;

(3)放射性产物储存量小,ACP100总放射性是大型核电站的十分之一,同时增加了多层屏障,使事故源项保持在较低水平;

(4)一回路系统流程布置围绕提升自然循环能力进行优化设计;

(5)更高效的衰变热排出系统,排热效率是大型核电站的2~4倍;

(6)堆芯衰变热功率小,停堆后衰变热功率是大型压水堆衰变热功率的1/10~1/5,通过非能动系统更容易实现衰变热的安全导出;

(7)反应堆厂房和乏燃料水池布置在地下,能更好地防止外部事件威胁,并减少放射性物质的释放;

(8)事故后72 h内无须操作员干预;

(9)安全壳内放置消氢器、堆腔注水等非能动严重事故预防和缓解措施,以确保反应堆压力容器的完整性;

(10)采用模块化设计技术,便于控制设备和部件质量,缩短现场施工周期。

18.3.3 主要设计参数

ACP100的主要技术参数见表18.2。

表18.2 ACP100主要技术参数表

名称	参数值
反应堆热功率/电功率	310 MWt/100 MWe
设计寿命	60年
换料周期	2年
堆芯入口冷却剂温度	282 ℃

表 18.2(续)

名称	参数值
堆芯出口冷却剂温度	323 ℃
堆芯冷却剂平均温度	303 ℃
最佳估算流量	6 500 m³/h
主冷却剂系统运行压力	15 MPa
燃料组件排列方式	17×17 方形
燃料活性区高度	2 150 mm
燃料组件数目	57
核燃料富集度	4.2%
控制棒驱动机构类型	磁力提升
控制棒数目	25
反应性控制方法	控制棒,固体可燃毒物,硼酸
SG 类型	直流蒸汽发生器
SG 数目	16 台
主蒸汽温度	>290 ℃
主蒸汽压力	4 MPa
蒸汽产量	450 t/h
主给水温度	105 ℃

18.3.4　总平面布置

ACP100 单堆单机组厂房总平面布置如图 18.3 所示,双堆厂房布置如图 18.4 所示。为了提高应对外部事件的防御能力,反应堆厂房布置于地下(图 18.4)。图 18.5 给出了 ACP100 专设安全设施系统示意图,包括非能动余热排出系统、非能动安全壳热量导出系统和非能动应急堆芯冷却系统(堆芯补水箱、安注箱、换料水池)。

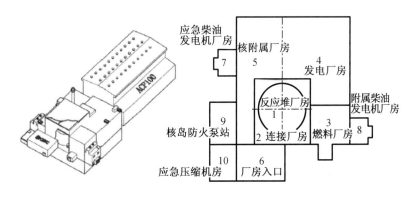

图 18.3　ACP100 单堆单机组电厂平面图

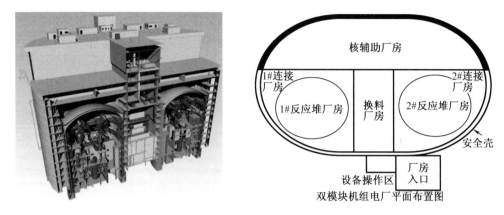

图 18.4 ACP100 双堆电厂布置图

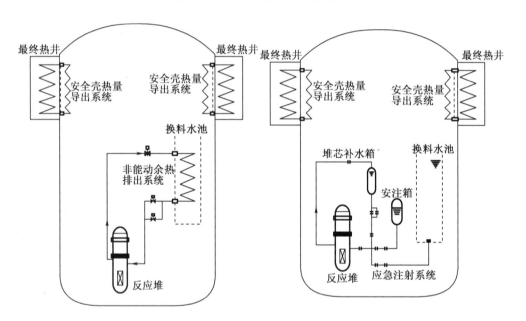

图 18.5 ACP100 安全系统示意图

18.3.5 核蒸汽供应系统

NSSS 系统采用一体化布置(图 18.6),主泵和反应堆压力容器通过短管连接;蒸汽发生器布置在反应堆压力容器内部;除稳压器外,核蒸汽供应系统集成在反应堆模块中;控制棒驱动机构(CRDM)、反应堆压力容器、堆内构件、直流蒸汽发生器(OTSG)和屏蔽电动泵都采用成熟技术。

反应堆冷却剂系统由 4 台主泵、16 台 OTSG、1 台稳压器组成,系统运行压力 15.0 MPa,堆芯出口温度 325 ℃。

主蒸汽系统由蒸汽系统、旁路系统、汽水分离器再热系统等组成,系统运行压力 4.0 MPa,过热蒸汽温度 290 ℃,蒸汽流量 450 t/h。

控制棒驱动机构采用反应堆压力容器外置方式,设计步进速度 15.875 mm/min,最大动作速度 72 mm/min,电机延迟时间 150 ms,运行温度 200 ℃,耐压壳设计寿命 60 年,最小累

计步数 6.0×10^6 步。

燃料组件采用 17×17 方形组件,单个燃料组件含有燃料棒 264 根、导管 24 根、仪表管 1 根,燃料组件总高度约 2.5 m。

图 18.6　ACP100 一体化压水堆示意图

18.3.6　工程安全设施

ACP100 采用"设计保障安全"的安全设计理念,通过采用非能动工程安全系统简化安全系统设计。安全系统的运行不需要依赖应急柴油发电机,设计可不考虑厂外应急措施,或可将厂外应急水平降低至最低限度。

ACP100 非能动安全系统包括:应对长期电站停电事故的非能动余热排出系统、应对失水事故的非能动应急堆芯冷却系统、应对严重事故下确保压力容器完整性的堆腔淹没系统和非能动安全壳排热系统。非能动安全壳排热系统通过自然循环实现安全壳与最终热阱之间的对流传热,从而确保安全壳在事故条件下的完整性。

ACP100 设计取消主系统相连接的大直径管道,消除了大破口失水事故,大大减少了应急堆芯冷却系统设备容量、交流供电系统电力等需求。

ACP100 一回路系统采用大容量水装量设计,保证了系统具有较大的热容量和热惯性,延长了事故响应时间。

ACP100 固有安全特性包括:集成一回路主冷却剂系统,消除大破口失水事故;冷却剂水装量大和使用非能动安全系统,延长了瞬态和事故响应时间;堆芯设计为负反应性反馈。

ACP100 非能动安全系统设计采用冗余原则,采用多样化的停堆系统。

18.3.7　纵深防御应用

18.3.7.1　第 1 级:防止非正常运行和故障

ACP100 固有和非能动安全特性在这一级别的作用表现在:由于通过设计措施取消一回路系统中的大直径管道,设计消除了大破口失水事故;由于采用屏蔽泵,因而消除了泵密封系统类破口事故。

18.3.7.2　第 2 级：针对异常运行的控制和故障检测

针对该级防御，ACP100 采用的非能动安全设计体现在设计足够大的一回路冷却剂装量，使得系统具有很大的热惯性，从而获得瞬态或事故情况下较长的事故响应和缓解时间。

18.3.7.3　第 3 级：设计基准事故对策

ACP100 采用非能动安全系统应对设计基准事故，无须长期采取与事故管理相关的行动措施，利用非能动余热排出系统应对电站停电事故，利用非能动应急堆芯冷却系统、非能动安全壳排热系统应对小破口冷却剂丧失事故，利用堆腔淹没系统确保反应堆压力容器完整性。

18.3.7.4　第 4 级：控制事故状况防止事故继续扩展

利用堆腔淹没系统冷却反应堆压力容器，利用非能动安全壳排热系统排出安全壳热量，延缓严重事故进程，防止锆 – 水反应产生热量，限制氢的生成速率。安全壳中的氢浓度通过氢气复合器进行控制。此外在安全壳地坑设置了冷却熔化碎片的措施和熔融物收集通道。

18.3.7.5　第 5 级：限制放射性大规模释放的后果

与大型核电站相比，ACP100 燃料装载量较小，事故进展缓慢，裂变产物量少且迁移速率缓慢（由功率密度低、热惯量较大等设计特性决定），安全壳位于地下钢筋混凝土建筑内，可减少局部沉积而向外界释放裂变产物。

ACP100 通过简化、可靠、冗余和非能动自然原理预防和缓解设计扩展工况。

18.3.8　福岛事故后行动项考虑

福岛核事故发生后，新建核电站的设计和运行应考虑该事故经验反馈教训，考虑各种内外部事故的组合：

（1）失去厂外电源和应急柴油机电源：ACP100 一体化压水堆采用非能动余热排出系统，利用自然循环导出堆芯衰变热至安全壳内换料大水池，发生全厂断电时，非能动余热排出系统可在不依赖电力情况下维持长达 72 h 的持续排热能力。

（2）失水事故叠加所有电力丧失事件：失水事故发生后，ACP100 将迅速投入非能动应急堆芯冷却系统，利用非能动设施将热量将从安全壳中完全排出，断电不会引发事故恶化。

（3）乏燃料水池的安全和事故风险。ACP100 乏燃料水池布置于地下，水池水量设计考虑足够大的裕量，此外还可利用冗余厂外设备及时补充乏燃料水池的用水量。分析表明，当发生地震时，乏燃料水池结构可能会破裂，此时可依靠周围加强结构的完整性避免水快速流失；当丧失全部电力而失去冷却功能时，依靠足够大水装量确保在足够长时间内燃料不会发生裸露。

（4）堆芯熔化：ACP100 属于第三代压水堆，固有安全性与第三代压水堆类似，但 ACP100 设计取消大破口失水事故，安全系统全部采用非能动技术，降低了事故发生概率和后果。此外，还设置了严重事故预防和缓解措施，如堆腔注水、氢气复合器、安全卸压阀和相应严重事故管理导则。

18.3.9　试验和验证

ACP100 工程验证试验主要包括:控制棒驱动线冷热态试验、控制棒驱动线抗震试验、内部振动试验、燃料组件临界热流密度试验、非能动应急堆芯冷却系统整体试验、堆芯补水箱试验、非能动余热排出系统试验等。

ACP100 工程验证试验完成情况如表 18.3 所示。

表 18.3　ACP100 验证试验情况

编号	名称	时间(年)
1	控制棒驱动线冷热态试验	2011—2013
2	非能动应急堆芯冷却系统整体试验	2011—2013
3	内部振动试验	2012—2013
4	燃料组件临界热流密度试验	2011—2013
5	堆芯补水箱和非能动余热排出系统试验	2011—2013
6	控制棒驱动线冲击试验	2012—2013

18.4　中国 SMR 部署情况

18.4.1　HTR200

中国正以 HTR10 的运行和试验为依托,推进 HTR200 商业示范电站施工建设。中国华能集团公司、中国核工程建设集团公司和清华大学成立了华能核电发展有限公司,经过选址评估、概念设计、初步设计、安全分析和福岛事故安全检查,中国政府正式批准了 HTR200 商业示范电站的开工日期 2012 年 9 月。HTR200 高温气冷堆示范电站目前正处于施工建造阶段,首台示范电站位于山东石岛湾,计划工期为 50 个月,其中施工期 18 个月,安装期 18 个月,调试期 14 个月。

18.4.2　ACP100

2011 年,中核集团与中国核与辐射安全中心签订联合研究合同。核与辐射安全中心对 ACP100 初步设计阶段的报告提出了审查意见,针对福岛核事故后 ACP100 改进措施进行了技术评审,批准了 ACP100 需要进行的非能动安全系统验证试验内容及试验方案。

2013 年,中核集团与核与辐射安全中心签署了多项具体研究计划、标准设计安全评审计划。

据中国核电公布的《海南昌江多用途模块式小型堆科技示范工程项目环境影响评价公众(建造阶段)参与第二次信息公告》显示,该公司计划 2019 年底在海南昌江建设 1 台

ACP100 小型核电机组,装机容量只有 12.5 万千瓦,建设周期为 65 个月,目前已经开工建设。

18.5　发展趋势

中国已经研发出 HTR200、ACP100 和钠快堆 CEFR(20 MWe),后续将继续发展中小型 SMR。

在轻水堆(LWR)技术中,中国的研发主要集中在紧凑式、一体化压水堆技术路线,包括模块化设计和施工工艺研究、多种运输方式、减少应急区半径、地下反应堆厂房设计、浮动式核电站等方面。

在非轻水堆系列中,气冷堆和钠冷快堆等研究的重点是防扩散、核燃料利用、应急区取消、提高经济性等方面。

18.6　参考文献

[1]　CHINA Energy Statistical Yearbook (2008).

[2]　Statistical year text base, International Energy Agency, Paris (2006).

[3]　http://www. heneng. net. cn/index. php? mod = npp.

[4]　IAEA – TECDOC – 1682 Advances in Nuclear Power Process Heat Applications, page 171.

[5]　IAEA – TECDOC – 1485 Status of innovative small and medium sized reactor designs 2005, pages 511, 514, 527.

[6]　F. Zhong 'Safety Features and Licensing of ACP100 Design', IAEA 6th INPRO Dialogue Forum on Global Nuclear Energy Sustainability, Vienna, Austria, July 2013.

第 19 章　日本 SMR 技术

19.1　引　　言

在日本,SMR 通常指中小型反应堆,其定义与国际原子能机构(IAEA)相同。根据 IAEA 定义分类,小型反应堆的输出功率小于 300 MWe,中型反应堆的输出功率介于 300 MWe 和 700 MWe 之间。本节所介绍日本反应堆的功率输出可能高达 500 MWe 左右,客观反映了日本的 SMR 的研发现状。

1979 年美国三哩岛 2 号机组(TMI－2)核事故和 1986 年乌克兰切尔诺贝利 4 号机组核事故后,日本就已经开展了多种类型的 SMR 研发设计活动,固有安全和非能动安全设计理念引起了核工程设计人员的广泛关注。研究发现,在较小功率的反应堆(500 MWe 以下)中更容易实现非能动安全技术的应用。

然而,SMR 致命的缺陷是经济性很差。纵观核能发展过程中的反应堆机组功率规模趋势可以得出结论,在反应堆设计中,规模经济优势至关重要,而要达到规模经济优势,核能的出路是发展大功率、大容量反应堆机组。因此,在 SMR 的研发中,克服 SMR 的"规模缺陷"已成为非常重要的经济要求。SMR 可能具有多种用途,可通过简化系统采用非能动技术来降低成本。

19.2　日本 SMR 研发历史

19.2.1　20 世纪 80～90 年代

20 世纪 80～90 年代是日本 SMR 研发的高峰时期,日本开展了大量关于 SMR 的研究活动。

日本首台用于商业发电的反应堆是从英国进口的气冷堆,其输出电功率为 166 MWe(运行时间:1966—1998 年),日本第二台以及随后运行的商用反应堆技术均为轻水堆。日本第一台商用轻水堆的功率输出为 357 MWe(1970 年开始运行)。随后,根据核电机组"规模经济优势",反应堆单堆功率输出逐渐增加到 600 MWe、900 MWe,甚至超过 1 100 MWe。这与世界上其他国家反应堆技术研发趋势相同,因为在核能大规模发电领域,日本国内基本上不需要小型反应堆机组。

然而,三哩岛和切尔诺贝利事故后,反应堆安全特性中的非能动安全特性被提上重点研究议程,并被用来革新反应堆技术。为了将非能动安全技术(如自然循环堆芯冷却和重力驱动应急堆芯冷却)有效地引入反应堆设计安全方面,同时考虑经济方面的平衡因素,中小型反应堆技术(500 MWe 以下)被提上研究计划。这种核能技术研究动态情况不仅出现在日本,而且是世界性趋势。这一时期最典型和最著名的反应堆概念设计是"PIUS(过程固有极限安全)"(622 MWe/3 个模块)和瑞典 ABB - ATOM 提出的一体化压水堆设计概念。这些反应堆设计中均引入了非能动措施,在瞬态或事故情况下不需要操作员操作或外部电力能源供应就可以实现反应堆停堆和衰变热排出,再者由于采用了一体化压水堆技术,取消了主管道,因此不考虑大破口失水事故。在这一概念的基础上,日本发展了三种压水堆概念:

(1)ISER 固有安全和经济型反应堆(功率 210 MWe),由东京大学和其他机构研发,该反应堆采用钢制压力容器,而不是预应力混凝土压力容器(PCRV);

(2)MISIR 三菱固有安全一体化反应堆(功率 300 MWe),由日本三菱重工研发;

(3)SPWR 系统一体化压水堆(功率 350 MWe),由日本原子能研究所(JAERI)研发。

JAERI 还设计了一体化船用反应堆 MRX(功率 30 MWe),用于船舶推进动力,采用非能动安全技术,反应堆浸没在安全壳水池中。

三菱重工在美国西屋公司 AP600 非能动核电站基础上设计了采用非能动安全技术的 MS600 核电站,该核电站功率为 600 MWe,它扩展了传统回路式压水堆概念,延伸了传统沸水反应堆概念应用。

与此同时,基于美国通用电气研发的 SBWR(600 MWe)核电站技术(采用自然循环堆芯冷却和重力驱动应急堆芯冷却系统等非能动技术),日立公司提出了 HSBWR - 600 (600 MWe)反应堆机组,东芝公司提出了 TOSBHR -900P(310 MWe)反应堆机组。

20 世纪 90 年代,日本虽然研发了很多类型的 SMR 机组,但没有一个实现商业应用或得到进一步发展。这主要是因为它们无法克服经济方面的"规模缺点",因而对用户即电力公司没有吸引力。另一方面,1 000 MWe 以上的大型轻水堆运行经验和安全性能不断提升,规模经济优势和投资优势吸引了用户,使得用户可以从中获得高利润。因此,在国际市场上,1 000 MWe 以上的大容量核电机组普遍受到用户青睐。这也是美国 AP600 始终无法走向商业应用,而 AP1000 可以走向商用的根本原因。

1985 年,日本研发了第三代核电技术:先进沸水堆(ABWR)和先进压水堆(APWR)。1996 年,世界上第一座功率为 1 356 MWe 的 ABWR 电厂投入运行(柏崎刈羽核电站 6 号机组)。

19.2.2 2000 年以来

切尔诺贝利核事故后,世界上几乎没有新的核电机组建造计划。2000 年,美国能源部(DOE)提出了开发第四代反应堆的计划。该计划刺激了日本的核电研发活动,包括 SMR 的研发活动。此时,核能发展的关键问题仍然是经济性,因此研发的目标是克服 SMR 的规模经济缺陷,以达到与现有大型轻水堆核电站可比的建设成本和发电成本。

为了达到较高的经济效益,最有效的方法是简化系统设计。在此基础上,日本提出并发展了三种 SMR 设计概念,它们是:IMR(一体化模块反应堆)、CCR(紧凑安全壳水冷堆)和 DMS(模块简化中小型反应堆)。此外,日本还提出了基于高温气冷堆的 GTHTR300 概念设计和基于钠冷快堆的 4S 概念设计。

19.3 日本 SMR 技术

19.3.1 IMR

IMR 属于一体化压水堆,由三菱重工 MHI 与日本原子能公司 JAPC 合作研发,图 19.1 给出了反应堆示意图,表 19.1 总结了设计目标,表 19.2 总结了 IMR 主要设计参数。

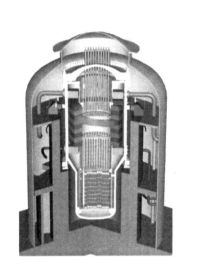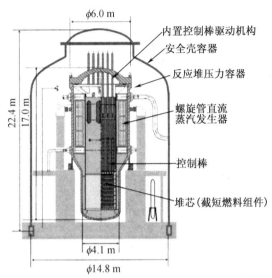

图 19.1 IMR 反应堆和安全壳三维示意图

表 19.1 设计目标

设计指标	设计目标
功率输出	300 ~ 600 MWe
建造成本	与大堆相当或更低
能力因子	>90%
安全性	比现有核电站更安全,指标更低
建造周期	小于 24 个月
许可适应性	适用当前申请

表 19.2 IMR 主要设计参数

指标	设计目标值
电功率	350 MWe
堆芯热功率	1 000 MWt
一回路系统运行压力	15.5 MPa

表 **19.2**(续)

指标	设计目标值
一回路系统堆芯入口/出口冷却剂温度	300/345 ℃
一回路系统冷却剂流量	3.0 t/s
蒸汽温度	289 ℃
蒸汽压力	5 MPa
堆芯当量直径	3 m
堆芯高度	3.7 m
换料间隔	26 个月
堆芯平均燃耗	45 GWd/tU
能力因子	90% 或更大
建设周期	不超过 24 个月

IMR 虽然属于压水堆,但设计允许堆芯顶部区域产生一定程度的沸腾从而增强自然循环能力(堆芯出口含气率约为 20%),同时也有助于强化换热。IMR 采用螺旋管直流蒸汽发生器,蒸汽发生器安装在反应堆压力容器内部,因此设计消除了大破口失水事故。此外,IMR 还取消了主泵、稳压器和主管道。

IMR 额定输出电功率为 350 MWe,平均卸料燃耗为 45G Wd/t,换料周期为 26 个月。由于燃料元件的使用寿命相对较长,冷却剂的运行温度较高(345 ℃),因此包壳材料不能采用锆材,而是采用锆铌合金包壳管。IMR 主冷却剂系统的运行压力为 15.5 MPa,与一般压水堆核电站运行压力相同。IMR 大大简化了安全系统设计,它不需要配置专门的应急堆芯冷却系统,只需要蒸汽发生器冷却系统排出堆芯衰变热,蒸汽发生器冷却系统采用柴油机和燃气轮机驱动的泵作为动力设备。

由于 IMR 反应堆概念不同于传统压水堆,设计方分别采用两种类型的试验来验证反应堆容器内的流动特性,第一类试验为与 IMR 反应堆冷却剂系统具有相同的温度、压力和相同轴向长度的热工试验,试验结果验证了 IMR 在设计运行工况下堆芯自然循环冷却能力;第二类试验为基于堆内结构部件模拟体的试验,通过试验确立了反应堆压力容器内部主要结构中流体的三维流动特性。试验结果表明,堆芯能够实现稳定的自然循环运行,获得了反应堆容器内三维流动特性和规律,提出了评价两相流动特性的方法。

19.3.2 CCR

CCR 属于沸水堆,由东芝与日本电力公司联合开发,CCR 设计目标与 IMR 相同(见表 19.1)。CCR 反应堆如图 19.2 所示,主要技术参数见表 19.3。系统运行可采用主泵强迫循环,也可以采用自然循环运行。CCR 设计不同于传统沸水堆之处在于设计取消抑压水池,采用无抑压水池的耐高压型紧凑安全壳,安全壳设计压力约 4 MPa。控制棒驱动机构安装在反应堆压力容器的顶部,取消了反应堆压力容器底部的贯件。

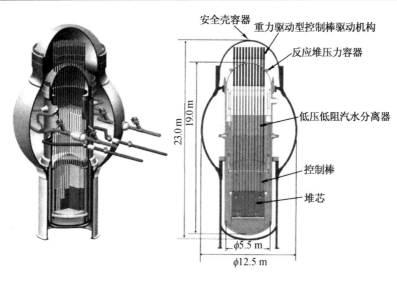

图 19.2　CCR 反应堆和安全壳示意图

表 19.3　CCR 主要设计参数

指标	设计目标值
电功率	423 MWe
堆芯热功率	1 268 MWt
系统运行压力	7 MPa
堆芯入口/出口冷却剂温度	215/287 ℃
冷却剂流量	3.3 t/s
蒸汽温度	287 ℃
蒸汽压力	7 MPa
堆芯当量直径	3.5 m
堆芯高度	2.2 m
换料间隔	24 个月
堆芯燃料平均燃耗	45 GWd/tU
能力因子	90% 或更大
建设周期	不超过 24 个月

CCR 额定功率输出为 423 MWe,平均卸料燃耗为 45 GWd/t,换料周期为 24 个月。堆芯燃料组件有效长度截短至 2.2 m,增加了自然循环堆芯冷却能力。CCR 系统运行压力为 7 MPa,与正常沸水堆压力相同。CCR 简化了安全系统设计和配置,不需要设置专门的应急堆芯冷却系统,而是采用隔离冷凝器冷却系统来排出堆芯衰变热。一体化沸水堆安全系统不依赖外部电源,在不需要操作人员操作的情况下可持续运行 3 天排出堆芯衰变热。CCR 控制棒驱动机构设计既不同于 BWR,也不同于压水堆,考虑到控制棒驱动机构长期运行在高压蒸汽环境,因此,设计人员重点对控制棒驱动机构材料在高温蒸汽环境中的耐磨性进

行试验,以确认其适用性。

图 19.3 给出了 IMR 和 CCR 建设成本估算结果,图中比较了 IMR、CCR 和 ABWR 的单位建设成本,这些数据是基于 ABWR(1 356 MWe)的归一化值。可以看出,IMR 和 CCR 经济成本与典型 ABWR 大型反应堆的经济水平相同。取得这一经济成就的主要原因是,简化设计,消除不必要的系统和部件,缩小安全壳尺寸。由于系统和部件简化,厂房构筑物的建筑和土木工程费用得以大幅度减少。应注意,该经济评估基于与现有核电站共用港口和设施,如果在新厂址建造,则需要另计额外费用。

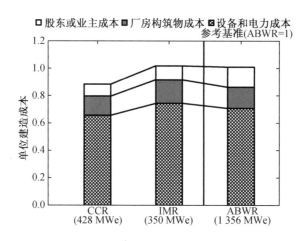

图 19.3　IMR 和 CCR 建造成本比较图

19.3.3　DMS

DMS 属于简化沸水堆,由日立公司与日本核电公司合作研发,其设计目标与 IMR 相同(见表 19.1),DMS 反应堆如图 19.4 所示,主要设计参数见表 19.4。

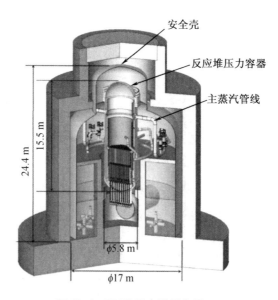

图 19.4　DMS 反应堆示意图

表 19.4　DMS 主要设计参数

指标	设计目标值
电功率	428 MWe
堆芯热功率	1 200 MWt
系统运行压力	7.2 MPa
堆芯入口/出口冷却剂温度	215/287 ℃
冷却剂流量	3.2 t/s
蒸汽温度	287 ℃
蒸汽压力	7.2 MPa
堆芯当量直径	4 m
堆芯高度	2.0 m
换料间隔	24 个月
堆芯燃料平均燃耗	45 GWd/tU
能力因子	90% 或更大
建设周期	不超过 24 个月

DMS 概念的独特之处在于通过引入汽水分离过程的重力分离原理,设计取消了汽水分离器和干燥器。因此,反应堆压力容器被进一步简化,布置更为紧凑。

DMS 功率输出为 428 MWe,平均卸料燃耗为 45 GWd/t,换料周期为 24 个月,堆芯燃料元件有效长度截短为 2 m,进一步增加了堆芯自然循环冷却能力。DMS 系统运行压力为 7.2 MPa,与一般沸水堆核电站基本相同。在安全系统设计方面,DMS 采用了简化的应急堆芯冷却系统和非能动安注系统,从而消除了高压堆芯溢流(HPCF)系统,降低了反应堆堆芯隔离冷却(RCIC)系统容量的 60% 左右。

19.3.4　GTHTR300

GTHTR300 属于采用高温氦气冷却的模块化气冷堆,热效率高,采用气体循环系统。图 19.5 给出了反应堆概念设计示意图,表 19.5 给出了设计目标,可作为用户需求。其主要设计参数见表 19.6。GTHTR300 设计特点是显著简化了系统设计,充分利用 JAEA 高温试验堆 HTTR 成熟技术,同时提高了热效率、经济性和安全性。

GTHTR300 输出电功率为 280 MWe,平均卸料燃耗为 120 GWd/tU,换料周期为 2 年。燃料为芯块状燃料,^{235}U 铀平均富集度为 14%。堆芯为棱柱块状结构,燃料元件有效高度为 8 m,系统运行压力为 6.8 MPa,冷却剂为氦气,堆芯进/出口冷却剂温度为 587/850 ℃。

安全上,GTHTR300 采用设计取消严重事故的目标,具体设计表现在:燃料为陶瓷结构,采用石墨材料作为燃料基体,堆芯不可能熔化,且燃料具有耐高温优势;堆芯功率密度很低、热容量很大;堆芯设计为负的反应性反馈,这种设计特点使得事故下堆芯瞬态过程进程缓慢;氦气为惰性气体,物理和化学性质非常稳定,不会产生机械破坏或结构材料化学反应;即使在事故中,最高燃料温度也低于 1 600 ℃,由此保证了燃料结构的完整性;不需要进行特殊密封,只需要确保反应堆厂房的泄漏不超过规定的泄漏率指标(低于1%/天)。

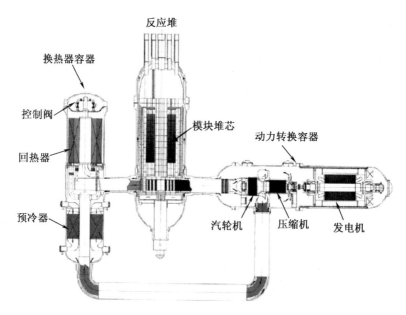

图 19.5　GTHTR300 反应堆概念示意图

表 19.5　GTHTR300 用户需求

用户指标	用户需求
安全目标	完全采用非能动系统,防止放射性核素释放;可通过设计取消当前轻水堆现场疏散的现场评估要求
厂址条件	可基于现有 LWR 厂址或另外新建
抗震条件	与下一代 LWR 相同
燃料循环	一次循环,燃耗超过 100 GWd/tU
防核扩散	不产生高浓度 Pu
辐射防护	0.5 人 Sv/(堆·年)
放射性废物处置	液体:最新 LWR 的 1/10;固体:如有可能,重新回收使用
功率等级	单个厂址:100~4 000 MWe;每个机组:100~300 MWe 模块
设计寿命	60 年
可利用率	不低于90%
检查间隔	2 年
检查周期	不超过30 天
经济性	资本成本:400~500 亿日元/机组,160~200 日元/We;电费:4 日元/kWh

表 19.6　GTHTR300 主要设计参数

指标	设计目标值
电功率	280 MWe
堆芯热功率	600 MWt
反应堆进/出口冷却剂温度	587/850 ℃
冷却剂压力	7 MPa
冷却剂质量流量	438 kg/s
堆芯高度	8 m
堆芯内径/外径	3.6/5.5 m
燃料富集度	14 wt%
平均功率密度	5.4 MW/m³
燃耗周期/批次	730 天
批次/周期数	2
反应堆压力容器内径	7.6 m
燃气轮机容器内径	5.7 m
换热器容器内径	5.8 m

GTHTR300 的初步设计已于 2003 年完成,日本电力公司、潜在供应商和大学科研机构对初步设计方案进行了设计审查和评估。根据成本估算,GTHTR300 的建设成本约为 20 万日元/千瓦时,发电成本约为 4.5 日元/千瓦时。GTHTR300 可用于热电联产,还可用于制氢。

2011 年,日本与哈萨克斯坦合作,研发功率为 50 MWe 的 HTR50 小型反应堆概念(反应堆出口温度 750 ℃)。此外,MHI 与日本原子能机构合作开展了三菱小型高温气冷模块化反应堆 MHR50 的概念设计(50 MWe)。

HTTR 是一个 30 MWe 高温氦气冷试验堆,旨在建立和推进高温气冷堆和高温堆芯辐照试验的技术基础。1998 年 11 月,HTTR 首次达临界。2001 年 12 月,堆芯运行至满功率状态,堆芯出口冷却剂温度为 850 ℃。2004 年 4 月,堆芯出口冷却剂达到最高温度 950 ℃,堆芯进口冷却剂温度为 395 ℃。HTTR 的主要设计参数见表 19.7。

目前,HTTR 反应堆主要用于安全示范试验验证,在国际合作下进行气冷堆试验以证明其固有安全性,包括控制棒抽出、堆芯流量丧失等试验。为了给核能高温热应用奠定技术基础,HTTR 还被用于制氢方面的基础科学研究。

表 19.7　HTTR 主要设计参数

指标	设计目标值
堆芯热功率	30 MWt
反应堆进/出口冷却剂温度	395/850 或 950 ℃

表 19.7（续）

指标	设计目标值
冷却剂压力	4 MPa
冷却剂流量	12.4 kg/s 或 10.2 kg/s（850 ℃ 或 950 ℃）
堆芯当量直径	2.3 m
堆芯高度	2.9 m
燃料富集度	3～10（平均 6）wt%
平均功率密度	2.5 MW/m^3
平均/最大线功率密度	11.5/21.3 kW/m
燃料中心最高温度	1 190 ℃ 或 1 320 ℃，堆芯出口温度分别为 850 ℃ 或 950 ℃
平均燃耗	22 GWd/tU

19.3.5　4S

"4S"（Super Safe Small and Simple）堆是高安全性、超小型和完全简化的反应堆。该反应堆的优点是：紧急状态下可实现堆芯彻底停堆；不需要运行操作人员；无需换料；设备简化。

4S 属于小型模块化池式钠冷快堆，具有良好的安全性能，无需换料即可长时间运行。4S 是东芝公司与电力工业中央研究院 CRIEPI 共同研发的概念设计。

图 19.6 给出了反应堆概貌，表 19.8 总结了 4S 的特点，表 19.9 给出了主要设计参数。4S 的特点是系统设计大大简化，无需换料，维护要求低，安全性高，适用于向偏远地区、矿区等提供能源供应。

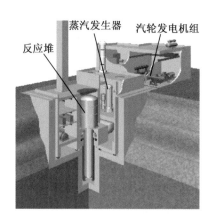

图 19.6　4S 反应堆概念示意图

表 19.8　4S 反应堆的特点

序号	特点
1	池式钠冷快堆，功率输出 10～50 MWe
2	长换料周期，连续运行 30 年不换料

表 19.8（续）

序号	特点
3	利用固有安全、自然原理安全设计,无须人工干预就可实现自动停堆和衰变热排出
4	减少设备维护
5	反应堆厂房置于地面以下以加强安全保障

表 19.9　4S 主要设计参数

指标	设计目标值
电功率	10 MWe
堆芯热功率	30 MWt
循环次数	1
一回路钠入口/出口温度	628/783 K（355/510 ℃）
一回路钠流量	547 t/h
中间回路入口/出口温度	583/758 K（310/485 ℃）
中间回路钠流量	482 t/h
汽轮机流量	44.2 t/h
汽轮机入口前压力	10 MPa
汽轮机入口前蒸汽温度	723 K（450 ℃）
堆芯当量直径	0.95 m
堆芯平均燃耗	34 GWd/t
燃料元件长度	2.5 m
燃料元件长度（含气端塞）	2.7 m

4S 堆芯、主电磁泵和中间热交换器（IHX）位于反应堆容器内。4S 输出电功率为 10 ~ 50 MWe,平均卸料燃耗约 35 GWd/t,换料周期约 30 年。堆芯直径相对较小,堆芯高度 3.5 m,由围绕堆芯的可移动六段圆柱形反射器控制反应性。在重力作用下,反射层逐渐下降到堆芯区域下方,从而使堆芯停止运转。即使由于某种原因,六个反射器段中的任意一个被卡住,反射器也能够关闭反应堆。

为防止大飞机撞击,反应堆容器安装在地面以下,从而提高了设计安全性。安全壳系统由顶部圆顶区域和保护容器组成,保护容器包容反应堆容器和反射器驱动设备。堆芯热量从一回路传输到中间热传输系统,然后再与位于地下的蒸汽发生器进行热交换,产生蒸汽,利用蒸汽驱动汽轮发电机发电。

4S 核电站可以部署在偏远小镇,或小建筑物内,地下和地上结构占地面积约 1 500 m²,长约 50 m,宽约 30 m。

4S 采用非能动安全技术,利用自然循环余热排出系统和负反应系数堆芯。4S 设有两个独立、冗余的余热排出系统,它们由中间反应堆辅助冷却系统（IRACS）和反应堆容器辅助冷却系统（RVACS）组成,前者使用安装在中间热传输系统中的空气冷却器除去衰变热,将钠冷却剂热量径向传递到保护容器和位于圆柱形地下混凝土墙内的圆柱形钢制容器之间的环形空间。

19.4 日本 SMR 部署情况

除 1970 年左右建造的小型核电站外,日本还没有部署小型核反应堆的计划。2011 年 3 月 11 日,福岛第一核电站发生严重事故,日本核电站的发展部署基本冻结,其中包括日本小型核反应堆研究规划。

但是,日本在其他国家推广其设计的 SMR 活动仍在继续。其中之一是美国阿拉斯加州的 4S 部署活动,美国核管理委员会正在对其进行初步审查。另一个是 HTR50,预计将部署在哈萨克斯坦。

19.5 发展趋势

自福岛第一核电站事故以来,日本的核能利用政策一直处在风口浪尖,民众对核能发展的抵触情绪较大,核安全要求变得更加严格,一些 SMR 规划和设计方案可能需要根据新的安全需求而进行改进设计。

预计中短期内,SMR 在日本本国部署较为困难,可能遭到民众的反对和抵制。因此,在国外部署 SMR 将可能是日本未来 SMR 发展规划和趋势。在这种情况下,SMR 的部署有两种可能性,一种是基于经验丰富的轻水堆 SMR 技术;另一种是创新型反应堆技术(如高温气冷堆和快堆),但需要获得使用国家的全方位技术审查。

19.6 参 考 文 献

[1] Hannerz, K., et al. (1986): PIUS LWR design progress: IAEA Technical Committee Meeting on Advances in Light Water Reactor Technology, Washington, DC, Nov. 17 – 19, 1986.

[2] Heki, H., et al. (2005): Development status of compact containment BWR plant, Proceedings of ICAPP'05, Seoul, Korea, May 15 – 19, 2005, Paper 5174.

[3] Hibi, K., et al. (2005): Improvement of reactor design on integrated modular water reactor (IMR) development, Proceedings of ICAPP'05, Seoul, Korea, May 15 – 19, 2005, Paper 5215.

[4] IAEA (2006): Status of innovative small and medium sized reactor designs 2005, IAEA – TECDOC – 1485.

[5] Katanishi S., et al. (2003): Safety design philosophy of gas turbine high temperature reactor (GTHTR300), Transactions of Atomic Energy Society of Japan, 2(1), 55 – 67 (in Japanese).

[6] Kataoka, Y., et al. (1988): Conceptual design and thermal – hydraulics of natural circu-

lation boiling water reactors, Nuclear Technology, 82(2), 147 – 156.

[7]　Kawabata, Y., et al. (2008): The plant feature and performance of DMS (double MS: modular simplified & medium small reactor), Proceedings of ICONE16, Orlando, USA, May 11 – 14, 2008, ICONE16 – 48949.

[8]　Kudo, F., et al. (1987): Preliminary study of inherently safe integrated small PWR, Abstracts of 1987 Annual Meeting of Atomic Energy Society of Japan, E48 (in Japanese).

[9]　Kunitomi, K., et al. (2002): Design study on gas turbine high temperature reactor (GTHTR300), Transactions of Atomic Energy Society of Japan, 1(4), 352 – 360 (in Japanese).

[10]　Kunitomi, K., et al. (2004): Japan's future HTR – the GTHTR300, Nuclear Engineering and Design, 233, 309 – 327.

[11]　Kusunoki, T., et al. (2000): Design of advanced integral – type marine reactor MRX, Nuclear Engineering and Design, 201, 155 – 175.

[12]　Makihara, Y., et al. (1991): On Mitsubishi small and medium sized reactor MS – 600, Abstracts of 1991 Annual Meeting of Atomic Energy Society of Japan, SO3 (in Japanese).

[13]　Nagasaka, H., et al. (1990): Study of a natural – circulation boiling water reactor with passive safety, Nuclear Technology, 92(2), 260 – 268.

[14]　Nakagawa, S., et al. (2004): Safety demonstration tests using high temperature engineering test reactor,' Nuclear Engineering and Design, 233, 301 – 308.

[15]　Oda, J., et al. (1986): A conceptual design of intrinsically safe and economical reactor, IAEA Technical Committee Meeting on Advances in Light Water Reactor Technology, Washington, DC, Nov. 17 – 19, 1986.

[16]　Ohashi, H., et al. (2011): Conceptual design of small – sized HTGR system for steam supply and electricity generation (HTR50S), Proceedings of ASME 2011 Small Modular Reactor Symposium, Washington, DC, Sept. 28 – 30, 2011, SMR2011 – 6558.

[17]　Okazaki, T., et al. (2011): A study for small – medium LWR Development of JAPC, Proceedings of ICONE19, Osaka, Japan, October 24 – 25, 2011, ICONE19 – 43646.

[18]　Okubo, T. (2011): Status of SMR Development in Japan, 1st ANS SMR 2011 Conference, Washington, DC, November 1 – 4, 2011.

[19]　Saito, S., et al. (1994): Design of High Temperature Engineering Test Reactor (HTTR), JAERI – Report 1332.

[20]　Sako, K. (1988): Conceptual design of SPWR, Proceedings on ANS International Topical. Meeting on Safety of Next Generation Power Reactors, Seattle, USA, May 1 – 5, 1988.

[21]　Shimizu, K., et al. (2011): Small – sized high temperature reactor (MHR – 50) for electricity generation: Plant concept and characteristics, Progress in Nuclear Energy, 53, 846 – 854.

［22］　Tsuboi，Y．，et al. （2009）：Development of the 4S and related technologies （1）– Plant system overview and current status，Proceedings of ICAPP'09，Tokyo，Japan，May 10 – 14，2009，Paper 9214.

［23］　Tsuboi，Y．，et al. （2012）：Design of the 4S reactor，Nuclear Technology，178，201 – 217.

第 20 章　发展中国家的 SMR

20.1　引　　言

SMR 从潜艇、大型反应堆和核事故中汲取了运行经验和教训,在其概念和设计中纳入了固有安全自然过程(如重力、蒸发和冷凝)及其原理的应用。

SMR 实现部署需要突破常规"规模经济"的限制,将特殊需求因素纳入核能发展日程,例如债务负担、国家特殊需要(政治、科学研究、军事等)、自然资源特性、工业规划、气候变化、技术能力、教育和人力资源、有限资本承受能力等。SMR 功率灵活自由、易于实现模块化、操作简单、固有安全性高等内在的技术特征优势,使其特别适应发展中国家的国情。

SMR 代表一种稳定、宽松、灵活的核能发电技术,其设计目的在于简化核能应用技术的安全复杂性,利用固有或非能动安全特性降低事故风险,减少对应急电源的依赖,实现经济性要求。

发展中国家部署 SMR 重要特征是直接采购模块化的成品核机组,在模块产品中包含所有生产系统和重要安全系统等,模块机组运输至运行现场后能够"即插即用",可以根据电力需求逐步扩大电力规模并随时间的推移建造和投入更多模块机组。

20.2　发 展 预 测

发展是衡量经济增长的指标,可用国内生产总值(GDP)或国民收入(GNI)来衡量(世界银行早期的经济衡量指标为 GDP)。

然而,收入与发展并不一定能够实现完全同步,GDP 不一定是经济可持续性的良好指标。发展目标是以联合国商定的千年发展目标为代表的,这些目标包含预期时间内要实现的最紧迫目标,如消除贫困和饥饿、普及初等教育、促进两性平等和赋予妇女权力、降低儿童死亡率、改善医疗保健、防治艾滋病/疟疾和其他疾病、确保环境可持续性发展、促成全球发展伙伴关系等。

发展可以用公民实现其价值贡献来衡量,任何人具备了基本能力,可以将自己的创造力发挥到更高水平,包括:生活,身体健康,感官、想象力和思维,情感,实际原因,隶属关系,其他物种,娱乐,控制自己的环境,政治等。

20.3　发展中国家对 SMR 的权衡

2011 年,南非规划委员会报告提出了人类发展过程中存在的尖锐问题:
(1)各国是否能控制和减少碳排放以及对环境的影响?

（2）经济从高资源密集型向知识密集型或劳动密集型转变的速度有多快？

（3）各国如何平衡发展基础设施以适应快速发展的经济需求？

2009年，专家呼吁重新考虑放射性辐射管制问题，发展中国家缺乏对健康和辐射风险的全面管控能力，电力应用大大推进了人类社会经济的发展和生活水平的提升，但生产电力所用能源也带来了环境污染问题，特别是化石燃料发电厂污染。

关于核能未来发展前景的第五次对话论坛表明，从能源结构中消除核能可能比利用核能的风险产生更大的社会影响。

与化石燃料发电技术相比，发展中国家推广应用SMR的优势包括：

（1）与潜在稀缺化石燃料市场价格相比，核燃料价格相对稳定；

（2）核电站不产生碳排放；

（3）SMR电力容量相对灵活和自由，适宜在较小电网中应用；

（4）SMR电力规模与太阳能、风能发电可相互兼容；

（5）SMR还可用于淡水稀缺国家的海水淡化。

经济因素可能影响化石矿物燃料供应，地缘政治因素也可能影响发展中国家对SMR的选择。

20.4 发展中国家可能成为SMR商业部署的潜在市场

20.4.1 通信和信息经济增长需求

发展中国家通信和信息经济迅速增长，数字移动电话普及率和信息通信技术呈现大规模增长，受其影响，电力负荷需求连续大幅增长。信息和通信技术会使能源需求规划做出调整，最终导致能源供应短缺和计划外电力缺口。

SMR电力规模灵活自由，能够根据当地经济发展稳步增加电力供应，以满足电力需求。

20.4.2 水资源紧缺和海水淡化需求

气候急剧变化严重影响不同地区降雨量的平衡性，加剧了淡水资源供应的紧张形势。

燃煤电厂需要大量的冷却水，温排水可能对下游造成水污染。能源规划中的水资源部分变得越来越重要，燃煤电厂的循环水系统正在逐渐考虑采用风冷代替。

此外，沙漠或极地地区的居民可以采用海水淡化技术提供淡水水源。

SMR可以被用于海水淡化用途，以解决局部缺少淡水资源的问题。

20.4.3 高昂的电网供电成本

许多发展中国家不仅电力短缺，而且价格昂贵。在加纳等国，电价不包括实际发电成本，给电力公司造成重大财务损失。加纳电价是以0.05 \$/kWh基负荷水电成本为基础的，增加的电量采用石油发电，石油发电价格超过0.2 \$/kWh，由于没有自动调整关税机制，每年给沃尔特河管理局（VRA）造成4亿美元的财政损失，占GDP的3%。

据报告，2007年，非洲国家因电力短缺而牺牲了国内生产总值的2%以上。尽管如此，尽管全世界发展中国家的能源消费正在上升。但与高收入国家相比,发展中国家总体能源消费较低,年人均用电量为 1 155 kW·h,而高收入国家为 10 198 kW·h。

20.4.4 能源基础设施薄弱

发展中国家普遍采用柴油发电机作为备用发电设施,柴油发电机是一种高成本、高污染的发电设施,当电网电力不足时,就会选择备用发电机,以便在日常停电和长期停电期间维持生产生活。

拉丁美洲的加勒比地区和撒哈拉以南的非洲地区的调查表明,将电力作为主要经济制约因素的制造企业,对电力的依赖比例分别为 37.6% 和 50.3%。从电力用户的角度来看,衡量电力缺口的主要因素是月平均停电次数和停电持续时间。拉丁美洲加勒比地区月平均停电次数为 3.7 次,撒哈拉以南非洲地区月平均停电次数为 10.7 次;拉丁美洲加勒比地区停电持续时间为 2.1 h,撒哈拉以南非洲地区停电持续时间为 6.6 h。为了避免停电对企业经济的影响,拉丁美洲加勒比地区 28.1% 的企业和公司拥有自备发电机,撒哈拉以南非洲地区 43.6% 的企业和公司拥有自备发电机,州电力公司通常也会使用移动发电机来获取紧急电力。

20.4.5 特大城市发展能源电力需求

世界上一半以上的人口集中生活在城市中,随着发展中国家城市化进程的加快,这一比例将不断增长。拉各斯、达卡、马尼拉和开罗是发展中国家世界特大城市典型例子。

大城市的空气污染和气候正在恶化。SMR 可以满足零碳排放并提供合适容量的电力供应,减轻对空气和气候的影响。为了服务于不同发展时期经济和城市规模用电的需求,它们可以以可扩展的多模块机组方式进行部署,以满足逐渐增长的电力能源需求。此外,SMR 部署的位置可以接近城市的近郊。

20.4.6 公众接受因素

在公众对能源产品的可接受性方面,发展中国家情况与发达国家的情况明显不同,这与社会价值体系和权重有关,如煤矿依赖性、环境观念、水资源短缺程度、采矿作业先进化程度、能源政策、地方保护和招投标公开透明性、供应链和技术转让潜力等。

贫穷国家、发展中国家、发达国家都迫切需要清洁、可持续的电力和水资源供应,这可能为 SMR 发展提供机会。但 SMR 属于核能,在部署 SMR 的同时,应获得当地政府和民意的支持。

20.5　发展中国家 SMR 的选择

在决定建造 SMR 时,最大考虑的因素是客户会选择哪种 SMR 技术,基于哪些因素而进行选择,包括潜在的风险及后果考虑,如气候、社会发展、经济生活、就业、社会道德等。

20.5.1 技术选择和脱碳

如果碳排放受到严格惩罚,带有二氧化碳排放的能源类型投资可能面临被放弃,能源投资方面临低碳能源技术选择。

从全球角度来看,如果贫穷或能源匮乏地区的能源需求得不到满足,或供水受到威胁,则可能导致社会动荡和政治不稳定。

油价波动将影响发展中国家对柴油和重质燃油的依赖程度。相反,如果选择 SMR 则可以避免油价波动的影响,使其电力依赖不受制约。

由于气候、经济和社会压力多重影响,发展中国家若无法实现二氧化碳减排目标,就负有更多责任应对气候变化加剧带来的负面影响。

20.5.2 可持续能源选择和债务负担

发展中国家可能获得国际发展援助甚至基础设施融资的机会。在碳排放日益受到限制的国际环境中,如果发展中国家继续维持高碳排放量,使用环境污染较大的矿物燃料和伴随而来的水资源污染,危害环境,那么必然会受到环境制裁。

从发展本身来看,如果发展中国家在预算中考虑将部分比例的资金用于零碳排放的能源投资(如 SMR),则可以减轻环境压力,节省化石燃料的投资,用于社会服务和其他政府职能,加强国家实力,帮助国家摆脱债务。

SMR 技术成本以及随之而来的基础设施投资,可能会在短期内增加发展中国家的债务负担。因此,需要发达国家提供适当的融资渠道和偿还债务周期,需要根据发展中国家的特点,采用合适的工程项目管理、建设和运营模式。

20.5.3 能源资源丰富的国家

拥有煤炭、石油或天然气等能源资源丰富的国家,可以将 SMR 作为常规能源的替代品。SMR 可以为能源资源领域以外的产业提供电力,促进多样化的经济活动。在高度依赖煤炭和石油工业的国家,例如印度尼西亚或委内瑞拉,需要将 SMR 计划纳入现有的能源经济结构。

20.5.4 融资和外部政策优惠

发展中国家和高收入国家面临同样的融资问题,融资是解决 SMR 商业部署的核心。对于依赖外部援助或多边援助的发展中国家,需要获得当地政府的政策和规划支持,通过国家层面得到国家和地方积极支持才能确保项目顺利开展。

20.6 挑战和创新

如果按照发达国家核电站商业部署流程,在发展中国家部署小型核电机组,预计进展不会顺利。主要集中在发展中国家的政治体制、人力资源、核能监管法规缺失、核电项目审批经验空白等方面的挑战。

SMR 凭借其简单而"宽容"的技术为发展中国家服务,它们不需要发达国家现有大型核电站目前所需要的大规模基础设施和专业知识,可以为财力有限的发展中国家提供技术服务。

20.6.1　技术标准化和许可

在发展中国家部署 SMR,核电厂设计、设备制造和施工技术方面,采用国际上通用的最高标准是最佳的选择。这将克服知识和资源在时间或物质上的某些限制,并使技术转让和能力建设更加容易实施。

在不同的国家部署核电站,必然涉及活动许可申请。SMR 规模和系统配置相对简单,在政策和监管领域提供了合理化和创新的机会。相应地,创新 SMR 监管许可方法也可能成为发展中国家启动民用核计划并实施新监管框架的机遇,特别是当资金或电网规模不足以启动大规模核电发展计划时。

20.6.2　区域机制

教育、培训、技能和机构建设良好实践案例也可以作为 SMR 项目实施的经验参考。发展中国家从无到有建立并发展核管理机构需要借鉴发达国家的经验。

按区域分类,可以对资源进行汇集和共享,减轻个别发展中国家的基础设施负担。这可能涉及区域电网互联,如西非电力联营(WAPP)、南部非洲电力联营(SAPP)或东盟等区域经济共同体,或由若干小岛屿发展中国家组成区域经济共同体,如加勒比经济共同体地区。

融资、电网共享、现代网络化、核管制、运行、培训和监测都是区域化最佳选择。

可为特定 SMR 设立区域联盟机制,处理项目部署、运行和退役所有阶段的任务。从安全、保障、经济角度来看,区域联盟有利于风险共担,降低财务风险。

区域核监管机构可大大减少单个国家核监管机构的部门和人员数量,并进一步提高融资的潜力,区域技术安全组织可以集中技术资源,维护国家核监管机构的主权和独立性。

为减轻个别国家监管资源的负担,区域核监管机构可作为一个机构或联合体执行设计验证,提供国际公认机构授予的可接受的设计软件进行独立分析。

20.6.3　包容而非例外

SMR 所涉及的标准、国际规则,需要从更具包容性的角度进行考虑。

监管创新需要考虑更多的因素,更广泛的需求、能力、危害和风险,随着时间的推移需要提供更公平的规则信息,以获得更公平和可持续的结果。

例如,以目标为基础的 SMR 标准,应包括:社会风险、成本和危害考虑,福岛核事故经验教训,固有安全设计和冗余安全设施设计考虑等。

应提供国际通用导则,作为联盟 SMR 设计和安全许可、设计变更管理和设计授权以及需求管理,这些导则已被证明是成功的,并且可以通过联盟方式或 IAEA 推荐的方式进行使用,包括核运输的海上监管机制和飞机许可。

20.7 结 论

考虑到核安全风险和全球后果影响,发展中国家部署 SMR 应考虑核许可证、安全、监测和燃料方面的共同合作机制。发展中国家和世界其他地区都存在很多系统性的风险(经济、健康、政治、环境),因此,有必要建立分享与合作、责任和义务新原则。SMR 的部署应符合国际《不扩散核武器条约》规定的原则,标准化、安全性增强、小规模、灵活的核电技术将适用于这种新的合作模式。

预计碳减排和气候变化的战略和政策将越来越重要,核安全监测、监管活动和供应链将日益国际化。

毫无疑问,SMR 为发展中国家提供了解决电力能源的潜在机会。